ep BIBLIOTHEK

Bödeker/Lochthofen

Prüfung ortsfester und ortsveränderlicher Geräte

ep BIBLIOTHEK

Klaus Bödeker, Michael Lochthofen

Prüfung ortsfester und ortsveränderlicher Geräte

Neue Betriebssicherheitsverordnung
Technische Regeln
der Betriebssicherheit (TRBS)
DIN VDE 0701-0702

9., durchgesehene Auflage

HUSS-MEDIEN GmbH · 10400 Berlin huss

Bibliografische Information der Deutschen Nationalbliothek

Die Deutsche Nationalbibliothek verzeichnet diese Publikation
in der Deutschen Nationalbibliografie;
detaillierte bibliografische Daten sind im Internet
über http://portal.d-nb.de abrufbar.

ISBN 978-3-341-01617-6

9., durchgesehene Auflage (Nachdruck 2018)

Am Friedrichshain 22, 10407 Berlin
Telefon: 030 42151-0, Fax: 030 42151-273
E-Mail: huss.medien@hussberlin.de
Internet: www.huss-shop.de

Eingetragen im Handelsregister Berlin HRB 36260
Geschäftsführer: Wolfgang Huss, Christoph Huss

Lektorat und Einbandgestaltung: HUSS-MEDIEN GmbH
Druck und Bindearbeiten: Beltz Grafische Betriebe GmbH

Vorwort

Das Prüfen elektrischer Anlagen und Geräte ist ein unerschöpfliches Thema. Einerseits werden die Vorgaben immer wieder in neue Formen gebracht, andererseits gibt es immer mehr und kompliziertere Prüfverfahren und Prüfgeräte. Die Betriebssicherheitsverordnung und die Normen bestimmen nunmehr das Prüfen, nicht nur der elektrischen Geräte, sondern aller elektrischen Betriebsmittel. Sie sind die grundlegenden Regelwerke, zu denen es noch eine Unzahl konkretisierender und ergänzender Regeln gibt.

Unser Buch soll diese Vorgaben in die Praxis umsetzen, „an den Mann bringen". Es soll helfen, alle zwangsläufig sehr allgemein formulierten und mitunter recht abstrakten Festlegungen so konkret und verständlich vorzutragen, dass sie ohne lästige Rückfragen und ohne das bekannte Kopfschütteln über „die vom grünen Tisch" angewandt werden können. Ob dies nun wiederum gelungen ist? Wir bitten um Ihre Kritik und freuen uns natürlich auch über eine positive Reaktion. Bitte nennen Sie alle Fragen und Probleme, die sich ja erfahrungsgemäß immer wieder aufs Neue ergeben.

An wen wendet sich unser Buch? Nach wie vor an alle, die Prüfungen durchführen. Also sowohl die „befähigte Person", als auch die verantwortliche Elektrofachkraft und auch die elektrotechnisch unterwiesene Person im Prüfteam (EuP). Wir haben uns bemüht, alles so verständlich darzustellen, dass sich auch eine EuP auf der Grundlage ihrer praktischen Erfahrungen mit den typischen Prüfproblemen vertraut machen kann. Werden für alle Prüfprobleme die optimalen Lösungen angeboten? Ja natürlich, allerdings nur für denjenigen, der sich auf der Grundlage unserer Hinweise selbst Gedanken macht. Kochrezepte oder Checklisten, die immer und ohne nachzudenken anwendbar sind, können wir leider nicht bieten.

In der vorliegenden 9. Auflage hat sich nichts Grundlegendes geändert. Die europaweit harmonisierte Ausgabe der VDE 0701-0702 lässt weiter auf sich warten oder kommt vielleicht gar nicht mehr. Der Fokus der Überarbeitung liegt zum einen auf den Rechtsgrundlagen, denn seit Juni 2015 gilt die neue Betriebssicherheitsverordnung. Zum anderen wurde in den Details einiges erweitert. So ist z. B. das Prüfen von mobilen Fehlerstromschutzeinrichtungen (PRCDs) nun umfangreicher beschrieben. Natürlich wurden viele weitere Dinge aktualisiert. Selbstverständlich wurden auch die neuen Erfahrungen der Praxis berücksichtigt und versucht, die Texte noch handlicher zu machen. Herzlichen Dank an die Elektropraktiker des Internetforums >diesteckdose.net< und die Normensetzer des Komitees K 211 der DKE, die uns mit ihren Fragen, Mahnungen und Forderungen gelöchert haben. Das gilt auch für den Verlag, der uns wieder mit Rat und Tat unterstützt hat.

Klaus Bödeker, Michael Lochthofen

Inhalt

1 Einleitung

Mit elektrischen Geräten kommen Kinder und Erwachsene täglich in Berührung. Dies geschieht sowohl im dienstlichen als auch im privaten Bereich, innerhalb eines Gebäudes ebenso wie im Freien – immer mit mehr oder weniger großem Verständnis für die Besonderheiten der Elektrotechnik. Vielfach werden die Geräte bewusst, oft auch zufällig berührt, fest umfasst und bei den unterschiedlichsten Tätigkeiten benutzt. Jeder denkt, dass ihm dabei nichts passieren kann und nimmt an, diese Geräte seien bei allen üblichen Beanspruchungen und vielleicht auch bei unsachgemäßem Gebrauch genügend widerstandsfähig. Dies ist ein großer Vertrauensbeweis für uns Elektrotechniker.

Leider aber werden auch offensichtlich defekte Geräte vielfach bedenkenlos weiterverwendet. Der Benutzer unterschätzt die möglicherweise verhängnisvollen Folgen eines vermeintlich nur geringfügigen Defekts. Dass ein nicht fachkundiger Bürger annimmt, ein funktionierendes elektrisches Gerät sei auch sicher gegen einen elektrischen Schlag, ist erklärlich. Woher soll er wissen, wie die für ihn unsichtbaren Schutzmaßnahmen funktionieren? Meist werden die Geräte erst dann zum Elektrofachbetrieb gebracht, wenn sie nicht mehr funktionieren oder stark beschädigt sind. Sie vorbeugend und regelmäßig dort vorzustellen, ist aus unserer Sicht leider nicht üblich. Offensichtlich fehlt es an einer ausreichenden und überzeugenden Information.

Dies ist nicht nur im privaten Umfeld so, sondern auch in Unternehmen. Immer wieder wird dort die vom pflichtbewussten Unternehmer durchgeführte Prüfung als „Störfaktor", „Geldschneiderei" oder als lästige Pflicht abgetan. Leider! Im privaten Umfeld werden Prüfungen nur dann durchgeführt, wenn es um Gewährleistungsansprüche geht.

Im industriellen und auch im gewerblichen Bereich greifen die gesetzlichen Vorgaben (siehe Kapitel 3). Dort sind die Elektropraktiker – die „Elektriker" – unmittelbar vor Ort bei den Mitarbeitern. Aber auch da kommt es letztlich auf die Einsicht des meist nicht fachkundigen Arbeitgebers (Unternehmer, Vorgesetzter) an. Er muss die aktuelle Rechtslage kennen und eine Elektrofachkraft beauftragen, die sich um die Elektrotechnik im Hause und um die Information der Mitarbeiter kümmert.
Und, wenn ich Sie als Leser ganz direkt frage: Sind Sie mit sich selbst zufrieden? Ehrlich?

Fühlen Sie sich zur Information, zur Hilfeleistung, zur Instandsetzung verpflichtet? Werden bei Ihnen die erforderlichen Prüfungen vorgenommen? Befinden sich alle elektrischen Geräte und die Verlängerungsleitungen an Ihrem Arbeitsplatz in einem einwandfreien Zustand? Und wie sieht es bei Ihnen zu Hause aus?

Sind Ihre Mitarbeiter und Familienmitglieder über Sinn, Zweck und Methode dieser Prüfungen informiert und lehnen sie es ab, elektrische Geräte ohne aktuelle Prüfmarke zu verwenden?

Sicher ist, trotz der zu erkennenden positiven Entwicklung bleibt immer noch sehr viel zu tun (Tafel 1.1). Mehr als bisher müssen die ortsveränderlichen Geräte vorbeugend kontrolliert und geprüft werden. Ziel ist und bleibt es, „... entstehende Mängel, mit denen gerechnet werden muss, rechtzeitig festzustellen ...“ [1.2], d. h. sie zu beheben, bevor es zu einem Unfall kommen kann (Tafel 1.2). Leider bieten auch die aktuellen Kontrollen des letzten Jahres kein wesentlich besseres Bild.

Anzahl der nach Betriebssicherheitsverordnung zu prüfenden elektrischen Geräte	**328**	**100 %**
davon		
fehlerhaft (geringfügig bis schwerwiegend)	229	70 %
ohne Prüfmarke als Bestätigung einer bereits einmal durchgeführten Prüfung	98	30 %
Prüfmarke mit abgelaufenem Termin	86	25 %
Prüfmarke aktuell, Betriebsmittel im Kontrollturnus	146	45 %
Anmerkung: Auf der Baustelle waren zum Zeitpunkt der Kontrolle 8 verschiedene Firmen tätig; eine verantwortliche Elektrofachkraft des Bauherrn für die Baustelle war nicht eingesetzt worden.		

Tafel 1.1 Zustand der elektrischen Geräte (Arbeitsmittel) einer Baustelle bei einer unangemeldeten Kontrolle

Woran liegt das? Sind die Elektrowerkstätten der Handwerks- und der anderen Betriebe für derartige Prüfungen ausgerüstet? Eigentlich müssen sie es sein. Es gibt die erforderlichen Prüfgeräte, Normen mit den Prüfvorgaben und ausreichend Fachliteratur. Was ist dann aber der Grund für diesen unbefriedigenden Zustand? Die Antwort ist eindeutig: Die Notwendigkeit des Prüfens wird nicht ausreichend erkannt, die nachdrücklichen und überzeugenden Informationen fehlen. Manchmal sind es auch die Unternehmer, die zu sehr „zahlengesteuert“ sind und lieber auf Risiko spielen. In ihrem Unternehmen wird ja schon nichts passieren... Unsere Gesellschaft, voran wir Elektrofachkräfte, haben es nicht geschafft, das Prüfen, die Elektrotechnik „unter die Leute zu bringen“.
Wir wenden uns daher mit diesem Buch auch an Unternehmer, Geschäftsführer und alle anderen Nichtfachleute in vergleichbarer verantwortlicher Position. Sie sind die eigentlich Verantwortlichen für die Sicherheit ihrer Mitarbeiter und damit auch für das

Prüfen der Arbeitsmittel. Vielleicht kann die jeweils verantwortliche Elektrofachkraft das Buch benutzen, um ihre Vorgesetzten darauf hinzuweisen, was alles noch festzulegen, zu organisieren, durchzusetzen und zu beschaffen ist. Immerhin kennen nach einer aktuellen Studie des Bundesamtes für Arbeitsschutz [3.22] nur 3 % der Klein- und Mittleren Unternehmen die Betriebssicherheitsverordnung. Das bedeutet aber noch lange nicht, dass sie diese auch umgesetzt haben und regelmäßig und richtig prüfen.

Unfallursache	Fachkräfte	Laien	Schlussfolgerungen
Verhaltensfehler			
Vorschrift nicht beachtet	45 %	14 %	mehr Konsequenz der Fachkräfte bei dem Beachten der DGUV Vorschrift 3 (BGV A3) und der DIN-VDE-Normen, konsequenteres Wahrnehmen der Prüfpflicht der Anlagen und Betriebsmittel durch den Unternehmer, mehr Information der Laien durch die Fachkräfte
nicht fachgerecht verhalten	33 %	19 %	
falsche Organisation (bei einigen Unfällen wurden mehrere Ursachen wirksam)	10 %	24 %	
Technische Fehler			
an Betriebsmitteln/Anlagen	12 %	50 %	mehr Konsequenz der Laien bei dem Beauftragen einer Elektrofachkraft mit der Prüfung von Anlagen und Betriebsmitteln

Tafel 1.2 Ursachen von Elektrounfällen (Quellen: Informationsmaterial der BGFE, Pressemeldungen)

Manche Fachkollegen werden fragen: „Ist denn so viel Aufwand zur Erläuterung der doch relativ einfachen Prüfvorgänge notwendig?“. Nun, das mag der Leser entscheiden, nachdem er sich mit dem Buch beschäftigt hat.

Eines sollte er wissen: Wichtiger als ausgeklügelte Prüfvorschriften und hochmoderne Prüfgeräte ist, dass möglichst viele Geräte regelmäßig von befähigten Personen kritisch besichtigt werden. **Nicht umsonst heißt es: Das Besichtigen ist der wichtigste Prüfgang.**

Und noch eins muss gesagt werden. Am Ende jeder Prüfung – egal, ob nur besichtigt oder gründlich gemessen wurde – steht die Entscheidung des verantwortlichen und „weisungsfreien“ [2.1] [2.31] Prüfers. Nur er weiß, was er von den Messergebnissen zu halten hat, nur er kann entscheiden, ob sich das geprüfte Gerät in einem sicheren Zustand befindet und wann es wieder zum Prüfen vorgestellt werden sollte.

Zur Arbeit mit dem Buch

Dieses Buch ist in erster Linie ein Arbeitsmittel für die befähigte Person, eine Elektrofachkraft, die bereits ausreichend Prüferfahrungen hat. Natürlich bietet es auch jedem anderen Prüfer die Möglichkeit, sich intensiv zu informieren. Es ist jedoch keine Arbeits- oder Prüfanweisung, die unterwiesenen Personen zur Verfügung gestellt werden muss, wenn diese ganz bestimmte Prüfungen oder ihnen vorgegebene einzelne Prüfschritte unter Leitung und Aufsicht eines dafür verantwortlichen Prüfers durchführen sollen (F 3.20, Tafel 3.3).

Jeder Abschnitt beginnt mit einer kurzen Einführung in die jeweilige Thematik. Dann werden die Vorgaben der Normen und die anzuwendenden Prüfverfahren erläutert. Am Schluss wird eine kurze Zusammenfassung der Aufgaben gegeben, die die an der Prüfung beteiligten Personen zu bewältigen haben.

Spezielle Probleme oder Hintergrundinformationen, die beim ersten Lesen des Buches nicht unbedingt beachtet werden müssen, werden anschließend in Form von Fragen und Antworten behandelt. Diese Hinweise sind zur Klärung von speziellen Sachverhalten und zum Auflockern einer Unterweisung sehr gut geeignet.

Eckige Klammern mit einer Ziffernkombination, z. B. [1.1], verweisen immer auf das Literaturverzeichnis am Ende des Buches.

Runde Klammern mit dem Buchstaben F und einer Ziffernkombination, z. B. (F 3.2), weisen auf an anderer Stelle dieses Buches behandelte Fragen hin, in diesem Fall auf Frage 2 in Abschnitt 3.

Da die Fachausdrücke *„verantwortliche Elektrofachkraft"* (vEFK), befähigte Person (bP), *„Elektrofachkraft"* (EFK) und *„elektrotechnisch unterwiesene Person"* (EuP) sehr häufig vorkommen, werden hierfür auch die angegebenen Kurzzeichen verwendet.

Es sei noch darauf hingewiesen, dass in den Gesetzen und Normen von „zu prüfenden Betriebsmitteln" und von „dem Prüfen der Geräte" die Rede ist. In diesem Buch werden die Fachbegriffe Arbeitsmittel, Betriebsmittel und Gerät gleichwertig behandelt, meist wird von zu prüfenden Geräten gesprochen. In allen Fällen geht es um die „Arbeitsmittel" nach der Betriebssicherheitsverordnung. Folgendes ist noch wichtig:

- Wenn gesagt wird, „... es muss so geprüft oder dokumentiert werden ...", so sind damit gesetzliche oder durch die allgemeine Praxis nach unserer Ansicht etwa ebenso verbindliche Vorgaben gemeint.
- Wird aber gesagt „... der Prüfer sollte so prüfen oder dokumentieren ...", so ist mit dieser nachdrücklichen Empfehlung auch die Forderung zum Nachdenken und zur eigenen, gegebenenfalls davon abweichenden Entscheidung verbunden.

Das Buch umfasst entsprechend dem Geltungsbereich von DIN VDE 0701-0702 das Prüfen aller Geräte, die nach DIN-VDE-Normen bzw. nach den in Europa harmonisierten DIN-EN-Normen hergestellt wurden. Dies gilt unabhängig davon, ob diese Geräte im industriellen, gewerblichen, öffentlichen oder privaten Bereich eingesetzt werden. Beim Prüfen spezieller Erzeugnisse, z. B. der Medizintechnik, Schweißgeräte oder Geräte für explosionsgefährdete Räume, sind darüber hinaus weitere Vorgaben zu beachten. [2.29]
Die erläuterten Prüfverfahren nach DIN VDE 0701-0702 können für die Sicherheitsprüfungen der ortsveränderlichen und der ortsfesten Geräte angewandt werden. Einige spezielle Ergänzungen für ortsfeste Geräte enthält der Abschnitt 6.8.

Es besteht auch die Möglichkeit, ortsfeste Geräte gemeinsam mit der Anlage, der sie angehören, nach DIN VDE 0105-100 [2.21] zu prüfen. Somit kann der Anlagenbetreiber bzw. die zuständige Elektrofachkraft entscheiden, auf welche Weise die Prüfung der ortsfesten Geräte erfolgen soll. Die Texte, Bilder und Hinweise beziehen sich immer auf einphasige Prüflinge mit einer Bemessungsspannung von 230 V 50 Hz. Ergänzende Festlegungen für mehrphasige Geräte sind in Abschnitt 6.8 aufgeführt.

Hinzuweisen ist noch darauf, dass die Prüfverfahren von DIN VDE 0701-0702 auch für die Wiederholungsprüfung von Industriemaschinen nach DIN VDE 0113-1 [2.10] verwendet werden können.

Schließlich ist noch zu bemerken, dass die DGUV Vorschrift 3 und 4, also die ehemalige Unfallverhütungsvorschrift BGV A3 (noch früher VBG 4) in rechtlicher Hinsicht der Betriebssicherheitsverordnung [1.2] nachgeordnet ist und durch diese sowie durch die zugehörigen Technischen Regeln zur Betriebssicherheit (TRBS [2.3]) bereits zu großen Teilen ersetzt wurde.

2 Warum sind elektrische Geräte regelmäßig zu prüfen?

Auf diese Frage kommt sicherlich oftmals die Antwort: „Weil die Vorschriften es so verlangen“. Und in der Tat, im privaten Bereich, für den keine zwingenden Vorgaben zur regelmäßigen Prüfung bestehen, sind nur ganz selten elektrische Geräte mit einer aktuellen Prüfmarke (Bild 10.1) zu finden.

Aber auch dort, wo die Gesetze [1.2] [1.9] klipp und klar eine solche Prüfung vorgeben (Kapitel 3), läuft es nicht von allein; es bedarf oftmals einer intensiven Kontrolle durch die zuständigen Institutionen des Arbeitsschutzes, um die Verantwortlichen zum Prüfen ihrer Geräte und Anlagen zu bewegen **(Tafel 2.1).** Lediglich in größeren Betrieben und bei den Behörden gehören die Gesetzestreue und damit das Prüfen fast durchweg zu den selbstverständlichen Alltagspflichten.

Sicherlich gilt aber überall: Von der Notwendigkeit einer regelmäßigen Prüfung sind nicht alle Verantwortlichen ehrlich und vollständig überzeugt. Es ist daher auch die Aufgabe der vEFK, ihre nicht fachkundigen Führungskräfte in dieser Hinsicht nachdrücklich zu informieren.

Man kommt nicht umhin festzustellen:

- Die Sicherheit von Personen, Nutztieren und Sachen hat nicht überall den Stellenwert, den sie verdient.
- Ohne die gesetzlichen Vorgaben würden die Prüfungen an den elektrischen Geräten nicht oder bei weitem nicht in dem heutigen Umfang erfolgen.
- Nur der geringere Teil der im Gebrauch befindlichen Geräte wird regelmäßig geprüft.
- Es sind wesentlich mehr defekte elektrische Geräte in Gebrauch, als sich angesichts der geringen Zahl der Unfälle vermuten lässt.

Die – im Gegensatz zu anderen Bereichen des Lebens – geringe Anzahl der Elektrounfälle lässt sich vor allem dadurch erklären, dass

- es dank der modernen Gestaltung unserer Wohn- und Arbeitsumgebung mit isolierenden Werkstoffen (Holz, Kunststoff) trotz der aufgeführten Mängel nicht zu einer Durchströmung kommt,
- die Anwendung von Fehlerstromschutzeinrichtungen zum Zusatzschutz (30 mA-RCD) in den letzten Jahren flächendeckend für Steckdosenstromkreise vorgeschrieben wurde und eine Körperdurchströmung nun oftmals glimpflich endet,
- infolge des dreistufigen Schutzkonzepts [2.5] [2.11] bei den elektrischen Erzeug-

nissen (Kapitel 4) auch Geräte mit nur einem Fehler, dem sogenannten ersten Fehler (Bild 4.5), keinen Unfall (Durchströmung) verursachen können,
- die eigentliche Ursache – ein Fehler in einem elektrotechnischen Erzeugnis und die dadurch ausgelöste Durchströmung – oftmals einem anderen, eigentlich erst in seiner Folge entstandenen Ereignis (Brand, Sturz vom Gerüst) zugeordnet wird.

	Verantwortung	Verantwortlicher
A	**in gewerblichen Betrieben, Behörden u. Ä. (siehe auch Tafel 3.1)**	
1.	Gewährleisten der Sicherheit der Arbeitsmittel nach der Betriebssicherheitsverordnung	Unternehmer bzw. eine von ihm damit beauftragte verantwortliche Elektrofachkraft/befähigte Person oder die vEFK des von ihm beauftragten Elektrofachbetriebs
2.	Organisation, Vorbereitung der Prüfung, Aufsicht über die Prüfung	verantwortliche Elektrofachkraft/befähigte Person des Betriebs oder die vEFK des beauftragten Elektrofachbetriebs
3.	Durchführen der Prüfung nach den technischen Regeln (Normen) und im Einzelfall getroffenen Festlegungen	verantwortliche Elektrofachkraft/befähigte Person, ggf. unter Mitwirkung anderer EFK sowie der ihr zugeordneten EuP [3.20]
4.	Gewährleisten der Arbeitssicherheit bei der Prüftätigkeit an Prüfplätzen nach VDE 0104 [2.8]	verantwortliche Elektrofachkraft und die befähigte Person, Mitwirkung aller weiteren Prüfer
B	**im privaten Bereich**	
1.	Gewährleisten der Prüfung	privater Eigentümer der Geräte und beauftragter Betrieb
2.	Organisation der Prüfung	privater Eigentümer der Geräte
3.	Durchführen der Prüfung nach den DIN-VDE-Normen	verantwortliche Elektrofachkraft des beauftragten Elektrofachbetriebs
C	**im Elektrofachbetrieb**	
1.	für die eigenen Betriebsmittel wie unter A	Unternehmer/vEFK des Elektrofachbetriebs
2.	für die Betriebsmittel der Kunden gemäß Auftrag nach A3/A4 oder B3	Unternehmer/vEFK des Elektrofachbetriebs

Tafel 2.1 Verantwortung für das Prüfen elektrischer Geräte

Für jeden Gerätetyp, bei dem durch Kontrollen, Reklamationen, Folgeschäden usw. ein grundsätzlicher Mangel festgestellt wurde, muss der Hersteller nach [1.1] eine Rückrufaktion organisieren. Leider ist es unmöglich, alle davon betroffenen bereits ausgelieferten Geräte zurückzuholen. Es werden – schätzungsweise – weit mehr als die Hälfte dieser mangelhaften Geräte weiterhin benutzt.
Dies ist ebenso bei vielen der sogenannten Billiggeräte der Fall, die bei Kontrollen im Handel oder auf andere Weise entdeckt wurden. Bei ihnen hat der Hersteller oft an Menge oder Güte des Materials und somit an der Sicherheit gespart.

» **Elektrohandwerksbetriebe und andere Profis der Geräteprüfung sollten sich ständig über die aktuellen Meldungen der Landesämter für Arbeitsschutz und technische Sicherheit über die an den ortsveränderlichen Geräten entdeckten Mängel informieren (siehe [2.4]).**

Die meisten Defekte und Gefährdungen an ortsveränderlichen Geräten entstehen jedoch infolge ihrer unsachgemäßen Behandlung durch geistlose, fahrlässige Benutzer (Tafel 2.2). Falsche Einsatzorte, fehlende Wartung, liebloser Transport und andere Misshandlungen sind allgemein bekannt. Und werden geduldet! Der größere Teil unserer Elektrogeräte ist eben – immer noch – robust genug, um diesen Kummer zu verkraften.

Und so haben wir trotz der aufgezeigten Mängel (Tafel 2.2) doch nur relativ wenig elektrische Unfälle mit Todesfolge oder Gesundheitsschäden zu registrieren, die durch defekte elektrische Geräte entstanden sind.

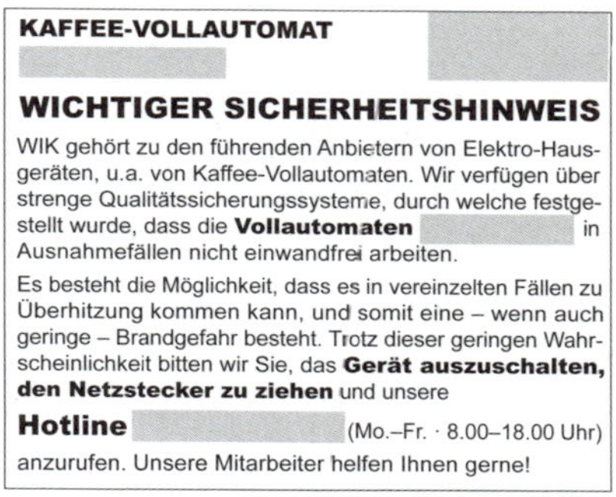
KAFFEE-VOLLAUTOMAT

WICHTIGER SICHERHEITSHINWEIS

WIK gehört zu den führenden Anbietern von Elektro-Hausgeräten, u.a. von Kaffee-Vollautomaten. Wir verfügen über strenge Qualitätssicherungssysteme, durch welche festgestellt wurde, dass die **Vollautomaten** in Ausnahmefällen nicht einwandfrei arbeiten.

Es besteht die Möglichkeit, dass es in vereinzelten Fällen zu Überhitzung kommen kann, und somit eine – wenn auch geringe – Brandgefahr besteht. Trotz dieser geringen Wahrscheinlichkeit bitten wir Sie, das **Gerät auszuschalten, den Netzstecker zu ziehen** und unsere

Hotline (Mo.–Fr. · 8.00–18.00 Uhr) anzurufen. Unsere Mitarbeiter helfen Ihnen gerne!

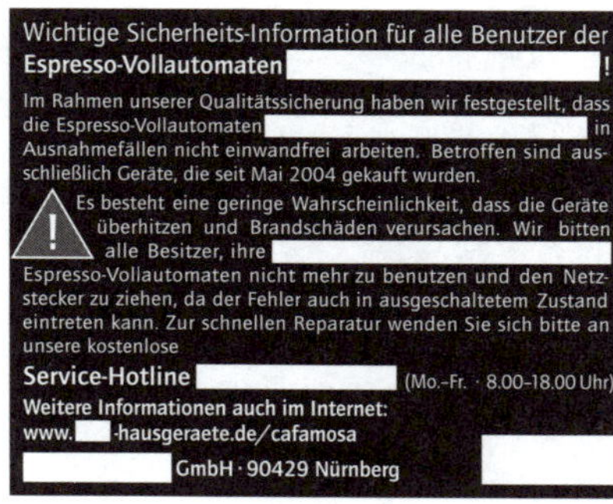
Wichtige Sicherheits-Information für alle Benutzer der **Espresso-Vollautomaten !**

Im Rahmen unserer Qualitätssicherung haben wir festgestellt, dass die Espresso-Vollautomaten in Ausnahmefällen nicht einwandfrei arbeiten. Betroffen sind ausschließlich Geräte, die seit Mai 2004 gekauft wurden.

Es besteht eine geringe Wahrscheinlichkeit, dass die Geräte überhitzen und Brandschäden verursachen. Wir bitten alle Besitzer, ihre Espresso-Vollautomaten nicht mehr zu benutzen und den Netzstecker zu ziehen, da der Fehler auch in ausgeschaltetem Zustand eintreten kann. Zur schnellen Reparatur wenden Sie sich bitte an unsere kostenlose

Service-Hotline (Mo.-Fr. · 8.00-18.00 Uhr)

Weitere Informationen auch im Internet:
www.-hausgeraete.de/cafamosa

GmbH · 90429 Nürnberg

Bild 2.1 Gesetzlich vorgeschriebene, angesichts der Realitäten aber sicherlich ungenügende Reaktion der Hersteller auf einen von ihnen zu vertretenden Mangel ihrer Erzeugnisse bzw. auf eine von ihnen verschuldete Gefährdung ihrer Kunden

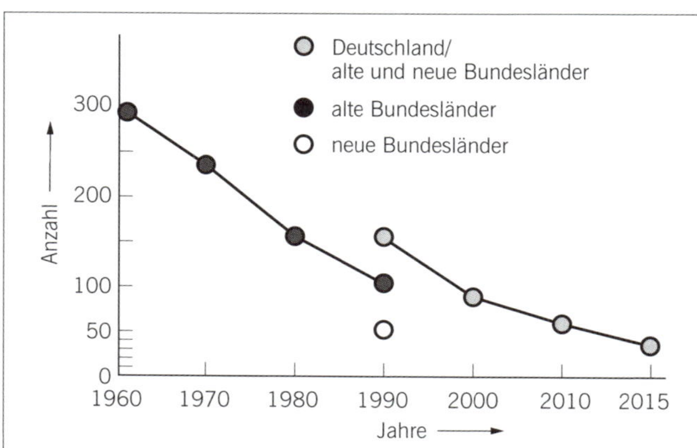

Bild 2.2 Tendenz der Anzahl der elektrischen Durchströmungen in Deutschland, die zum Tode des Durchströmten führten (Quellen: vde.com/de/ausschuesse/ und bgetem.de/arbeitssicherheit-gesundheitsschutz/)

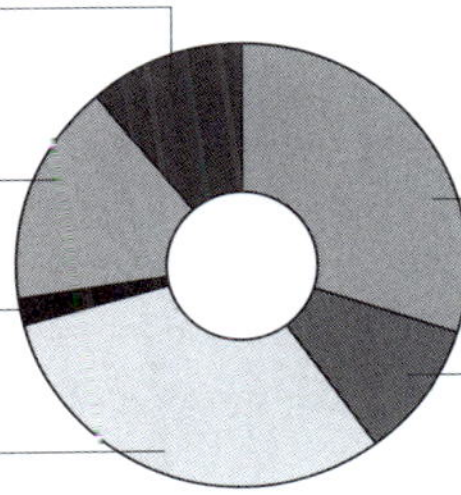

Bild 2.3 Prozentuale Anteile der Ursachen der Brände 2012 in Deutschland. An den durch die Elektrotechnik verursachten Bränden haben auch elektrische Geräte ihren Anteil. Die Wäschetrockner stehen zu Beginn der „Brand"liste, gefolgt von Fernseh-, Kühl-/Gefriergeräten, Geschirrspülern und Waschmaschinen. Steckdosenverteiler, Mehrfachstecker, Wasserkochtöpfe, Haartrockner und Kaffeemaschinen sind ebenfalls vorrangig beteiligt

Die durch elektrische Geräte entstandenen Brände sind allerdings nicht so offensichtlich. Es kann nur vermutet werden, welchen Anteil sie an den riesigen Verlusten und dem entstehenden menschlichen Leid haben (Bild 2.3).
Welche Schlussfolgerungen ergeben sich aus diesen Informationen?
Lässt sich daraus ableiten, dass die Sicherheit gut genug bzw. bereits so gut ist, dass wir auf das Prüfen der Geräte verzichten können? Oder ist es so, dass zwar viel Aufhebens um das Prüfen gemacht, aber dann doch zu wenig und viel zu oft nicht gut genug geprüft wird? Was meinen Sie?

Sachlich bedingte und organisatorische Unfallursache	Anzahl Unfälle	davon tödlich
Steckvorrichtungen oder Leitungsisolierungen defekt	3641	47
Kupplung verkehrt zusammensteckbar, Isolierung überbrückt oder defekt	353	8
Schutzleiterdefekte	1695	81
fehlender oder mangelhafter Berührungsschutz	1291	32
fehlender oder mangelhafter Schutz gegen elektrischen Schlag	694	50
fehlende oder fehlerhafte Aufsicht	2030	275
Verschulden Dritter, Instandsetzung durch fachunkundige Personen	1797	64
ungenügende Ausbildung oder Belehrung	544	8
sonstige Ursachen	7875	162

Tafel 2.2 Schäden an Geräten als anteilige Unfallursache (Erfassung über 15 Jahre durch die BG der Feinmechanik und Elektrotechnik)

Bevor Sie unsere Frage beantworten – zunächst nur für sich allein –, sollten Sie bitte noch bedenken:
Das hohe Niveau der Sicherheit, d. h. die relativ geringe Zahl der Unfälle, wurde unter anderem durch die Vielzahl der Prüfungen erreicht, die z. B. im Verantwortungsbereich der Berufsgenossenschaften vorgenommen wurden und werden.
Das ständige und nachdrückliche Propagieren der Prüfung und die damit entstandenen Diskussionen haben zweifellos dazu beigetragen, dass mehr als früher über die Sicherheit der Elektrogeräte nachgedacht und entsprechend reagiert wird.
Derzeitig werden bei weitem nicht alle Elektrogeräte wiederholt geprüft. Nun werden es von Jahr zu Jahr immer mehr, die wir benutzen, und komplizierter werden sie auch. Ist es überhaupt möglich, den damit entstehenden Prüfaufwand künftig zu schultern?
Sicherlich stimmen Sie mit uns überein, wenn wir sagen:

» **„Es darf nicht vorkommen, dass einer unserer Mitarbeiter, einer aus unserer Familie oder eine andere Person, die uns nahesteht, durch ein defektes elektrisches Gerät eine elektrische Durchströmung erleidet.“**

Die nachstehenden Pressemeldungen aus den vergangenen Jahren zeigen, dass es noch immer an einer fachkundigen Betreuung der Bürger, d. h. an einem verantwortungsbewussten und beharrlichen Wirken der Elektrotechniker, fehlt.

Im Bett verbrannt
(Berlin) Mysteriöser Feuertod einer pflegebedürftigen Frau. ... Nach derzeitigem Ermittlungsstand hat ein technischer Defekt am Bett der Seniorin das Feuer ausgelöst.

20 000 Euro Sachschaden
(Oldenburg) Gegen 1 Uhr 30 hatte sich das Feuer in der Küche entzündet. Durch die entstehenden Geräusche aufgewacht, entdeckte die Bewohnerin, dass der elektrische Wasserkocher brannte. Sie konnte sich mit den Kindern retten. Die sofort alarmierte Feuerwehr hat nur verhindern können, dass sich das Feuer auf die gesamte Wohnung ausbreitete.

Stromschlag machte aus Tim ein behindertes Kind
(Berlin) Die Staatsanwaltschaft geht davon aus, dass der Elektriker Jürgen N. den Unfall durch die vorgeschriebenen Prüfungen, einen Routinegriff, hätte verhindern können.

Und noch eine letzte Frage: Sind Sie – als der verantwortliche Prüfer (Tafel 2.1) – wirklich überzeugt davon, dass Sie mit dem Prüfen etwas Nützliches tun? Könnten Sie sich vorstellen, dass Sie sich zu den nachfolgenden Grundsätzen bekennen?

- Das Prüfen elektrischer Erzeugnisse ist ebenso wichtig wie die Durchsicht der Kraftfahrzeuge.

- Viel wichtiger als gesetzliche Vorgaben ist das Verständnis der Bürger für die Elektrosicherheit und die Notwendigkeit einer den jeweiligen Umständen angepassten Prüfung.
- Für jede Elektrofachkraft ist es eine selbstverständliche Pflicht, die Elektrolaien über die möglichen Gefährdungen durch defekte elektrische Erzeugnisse zu informieren.

Einige Argumente für die Nützlichkeit des Prüfens, mit denen Sie Ihren Standpunkt untermauern können, finden Sie im folgenden Abschnitt in den Fragen und Antworten.

Verantwortung und Aufgaben

Person, Funktion, Befähigung	Arbeitsaufgaben
Unternehmer	Durchsetzen einer auf die Sicherheit der Mitarbeiter ausgerichteten Betriebsphilosophie, Auswahl und Bestellung der verantwortlichen Elektrofachkraft
verantwortliche Elektrofachkraft	Organisation der Durchführung von Prüfungen, Mitarbeit bei der Erstellung von Gefährdungsbeurteilungen, Durchführung von Unterweisungen, Entscheidung über Art, Umfang und Prüftiefe, Auswahl und Bestellung von befähigten Personen oder Vergabe von Aufträgen über Prüfdienstleistungen
Prüfer, befähigte Person (Elektrofachkraft, auch die elektrotechnisch unterwiesene Person bei Anleitung/Kontrolle durch eine EFK)	Information aller Nichtfachkundigen über die Prüfnotwendigkeit und Hinweis auf etwaige Mängel, Bedienfehler usw. an den ins Blickfeld kommenden elektrischen Geräten, Durchführung der Prüfungen in Abstimmung mit der vEFK und Plausibilitätsprüfung der Vorgaben

Fragen und Antworten

Frage 2.1 Welche Gründe gibt es für das Prüfen elektrischer Geräte?

Wer ein technisches Betriebsmittel/Arbeitsmittel/Produkt herstellt, in den Verkehr bringt [1.1] [1.5] oder anderen für ihre Tätigkeit zur Verfügung stellt [1.2] [1.4], hat für dessen ordnungsgemäßen Zustand zu sorgen. Dies betrifft sowohl die Funktion als auch alle der Sicherheit dienenden Maßnahmen und Einrichtungen. **Dieses Gesetz, das BGB [1.4], gilt für jeden. Die Betriebssicherheitsverordnung [1.2] gilt für alle „Beschäftigten". Wer es nicht befolgt, handelt mindestens fahrlässig.**
Bei elektrischen Betriebsmitteln sind Defekte an den sicherheitstechnischen Einrichtungen und die damit auftretenden Gefährdungen nicht immer offensichtlich. Dem Nichtfachmann ist es daher kaum möglich, sie zu erkennen. Hinzu kommt, dass er aufgrund seiner fehlenden Kenntnisse die möglichen Gefährdungen unterschätzt und dann selbst bei erkennbaren Mängeln keine Elektrofachkraft hinzuzieht.

» **Elektrofachkräfte haben durch ihre Qualifikation eine Garantenstellung. Sie sind für die Elektrosicherheit ihrer Familie, Kollegen und Bekannten zwangsläufig mitverantwortlich; wenn sie diese Bürgerpflicht bewusst nicht wahrnehmen, kann das als fahrlässig eingeordnet werden.**

Außerdem spricht für die Notwendigkeit der Prüfung aller in Gebrauch befindlichen Geräte, dass zunehmend sogenannte Billiggeräte – teilweise mit gefälschtem CE- oder Prüfzeichen – auf den Markt kommen, deren mangelhafte Qualität/Sicherheit und Zuverlässigkeit nur von einer Elektrofachkraft erkannt werden kann. Bei einer dementsprechenden Kontrolle in den Lägern von Handelsorganisationen wurden von 4278 Geräten 445 wegen einfacher Sicherheitsmängel und 57 wegen konstruktiver Mängel beanstandet, 119 waren praktisch unbrauchbar.

Frage 2.2 Welchen Nutzen hat das regelmäßige Prüfen?

Als unmittelbarer Nutzen ist der sichtbar vorschriftsmäßige Zustand der Geräte zu nennen. Damit werden für das arbeitsschutzgerechte Verhalten der Mitarbeiter und ihren ordnungsgemäßen Umgang mit den Anlagen und Geräten Maßstäbe gesetzt. Dies zahlt sich aus. Außerdem nimmt sich der jeweils Verantwortliche damit selbst in die Pflicht. Er zeigt, dass er die Arbeitssicherheit ernst nimmt und dem Wohlergehen seiner Mitarbeiter große Bedeutung zuerkennt.

Ein solches Verhalten führt letztlich auch zu einem besseren Betriebsergebnis; die betrieblichen und persönlichen Schäden, die als Folge von Unfällen zwangsläufig entstehen, werden vermieden. Die unangenehmen Formalitäten und Bemerkungen, die sich beim Besuch eines Mitarbeiters der Berufsgenossenschaft oder der Gewerbeaufsicht ergeben können, sind dabei noch das Wenigste.

Durch regelmäßige Prüfungen wird auch die Anzahl der Geräteausfälle minimiert. Nichts ist ärgerlicher als z. B. eine Bohrmaschine, die auf der weit entfernten Baustelle wegen eines Kabelbruchs nicht mehr funktioniert. Im Rahmen einer regelmäßigen Prüfung wäre dies vermutlich schon frühzeitig aufgefallen und der kostspielige Ausfall hätte vermieden werden können.

Frage 2.3 Aus welchem Anlass ist eine Prüfung durchzuführen?

Für den jeweiligen Vorgesetzten, den Werkstätten-, Büro- oder Bauleiter, den Leiter einer Arbeitsgruppe, also jeden, der seinen Mitarbeitern elektrische Geräte zur Verfügung stellt, und ebenso für jede verantwortliche Elektrofachkraft besteht ein solcher Anlass, wenn

- der in betrieblichen Festlegungen vorgesehene Termin herangekommen ist,
- er bei seinen täglichen Kontrollen ein möglicherweise defektes Gerät ermittelt,

- in seinem Verantwortungsbereich ein Gerät genutzt wird, auf dem sich kein Hinweis (Prüfmarke o. Ä.) über die ordnungsgemäße Durchführung einer Prüfung befindet,
- ein betriebsfremdes Gerät entdeckt wird,
- eines der Geräte nicht ordnungsgemäß funktioniert,
- ein Gerät durch äußere Einflüsse (Wasser, Schmutz, mechanische Einwirkung, Vandalismus o. Ä.) unsachgemäß beansprucht wurde.

2

Für die verantwortliche Elektrofachkraft ist eine Prüfung darüber hinaus sinnvoll, wenn
- Geräte unsachgemäß benutzt, gelagert oder auf andere Weise übermäßig beansprucht wurden oder
- gleichartige Geräte teilweise erhöhte Ausfallquoten aufweisen, sodass mit einem „... entstehenden Mangel gerechnet werden muss ...“. [1.2] [1.9]

Frage 2.4 Welchen Aufwand erfordern die Prüfungen?

Eine allgemeingültige Antwort ist auf diese sehr allgemein gehaltene Frage nicht möglich. Handelt es sich um die meist schutzisolierten Geräte einer Verwaltung, so genügt es, jährlich oder in größeren Zeitabständen (Tafel 5.1) eine Sichtprüfung der Geräte am Ort ihrer Verwendung vorzunehmen und dann über eventuelle weitere Prüfungen (Abschnitt 6.3) zu befinden.

Geht es hingegen um stark beanspruchte Betriebsmittel einer Baustelle, so kann es sogar notwendig sein, täglich zu besichtigen und monatlich messtechnische Prüfungen (F 5.3) durchzuführen. Nur eine mit den Prüfaufgaben und den örtlichen Bedingungen bestens vertraute Elektrofachkraft kann die Notwendigkeit und den Umfang dieser Arbeiten hinreichend genau bestimmen. Vermindert werden kann die Häufigkeit oder der Umfang einer Prüfung, indem die Einsatzbedingungen verändert werden, die einen Einfluss auf den Zustand der Geräte haben können (Tafel 5.1).

Zu beeinflussen ist dieser Aufwand auch, indem
- nur hochwertige elektrische Geräte angeschafft werden, die für den Einsatzfall geeignet sind (die verantwortliche Elektrofachkraft sollte bei der Auswahl auf jeden Fall mitwirken),
- die Mitarbeiter im sachgerechten Umgang mit den Geräten unterwiesen werden.

Der unmittelbare Zeitaufwand für eine komplette Wiederholungsprüfung hängt von der Art der zu prüfenden Geräte und den verwendeten Prüfgeräten ab. Er liegt bei der Prüfung durch einen kompetenten Prüfer näherungsweise bei
- 5 Minuten bei einfachen Geräten der Schutzklasse II (Tischleuchte),
- 5 bis 10 Minuten bei einfachen Geräten der Schutzklasse I (PC) und
- 15 bis 30 Minuten bei komplizierten oder umfangreichen Geräten (Prüftafel).

Wer die Prüfung in Auftrag gibt, sollte angesichts der entstehenden Kosten bedenken:

- Ein guter, erfahrener Prüfer, der „mit einem Blick" prüfen kann, ist nicht billig, arbeitet aber sehr rationell.
- Ein unerfahrener Prüfer kann zwar kostengünstig, u. U. aber nicht ordnungsgemäß prüfen.

Nicht nur der Kostenanschlag, sondern vor allem die Kompetenz ist maßgebend (F 2.5). Vergibt beispielsweise ein Unternehmer die Prüfungen an einen Prüfdienstleister, der für 99 ct die Prüfung von Geräten anbietet, dann muss ihm klar sein, dass dies wirtschaftlich nicht möglich ist. Der Unternehmer hat dadurch nichts gespart. Er hat keine Sicherheit für die Beschäftigten, im Schadensfall keine ausreichende Dokumentation und dazu noch Geld „verbrannt".

3 Rechtsgrundlagen der Prüfung

3

Wie sicher ein technisches Gerät sein muss, welche Anforderungen von seinem Hersteller oder Importeur zu erfüllen sind, wenn es im Gebiet der Europäischen Union *„in den Verkehr“* gebracht werden soll, wird durch mehrere europäische Richtlinien geregelt. Mit dem Gesetz über die Bereitstellung von Produkten auf dem Markt (Produktsicherheitsgesetz – ProdSG) [1.1] werden diese Richtlinien in deutsches Recht umgesetzt. Sein Anwendungsbereich umfasst alle technischen Arbeitsmittel und alle technischen Gebrauchsgegenstände (Verbraucherprodukte), somit also auch elektrische Geräte und elektrische Anlagen.

Im Gesetz heißt es:
„Ein Produkt darf … nur in den Verkehr gebracht werden, wenn es so beschaffen ist, dass bei bestimmungsgemäßer Verwendung oder vorhersehbarer Fehlanwendung Sicherheit und Gesundheit von Verwendern oder Dritten nicht gefährdet werden.“
Danach hat dann der Anwender, der Betreiber des Geräts dafür zu sorgen, dass es bestimmungsgemäß eingesetzt und von seinen Leuten *„... so durch den Verkehr gebracht wird ...“*, dass Sicherheit und Gesundheit nicht gefährdet werden.
Problematisch in dem Zusammenhang sind Internet-Handelsplattformen, hier kann problemlos von Verkäufern außerhalb der EU ein elektrisches Gerät gekauft und importiert werden, dass nicht den Mindestanforderungen der EU entspricht. Der Käufer wird in diesem Fall der Importeur und haftet für das Gerät als Hersteller. Die Gefahren daraus sind nicht zu unterschätzen, denn oftmals handelt es sich um minderwertige Produkte, die nicht nach den Sicherheitsstandards der EU konstruiert sind.

3.1 Pflicht zur Prüfung durch den Hersteller

Rechtsgrundlage: Produktsicherheitsgesetz (ProdSG) [1.1]

1. Jedes „in den Verkehr gebrachte“ Gerät muss den Vorgaben der jeweils zutreffenden EU-Richtlinien und EN-Normen genügen.
Diese Übereinstimmung (Konformität) mit den grundlegenden Anforderungen der Richtlinien muss von seinem Hersteller eigenverantwortlich durch das Aufbringen der CE-Kennzeichnung (Communauté Européenne) bestätigt werden (F 3.1).

Die Richtigkeit dieser „Selbstbestätigung des Herstellers" wird durch die Gewerbeaufsicht, die Bundesanstalt für Arbeitsschutz und Arbeitsmedizin sowie andere staatliche Stellen stichprobenweise kontrolliert, Verstöße werden geahndet.

2. Jedes Gerät darf mit dem GS-Zeichen (Geprüfte Sicherheit) versehen werden, wenn eine dafür staatlich zugelassene Prüfstelle die Übereinstimmung des Baumusters mit den Richtlinien und den anderen für das Gerät zutreffenden Rechtsvorschriften und technischen Regeln (z. B. Normen) bestätigt hat.
Diese Prüfung und Kennzeichnung ist für den Hersteller freiwillig. Ein so gekennzeichnetes Gerät und seine Produktions-/Prüfverfahren werden einer regelmäßigen Kontrolle durch die Prüfstelle unterzogen, die das GS-Zeichen erteilt hat.

3. Jedem Gerät muss eine Betriebsanleitung in deutscher Sprache beigefügt werden.

3.2 Pflicht zur Prüfung durch den Anwender (Arbeitgeber/Betreiber)

Rechtsgrundlagen: Betriebssicherheitsverordnung vom 13.07.2015 [1.2], DGUV Vorschrift 3 (BGV A3) [1.8] vom 01.11.1979

Die Pflicht zu weiteren Prüfungen an einem bereits „in den Verkehr gebrachten" Arbeitsmittel hat nach der Betriebssicherheitsverordnung der Arbeitgeber, der dieses Arbeitsmittel – hier ein elektrisches Gerät – verwendet/betreibt, d. h. seinen Mitarbeitern oder anderen Beschäftigten zur Verfügung stellt.

Durch ihn muss sichergestellt sein [1.2], dass
„... Arbeitsmittel nur benutzt werden, wenn sie gemäß den Bestimmungen dieser Verordnung für die vorgesehene Verwendung geeignet sind."

Um dies zu gewährleisten, hat er **zuvor** durch eine Gefährdungsbeurteilung
„... Art und Umfang erforderlicher Prüfungen von Arbeitsmitteln sowie die Fristen von wiederkehrenden Prüfungen ... zu ermitteln und festzulegen" und
„... die notwendigen Voraussetzungen ... festzulegen, welche die Personen erfüllen müssen, die ... mit der Prüfung zu beauftragen sind."

Mit dieser Vorgabe wird deutlich gemacht, dass die Prüfpflicht für jede Person gilt, die andere Personen mit etwas beauftragt und ihnen Arbeitsmittel zur Verfügung stellt, egal ob als Unternehmer oder Vorgesetzter, Angestellter oder Beamter, als Bauleiter, Meister oder Schuldirektor. Dies gilt auch für einen Privatmann, der eine Hausangestellte oder Pflegekraft beschäftigt oder sich von einem anderen kostenlos helfen lässt.

Nach den allgemeinen Grundsätzen der persönlichen Verantwortung sollte auch jeder, der Familienmitgliedern, Gästen, Nachbarn usw. seine Geräte zur Verfügung stellt, dieser Pflicht genügen. Eine klare gesetzliche Vorgabe dafür gibt es allerdings nicht.

Das Unterlassen dieser Prüfungen ist für die Arbeitgeber eine Ordnungswidrigkeit und, wenn es vorsätzlich erfolgt und z. B. einen Beschäftigten gefährdet, eine Straftat [1.2, §§ 23].
Welche Pflichten der Hersteller oder der Betreiber bezüglich des Prüfens eines elektrischen Geräts zu erfüllen hat, zeigt **Bild 3.1.** Welche Prüfungen an den Geräten in welchem Umfang vorzunehmen sind, wird in **Bild 5.1** dargestellt. Die Methoden zum Bestimmen der nötigen Prüfungen und auch der Prüftermine (Gefährdungsbeurteilung) werden in Kapitel 4 erläutert.

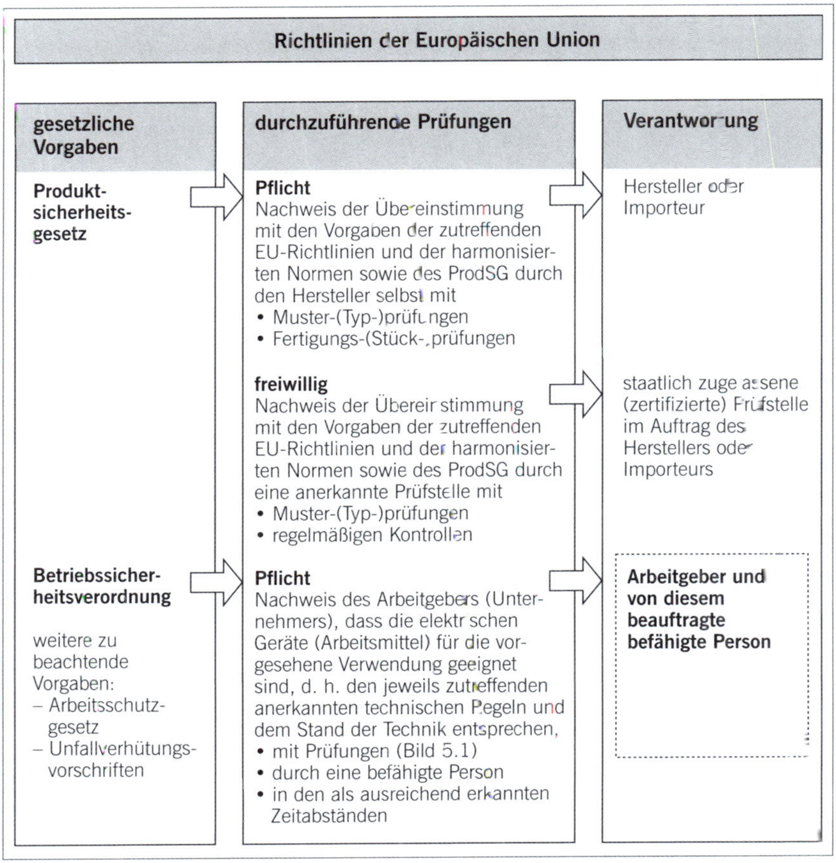

Bild 3.1 Vorgaben über die Pflicht zur Prüfung und Verantwortung für deren Umsetzung bei elektrischen Geräten

Im Folgenden wird aufgeführt, was vom Betreiber und dessen für das Prüfen verantwortlichen Mitarbeiter (Bild 3.1) beim Umsetzen der Vorgaben zu bedenken und wie dies durchzusetzen ist. Immer mit dem Ziel, *„... alle Mängel, mit denen gerechnet werden muss, rechtzeitig festzustellen.“* [1.8]

Dabei muss jeder verantwortliche Prüfer mit der Möglichkeit rechnen, dass

- **sowohl das CE- als auch das GS-Zeichen unberechtigt auf dem Gerät angebracht, also gefälscht wurden und**
- **ein Gerätetyp trotz des GS-Zeichens Mängel aufweist (F 3.1).**

Konkret beschreibt die BetrSichV [1.2] sogar, dass das *„Vorhandensein einer CE-Kennzeichnung am Arbeitsmittel ... nicht von der Pflicht zur Durchführung einer Gefährdungsbeurteilung* (also auch Erst- und Wiederholungsprüfung) *... entbindet“.*

3.3 Technische Regeln für die Prüfung durch den Betreiber

Rechtsgrundlagen: Technische Regeln zur Betriebssicherheit (TRBS) [2.3], DIN-VDE-Normen zur Prüfung elektrischer Geräte [2.2]

Wie die in den staatlichen Regelwerken [1.2] vorgeschriebenen Sicherheitsprüfungen an elektrischen Geräten durch ihren Betreiber vorzunehmen sind, kann den allgemein anerkannten elektrotechnischen Regeln entnommen werden. Dies sind z. B. die Normen

- DIN VDE 0701-0702; Prüfung nach Instandsetzung, Änderung elektrischer Geräte – Wiederholungsprüfung elektrischer Geräte – Allgemeine Anforderungen für die elektrische Sicherheit,
- (DIN EN 62353) VDE 0751; Instandsetzung, Änderung und Prüfung medizinischer elektrischer Geräte,
- (DIN EN 60974-4) VDE 0544-4; Wiederholungsprüfungen an Lichtbogenschweißeinrichtungen.

Zu beachten sind – infolge der unvermeidlichen Überschneidungen der Geltungsbereiche – gegebenenfalls auch

- DIN VDE 0105-100; Betrieb elektrischer Anlagen (Bild 5.1),
- (DIN EN 60204-1) VDE 0113-1; Elektrische Ausrüstungen von Maschinen und
- (DIN EN 61439-1) VDE 0660-600-1; NS-Schaltgerätekombinationen.

Darüber hinaus gibt es weitere elektrotechnische Regeln, die für einen bestimmten Anwendungsfall oder ein besonderes Einsatzgebiet, z. B. medizinisch genutzte Räume [2.29], gedacht sind. Auch die Fachliteratur, die auf den Festlegungen der Normen beruht und diese erläutert, ist gegenüber den technischen Regelwerken ein Spiegel des „Standes der Technik“ und damit den Regelwerken voraus.

Der Arbeitgeber (Unternehmer/Betreiber usw.) bzw. die mit dem Prüfen beauftragte befähigte Person/verantwortliche Elektrofachkraft kann und muss letztlich entscheiden, welche Regel angewandt wird, um die Vorgaben der Betriebssicherheitsverordnung zu erfüllen.

3

Wer die oben angeführten DIN-VDE-Normen zur Grundlage seiner Prüfungen macht, befindet sich gewissermaßen auf der sicheren Seite. Im Fall eines Schadens/Unfalls muss ihm nachgewiesen werden, dass seine Entscheidung falsch war. Hat er im Gegensatz dazu die Normen nicht oder nicht völlig berücksichtigt, legt die Beweislast bei ihm.

Bei jeder Entscheidung ist zu beachten, dass es sich bei den in den Normen genannten Vorgaben, Prüfungen, Prüfverfahren, Kenn- und Grenzwerten „lediglich" um Mindestforderungen handelt und nicht alle gegebenenfalls erforderlichen Einzelheiten aufgeführt werden können.

Bei allen genannten Normen geht es um das gleiche Schutzziel, d. h. um den Nachweis des Vorhandenseins der elektrischen Sicherheit bzw. der Wirksamkeit der die Sicherheit gewährleistenden Schutzmaßnahmen. Bitte beachten Sie:

» **Eine Wiederholungsprüfung elektrischer Geräte nach DIN VDE 0701-0702 ist gründlicher und umfangreicher als die Wiederholungsprüfung nach einer der für elektrische Anlagen – mit deren Geräten – geltenden Normen.**

Und außerdem:

» **Nicht immer trifft die Norm genau den Kern der Prüfaufgabe. Es ist immer zu überlegen, ob durch Besonderheiten des jeweiligen Prüflings höhere Anforderungen an das jeweilige Prüfverfahren zu stellen sind oder zusätzliche Prüfschritte erfolgen sollten (F 3.10, F 3.11). Nach welchen Vorgaben geprüft wurde, ist zu dokumentieren.**

3.4 Bestimmen der befähigten Person

Rechtsgrundlagen: Betriebssicherheitsverordnung vom 13. 07. 2015 [1.2], TRBS 1203 [2.31], VDE 1000-10 [2.1]

Der Arbeitgeber/Unternehmer muss das Prüfen und Erproben der Arbeitsmittel seines Bereichs – hier elektrische Geräte – einer befähigten Person übertragen [1.2]. Da er als Nichtfachkundiger die zum Prüfen erforderliche Befähigung nicht besitzt, kann er selbst nicht fachlich tätig werden (Tafel 3.2). Dieser verantwortlichen Elektrofachkraft obliegt es dann, die Organisation der Prüfung vorzunehmen und die erforderliche Befähigung der gegebenenfalls von ihr mit den Prüfarbeiten zu beauftragten Personen (Bild 3.2) zu gewährleisten.

Erinnert sei hier daran, dass Prüfungen an den elektrischen Anlagen und Geräten nur von Elektrofachkräften vorgenommen werden dürfen, die zur Prüfung befähigt sind [2.18, 2.19, 2.28]. Das heißt, der Arbeitgeber und seine verantwortliche Elektrofachkraft müssen sich davon überzeugen, dass die von ihnen mit dem Prüfen betrauten Mitarbeiter tatsächlich auch darin erfahrene Elektrofachkräfte sind (F 3.23). Sie sollten diese Entscheidung protokollieren.

Einen Standard dazu ist in der VDI 4068 Blatt 4 [4.9] beschrieben. Der VDI hat in diesem Blatt die Anforderungen der BetrSichV und der TRBS 1203 an den Prüfer von handgeführten elektrischen Arbeitsmitteln zusammengestellt. Eine Elektrofachkraft, die einen Lehrgang nach VDI 4068 erfolgreich abgeschlossen hat, ist grundsätzlich für die Prüfung von Geräten qualifiziert.
Diese Qualifikation muss natürlich auch regelmäßig aufrechterhalten werden, der VDI empfiehlt dazu spätestens alle drei Jahre einen externen Erfahrungsaustausch.

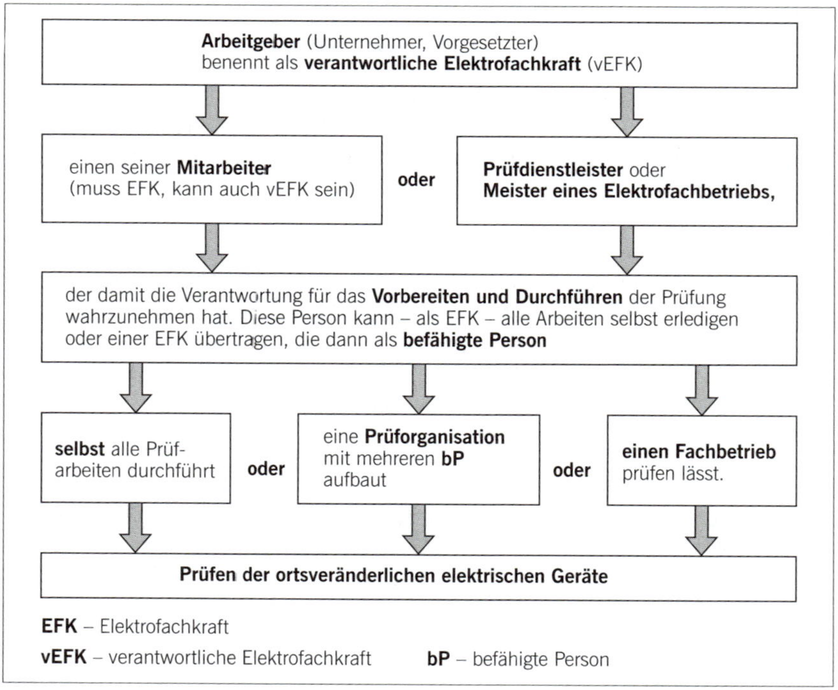

Bild 3.2 Bestimmen des/der Verantwortlichen für das Vorbereiten und Durchführen der Prüfung

Die erforderliche Qualifikation der befähigten Person ergibt sich aus den ihr jeweils zugeordneten Aufgaben:

- Hat sie auch disziplinarische Verantwortung, z. B. das Leiten der auch prüfenden Elektroabteilung, so ist in der Regel ein Elektromeister/-ingenieur einzusetzen. [2.1]
- Geht es „nur“ um das Organisieren der Prüfung, das Festlegen von Prüfverfahren, Einrichten von Prüfplätzen und/oder das Prüfen komplizierter Geräte/Ausrüstungen, so ist zumindest eine im Prüfen sehr erfahrene Elektrofachkraft (EFK) erforderlich.

Befähigte Person (bP) für el. Arbeitsmittel nach BetrSichV [1.2] – Elektrofachkraft, Erfahrungen im Prüfen und Organisieren – Fähigkeit zum Gewährleisten der Elektrosicherheit, zum Erarbeiten von Gefährdungsbeurteilungen und von Prüfvorgaben – Kenntnis der Prüfgeräte und der zu prüfenden Geräte – Anleiten von EFK und EuP im Prüfteam
Verantwortliche Elektrofachkraft (vEFK) nach VDE 1000-10 mit Führungsaufgaben (E-Abt. o. ä.) – Elektrofachkraft, Erfahrungen im Errichten, Prüfen und Betreiben el. Anlagen sowie im Organisieren und Leiten techn. Prozesse – Fähigkeit zum Gewährleisten der Elektrosicherheit, zum Erarbeiten von Gefährdungsbeurteilungen oder
Verantwortliche Elektrofachkraft (vEFK) als Stabsorgan nach VDE 1000-10 – Elektrofachkraft, Erfahrungen im Errichten, Prüfen und Betreiben el. Anlagen sowie im Organisieren technischer Abläufe/Verfahren – Fähigkeit zum Gewährleisten der Elektrosicherheit, zum Erarbeiten von Gefährdungsbeurteilungen und von Prüfvorgaben
Elektrotechnisch unterwiesene Person (EuP) – Prüft unter fachlicher Leitung und Aufsicht durch die befähigte Person/verantwortliche Elektrofachkraft – Fähigkeit zum arbeitsschutzgerechten Verhalten, zum Prüfen nach konkreter Prüfanweisung oder unter direkter Anleitung

Tafel 3.1 Wesentliche Merkmale der Qualifikation von Personen, die das Prüfen von elektrischen Geräten vornehmen

Die Merkmale dieser „befähigten Personen“ sind in **Tafel 3.1** aufgeführt.

Bei ihrer Auswahl und der jeder anderen mit Prüfungen beauftragten Person gilt:

- **Allein eine Ausbildung zum Elektrofacharbeiter, Elektromeister oder -ingenieur genügt nicht, um für bestimmte Prüfarbeiten und die damit verbundenen Entscheidungen „befähigt“ zu sein.** Immer sind auch die Qualifikation einer „Elektrofachkraft“ [Anhang 2, F 3.21) sowie aktuelle (zeitnahe) Erfahrungen, z. B. beim Prüfen und Beurteilen von elektrischen Geräten, im Umgang mit den Prüfgeräten, bei der Organisation von Arbeitsprozessen und bezüglich des Arbeitsschutzes erforderlich. Ebenso muss die „befähigte Person“ die für ihre Tätigkeit nötigen Regelwerke und den Stand der Technik kennen.

- Die nach Betriebssicherheitsverordnung einzusetzende befähigte Person ist schriftlich zu bestellen (Tafel 3.2), dies gilt auch für eine verantwortliche Elektrofachkraft. [2.1]
- Die befähigte Person und auch jeder andere mit Prüfarbeiten beauftragte Mitarbeiter muss dann auch selbst dafür sorgen, dass er die für seine Arbeitsaufgabe erforderliche Befähigung besitzt und seine Kenntnisse ständig aktualisiert.

3.5 Bestimmen von Art, Umfang und Termin der Prüfung

Rechtsgrundlagen: ProdSG [1.1], BetrSichV [1.2], DGUV Vorschrift 3 (BGV A3) [1.8], DIN-VDE-Normen zur Prüfung [2.2], TRBS 1201 [2.34] und TRBS 1111 [2.35]

Hersteller und Importeure sind verpflichtet, nur sichere und damit geprüfte Geräte – Arbeitsmittel und Verbraucherprodukte [1.1] – in den Verkehr zu bringen. Dies gilt für alle elektrischen Geräte, egal für welchen Zweck, mit welchen Bauelementen und in welcher Größe sie hergestellt wurden.

Dem Arbeitgeber (Betreiber, Besitzer, Anwender) wird vorgegeben, die von ihm als Arbeitsmittel oder Verbraucherprodukt verwendeten Geräte einer Eingangs-/Erstprüfung und dann den Wiederholungsprüfungen und gegebenenfalls – nach einer Instandsetzung – einer dafür vorgesehenen Prüfung [2.28] [1.2] zu unterziehen. Diese Pflicht gilt für Industrie und Handwerk sowie für Schulen, Behörden und alle anderen Institutionen, die Personen beschäftigen. Sie gilt auch für die zum eigenen Gebrauch selbst hergestellten Geräte.

Vom Arbeitgeber bzw. von seiner befähigten Person/verantwortlichen Elektrofachkraft ist nach BetrSichV [1.2] und Arbeitsschutzgesetz (ArbSchG) [1.3] zu beurteilen, welche Gefährdungen für die Arbeitnehmer beim Anwenden der elektrischen Geräte (Arbeitsmittel) unter den betrieblichen (bestimmungsgemäßen) Bedingungen auftreten können (Gefährdungsbeurteilung). Diese Gefährdungsbeurteilung soll schon bei der Auswahl von neu anzuschaffenden Geräten beginnen und muss spätestens vor der ersten Verwendung des Geräts abgeschlossen sein. Dies ist nötig, um sicherzustellen, dass nur für die Verwendung geeignete Geräte angeschafft und benutzt werden.
Der Umfang der Prüfungen ist in **Bild 3.3** dargestellt. Wie, wann und in welchem Umfang sie durchzuführen sind, um entstehende Gefährdungen durch die Geräte gemäß Betriebssicherheitsverordnung [1.2] und DGUV Vorschriften [1.8] bereits im Entstehen abzufangen, ist von der verantwortlichen Elektrofachkraft festzulegen.

In DIN VDE 0701-0702 werden Prüfverfahren empfohlen, die zum Nachweis der Elektrosicherheit bei allen Arten der elektrischen Geräte (Bemessungsspannung bis 1000 V), vom Kinderspielzeug bis zum Baustromverteiler, geeignet sind. Sie gestatten diesen Nachweis auch für ortsfest angeordnete, fest angeschlossene Geräte und auch für solche Erzeugnisse, die nicht unbedingt als herkömmliche Geräte angesehen werden können, wie Maschinensteuerungen, Boote, Leitungsstrecken, Verteiler, Verlängerungsleitungen/Leitungsroller. Und sie gestatten im Prinzip den Nachweis der elektrischen Sicherheit auch für ungewöhnliche Geräte oder technische Lösungen. Viele Praxiserfahrungen, die sich beim Prüfen in den letzten Jahren ergeben haben, werden in den folgenden Kapiteln als Hinweise aufgeführt.

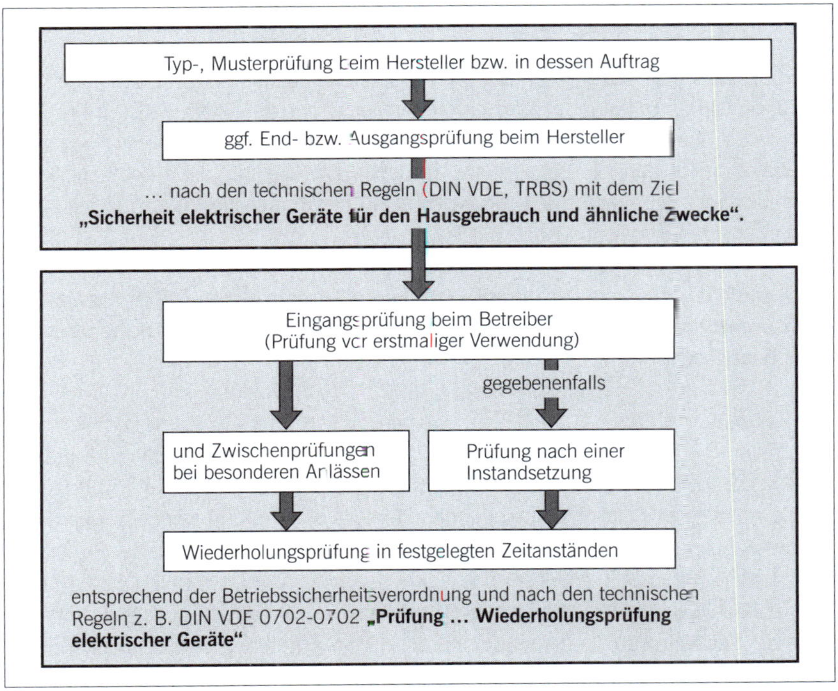

Bild 3.3 Umfang/Art der Prüfungen eines einzelnen ortsveränderlichen elektrischen Betriebsmittels

Besonderheiten der Prüflinge, die zu beachten sind und gegebenenfalls spezielle Prüfgänge/Prüfverfahren erfordern, muss der Prüfer selbst erkennen und berücksichtigen (Abschnitt 6.1).

Einzelheiten zur Art und zum Umfang der Prüfung siehe Kapitel 5.

3.6 Dokumentieren der Prüfungen

Rechtsgrundlagen: BetrSichV [1.2], DIN-VDE-Normen [2.28] [2.29] [2.30]

In der Betriebssicherheitsverordnung wird, im Gegensatz zu früheren Festlegungen [1.9] [2.26], nunmehr mit „Der Arbeitgeber hat die Ergebnisse der Prüfungen ... aufzuzeichnen. Die Aufzeichnungen *sind über einen angemessenen Zeitraum aufzubewahren, mindestens bis zur nächsten Prüfung*" das Dokumentieren verbindlich vorgegeben.
Inhaltlich wird aktuell nur gefordert, das Ergebnis der Prüfung und Abweichungen vom Sollzustand aufzuzeichnen [1.2]. Es würde also buchstabengetreu genügen, die geprüften Geräte mit einer Prüfplakette (mit Monat und Jahr der nächsten Prüfung) zu kennzeichnen und in einer Bestandsliste der Elektrogeräte die positiv geprüften abzuhaken. Dies kann so gehandhabt werden, wenn die komplette betriebliche Organisation inkl. der Gefährdungsbeurteilungen darauf abgestimmt ist. In der Praxis ist dies in sehr wenigen Fällen möglich.

Wesentlich ist, dass die Dokumentation dem gut informierten Prüfer ermöglicht, das Durchführen (Tafel 10.1) und den positiven Abschluss der Prüfung überzeugend nachzuweisen.

Wie zu dokumentieren ist (Tafel 10.3) und wie die geprüften Geräte zu kennzeichnen sind (Bild 10.1), kann ebenfalls von der verantwortlichen Elektrofachkraft entschieden werden. Er sollte sich jedoch mit dem Betreiber/Auftraggeber der zu prüfenden Geräte abstimmen, dieser muss ja gegebenenfalls die Prüfung seiner Geräte damit nachweisen können. Das Protokollieren aller Details und das Erläutern der Prüfergebnisse bis ins Detail ist in elektronischer Form kaum ein Mehraufwand. Dies ist Stand der Technik. Die Dokumentation kann nicht nur im Schadensfall helfen, sondern auch als Erkenntnisquelle dienen, wenn es um die Ermittlung von Schadenshäufigkeiten oder Lebensdauer von Geräten geht.
Eine handschriftliche Dokumentation ist nur noch für kleinere oder sehr spezielle Prüfaufgaben sinnvoll. Dann kann fallweise über die Details der Dokumentation entschieden werden.

Einzelheiten zum Dokumentieren siehe Kapitel 10.

3.7 Arbeitsschutz beim Prüfen

Rechtsgrundlagen: Arbeitsschutzgesetz [1.3], DGUV Vorschrift 3 (BGV A3) [1.8], auch VDE 0104 [2.8] und DGUV Information 203-034 (BGI 891) [4.8]

Das Prüfen an elektrischen Geräten ist eine sogenannte *„gefahrengeneigte"* Tätigkeit. Dementsprechende Vorgaben für das Verhalten am Prüfplatz und gegebenenfalls für

METREL
3P-Aktiv GT/ Maschine

METREL
QR
OPEN PROJECTS
SETTINGS
UPCOMING RETESTS
EDIT LISTS
AUTOTEST EDITOR
ABOUT
HELP
DeltaGT

das Arbeiten in der Nähe von oder an Spannung führenden Teilen sind in den oben genannten Regelwerken enthalten. Sie müssen vom Betreiber (Unternehmer) des Prüfplatzes bzw. von der dafür verantwortlichen Elektrofachkraft umgesetzt werden. Dazu gehört auch das Erstellen einer **Gefährdungsbeurteilung** für die Prüfarbeiten an dem Prüfplatz und das Festlegen der erforderlichen Maßnahmen des Arbeitsschutzes zur Abwehr der Gefährdungen.
Die Gefährdungsbeurteilung ist im unmittelbaren Zusammenhang mit dem Vorbereiten der Prüfung und vor der ersten Inbetriebnahme des Prüfplatzes durch den Prüfer zu erarbeiten.
Sie ist gegebenenfalls zu ergänzen, wenn Geräte zu prüfen sind, die neue Gefährdungen mit sich bringen oder neue Prüfmittel angewandt werden.

Einzelheiten zum Arbeitsschutz siehe Kapitel 9.

3

Verantwortung und Aufgaben – Umsetzen der Gesetze

Gesetze, Normen und andere Regeln, in denen die Verantwortung für das Prüfen elektrotechnischer und anderer Erzeugnisse festgelegt sowie die Prüfaufgaben benannt werden, enthalten vielfach unterschiedliche Bezeichnungen für Personen/Funktionen mit gleichem Arbeitsinhalt. Dies irritiert erheblich, nachfolgend wird ihr Zusammenhang daher erläutert.

Person, Funktion, Befähigung	Arbeitsaufgaben
Unternehmer (Arbeitgeber, Betreiber) [1.2] [2.3]	Umsetzen der gesetzlichen Vorgaben, Auswahl und Bestellung der verantwortlichen Elektrofachkraft
verantwortliche Elektrofachkraft (vEFK) [1.2] [2.3]	Information des Arbeitgebers/Vorgesetzten über ihre Pflicht zur Prüfung und den Arbeitsschutz beim Prüfen, Durchführen der Gefährdungsbeurteilung; Bestimmen der anzuwendenden technischen Regeln, Auswahl und Bestellung der befähigten Personen; Bestätigen des Qualifikationsmerkmals „Elektrofachkraft“, Fachverantwortung für den Prüfprozess
befähigte Person	Vorbereiten und Durchführen der Prüfungen, Fachverantwortung für das Prüfen

Fragen und Antworten

- zu gesetzlichen Vorgaben und der Prüfpflicht → Fragen 3.1 bis 3.5.
- zu den technischen Regeln, Normen → Fragen 3.6 bis 3.15
- zur Verantwortung und Befähigung → Fragen 3.16 bis 3.21

Frage 3.1 Welche Bedeutung hat die CE-Kennzeichnung, sind Fälschungen üblich?

Mit der CE-Kennzeichnung kennzeichnet der Hersteller, dass sein Produkt (Gerät) die in den EU-Richtlinien festgelegten Grundanforderungen der Sicherheit gewährleistet [1.1].

Voraussetzung dafür ist, dass er mit einer *„Konformitätserklärung"* bestätigt, die sein Produkt betreffenden Vorgaben der EU (Richtlinien, Normen) eingehalten zu haben.

Das CE-Zeichen ist somit kein Prüfzeichen, sondern eher eine „Eintrittskarte" in den Binnenmarkt der EU. Inwieweit man seiner Qualitäts- bzw. Sicherheitsaussage „Übereinstimmung mit den EU-Richtlinien" trauen kann, hängt von der Seriosität des Herstellers oder Importeurs ab. Eine Fälschung ist – wie die Erfahrungen und die aktuellen Meldungen (Anhang 3) zeigen – nicht auszuschließen.

Wenn möglich, sollte daher darauf geachtet und den Anwendern empfohlen werden, grundsätzlich Geräte zu bevorzugen, die neben dem CE-Zeichen auch das GS-Zeichen oder ein anderes gleichwertiges Prüfzeichen (Anhang 4) aufweisen.

Die Möglichkeit der Fälschung ist natürlich auch für das GS-Zeichen gegeben. Sie ist jedoch – für den erfahrenen Prüfer – oftmals optisch erkennbar, da es sich bei den damit unberechtigt gekennzeichneten Geräten zumeist um „schmalbrüstige" Typen, um Billiggeräte handelt, die eine Typprüfung augenscheinlich nicht aushalten würden.

Es ist auch nicht auszuschließen, dass bei einem Gerätetyp, trotz eines ordnungsgemäß erteilten GS-Zeichens, Mängel vorhanden sind. Die Aussagen der Prüfstellen können aus verschiedenen Gründen, z. B. der unterschiedlichen Auslegung der Vorgaben oder unterschiedlicher Konsequenz bei den Bewertungen, zu verschieden Ergebnissen führen, und auch dort sind menschliche Fehler nicht auszuschließen.

Hinweise

- Auf die Darstellung des CE-Zeichens ist zu achten!
  CE = EU-Kennzeichnung – die Buchstaben berühren sich.
  C E = „China-Export" – die Buchstaben stehen getrennt.
- Eine bestandene Wiederholungsprüfung nach DIN VDE 0701-0702 kann die CE-Kennzeichnung nicht ersetzen. Dafür wäre eine Muster-/Typprüfung erforderlich (Bild 3.1), die vom Betreiber des Geräts nicht vorgenommen werden kann.
- Die CE-Kennzeichnung wurde ab 1997 eingeführt [1.1]. Bei Geräten, die vor diesem Zeitpunkt hergestellt wurden, entscheidet ihr Betreiber über die zum Gewährleisten der Sicherheit erforderlichen Maßnahmen (Gefährdungsbeurteilung, Vorgaben aus [1.2]).
- Das Studium der Mängellisten der Kontrollorgane (Anhang 3) gehört auch zur ständigen Information des Prüfers.

Es ist nicht Aufgabe der befähigten Person, die CE-Kennzeichnung zu verwerfen oder zu bestätigen. Bei der Prüfung nach Betriebssicherheitsverordnung und DIN VDE 0701-0702 geht es nur um die Bestätigung der Eignung für den Einsatzbereich und die elektrische Sicherheit.

Frage 3.2 Gelten die gesetzlichen Vorgaben auch für importierte, privat eingeführte oder selbst hergestellte Geräte?

Die gesetzlichen Festlegungen gelten unabhängig vom Herkunftsland und von der Art der Einfuhr, d. h. für alle Geräte die in Deutschland oder einem anderen Land der EU „in den Verkehr gebracht", d. h. einer anderen Person zur Verfügung gestellt werden (Verkauf, Verleih, Verschenken, Bereitstellen usw.). Eine Ausnahme sind Geräte, die antiquarischen Wert haben oder als Kunstgegenstände anzusehen sind. Bei ihnen hat der Besitzer zu sichern, dass eine gefahrbringende Anwendung nicht möglich ist oder eine Unterweisung erfolgt. [1 1] [1.2].
Mit der Neuausgabe der Betriebssicherheitsverordnung hat sich für selbst hergestellte Geräte für die innerbetriebliche Verwendung eine Erleichterung ergeben. Diese Geräte müssen genauso wie alle anderen „in Verkehr gebrachten" Geräte auch den EU-Richtlinien und den damit zusammenhängenden Normen entsprechen, jedoch ist es nicht notwendig, ein CE-Kennzeichen anzubringen. Der formale und letzte Schritt bei der Produktherstellung, die Erstellung der CE-Konformitätserklärung und das Anbringen der CE-Kennzeichnung, darf entfallen.
Neuerdings ist es für jedermann möglich über Internet-Handelsplattformen selbst elektrische Geräte zu Importieren. Oftmals versuchen sogar die Händler zu verschleiern dass daie Geräte aus dem nicht-EU-Ausland kommen. Damit wird der Käufer zum Importeur und ist somit haftbar im Sinne des ProdSG wenn er das Gerät in Verkehr bringt. Relevant ist das nicht nur für Laptop-Zubehör und Unterhaltungselektronik sondern auch für Küchenkleingeräte.

Frage 3.3 Gilt die Prüfpflicht auch für Privatpersonen?

Nein, zumindest nicht unmittelbar. Es besteht für sie keine direkte gesetzliche Pflicht, ihre elektrischen Betriebsmittel prüfen zu lassen. Natürlich haben auch sie als Besitzer von Elektrogeräten dafür zu sorgen, dass von diesen keine Gefährdung ausgeht. Kommt es durch ein defektes Gerät zu einem Unfall oder Schaden, so werden sie zivilrechtlich zur Verantwortung gezogen. Soll dies vermieden werden, so sind normgerechte Prüfungen die einzig mögliche vorbeugende Maßnahme (Anhang 2).

Hinweis
Wird im privaten Bereich eine fremde Arbeitskraft beschäftigt, so gelten auch für die von ihr benutzten elektrischen Geräte die gesetzlichen Vorgaben zur Sicherheit [1.1] [1.2] [1.8].

Frage 3.4 Welche Folgen hat ein Verzicht auf die Wiederholungsprüfung?

Für den Arbeitgeber bzw. Unternehmer eines Betriebes ist eine solche Entscheidung zunächst einmal eine Ordnungswidrigkeit im Sinne der Betriebssicherheitsverordnung. Ihm kann somit ein „Bußgeld“ oder ein „Verfall“ auferlegt werden. Außerdem ist ein solch bewusster und wiederholter Verstoß eine grobe Fahrlässigkeit und wird nach der Betriebssicherheitsverordnung und letztendlich nach dem Strafgesetzbuch gegebenenfalls strafrechtlich geahndet. Letzteres gilt im Prinzip auch für Privatpersonen, wenn durch deren defekte Betriebsmittel ein Schaden entsteht.

Hinweis
Dass elektrische Geräte defekt sein können und dann unser Leben gefährden, auch wenn sie noch gut funktionieren, ist den meisten Bürgern noch nicht bewusst.

Frage 3.5 Sind durch ein Verletzen der Prüfpflicht bereits Unfälle/Schäden entstanden?

Die Schutzkonzeption der Elektrotechnik (Kapitel 4) bietet eine sehr hohe Sicherheit. Selbst defekte elektrische Geräte (erster Fehler, Bild 4.1) bewirken allein für sich noch keine unmittelbare Gefahr, erst ein zweiter Fehler oder ein dann folgendes unsachgemäßes Verhalten haben eine Gefährdung und möglicherweise einen Unfall/Schaden zur Folge.

Hinzu kommt der in immer größerem Umfang wirksam werdende sogenannte Zusatzschutz in den elektrischen Anlagen. Er verhindert, dass die durch Geräte- oder Verhaltensfehler auftretenden Durchströmungen zu Gesundheitsschäden führen (Bild 4.4). Diese Ereignisse – Gerätefehler – erscheinen dann nicht in den Statistiken. Insofern ist es verständlich, dass nur wenige der vielen Verstöße gegen die Prüfpflicht bekannt und durch Richterspruch geahndet werden. Zu bedenken ist auch, dass manche durch Mängel in elektrischen Ausrüstungen entstandenen Brände oder Todesfälle nicht von der Statistik „Elektrischer Schlag mit Todesfolge“ erfasst werden.

Es ist somit der hochwertigen Schutzkonzeption zu verdanken, dass die leider in großer Anzahl vorhandenen Gerätefehler (Tafeln 1.1, 1.2 und 2.2) bisher ohne weitreichende Folgen geblieben sind.

Trotzdem aber muss diese Frage mit einem **„JA“** beantwortet werden. Neben unsachgemäßem Verhalten sind defekte, also nicht rechtzeitig geprüfte Geräte, die Ursache solchen Geschehens (Tafel 2.2).

Frage 3.6 Welche technischen Regeln/Vorgaben sind außer den Normen zu beachten?

Die VDE-Bestimmungen – durch einen Vertrag des VDE (Verband der Elektrotechnik Elektronik Informationstechnik e. V.) mit der Bundesrepublik Deutschland und dem DIN (Deutsches Institut für Normung) als DIN-VDE-Normen herausgegeben – sind allgemein anerkannte technische Regeln, die für alle Erzeugnisse der Elektrotechnik in Deutschland gelten. Sie sind deshalb, und auch weil sie von den Fachleuten aller mit Elektrotechnik befassten deutschen Institutionen gemeinsam erarbeitet und bestätigt werden, zumeist die wichtigsten deutschen Regeln auf diesem Fachgebiet. Weitere für umfangreiche Bereiche geltende und mit unterschiedlicher Verbindlichkeit ausgestattete Regelwerke sind im Zusammenhang mit elektrischen Geräten

- Technische Regeln für Betriebssicherheit (TRBS),
- berufsgenossenschaftliche Regeln/Informationen und
- Publikationen des VdS-Schadenverhütung sowie
- Vorgaben der Versicherungen.

Hinzu kommen die in der Fachliteratur und in den Fachzeitschriften veröffentlichten Kommentare und Berichte, die zumeist aktueller sind, als die einem umfangreichen bürokratischen Ablauf unterworfenen Normen.

Frage 3.7 Wer ist für das Einhalten der Normen verantwortlich, sind Abweichungen zulässig?

Die DIN-VDE-Normen (VDE-Bestimmungen) sind Empfehlungen und haben allein für sich keinen Rechtscharakter. Zumeist können sie – wie z. B. DIN VDE 0701-0702 – als anerkannte elektrotechnische Regeln angesehen werden. Bei der Beurteilung der in den Prüfnormen enthaltenen Vorgaben muss aber beachtet werden, dass

1. die Normen Schutzziele vorgeben – DIN VDE 0701-0702: Gewährleisten der Sicherheit für den Anwender – die nicht immer hundertprozentig mit konkreten Festlegungen untersetzt werden können,
2. es sich bei allen Vorgaben um Mindestwerte der Sicherheit handelt – DIN VDE 0701-0702: z. B. Isolationswiderstand 1 MΩ (Bild 4.2) – die nicht immer das Optimum der Sicherheit beschreiben,
3. nicht alle Besonderheiten aller Prüflinge berücksichtigt werden können – DIN VDE 0701-0702: z. B. die der Drehstromgeräte und
4. die Normen – vor allem wenn Abstimmungen in internationalen Gremien nötig sind – immer etwas hinter den aktuellen technischen Entwicklungen und Erfahrungen zurückbleiben.

Gemäß Betriebssicherheitsverordnung liegt die Verantwortung für alle die Sicherheit betreffenden Entscheidungen beim Arbeitgeber/Unternehmer. Dieser überträgt dann u. a. den für das Prüfen der ortsveränderlichen elektrischen Geräte betreffenden Teil seiner Fachverantwortung auf die von ihm bestimmte befähigte Person, bei der dann die Verantwortung für das Festlegen und das Anwenden der Normen und anderer zutreffender Regeln liegt.

Das Wahrnehmen dieser Verantwortung heißt jedoch nicht, die Vorgaben der Normen – und auch der anderen Regelwerke – immer wortwörtlich anzuwenden. Vielmehr muss der verantwortliche Prüfer sich immer fragen und dann entscheiden, was zum Erreichen des Schutzziels der Norm – gegebenenfalls auch abweichend von den konkreten Vorgaben – getan werden kann. Eine solche eigenverantwortliche Verfahrensweise wird in den Normen auch ausdrücklich zugelassen; es gilt sinngemäß:
„Eine elektrotechnische Regel – z. B. das damit vorgegebene Prüfverfahren **– gilt als eingehalten, wenn eine ebenso wirksame andere Maßnahme** – z. B. ein anderes Prüfverfahren **– angewandt wird."**
Das heißt sinngemäß auch:
„Ist einer der in den Normen DIN VDE 0701-0702 vorgegebenen Prüfgänge

- aus technischen Gründen,
- infolge der örtlichen Gegebenheiten

nicht oder nicht vollständig durchführbar bzw. nicht sinnvoll, so **ist vom Prüfer zu entscheiden, ob trotz dieses Verzichts die Sicherheit des Geräts bestätigt werden kann**. Die Entscheidung ist zu begründen und zu dokumentieren" [2.28].

Eine Ausnahme bilden die Vorgaben, die ein Hersteller für seine Produkte macht. Wenn ein Hersteller die bestimmungsgemäße Verwendung beschreibt und das Gerät entgegen den Vorgaben benutzt wird, kann dies nicht mit einer Gefährdungsbeurteilung „geheilt" werden.

Frage 3.8 Welche Verantwortung für das Einhalten der Normen haben die Prüfer?

Die befähigte Person hat zu gewährleisten, dass nach den geltenden Normen geprüft wird (F 3.7). Er hat die unter seiner Leitung und Aufsicht arbeitenden Personen (EFK, EuP) entsprechend zu beauftragen/zu unterweisen. Selbstverständlich haben auch alle so beauftragten Prüfer innerhalb ihres Aufgabengebiets die Verantwortung für das Berücksichtigen und richtige Anwenden

- als EFK der Normen sowie
- als EuP der auf den Vorgaben der Normen beruhenden Prüfanweisung, die ihr von der sie anleitenden EFK übergeben wurde.

Hinzu kommt die Verantwortung für eine den Grundsätzen der Sicherheitsnormen entsprechende und übliche handwerkliche Qualität ihrer Arbeit.

Frage 3.9 Welches Sicherheitsniveau gewährleisten die Vorgaben der Norm DIN VDE 0701-0702?

In der Norm wird, wie unter F 3.7 dargelegt, das mindestens erforderliche Niveau der Sicherheit beschrieben, bei dem **gerade noch** keine Gefährdung besteht und bei dem die vorhandenen Sicherheitsbauteile **gerade noch** ausreichend gut funktionieren. Bei der Prüfung der elektrischen Geräte kommt dies z. B. in den Grenzwerten

- Isolationswiderstand $\geq 1\,M\Omega$
- Schutzleiterwiderstand $\leq 0{,}3\,\Omega$

zum Ausdruck. Normativ sind diese Grenzwerte einzuhalten. Jedoch sind Messwerte, die auffällig vom erwarteten Messwert abweichen, zu hinterfragen. Es liegt also im Ermessen der befähigten Person, ob ein Gerät für gut befunden wird oder als defekt gilt. Die Norm ist in dieser Hinsicht nur noch ein Gerüst, das mit viel Erfahrung ausgebaut werden muss.
Ein Prüfen „nach Grenzwerten" gehört der Vergangenheit an, insofern sind Normen immer ein Mindeststandard der gewährleistet sein sollte.

Hinweis
Die Norm DIN VDE 0701-0702 dient der Wiederholungsprüfung, d. h. dem Ermitteln von Fehlern, die während der oder durch die Anwendung der Geräte entstanden sind. Konstruktiv bedingte Mängel, die sich auf das Sicherheitsniveau oder die Bemessungswerte auswirken, können durch die Wiederholungsprüfung nicht gefunden werden.

Frage 3.10 Gelten die Prüfvorgaben der Herstellernormen der Geräte auch für die Prüfungen nach DIN VDE 0701-0702?

Nein. Die Prüfungen des Herstellers haben eine andere Zielstellung als die vom Betreiber vorzunehmende Wiederholungsprüfung (F 3.11). Natürlich sind auch deren Prüfvorgaben und -ergebnisse recht interessant. Sie zeigen, welche Ausgangswerte des Isolationswiderstands, des Schutzleiterstroms usw. ein neues Gerät aufweist und würden dem Prüfer eine bessere Beurteilung des Zustands ermöglichen. Leider aber werden derartige interne Daten nicht mitgeliefert. Je nach Produktnorm unterscheiden sich die Prüfungen des Herstellers so stark von den Methoden der Wiederholungsprüfung, dass ein Vergleich kaum noch möglich ist.

Problematisch ist es, wenn in der Gerätenorm oder den Herstellerunterlagen Bemessungswerte angegeben werden, die nicht den Vorgaben der Norm für die betreffenden Grenzwerte entsprechen. So haben z. B. die Schutzleiterströme (Ableitstrom der Beschaltungen) vielfach Werte, die über dem in DIN VDE 0701-0702 angegebenen Wert von 3,5 mA liegen. Diese Werte sind dann als Grenzwerte anzusehen (Abschnitt 6.3.4). In anderen Fällen wird gar kein Wert genannt, obwohl das Gerät Beschaltungen enthält. Dann muss der betriebsmäßige Wert des Ableitstroms beim Hersteller erfragt oder durch eine Messung selbst festgestellt werden. Er wird ja als Grenzwert für die kommenden Wiederholungsprüfungen benötigt.

Anders ist es, wenn im Zusammenhang mit einer Instandsetzung eine vom Hersteller nicht ausdrücklich zugelassene Veränderung gegenüber dem Originalzustand erfolgt ist. Dann ist zu untersuchen, ob durch diese Veränderung auch die Kennwerte des Geräts betroffen wurden. Ist dies der Fall, so ist nachzuweisen, dass die Forderungen der Gerätenorm trotzdem erfüllt werden.

Frage 3.11 Warum enthalten die Herstellernormen strengere Prüfanforderungen als die DIN VDE 0701-0702?

Bei einer Wiederholungsprüfung kann davon ausgegangen werden, dass die Kennwerte des Prüflings bereits durch die Prüfung beim Hersteller nachgewiesen wurden. Im Originalzustand entspricht das Gerät allen Vorgaben der Herstellernorm. Es ist daher bei der Wiederholungsprüfung nur zu bestätigen, dass durch die Beanspruchungen beim Betreiben und die Umweltbedingungen keine die Sicherheit und/oder die Funktion unzulässig beeinträchtigenden Veränderungen gegenüber dem Originalzustand entstanden sind. So kann z. B. durch Besichtigen bestätigt werden, dass die Isolierteile – und damit auch deren vom Hersteller bereits grundsätzlich messtechnisch nachgewiesene mechanische und elektrische Festigkeit – den Anforderungen weiterhin genügen.

Durch das Messen wird bestätigt, dass etwaige, z. B. altersbedingte oder durch betriebsmäßig zu erwartende Verschmutzungen entstandene, Veränderungen gegenüber dem Originalzustand noch vertretbar sind, d. h. keine unzulässige Minderung der Sicherheit hervorrufen. Es wäre nicht sinnvoll zu fordern, dass die Ergebnisse dieser Messungen den im Neuzustand auftretenden Messwerten entsprechen müssen.

Frage 3.12 Welche Verbindlichkeit hat eine Bedienungsanleitung?

Jede dem Anwender übergebene Bedienungsanleitung o. Ä. ist ein Teil der Dokumentation. Die genannten Vorgaben, Hinweise usw. beschreiben den bestimmungsgemäßen Gebrauch und sind für den Anwender verbindlich. Dies gilt auch für etwaige Angaben zur Instandsetzung oder Prüfung. Bestehen Widersprüche zu den Prüfnormen [2.28], so muss der Prüfer diese klären (F 3.13).

Das Bereitstellen der Dokumentation des Geräts ist natürlich Sache des Betreibers. Für die Wiederholungsprüfung wird die Dokumentation – mit Ausnahme der Bedienungsanleitung – im Allgemeinen nicht bzw. nur dann benötigt, wenn es sich um Geräte handelt, für die spezielle Prüfnormen bestehen (z. B. medizinische elektrische Geräte). Bei der Prüfung nach der Instandsetzung sollte sie vorliegen, um Vorgaben des Herstellers für die Instandsetzung erkennen zu können.

Der Prüfer sollte sich darum bemühen, bei der Prüfung vor der erstmaligen Verwendung alle Bedienungsanleitungen zu kopieren, um sie als Prüfunterlagen immer zur Verfügung zu haben. Sind die Geräte von anderen Unternehmen oder Privatpersonen zu prüfen, so sollte ebenfalls versucht werden, diese Unterlagen zu erhalten.

Hinweis
Ist ein Gerät instand zu setzen, dessen Besonderheiten die befähigte Person nicht überblickt, sollte das Instandsetzen von dem Vorlegen der Dokumentation dieses Geräts abhängig gemacht werden.

3

Frage 3.13 Ist eine Anpassung älterer Geräte an die aktuellen Normen erforderlich?

Geräte aus früherer Zeit, die nach den damaligen Normen ordnungsgemäß hergestellt wurden, dürfen auch weiterhin verwendet werden. Eine Anpassung an die aktuellen Normen wird nicht allgemein gefordert. Ob die weitere Verwendung hinsichtlich der Funktion sinnvoll oder in Anbetracht der heute üblichen Sicherheitsansprüche vertretbar ist, muss der Betreiber bzw. in seinem Auftrag eine Elektrofachkraft, bei den Prüfgeräten der verantwortliche Prüfer, entscheiden. Dabei sind die Vorgaben der §§ 5 bis 9 der BetrSichV zu berücksichtigen.

Ortsveränderliche elektrische Geräte haben eine Lebensdauer zwischen 3 (Ladegeräte) und 15 Jahren (Großgeräte). Eine entsprechende Empfehlung – bezogen auf die der Sicherheit dienenden Bauteile – sollte der Prüfer aussprechen und in der Dokumentation angeben.

Geräte der Schutzklasse 0 (nur Basisschutz, kein Fehlerschutz) sind nicht mehr zur Anwendung zugelassen (F 4.10).

Frage 3.14 Welche Ergänzungen zu den Prüfnormen sind bei speziellen Geräten (z. B. Baustromverteiler) erforderlich?

Der Baustromverteiler ist ein typisches Beispiel für ein Erzeugnis, bei dem die Vorgaben von DIN VDE 0701-0702 zu ergänzen sind und von der befähigten Person ein eigenes Prüfkonzept festgelegt werden sollte. Da es für die nach DIN EN 61439-4 oder früher nach VDE 0660-501 hergestellten Baustromverteiler keine spezielle Prüfnorm gibt, sind sie mit der Anlage nach DIN VDE 0105-100 [2.21] oder als einzelne Betriebsmittel/Geräte nach DIN VDE 0701-0702 [2.28] der Wiederholungsprüfung zu unterziehen. Ergänzend zu den Vorgaben dieser beiden Normen (Abschnitt 6.2) sind dabei vorzunehmen:

Besichtigen:

- ordnungsgemäßer Zustand des Verteilers und seiner Teile entsprechend den Vorgaben nach DIN EN 61439-4 (z. B. Mindestschutzart bei offener oder geschlossener Tür),
- ordnungsgemäßer Zustand der Erdungsmöglichkeit, Vorhandensein des Zubehörs für die Erdung,
- ordnungsgemäßer Zustand der möglicherweise im Anschlussteil vorhandenen (Schutz-)Isolierungen.
- keine wesentlichen technischen Veränderungen, die Einfluss auf die Typprüfung des Herstellers haben könnten, also zusätzliche oder größere Steckdosen, größere Absicherungen oder zusätzlicher Einbau von Geräten.

Messen/Erproben:

- Funktion der Schutzeinrichtungen (Fehlerstromschutzschalter) für die anzuschließenden Verbrauchsmittel.

Wenn der Baustromverteiler fest mit der Baustellenanlage verbunden ist, sollten sinnvollerweise außerdem geprüft werden

- der ordnungsgemäße Zustand des Erders, sofern erforderlich (TT- oder TN-C-System),
- das Vorhandensein der Schutzeinrichtungen und die Funktion der Schutzmaßnahmen gegen elektrischen Schlag an den Abgängen des Verteilers.

Frage 3.15 Welche Normen gelten in den anderen deutschsprachigen und den angrenzenden Ländern?

In allen der EU angehörenden Ländern gelten die gleichen grundsätzlichen Sicherheitsvorgaben. Ihre Umsetzung in technische Regeln sowie die Pflicht zur Prüfung erfolgen jedoch in sehr unterschiedlicher Form, dies ist auch ein Grund dafür, dass die Norm DIN VDE 0701-0702 in der EU noch nicht harmonisiert wurde.
Gleichartige und bezüglich der Prüfverfahren weitgehend übereinstimmende Regeln existieren in Österreich, Tschechien und der Schweiz. Auch deren Anwendung erfolgt in unterschiedlicher Weise und mit unterschiedlicher Konsequenz. So ist eine Geräteprüfung in Österreich seit 2013 nur erforderlich, wenn es sich um Arbeitsmittel der Schutzklasse I handelt, die an Stromkreisen ohne Fehlerstromschutzeinrichtung für den Zusatzschutz, (also $I_{\Delta N} \leq 30$ mA) betrieben werden. Die Prüfung nach DIN VDE 0701-0702 und damit wohl auch die Hinweise dieses Buches werden in vielen Ländern Europas akzeptiert und die Prüfergebnisse anerkannt. In der Schweiz war bis 2018 die DIN VDE 0701-0702 als Standard anerkannt, ersetzt wurde sie nun durch die nahezu inhaltsgleiche SNR 462638. Das Bemühen um eine Harmonisierung dieser Norm hatte bisher keinen Erfolg.

Frage 3.16 Was ist unter einer Gefährdungsbeurteilung zu verstehen?

3

Jeder Arbeitgeber hat gemäß Arbeitsschutzgesetz [1.2] und Betriebssicherheitsverordnung [1.8] für jeden Arbeitsplatz, den er einem Mitarbeiter zuordnet, und der dort zu verwendenden Arbeitsmittel, eine Gefährdungsbeurteilung vorzunehmen.
Es gibt mittlerweile noch eine Vielzahl von notwendigen Gefährdungsbeurteilungen, die sich auf verschiedene Regelwerke des Arbeitsschutzes stützen. Mit den allermeisten davon hat „die Elektroabteilung" nichts oder nur ganz wenig zu tun.
Beispielhaft genannt seien hier die Gefährdungsbeurteilungen nach Biostoffverordnung oder Lastenhandhabeverordnung genannt.

Bei der Gefährdungsbeurteilung nach Arbeitsschutzgesetz geht es um die Gestaltung des Arbeitsplatzes und der daran stattfindenden Tätigkeiten. Hier müssen Tätigkeit und Arbeitsplatz analysiert werden um mögliche Gefährdungen zu entdecken. Daraus müssen Maßnahmen abgeleitet werden, die zum Schutz der Beschäftigten nötig sind. Die Risiken sind vor und nach den Maßnahmen zu bewerten. Daraus ergibt sich, dass hier u. U. ein ganzes Team von Fachleuten zusammenarbeiten muss um alle Fachdisziplinen ausreichend bewerten zu können. Die verantwortliche Elektrofachkraft muss bei diesen Gefährdungsbeurteilungen sicherlich auch mit unterstützen.

Die Gefährdungsbeurteilung nach Betriebssicherheitsverordnung hat sich mit der Neuausgabe etwas erweitert. Bisher mussten über die Gefährdungsbeurteilung Prüfart, Prüfumfang und die Prüffrist ermittelt werden. Dazu wurden alle Gefährdungen und alle positiven Einwirkungen auf das Arbeitsmittel gegenübergestellt und die verantwortliche Elektrofachkraft hat daraus die Prüffrist abgeleitet. Die Prüfart und der Prüfumfang sind bei elektrischen Arbeitsmitteln ja oftmals schon durch die Anwendung der DIN VDE 0701-0702 konkret genug vorgegeben.
Nun muss die Gefährdungsbeurteilung schon mit dem Beschaffungsprozess begonnen werden, also mit der Auswahl eines möglichst geeigneten Arbeitsmittels. Ein optimal geeignetes Arbeitsmittel unterliegt bei bestimmungsgemäßer Verwendung natürlich einem geringeren Verschleiß und muss damit weniger oft geprüft werden.
Die Gefährdungsbeurteilung muss vor der ersten Verwendung des Arbeitsmittels abgeschlossen sein und in geeigneten Zeitabständen auf den Prüfstand, ob sich wesentliche Änderungen ergeben haben.
Die Thematik ist in den letzten Jahren so umfangreich geworden, dass sie hier nicht mehr abschließend behandelt werden kann. An dieser Stelle sei deswegen auf die weiterführende Fachliteratur verwiesen. [3.16] [3.18] [3.23]

Logo des Unternehmens
Bestellung zur „befähigten Person – Elektrische Arbeitsmittel“ gemäß BetrSichV und TRBS 1203.
Vorname, Name: ....
Abteilung: ....
Arbeits- und Bestellbereich: .... (Aufgabenbereiche)
Hiermit wird Herr .... durch den Unternehmer, Herrn ...., zur befähigten Person für die Prüfung von elektrischen Arbeitsmitteln bestellt. **Grundlagen der Bestellung:** ▪ § 9 OWiG ▪ § 13 ArbSchG ▪ § 13 DGUV Vorschrift 1 (ehem. BGV A1) ▪ § 2 BetrSichV ▪ TRBS 1203 ▪ DGUV Vorschrift 3 (ehem. BGV A3) Die persönlichen und beruflichen Voraussetzungen für diese Tätigkeit der befähigten Person gemäß § 2 Abs. 6 BetrSichV inklusive TRBS 1203 sind erfüllt und wird durch die **Anlage 1** „Gesprächsleitfaden Bestellung zur befähigten Person“ dokumentiert. Eine „zeitnahe“ berufliche Tätigkeit im Bereich der Elektrotechnik und die Kenntnisse der aktuellen Normung sind gewährleistet. Für den Bestellungsbereich innerhalb des beschriebenen Arbeitsbereiches ist die verantwortliche befähigte Person ausdrücklich in jeder Hinsicht auf seine Aufgabe weisungsfrei gestellt. Eine Kopie dieser Bestellung ist der verantwortlichen befähigten Person auszuhändigen und eine weitere Kopie in den Personalakten zu hinterlegen. Der verantwortlichen befähigten Person stehen Mess- und Prüfeinrichtungen sowie Software gemäß dem Stand der Technik zu Verfügung. Eine regelmäßige Weiterbildung ist zu ermöglichen.
Ort, Datum .... Unternehmer Zu bestellende Person

Tafel 3.2 Beispiel der Bestellung zur befähigten Person (für elektrische Geräte) nach der Betriebssicherheitsverordnung

Tafel 3.3 Beispiel einer Arbeits-/Prüfanweisung für eine elektrotechnisch unterwiesene Person, die für ganz bestimmte Prüfarbeiten (hier das Prüfen der ortsveränderlichen elektrischen Geräte einer Schule) eingesetzt wird

Logo der Schule

Arbeits-/Prüfanweisung für die elektrotechnisch unterwiesene Person
Frau/Herr ... *Prüfer* .... geb. am .... Bereich .... P.-Nr. ....,
tätig als ... *Hausmeister* .... Ausbildung als .... *Schlosser* ....
und als EuP ... *Grundlehrgang EuP, Einweisung in die betriebl. Aufgaben und ständige Info durch die vEFK Herrn XYZ* ....

Geltungsbereich und Aufgabengebiete

- Organisieren der Prüfung vor erstmaliger Verwendung neu angeschaffter und der Wiederholungsprüfung der in der Gerätekartei der Schule erfassten, ortsveränderlichen elektrischen Geräte (Lehr- und Arbeitsmittel)
- Mitwirkung bei der Wiederholungsprüfung dieser Geräte unter Anleitung und Kontrolle der für die Schule zuständigen verantwortlichen Elektrofachkraft (vEFK) Frau/Herrn ....
- Kontrolle (Besichtigen) der in der Schule befindlichen/benutzten elektrischen Geräte hinsichtlich Ihres Zustands und der sachgerechten Anwendung durch Mitarbeiter und Schüler. Gegebenenfalls Information der vEFK und der Lehrer.

Unterstellung, Berechtigungen

- Frau/Herr .... untersteht hinsichtlich ihrer/seiner Funktion als EuP direkt dem Schulleiter. Anleitung und Kontrolle sowie die Verantwortung für die erforderlichen Unterweisungen und Fach-Informationen, den ordnungsgemäßen Arbeitsablauf und die durchzuführenden Prüfarbeiten obliegt der vEFK.
- Alle Arbeiten/Prüfungen sind in Absprache mit der vEFK durchzuführen. Welche Arbeiten nur bei deren Anwesenheit durchgeführt werden dürfen, legt die vEFK fest.
- Geräte mit Messergebnissen, die von den Vorgaben der Prüfnorm [2.28] oder der vEFK abweichen oder auf Besonderheiten hinweisen, sind der vEFK vorzulegen.

Einzelaufgaben

- Die Schulgerätekartei ist auf dem aktuellen Stand zu halten. Die Geräte sind zum vorgesehenen Termin zur Prüfung abzuholen. Nicht erfasste Geräte sind einzuziehen.
- Beim Abholen sind die Geräte hinsichtlich offensichtlicher Mängel zu besichtigen, über Mängel an Lehrmitteln, die auf falsche Behandlung hinweisen, ist der zuständige Lehrer zu informieren.
- Bei den in Anlage 1 aufgeführten einfachen Geräten ist die Prüfung nach DIN VDE 0701-0702 komplett von der EuP durchzuführen. Diese Geräte sind mit dem Prüfergebnis (Karteikarte) der vEFK zu übergeben, diese bewertet die Prüfung.
- Bei allen anderen Geräten werden die von der EuP durchzuführenden Prüfgänge in der Gerätekartei vorgegeben. Fehlt die Angabe, erfolgt die Prüfung durch die vEFK.
- Alle Messungen sind mit den Prüfgeräten ...., ... durchzuführen.
- Teilnahme an den Unterweisungen der Benutzer der geprüften Geräte.

  ....

Weitere Verfahrensweise
Diese Prüfanweisung gilt ab ...... und ist jährlich durch die vEFK zu aktualisieren
Aktualisierung erfolgt am/durch
1. ...., 2. ...., 3. ...., 4. ....; V: vEFK
Die EuP wird alle 2 Jahre ein Messseminar o. ä besuchen; V: bP

X-Hausen am ....

....	....	....
Schulleiter	verantwortliche Elektrofachkraft	elektrotechn. unterwiesene Person

Frage 3.17 Darf ein nicht fachkundiger Arbeitgeber die verantwortliche Elektrofachkraft bestellen, d. h. über deren Befähigung entscheiden?

Diese Entscheidung wird von ihm erwartet, nur er darf sie treffen. Er sollte die Bestellung davon abhängig machen, dass die betreffende Person selbst ihre Eignung für diese Aufgabe ausdrücklich bestätigt, nachdem sie ihr Arbeitsgebiet betrachtet hat. Dem Arbeitgeber ist dringend anzuraten, mit einer solchen Aufgabe, hier dem Organisieren und Durchführen der Prüfung von elektrotechnischen Geräten, eine als „gestanden“ zu bewertende Elektrofachkraft zu beauftragen (Bild 3.3).

Hinweise:

- Zur Delegierung gehört eine Weisungsfreistellung hinsichtlich der zum Aufgabengebiet gehörenden elektrotechnischen Belange des Unternehmens (Tafel 3.2).
- Trotz dieser Delegierung von Fachverantwortung an die genannten Personen bleibt die Gesamtverantwortung für die Sicherheit und das Erfüllen der Vorgaben von [1.2] beim Arbeitgeber.

Frage 3.18 Welche Prüfungen dürfen elektrotechnisch unterwiesenen Personen übertragen werden?

Von der elektrotechnisch unterwiesenen Person wird „lediglich“ fachgerechtes Verhalten und das Ausführen von Arbeiten in einem vorgegebenen begrenzten Rahmen verlangt. Es gehört nicht zu ihren Aufgaben, umfassende Beurteilungen der zu prüfenden Geräte abzugeben oder besondere Gefährdungen zu erkennen. Insofern kann sie allein nicht festlegen, welche Prüfungen an einem Gerät durchzuführen sind und ob eine Instandsetzung fachgerecht durchgeführt wurde. Sie kann auch nicht die Verantwortung für Prüfung und Beurteilung eines Geräts übernehmen. Für derartige nicht routinemäßig durchführbare Arbeiten fehlen ihr die Fachkenntnisse.
Ihre Aufgabe kann es aber sein, unter der Verantwortung einer Elektrofachkraft exakt abgegrenzte Teilprüfungen vorzunehmen und durch Vergleich der Messergebnisse mit den ihr übergebenen, exakt definierten Vorgaben über das Ergebnis dieser Teilprüfungen zu entscheiden. Als selbstständig durchzuführende Arbeiten elektrotechnisch unterwiesener Personen seien genannt:

- Prüfungen bei der Ausgabe und Zurücknahme von Geräten,
- Sichtprüfung bei den im täglichen Arbeitsablauf besonders strapazierten Geräten,
- Wiederholungsprüfungen, bei denen Prüfaufgaben, Prüfgeräte sowie der Maßstab für das Bewerten der Prüfergebnisse vorgegeben werden (Tafel 3.3).

Durch eine sinnvolle Organisation der Prüfarbeiten (Kapitel 8) sollte der Einsatz einer elektrotechnisch unterwiesenen Person ermöglicht werden, um ein rationelles Prüfen zu sichern. Zum kritischen Besichtigen, Anschließen, Bedienen und Ablesen der für diese Prüfung nötigen Messgeräte (Bilder 7.6 und 7.8) und dann zur Gut-Schlecht-Entscheidung ist eine richtig ausgewählte elektrotechnisch unterwiesene Person durchaus in der Lage.

Hinweise:

- Anleitung und Kontrolle einer EuP sollten ständig von derselben Elektrofachkraft vorgenommen werden.
- Die einer EuP gestatteten Prüfarbeiten sind in einer Arbeitsanweisung zusammenzufassen.
- Bei welchen Prüfarbeiten einer EuP die Anwesenheit der EFK nicht erforderlich ist, sollte konkret festgelegt werden.

Frage 3.19 Darf der Vorgesetzte den Prüfer anweisen, wie oder wie oft zu prüfen ist?

Nein. Allein die von ihm beauftragte verantwortliche EFK hat über die Notwendigkeit der Prüfung, die Anwendung der DIN-VDE-Normen und über den Prüftermin zu entscheiden.
Die befähigte Person ist weisungsfrei [2.31]; sie darf bezüglich des Prüfens keine Weisungen einer anderen Person entgegennehmen, es sei denn, diese Person ist die verantwortliche Elektrofachkraft [2.1]. Diese Weisungsfreiheit und gegebenenfalls auch bestimmte ihr zustehende Entscheidungen sollten in ihrer Bestellurkunde (Tafel 3.2) ausdrücklich genannt werden.

Hinweise:

- Diese Weisungsfreiheit bezieht sich auch auf Eingriffe in die betrieblichen Prozesse, wenn dies zum Beseitigen unmittelbarer Gefahren erforderlich ist
- Es ist zu empfehlen, derartige Situationen beispielhaft zu benennen.

Frage 3.20 Was geschieht, wenn der Prüfer einen Fehler übersieht und dadurch ein Schaden/Unfall entsteht?

Setzen wir voraus, dass die Prüfung ordnungsgemäß, d.h. nach der betreffenden DIN-VDE-Norm [2.26] bzw. nach den Hinweisen dieses Buches, vorgenommen wurde und dies auch durch ein Protokoll, ein Prüfbuch o.Ä. glaubhaft nachgewiesen werden kann. Wenn dann festgestellt wird, dass der später ursächliche Fehler mit den in der Norm oder in einer Prüfanweisung vorgegebenen Prüfmethoden möglicherweise nicht gefunden werden konnte (z.B. ein loser Schutzleiteranschluss im Stecker), so wird dem Prüfer kein Vorwurf gemacht. Wenn er allerdings

- den Fehler bei sorgfältigem Anwenden der anerkannten Prüfmethoden hätte finden können,
- nicht mit der vorgegebenen Prüfmethode geprüft hat,
- sich nicht ausreichend über die grundsätzlichen Belange der Prüfung informiert hatte oder
- der Prüfplatz, die Prüfmittel, die Prüforganisation usw. Mängel aufwiesen, die er zu vertreten hat,

dann muss er mit dem Vorwurf der Fahrlässigkeit und gegebenenfalls mit zivilrechtlichen und strafrechtlichen Konsequenzen rechnen. Ein bewusstes Missachten der Dinge, die er als Elektrofachkraft zu wissen hat, kann als grobe Fahrlässigkeit oder sogar als Vorsatz bezeichnet werden.

Hinweise:

- Der Prüfer sollte Messwerte usw. insoweit protokollieren, dass er das Durchführen der Prüfung zweifelsfrei nachweisen kann.
- Der Prüfer muss den Ablauf der Prüfung, die Wirksamkeit der Prüfverfahren sowie Ursachen und Auswirkungen möglicher Fehler erläutern können.

Frage 3.21 Wie wird man Elektrofachkraft (EFK)?

Welche Voraussetzungen ein Mitarbeiter zu erfüllen hat, wenn er von seinem Arbeitgeber als Elektrofachkraft

- anerkannt und bezeichnet,
- eingestellt oder eingesetzt und dann
- mit Arbeiten an elektrotechnischen Erzeugnissen beauftragt und beschäftigt wird,

ist in der Definition der „Elektrofachkraft" (Anhang 2) beschrieben.

Dass dieser Mitarbeiter den dort genannten Merkmalen entspricht, und zwar bezogen auf die ihm übergebenen Arbeitsaufgaben, auf die von ihm zu errichtenden, betreuenden, prüfenden elektrischen Anlagen und Betriebsmittel usw., das haben

- der ihn beauftragende Arbeitgeber bzw. dessen vEFK und
- natürlich auch der Mitarbeiter selbst,

festzustellen und zu bestätigen.

Eine solche Entscheidung kann kein anderer treffen, nur diese beiden „vor Ort" können vergleichen zwischen

- den Fähigkeiten des Mitarbeiters – der künftigen EFK – und
- den Anforderungen, die sich aus dem Erledigen der ihm zugeordneten Arbeiten an den Einrichtungen des Unternehmens ergeben.

Nur sie können darüber entscheiden, und das nur nach einem gründlichen Kennenlernen des Mitarbeiters. Dies sollte protokolliert werden, um notfalls das Einhalten der Vorgaben [2.18, 2.19, 2.28] nachweisen zu können.

Die Bezeichnung „Elektrofachkraft“ ist kein Titel und keine Berufsbezeichnung, kann nicht durch ein Studium, einen Lehrgang o. ä. erworben werden; es gibt keine Institution, kein Amt und kein Fachgremium, das diese Bezeichnung verleiht.
Es kann ja keine allwissende Elektrofachkraft geben. Diese Bezeichnung, dieses Qualifikationsmerkmal kann sich „nur“ auf eine bestimmte Tätigkeit, z. B. das „Instandhalten elektrischer Betriebsmittel“ beziehen. Ein Elektrotechniker kann sich nur

- nach dem Abschluss der Berufsausbildung, durch fachliche Tätigkeit/Weiterbildung (Anhang 2) und
- nach der Bestätigung seiner Qualifikation für sein Arbeitsgebiet durch den Arbeitgeber (Vorgesetzter)

als „Elektrofachkraft für ... (sein Arbeitsgebiet) ...“ bezeichnen.

Sie gilt – streng genommen – nur für den Verantwortungsbereich des betreffenden Arbeitgebers und erlischt, sowie dieses Arbeitsverhältnis nicht mehr besteht oder kann zurückgenommen werden, wenn eine andere Arbeitsaufgabe übernommen wird.

Die befähigte Person muss die gleichen Anforderungen erfüllen, wie die zuvor genannte Elektrofachkraft. Nur bezieht sich der Begriff der befähigten Person auf die Prüfung von Arbeitsmitteln. Ein Prüfer muss also zugleich Elektrofachkraft im Unternehmen als auch befähigte Person für die durchzuführenden Prüfungen sein.

Hinweis

Der Berufsabschluss (Elektrofacharbeiter, umgangssprachlich „Elektriker“) bietet „lediglich“ die Möglichkeit, später einmal zur Elektrofachkraft „befördert“ zu werden. Man könnte sagen, der Berufsabschluss entspricht dem CE-Zeichen, der „Elektrofacharbeiter“ darf sich „in den Verkehr bringen“. Mit dem Bestellen zur Elektrofachkraft und/oder befähigten Person werden seine persönlichen „Bemessungswerte“ von der zuständigen vEFK im Auftrag seines Vorgesetzten bestätigt [2.1]. Diese Verfahrensweise ist vergleichbar mit dem Zuerkennen des GS-Zeichens durch eine anerkannte Prüfstelle.

4 Sicherheit der elektrischen Geräte

Wer ein elektrisches Gerät nach der Prüfung zur Benutzung freigibt, bestätigt damit, dass bei einer vom Hersteller vorgegebenen bestimmungsgemäßen Anwendung (Einsatzort, Einsatzart) unter den dort zu erwartenden Beanspruchungen die nach den Gesetzen und Normen geforderte Sicherheit vorhanden ist.

Um diese Aussage treffen zu können, muss der verantwortliche Prüfer neben den DIN-VDE-Normen der Geräteprüfung [2.28] auch

- die Wirkungsweise der Schutzmaßnahmen des Geräts nach DIN VDE 0100 (Tafel 4.1) [2.5] sowie
- alle die Sicherheit des Geräts möglicherweise beeinflussenden Bedingungen, vor allem die des bestimmungsgemäßen Einsatzortes und der zu erwartenden Einsatzart, kennen.

Nur dann kann er entscheiden, ob die erforderliche Sicherheit mit ausreichender Wahrscheinlichkeit bis zur nächsten Wiederholungsprüfung gegeben ist.

4.1 Grundsätzliche Anforderungen an die Sicherheit elektrischer Geräte

Jedes über Steckverbinder oder Klemmen angeschlossene Gerät gehört technisch gesehen zu der Anlage, mit der es verbunden ist. Es muss daher bezüglich der Sicherheit die gleichen Anforderungen erfüllen, die für diese Anlage gelten. Somit sind die in DIN VDE 0100 [2.5] [2.11] für die Schutzmaßnahmen festgelegten Vorgaben auch für ortsveränderliche und ortsfeste Geräte verbindlich. Das heißt, bei ihrem Anschluss an eine Elektroanlage müssen für sie

- ihre eigenen Maßnahmen zum Schutz gegen elektrischen Schlag **(Bilder 4.1 und 4.2)**, das sind der Schutz gegen das direkte Berühren (Basisschutz) und der Schutz bei indirektem Berühren (Fehlerschutz), sowie
- die Schutzmaßnahmen der Anlage **(Tafel 4.1)**

die erforderliche Sicherheit gewährleisten.

Dieser Schutz wird wirksam, indem

- **das Gerät selbst** mit den dazu nötigen Schutzeinrichtungen versehen wird, das sind z. B. die Isolierungen, Schutzleiter, Überspannungsableiter, Temperaturüberwachung, und/oder

- **die Anlage**, d. h. deren Schutzmaßnahmen/-geräte, das sind z. B. das TN- oder TT-System, die Leitungsschutzschalter und die Fehlerstrom-Schutzeinrichtungen, den Schutz des Geräts übernehmen.

Falls beim Betreiben Gefährdungen für Menschen, Nutztiere oder die Umwelt durch mechanische Wirkungen, Strahlung usw. (Tafel 4.1) entstehen können, müssen Schutzeinrichtungen zur Abwehr dieser Gefährdungen im Gerät vorhanden sein.
In einigen Fällen (Steckdosenverteiler, Baustromverteiler u. a.) werden in den Geräten auch Schutzeinrichtungen eingesetzt (Leitungsschutzschalter, Fehlerstromschutzeinrichtungen, Überspannungsschutzgeräte), die den eigenen und den Schutz für weitere, angeschlossene Geräte gewährleisten.

4

Schutzziel/Schutzmaßnahme	**Zu prüfende Schutzeinrichtung**	
	Ort	**Art**
Schutz gegen das direkte Berühren aktiver Teile (Basisschutz, Bild 4.1)	Gerät	Abdeckung
Schutz bei indirektem Berühren gleichbedeutend mit dem Schutz bei Isolationsfehlern (Fehlerschutz, Bild 4.1)	Gerät Anlage	Schutzisolierung oder Schutzmaßnahme mit Schutzleiter oder Kleinspannung SELV/PELV
Schutz bei direktem Berühren (Zusatzschutz, F 4.13)	Anlage und/ oder Gerät	Fehlerstromschutzeinrichtung oder Schutztrennung
Schutz gegen thermische Einflüsse	Gerät	Gestaltung
Schutz bei Überstrom	Anlage und/ oder Gerät	Überstromschutzeinrichtung
Schutz gegen mechanische Gefahren (z. B. scharfe, rotierende Teile)	Gerät	Abdeckung
Schutz gegen gefährliche Temperaturen	Gerät	Gestaltung, Temperaturbegrenzer, Überstromschutz
Schutz gegen gefährliche Stoffe	Gerät	Gestaltung
Schutz gegen gefährliche Strahlung	Gerät	Verriegelung, Gestaltung
Schutz gegen Überspannung	Anlage, auch Gerät	Ableiter
Schutz gegen Störungen durch elektromagnetische Strahlungen	Gerät	Beschaltung, Abschirmung
Schutz gegen Gefährdungen bei einem zu erwartenden unsachgemäßen Gebrauch	Gerät	Gestaltung

Tafel 4.1 Schutzeinrichtungen/-maßnahmen, die in einem elektrischen Gerät oder einer elektrischen Anlage vorhanden sein können. Der Nachweis ihrer Wirksamkeit und damit der Sicherheit des Geräts/der Anlage ist die Hauptaufgabe aller Prüfungen

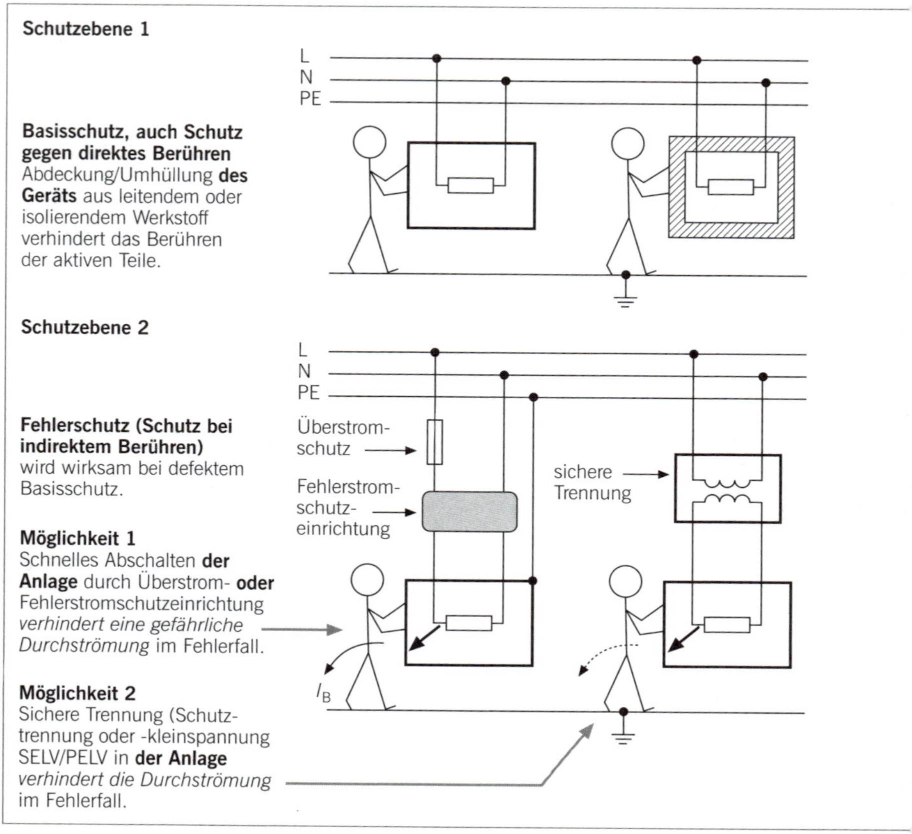

Bild 4.1 Prinzip der Schutzmaßnahmen gegen elektrischen Schlag, dargestellt am Beispiel elektrischer Geräte

Schutzebene 1: Basisschutz (Um die Darstellung zu vereinfachen, wurde bei diesen Geräten die Maßnahme des Fehlerschutzes nicht eingezeichnet)

Schutzebene 2: Fehlerschutz

Schutzebene 3: Zusatzschutz (Hier sind alle drei Schutzebenen, d. h. die jeweiligen Schutzmaßnahmen eingezeichnet, um einen Gesamtüberblick zu ermöglichen)

Beachtenswert ist noch, dass nach [1.1] die Sicherheit auch dann vorhanden sein muss, wenn ein Produkt (Gerät) vom Verbraucher unter Bedingungen betrieben wird,

- **für die es vom Hersteller zwar nicht vorgesehen ist,**
- **der Hersteller aber – bei vernünftigem Ermessen – es vorausschauend hätte erkennen können, dass eine solche nicht bestimmungsgemäße Anwendung erfolgen kann. Ein Beispiel dafür ist der Gebrauch eines Haartrockners im Bereich der Badewanne (Abschnitt 6.3.15).**

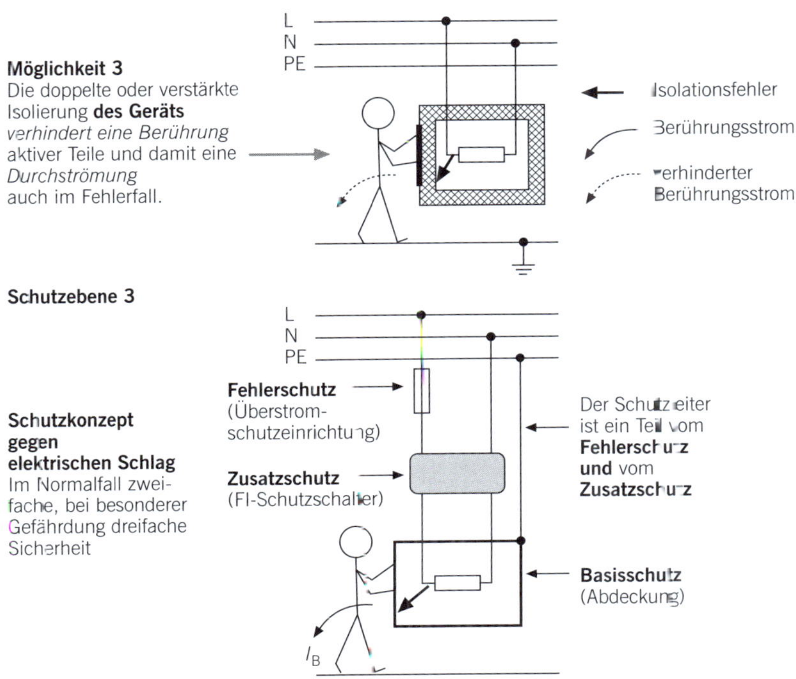

Als sicher gilt ein Gerät, das nach den gesetzlichen Vorgaben (Bild 3.1) sowie den anerkannten elektrotechnischen Regeln (DIN-EN- oder DIN-VDE-Normen) hergestellt wurde und sich in einem ordnungsgemäßen Zustand befindet.

Bei bereits betriebenen Geräten wird das Vorhandensein des ordnungsgemäßen Zustands durch eine Wiederholungsprüfung bzw. durch die Prüfung nach der Instandsetzung nachgewiesen. Auch bei dieser Bewertung wird vorausgesetzt, dass der Benutzer das Gerät bestimmungsgemäß anwendet. Trotzdem verbleibt beim Anwenden eines solchen Geräts immer eine Gefährdung, d. h. ein durch die Normen gesellschaftlich akzeptiertes Restrisiko. [2.1]

Wer darüber hinaus mehr Sicherheit erhalten will, muss einen höheren Kostenaufwand akzeptieren (Bild 4.2). So wäre es z. B. denkbar, alle Stromkreise der Elektroanlage oder gar alle Elektrogeräte mit Fehlerstromschutzeinrichtung (Bemessungsdifferenzstrom $I_{\Delta N} \leq 30\,mA$ oder gar $\leq 10\,mA$) auszurüsten. Dies würde zweifellos zu einer Verminderung der Unfälle führen. Trotzdem wird dies in den Normen nicht gefordert, da der dafür erforderliche Aufwand unangemessen hoch erscheint und an anderer Stelle mit größerem Nutzen für die Unfallverhütung verwendet werden könnte.

Ein Schritt in diese Richtung wurde im Jahr 2007 und 2018 gemacht, Stromkreise zur Versorgung von Steckdosen und teilweise Beleuchtung (Bemessungsstrom ≤ 20/32 A) sind nun mit einer Fehlerstromschutzeinrichtung ($I_{\Delta N} \leq 30$ mA) auszustatten [2.5].

Im Folgenden werden die wesentlichen Merkmale der an den elektrischen Geräten wirksamen Schutzmaßnahmen erläutert. Zu beachten ist noch, dass die Sicherheit eines elektrischen Geräts auch von Schutzeinrichtungen gewährleistet wird, die mechanische, thermische oder andere nichtelektrische Gefährdungen abwehren. Das ordnungsgemäße Wirken dieser Schutzeinrichtungen/-maßnahmen ist natürlich auch Gegenstand aller Prüfungen eines elektrischen Geräts, obwohl dazu in der Prüfnorm [2.28] keine oder nur wenig detaillierte Vorgaben enthalten sind.

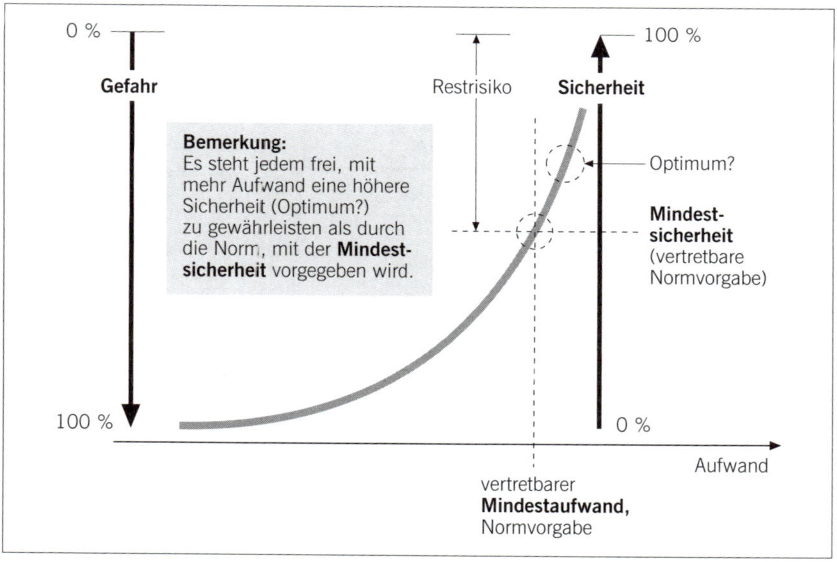

Bild 4.2 Zusammenhang zwischen Sicherheit und Gefahr sowie dem erforderlichen Errichtungs- bzw. Prüfaufwand zum Gewährleisten der Sicherheit

4.2 Merkmale und Eigenschaften elektrischer Geräte

4.2.1 Kennwerte

Merkmale und Eigenschaften eines Geräts können in Worten oder durch Kennwerte/Kenngrößen beschrieben werden. Handelt es sich um Kennwerte,

- die dem Benutzer garantiert werden oder
- von denen bestimmende Eigenschaften und die ordnungsgemäße Funktion abhängen,

für die das Gerät vom Hersteller also „bemessen" wurde – so werden sie als Bemessungswerte (früher: Nennwerte) bezeichnet.

Alle Bemessungswerte (Nennwerte), über die der Anwender informiert werden muss, um einen bestimmungsgemäßen Einsatz sichern zu können, müssen auf oder an dem Gerät so angebracht sein, dass sie leicht und eindeutig erkennbar sind. Dazu gehören z. B.

- Prüfzeichen (Tafel 4.2),
- CE-Zeichen (F 3.1),
- Symbole der Schutzart und der Schutzklasse (Tafeln 4.3 und 4.5),
- Bemessungsspannung, -frequenz, -leistung (-strom),
- Angabe der zulässigen Bestückung (z. B. Lampenleistung, Sicherungstyp),
- Betätigungssymbole, Warnhinweise.

Hinzu kommen

- Name oder Warenzeichen des Herstellers,
- der Gerätetyp

sowie weitere die Sicherheit oder die bestimmungsgemäße Anwendung betreffende Werte, die sich aus der Art des Geräts ergeben.

Können beim Betrieb Gefahren auftreten, die nicht durch Schutzmaßnahmen des Geräts beseitigt werden oder wird ein bestimmtes Verhalten verlangt, so müssen auf dem Gerät auch Warnhinweise, gegebenenfalls als Symbol (Tafel 4.3), angebracht sein. Alle diese Angaben sind als genormte Symbole, durch gesetzlich festgelegte Einheiten oder andere eindeutige Zeichen darzustellen. Alle die Sicherheit betreffenden Kennwerte, die der Anwender eines Geräts unbedingt wissen sollte, bevor er es in Betrieb nimmt, müssen auf dem Gerätekörper angebracht sein. Alle anderen Kennwerte können auch in der Dokumentation angegeben werden. Ein für den Prüfer wichtiger Kennwert ist der Ableitstrom der EMV-Beschaltung (Schutzleiterstrom). Leider wird noch nicht verbindlich gefordert, ihn in der Dokumentation zu nennen.

Bildliche Darstellung	**Bedeutung**
VDE-Zeichen VDE-Prüfzeichen Kennzeichen der VDE-Prüfstelle	Gerät wurde von der VDE-Prüfstelle geprüft. Beachtet wurden dabei nicht nur die durch elektrische, sondern auch die durch mechanische, thermische und andere Einflüsse entstehenden Gefährdungen. Bestätigt wird die Übereinstimmung mit den DIN-VDE- und gegebenenfalls anderen Normen sowie eine regelmäßige Fertigungskontrolle. Das Zeichen kann für alle Erzeugnisse beantragt werden, die nach den Vorgaben der VDE-Prüfstelle prüffähig sind. Es entspricht praktisch dem GS-Zeichen und wird auch in Kombination mit anderen Zeichen verwendet.
Zeichen „Geprüfte Sicherheit", erteilt durch die Prüfstelle der Berufsgenossenschaft	Gerät wurde von einer durch Rechtsverordnung für die Bauartenprüfung zuständigen Prüfstelle geprüft. Es werden die Übereinstimmung mit den Vorgaben des Produktsicherheitsgesetzes und damit auch den DIN-VDE- und gegebenenfalls anderen Normen sowie die regelmäßige Kontrolle der ordnungsgemäßen Fertigung bestätigt. Neben dem Zeichen befindet sich immer die Kennzeichnung der Prüfstelle, im nebenstehenden Beispiel die der Berufsgenossenschaft.
CE-Zeichen	Gerät entspricht nach den Angaben seines Herstellers bzw. Importeurs den Anforderungen aller das Gerät betreffenden Richtlinien der EU. Ein so gekennzeichnetes Gerät kann, muss aber nicht mit allen Vorgaben der in der EU harmonisierten Sicherheitsnormen übereinstimmen (F 3.1).
Europäisches Sicherheitszeichen	Leuchte wurde von einer für Leuchten anerkannten Prüfstelle (hier Nr. 10, VDE-Prüfstelle) geprüft. Die Übereinstimmung mit den im Bereich der EU vereinheitlichten Normen wird bestätigt. Entspricht in seiner Bedeutung und Aussage dem VDE-Prüfzeichen.
VDE-EMV-Zeichen	Gerät wurde von der VDE-Prüfstelle geprüft, es entspricht hinsichtlich der elektromagnetischen Verträglichkeit den geltenden Normen.

Tafel 4.2 Kennzeichen, Prüfzeichen (siehe auch Anhang 4)

4.2.2 Prüfzeichen eines Geräts

Den besten Beweis dafür, dass ein Gerät sicher ist – d. h. den Vorgaben der Sicherheitsnormen entsprechend wenigstens das Mindestsicherheitsniveau (Bild 4.2) aufweist – bieten das GS-Sicherheitszeichen, das VDE-Zeichen oder gleichwertige, durch eine zugelassenen Prüfstelle erteilte Prüfzeichen (Tafel 4.2). Sie dokumentieren, dass eine amtliche Prüfstelle die Übereinstimmung des Geräts mit allen für das Erzeugnis geltenden technischen Regeln nachgewiesen hat und eine Überwachung der laufenden Fertigung des Geräts vornimmt. Allerdings ist der Hersteller nicht verpflichtet, sein Erzeugnis einer zugelassenen Prüfstelle vorzustellen.

4

Der Hersteller darf jedoch, wie in Kapitel 2 erläutert wurde, auch die nach den Normen vorgeschriebenen Prüfungen selbst vornehmen und in der Dokumentation des Geräts die Übereinstimmung mit den DIN-VDE-Normen bestätigen. Dies unterstreicht die Notwendigkeit, sich bei der Prüfung nach einer Instandsetzung – und auch bei der Wiederholungsprüfung noch unbekannter Geräte – so weit wie möglich in deren Dokumentation und in deren Konformitätserklärung über diese Zusammenhänge zu informieren (F 4.1).
Im Anhang 3 sind die Internetadressen der Prüfstellen genannt, die Produkte mit gefälschten oder missbräuchlich angebrachten Prüfzeichen sammeln.

4.2.3 Merkmal/Eigenschaft: Basisschutz und Schutzart

Der Schutz gegen das direkte Berühren eines aktiven oder sich bewegenden Teils (Bild 4.1, Basisschutz) wird durch eine mehr oder weniger dichte Umhüllung/Abdeckung gewährleistet, die auch mehr oder weniger gegen das Berühren bzw. gegen das Eindringen von Fremdkörpern (Draht, Schraubendreher, Staub, Schmutz usw.) schützt. Mit dem sogenannten IP-Code (International Protection, Tafel 4.3) erfolgt eine Klassifizierung dieser Schutzwirkung (Schutzart/Schutzgrad) in Abhängigkeit von Größe und Art der in diesen Abdeckungen vorhandenen Öffnungen. Verbunden wird die Codierung des Berührungs- und Fremdkörperschutzes mit dem Code bezüglich des Schutzes gegen das Eindringen von Wasser.

- Die erste Stelle des Codes – z. B. IP2X – beschreibt den Grad des Berührungs-/Fremdkörperschutzes, die zweite Stelle – z. B. IPX4 – den Grad des Wasserschutzes.
- Das X steht für den gegebenenfalls nicht festgelegten oder nicht interessierenden Grad der jeweils anderen Schutzart.
- Üblicherweise gibt es nur eine Schutzart für das ganze Gerät. Bei einigen Geräten wie Baustromverteilern gibt es nach Produktnorm DIN EN 61439-4 zwei Angaben: mit offener Tür und mit geschlossener Tür. Bei besonders hohen Schutzarten sind auch mehrere Angaben möglich, z. B. „IP68 bis 5 m und IP69“.
- Die Zusatzbuchstaben geben eine zusätzliche Information, sie konkretisieren den Schutz bezüglich Art und Größe der Gegenstände, mit denen z. B. einem Menschen das Eindringen (Berühren aktiver Teile) nicht möglich ist.

Schutz gegen Berühren/Fremdkörper			Schutz gegen Wasser		
Erste Kennziffer	Bedeutung	Symbol Zusatzbuchstabe[2)]	Zweite Kennziffer	Bedeutung	Symbol
0	kein Schutz	–	0	kein Schutz	–
1	Schutz gegen – versehentliches Berühren – Fremdkörper > 50 mm ∅	A	1	Schutz gegen Tropfwasser	
2	Schutz gegen – Berühren mit Fingern max. 80 mm lang – Fremdkörper > 20 mm	B	2	Schutz gegen Regen (Winkel 15°)[1)]	
3	Schutz gegen – Werkzeug, Draht > 2,5 mm dick – Gegenstände > 2,5 mm ∅	C	3	Schutz gegen Sprühwasser (Winkel 60°)[1)]	
4	Schutz gegen – Drähte, Bänder > 1 mm dick – Gegenstände 1 mm ∅	D	4	Schutz gegen Spritzwasser aus allen Richtungen	
5	Schutz gegen – Berühren vollständig – Staubablagerung	–	5	Schutz gegen Strahlwasser	
6	Schutz gegen – Berühren vollständig – Eindringen von Staub		6	Schutz gegen Überfluten, starkes Strahlwasser[1)]	
			7	Eintauchen	
			8	Untertauchen	
			9	Hochdruckreinigerfest	

Weitere Symbole			
für rauen Betrieb		feuersichere Trennung bei Leuchten mit Leuchtstofflampen	
Warnung vor gefährlicher Spannung		vor Öffnen Netzstecker ziehen	
Sicherheitstransformator gekapselt		Spielzeugtransformator (Kinderkochgerät u. a.)	

1) Bei den Symbolen besteht keine völlige Übereinstimmung mit den Kennziffern der Schutzarten.
2) A Handrückenschutz; B Fingerschutz; C Werkzeugschutz; D Drahtschutz; jeweils mit biegsamen Sonden

Tafel 4.3 Schutzarten der Geräte

Raumart, Ort, Arbeitsstelle	DIN-VDE-Norm	Geräteart	Schutzart
Wohnräume	0100		IP20
Küche	0100		IP20
Bad Bereiche 0,1,2	0100-701 0100-701		IP20 –1)
Balkon (außen geschützt)			IP21
Terrasse, Garten (außen ungeschützt)	0100-737		IP44
Waschküche (ohne Spritzwasser)	0100-737		IP21
Verwaltung			IP20
Werkstatt (trockener Raum) – ohne Fremdkörpereinwirkung – mit Fremdkörpereinwirkung	0100		 IP20 Tafel 4.3
Baustelle	0100-704	handgeführte Elektrowerkzeuge Handleuchten Steckvorrichtungen (Isoliermat.)	 IP2X IP55 IP44

1) Anordnung aller Geräte nicht bzw. nur unter bestimmten Bedingungen zulässig, Ausnahmen für Warmwasserbereiter, Leuchten mit Schutzkleinspannung u. a. (s. akt. Ausgabe: DIN VDE 0100-701)

Tafel 4.4 Geforderte Mindestschutzart für ortsveränderliche Geräte bei besonderen Einsatzbedingungen und bestimmungsgemäßer Anwendung (Beispiele)

In der Tafel 4.4 sind einige Beispiele für die Zuordnung der erforderlichen Schutzarten von Geräten zu den Einsatzorten mit einer bestimmten Umweltbeanspruchung aufgeführt.

Bei den Prüfungen (Abschnitt 6.3), ist zu kontrollieren, ob am Prüfling offensichtliche Abweichungen von den Merkmalen der für ihn angegebenen Schutzart/Schutzgrad festzustellen sind. Das Verwenden von Mess- oder Prüfmitteln (Prüffinger) ist nicht erforderlich. Eine augenscheinliche Prüfung mit dem eigenen „Prüffinger" ist vollkommen ausreichend.

Der Prüfer hat jedoch gegebenenfalls einzuschätzen, ob eine vorhandene Verschmutzung auf einen nicht bestimmungsgemäßen – d. h. auf einen nicht der angegebenen Schutzart des Geräts entsprechenden – Einsatzort hindeutet.

4.2.4 Merkmal/Eigenschaft: Fehlerschutz, Schutzklasse

Das Unterscheiden von vier Schutzklassen bei den elektrischen Geräten dient dazu, die Schutzmaßnahmen des Fehlerschutzes (Bild 4.1) nach DIN VDE 0100-410 bezüglich ihrer Wirkungsweise einzuteilen. In **Tafel 4.5** wird diese Zuordnung der Schutzmaßnahmen zu den Schutzklassen erläutert sowie die Kennzeichnung der Schutzklassen durch Symbole angegeben. Geräte ohne eine Maßnahme des Fehlerschutzes (Bild 4.1 a) werden der Schutzklasse 0 zugeordnet (F 4.7). Geräte mit Fehlerschutz (Bild 4.1 b und c) gehören je nach der Art ihrer Schutzmaßnahme (Tafel 4.5) zu einer der Schutzklassen I, II oder III, ohne dass damit eine Bewertung ihrer Schutzwirkung erfolgt. Bild 4.3 zeigt das Grundprinzip der Zuordnung der Schutzklassen zu den in Abhängigkeit von den angewandten Schutzmaßnahmen unterschiedlich gestalteten Geräten.

Schutzklasse	**Beschreibung**	**Kennzeichen Symbol**	**Bemerkung**
0	Die aktiven Teile des Geräts sind nur durch die Basisisolierung gegen direktes Berühren geschützt. Eine Schutzmaßnahme bei indirektem Berühren (Fehlerschutz) ist nicht vorhanden	–	Herstellung ist nicht oder nur für spezielle Anwendungen zulässig, Bild 4.5
1	Die aktiven Teile des Geräts sind durch die Basisisolierung gegen direktes Berühren geschützt. Durch den Anschluss der berührbaren leitfähigen Teile an den Schutzleiter werden diese in die Schutzmaßnahme bei indirektem Berühren (Fehlerschutz) der Anlage einbezogen.	– (Anschlussstelle des Schutzleiters wird gekennzeichnet mit ⏚)	Darstellung Bild 4.1
2	Aktive Teile werden durch eine verstärkte oder doppelte Isolierung geschützt. Damit ist der Schutz gegen direktes Berühren gesichert. Der Schutz bei indirektem Berühren ist ebenfalls gegeben, da ein Isolationsfehler praktisch unmöglich gemacht wird.	⧈	Darstellung Bild 4.1
3	Der Schutz gegen gefährliche Körperströme wird durch geringe Spannung und sichere Trennung zu anderen Stromkreisen erreicht.	◇III	[2.5]

Tafel 4.5 Schutzklassen der Geräte [2.5] [2.12]

Ursprünglich war jedes elektrische Gerät mit nur einer Schutzmaßnahme des Fehlerschutzes versehen und konnte daher zumeist eindeutig (**Bild 4.3** a und b) einer bestimmten Schutzklasse zugeordnet werden. Eine solche logische Zuordnung ist heute nicht mehr in jedem Fall möglich. Die sich aus den Normen ableitende und in Bild 4.3 c dargestellte Regel „Geräte der Schutzklasse II dürfen auch einen Schutzkontaktstecker und einen Schutzleiter in der Anschlussleitung aufweisen, der Schutzleiter darf aber im Körper des Geräts nicht angeschlossen sein“ ist nicht ganz korrekt. Wird an einem Schutzisolierten Gerät eine Anschlussleitung mit Schutzleiter verwendet, so ist dies durchaus möglich. Entweder ist der Schutzleiter durchgeführt und im Gerät isoliert geführt oder es handelt sich um einen Funktionserdungsleiter, der z. B. für EMV-Zwecke benötigt wird.

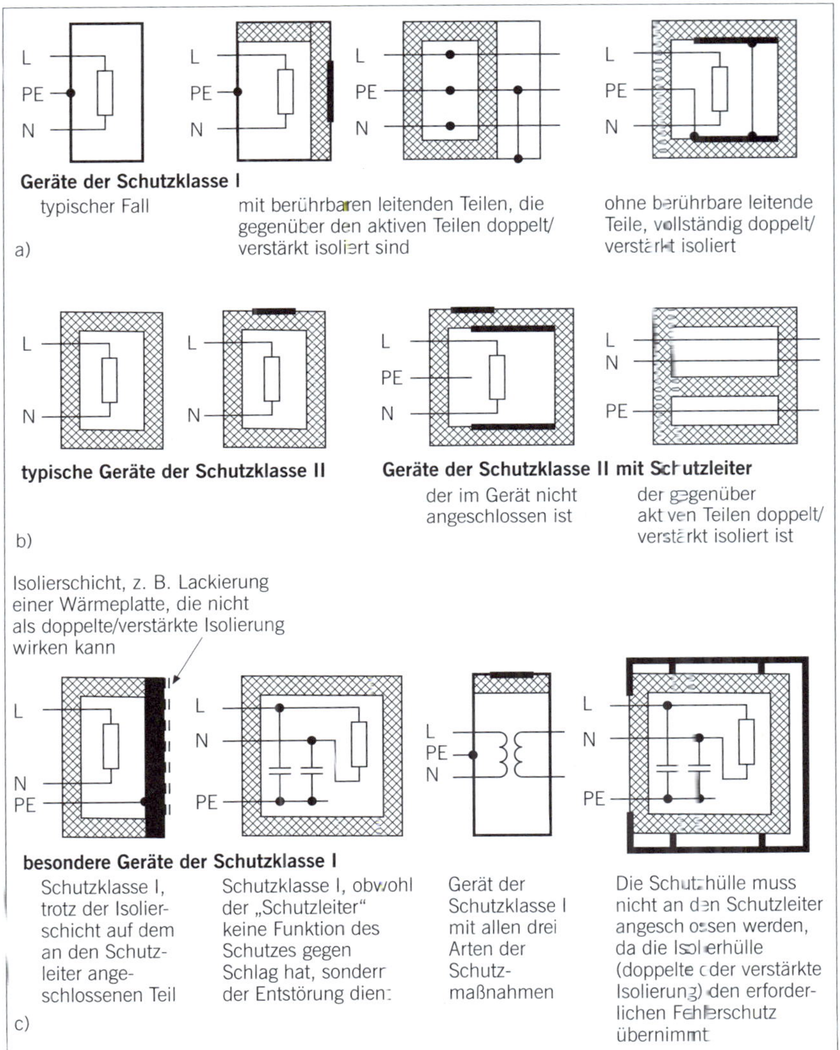

Bild 4.3 Zuordnung der Schutzklassen zu unterschiedlich gestalteten Geräten:

a) Geräte mit einer Schutzleiterschutzmaßnahme, die eindeutig der Schutzklasse I zuzuordnen sind,

b) voll isolierte Geräte (Schutzmaßnahme Schutzisolierung), die
- ohne Schutzleiter eindeutig der Schutzklasse II oder
- trotz eines Schutzleiters in der Anschlussleitung – gemäß Festlegung in der Norm – der Schutzklasse II zuzuordnen sind,

c) Geräte, die mehrere Schutzmaßnahmen aufweisen und teilweise, auch mit der Schutzmaßnahme Kleinspannung (SELV, PELV) ausgestattet sind

» **Wichtig für den Prüfer, und in Bild 4.3 zu erkennen, ist aber, dass die nach DIN VDE 0701-0702 anzuwendenden und in Bild 4.3 angegebenen Prüf-/Messverfahren nicht von der Schutzklasse des zu prüfenden Geräts abhängen.**

» **Es ist falsch und in die Irre führend, wenn gesagt wird, „Ein Gerät ist entsprechend seiner Schutzklasse zu prüfen“. Die Prüf-/Messverfahren sind nicht nach der Schutzklasse, sondern ausgehend von den beim Gerät wirksamen Schutzmaßnahmen des Fehlerschutzes (Bild 4.1 a und b) auszuwählen (Bild 6.1).**

Erforderlich ist somit – das sollte jeder Prüfer durchdenken und sich einprägen –
- alle an einem zu prüfenden Gerät wirksamen Schutzmaßnahmen zu erkennen und
- festzulegen, was und wie geprüft/gemessen werden muss.

Die Schutzklasse der Geräte ist bei dieser Entscheidung nahezu bedeutungslos.

Bei dem in Bild 6.1 dargestellten, für alle Geräte einheitlichen Ablauf der Prüfung wird davon ausgegangen, dass bei einem heute üblichen modernen Gerät alle drei Arten des Fehlerschutzes vorhanden sein können und zunehmend auch vorhanden sind. Bei einem solchen Gerät sind dann wirksam
- ein Schutzleiter als Voraussetzung für eine Schutzleiterschutzmaßnahme,
- die Schutzmaßnahme „verstärkte oder doppelte Isolierung“ (früher: Schutzisolierung) und
- die Schutzmaßnahme „Kleinspannung“ (SELV, PELV).

Das heißt: Bei diesem Gerät müssen alle in den Normen angeführten und möglichen Messverfahren zur Anwendung kommen (Bild 4.3 c).

Im Diagramm vom Bild 4.4 wird gezeigt, welche Folgen einer Durchströmung (Körperstrom) ein Mensch zu befürchten hat, wenn diese über eine bestimmte Zeit wirksam wird. Dieser durch viele Versuche bewiesene Strom-Zeit-Zusammenhang ist auch der Ausgangspunkt für
- die Kennwerte der Schutzmaßnahmen gegen elektrischen Schlag [2.12] und
- die Grenzwerte des Berührungs- bzw. Schutzleiterstroms [2.28] sowie des Patientenableitstroms [2.29].

Ausgangspunkte sind dabei:
- Der Körperwiderstand eines Menschen mit durchnässten Händen beträgt nur noch etwa 1000 Ω.
- Durch die Schutzmaßnahme ist zu gewährleisten, dass die Schnittpunkte von Zeitdauer und Berührungsstrom nicht im dunkel dargestellten Bereich liegen.

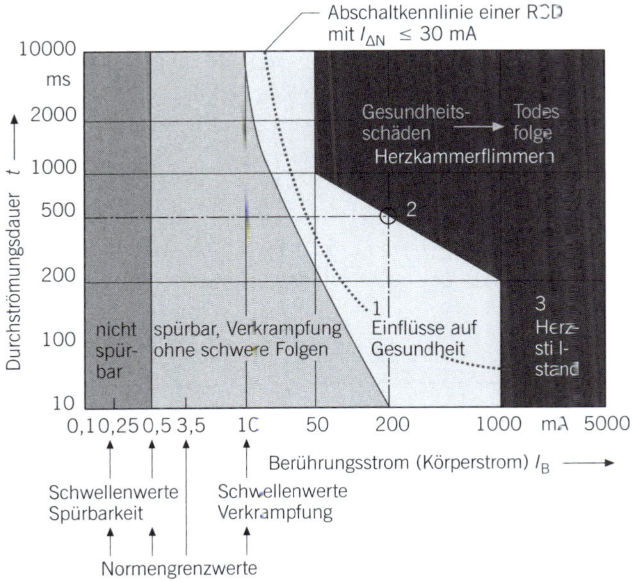

1 Bluthochdruck, Atembeschwerden, Bewusstlosigkeit
2 Bei einem Körperstrom von 200 mA besteht nach einer Durchströmungsdauer von 0 5 s akute Lebensgefahr.
3 Verkochung, Zellzerstörung, Vergiftung

Bild 4.4 Strom-Zeit-Abhängigkeit der Reaktionen eines Menschen bei einer elektrischen Durchströmung (IEC-Angabe)

Damit lassen sich aus dem Diagramm folgende Forderungen an die Schutzmaßnahmen gegen elektrischen Schlag ableiten:

Für das TN-System

Da im Fehlerfall am Körper(-widerstand) eine Spannung von etwa 115 V (1/2 Netzspannung) anliegt, muss bei dem dann fließenden Körperstrom von etwa $I_B = 115\,V/1000\,\Omega = 115\,mA$ die Abschaltung spätestens nach 0,5 s erfolgen.

Für das TT-System

Da ein ständig fließender Berührungsstrom höchstens 50 mA betragen darf, muss die am Körper(-widerstand) anliegende Spannung (Grenzwert U_L der Berührungsspannung U_B) auf höchstens

$U_B = 50\,mA \cdot 1000\,\Omega = 50\,V$

begrenzt werden.

Und schließlich ist aus dem Diagramm zu erkennen, dass

- Ableit- oder Fehlerströme, die ja möglicherweise als Körperstrom wirksam werden können **(Bild 4.5),** nicht mehr als 10 mA – bei einer angestrebten höheren Sicherheit nicht mehr als 3,5 mA – betragen sollten und
- die Vorgaben der Prüfnormen (0,5 mA bzw. 3,5/10 mA) aus dieser wissenschaftlich gesicherten Erkenntnis abgeleitet worden sind.

Wichtig ist eine weitere Feststellung: Bei diesen Vorgaben – unseren Vorgaben bei der Geräteprüfung – handelt es sich um *biologisch begründete Grenzwerte* der Sicherheit für den Menschen und nicht um Qualitätswerte des Isoliermaterials (siehe 3.2.5, F6.9).

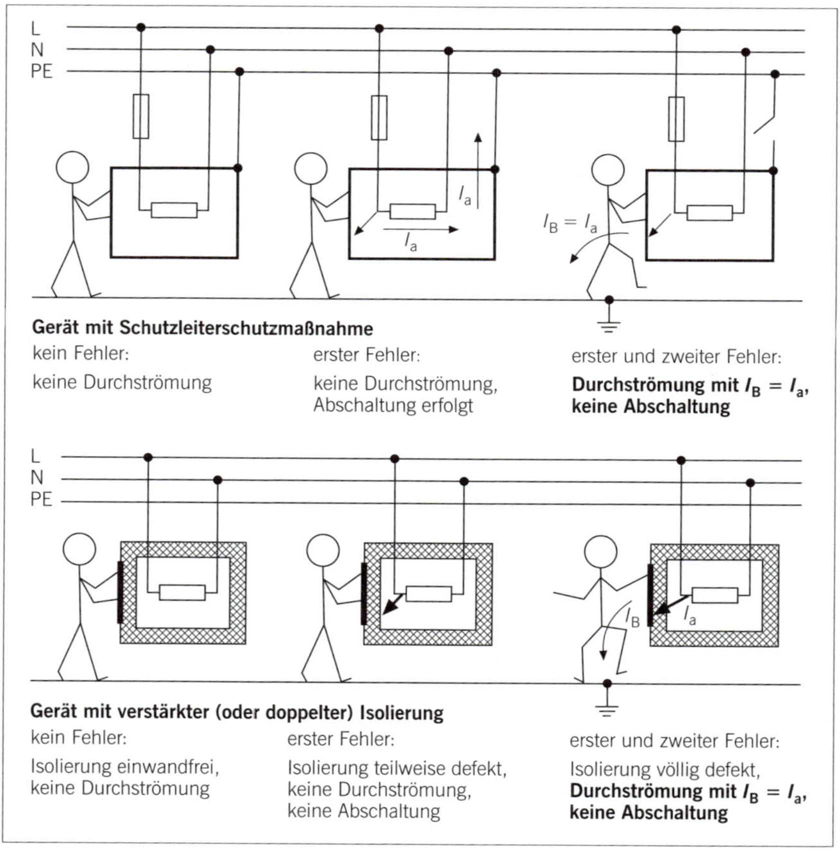

Bild 4.5 Gefährdung von Personen durch Versagen der Schutzmaßnahmen

4.2.5 Merkmale weiterer Schutzmaßnahmen

In der Tafel 4.1 sind alle üblichen Schutzmaßnahmen aufgeführt, die zum Abwenden der durch den elektrischen Strom, bzw. der von ihm transportierten Elektroenergie entstehende Gefährdungen angewandt werden und deren Wirksamkeit dann natürlich auch zu prüfen ist. Außer den im Zusammenhang mit den Kennwerten Schutzart und Schutzklasse bereits behandelten Schutzmaßnahmen gegen elektrischen Schlag können auch die anderen dort ebenfalls aufgeführten Schutzmaßnahmen ein Merkmal der Sicherheit des zu prüfenden Geräts sein.

Besondere Bedeutung haben der Zusatzschutz (F 4.13) und der Schutz gegen zu hohe Temperaturen (F 4.15). Beide schützen gegen Gefährdungen, die insbesondere bei einer festen Berührung der Geräte durch den Anwender auftreten. Ob der Prüfling diese Schutzmaßnahmen aufweist, ist vom Prüfer anhand der Bilder dieses Kapitels festzustellen; notfalls durch einen Blick in die Gerätenorm oder die Betriebsanleitung des Geräts bzw. in Zweifelsfällen durch eine Rückfrage beim Hersteller. Dies gilt auch für die zum Nachweis ihrer Wirksamkeit erforderlichen Prüfverfahren und für die einzuhaltenden Grenzwerte.

Die in den Sicherheitsnormen [2.28] für die Schutzmaßnahmen vorgegebenen Grenzwerte der Sicherheit haben einen zwiespältigen Charakter.

Einerseits darf der Prüfer z. B. den Prüfgang „Messen des Isolationswiderstands“ als bestanden und den Prüfling als „sicher“ ansehen, wenn der Messwert (z. B. 1,5 MΩ) größer ist als der Grenzwert (1 MΩ).

Andererseits wird er aufgefordert, die Ursache zu suchen, wenn der Messwert (z. B. 1,5 MΩ) zwar über dem Grenzwert, jedoch unter dem für eine einwandfreie Isolation üblichen Wert des Isolationswiderstands (z. B. 10 MΩ) liegt.

Beim Schutzleiterstrom liegt der Grenzwert bei 3,5 mA; dieser ist die festgelegte „Trennstelle“ zwischen den Zuständen/Bereichen „sicher (ungefährlich)“ und „nicht sicher (gefährlich)“ für einen Menschen [3.2].

Diese beiden Bereiche umfassen die Werte

- von Null (absolut sicher) bis 3,5mA (gerade noch sicher) und
- von > 3,5 mA (gerade nicht mehr sicher) bis >> 3,5 mA) (lebensgefährlich).

Auch dieser Grenzwert 3,5 mA wurde aus biologischen Gründen gewählt. Benutzt wird er aber – normgerecht – für eine technische Entscheidung. Er bewertet die zu prüfende Isolation und „entscheidet“, erklärt, dass sie

- bei Messwerten < 3,5 mA einwandfrei und das Gerät in Ordnung ist, aber
- bei Messwerten > 3,5 mA als fehlerhaft anzusehen ist.

Eine minimale Veränderung, schon 0,01 mA mehr oder weniger, können die Aussage ins Gegenteil verkehren.

Wenn dann auch noch der Messfehler des Prüfgeräts berücksichtigt wird (Tafel 7.2), kommt es vielleicht wiederum zu einer Umkehr der Aussage.

Hier wird deutlich, wie schwierig es ist,

- die technischen Vorgaben zur optimalen Sicherheit so weit wie möglich den biologischen Gegebenheiten (Bild 4.2) anzupassen und
- eindeutige, alle Belange erfassenden Vorgaben für das Prüfen anzugeben.

Diese Sachlage ist vom Prüfer zu berücksichtigen. Ein Gerät, das im Moment der Prüfung die – biologisch begründeten – Grenzwerte einhält, ist nicht immer auch für eine weitere Anwendung technisch ausreichend sicher. Und umgekehrt!

Vom Prüfer ist daher immer zu klären, egal ob der Grenzwert eingehalten wurde oder nicht,

- ob der Messwert auf das Vorhandensein eines Fehlers hinweist und
- welche Ursachen es sind, die eine etwaige Abweichung vom Grenzwert oder vom „üblichen" Messwert bewirken und vielleicht rechtfertigen (F 6.9, F 6.29).

Die befähigte Person muss auch beim Schutzleiterstrom auf Grundlage ihrer Erfahrung und ihres Sachverstands entscheiden. Die Norm kann bei dieser Entscheidung nur eine grobe Hilfe sein.

Verantwortung und Aufgaben – Information über Elektrosicherheit

Person, Funktion, Befähigung	**Arbeitsaufgaben**
Unternehmer	Sicherstellen, dass die Information und Organisation der Unterweisung der Mitarbeiter über die Gefährdungen durch die Elektrizität, die Maßnahmen zu deren Abwehr sowie über den Umgang mit elektrischen Betriebsmitteln erfolgt
verantwortliche Elektrofachkraft (vEFK)	Information des Verantwortlichen über die erforderlichen Aktivitäten zum Gewährleisten der Elektrosicherheit, Unterweisung der Mitarbeiter über Gefährdungen und Schutzmaßnahmen und ihr Verhalten, Sicherung der Weiterbildung der befähigten Personen, Auswertung der Arbeit und des Verhaltens der Prüfer im Zusammenhang mit der Elektrosicherheit
befähigte Person	Wie bei der verantwortlichen Elektrofachkraft, (Mitwirkung), Vorbereitung und Durchführung der Prüfprozesse, Auswertung der Prüfungen, Aktualisierung des eigenen Wissens (Fachzeitschriften, Seminare, Normen), Auswerten der bei den Prüfungen auftretenden Fachprobleme, Information der Elektrolaien (Mitarbeiter)
Anwender (EuP, Mitarbeiter, Elektrolaie)	Erkennen und Melden offensichtlich defekter elektrischer Arbeitsmittel

Fragen und Antworten

- zur Sicherheit → Fragen 4.1 bis 4.5
- zu Schutzart, Schutzklasse, Schutzmaßnahmen → Fragen 4.6 bis 4.13

Frage 4.1 Was ist zu tun, wenn ein zu prüfendes Gerät kein CE-Zeichen und kein Prüfzeichen/GS-Zeichen aufweist?

Wenn ein Gerät weder das VDE- noch das GS-Prüfzeichen aufweist und auch in der Dokumentation dazu keine Aussage zu finden ist, so muss man zunächst davon ausgehen, dass die nach DIN-VDE-Normen geforderte Sicherheit nicht besteht. Es kann auch sein, dass dieses Gerät so alt ist, dass es noch kein CE-Zeichen tragen musste. Soweit möglich, sollte dann vom Hersteller oder Verkäufer eine verbindliche schriftliche Auskunft eingeholt werden. [1.1]
Trägt das Gerät ein CE-Zeichen (F 3.1), aber kein GS-Zeichen, so besteht die Möglichkeit, eine Herstellererklärung (EU-Konformitätserklärung) anzufordern. Der Hersteller ist nicht verpflichtet, sie zu übergeben.
Ist beides nicht möglich, so liegt es in der Verantwortung der **befähigten Person**, bei der Sichtprüfung ein Urteil über das Gerät abzugeben. Ist die Sicherheit nach seiner Meinung nicht gegeben oder ermöglichen die zu erkennenden Merkmale keine sichere Aussage, so entspricht dies einer nicht bestandenen Prüfung. In einem solchen Fall sollte der Betreiber/Besitzer des Geräts schriftlich, z. B. in der Kundeninformation der Prüfdokumentation (Bild 10.2 c, Tafel 10.4), auf diesen Mangel hingewiesen werden. Dieser ist dafür verantwortlich, dass ein solches Gerät nicht mehr eingesetzt wird. Gibt der Prüfer das Gerät trotzdem zur weiteren Verwendung frei, so werden damit von ihm

- das Vorhandensein der für dieses Gerät geforderten Sicherheit und
- die bestandene Prüfung bestätigt (F 3.1). [1.1]

Frage 4.2 Welche Zeichen sind dem GS-Zeichen bzw. dem VDE-Prüfzeichen gleichwertig?

Das VDE-Prüfzeichen und das Gerätsicherheitszeichen bringen zum Ausdruck, dass alle in Deutschland für das gekennzeichnete Gerät geltenden nationalen und in der Europäischen Union vereinheitlichten EU-Normen für Entwicklung, Konstruktion und Herstellung beachtet wurden. Für Leuchten gilt das in Tafel 4.2 dargestellte Europäische Sicherheitszeichen. Welche Vorgaben der Prüfung einer ausländischen Prüfstelle und ihrem Prüfzeichen zugrunde liegen, kann ohne exaktes Wissen um die Normensituation des betreffenden Landes nicht gesagt werden. Es ist möglich, aber nicht sicher, dass damit ein gleiches Sicherheitsniveau bestätigt wird. Führt ein Gerät das Prüfzeichen einer zugelassenen ausländischen Prüfstelle (Anhang 4) und sind die der Prüfung zugrunde liegenden Normen in der EU vereinheitlicht, so kann dessen Hersteller mit dem Prüfbericht bei einer dafür zugelassenen deutschen Prüfstelle die Erteilung des VDE-Prüfzeichens beantragen.

Frage 4.3 Welche Merkmale muss ein elektrisches Gerät aufweisen, um als sicher zu gelten?

Der Prüfer kann davon ausgehen, dass die in den DIN-VDE-Normen vorgegebenen und bei den Geräten angewandten Schutzmaßnahmen ein ausreichendes Sicherheitsniveau gewährleisten. Die möglichen Gefährdungen werden dann zumindest auf das durch die Normen festlegte, vertretbare Minimum (Restrisiko, Bild 4.2) begrenzt.

Für den Prüfer ist die Sicherheit somit gegeben, wenn das Gerät

- mit einem GS-Zeichen oder einem anderen gleichwertigen Prüfzeichen (F 4.2) **und** dem CE-Zeichen ausgestattet ist und
- sich – abgesehen von Gebrauchsspuren – noch im Originalzustand befindet und
- die Prüfung nach DIN VDE 0701-0702 bestanden hat.

Zu beachten ist, dass es nicht nur um das Einhalten der Normenvorgaben geht!

» **Es kommt besonders auf das Einhalten der Sicherheitsmaßstäbe an, die sich aus dem Wissen und den Erfahrungen des Prüfers ergeben, die er sich selbst vorgibt.**

Welche offiziellen Maßstäbe angewandt werden sollten, ist in den Abschnitten des Kapitels 6 jeweils unter „Bewertung“ aufgeführt (F 3.7, F 3.9). Die Anforderungen an die Sicherheit betreffen natürlich nicht nur die direkt durch die Elektrizität bedingten Gefährdungen, sondern auch alle durch das Wirken der Elektroenergie indirekt entstehenden Einwirkungen (Bewegen, Erwärmen, Strahlen usw.).

Frage 4.4 Welche Sicherheit bietet ein elektrisches Gerät, das an eine Anlage angeschlossen ist, wenn deren Schutzmaßnahme bei indirektem Berühren (Bild 4.1) nicht funktioniert?

Die Schutzmaßnahme doppelte oder verstärkte Isolierung (Schutzisolierung) ist an einem damit ausgestatteten Gerät unabhängig vom Zustand der Anlage immer, d. h. auch bei einem Fehler in der Anlage, wirksam. Dies ist ihr großer Vorteil. Im Gegensatz dazu kann die Wirksamkeit der Schutzmaßnahmen mit Schutzleiter durch einen Defekt in der Anlage (Schutzleiterbruch beim TN- oder TT-System usw.) für das angeschlossene Gerät eingeschränkt oder völlig aufgehoben werden. Hinzu kommt, dass dieser Fehler in der Anlage ohne eine Messung nicht bemerkt werden kann und die Gefährdung möglicherweise lange bestehen bleibt.
Bei Geräten mit der Schutzmaßnahme doppelte oder verstärkte Isolierung ist eine Einschränkung der Schutzwirkung nur durch die dies bewirkende offensichtliche Beschädigung des Gehäuses oder der Abdeckungen zu erkennen.
Es ist aber zu bedenken, dass eine durchnässte Isolierung möglicherweise ihre Schutzwirkung einbüßt und somit der Anwender des Geräts gefährdet wird (Badezimmer/Badewanne!), während bei einem Gerät mit Schutzleiter in diesem (Fehler-) Fall die Schutzmaßnahme wirksam wird und eine Abschaltung bewirkt.

Frage 4.5 Wie ist zu erkennen, für welche Beanspruchungen ein Gerät geeignet ist?

Die auf dem Gerät angegebene Schutzart (Tafel 4.3) sowie das Vorhandensein oder Fehlen des Symbols für rauen Betrieb (Bild 10.1) bieten solch eine Aussage über die zulässigen Beanspruchungen und Einsatzorte. Hinzu kommen die Angaben der Bedienungsanleitung und das äußere Erscheinungsbild.
Im Handel finden sich auch gerne irreführende Angaben wie „für den kurzzeitigen Gebrauch im Freien“ oder „Handwerkerqualität“, die den Eindruck vermitteln, dass diese Produkte auch für Baustellen oder unter schweren Bedingungen geeignet sind.

Allerdings, und das ist ein schwerwiegender Nachteil, kann mit der offiziellen Kennzeichnung zumeist nur eine Elektrofachkraft etwas anfangen. Der Benutzer, oft ein Elektrolaie, ist überfordert. So lässt sich erklären, dass vielfach auf Baustellen, im Freien und an anderen Stellen mit hoher Beanspruchung Geräte verwendet werden, die für einen solchen Einsatz nicht geeignet sind. Insofern ist es zweckmäßig, alle für den rauen Betrieb einsetzbaren Geräte so zu kennzeichnen, dass es auch für den Laien verständlich ist (Bild 10.1). Ferner ist für eine entsprechende Unterweisung und Kontrolle, auch durch die Arbeitsverantwortlichen, zu sorgen. In Tafel 4.6 sind die Kategorien und die diesen zugeordneten zulässigen Beanspruchungen aufgeführt.

Eigenschaften, Ausführung, Art der Beanspruchung	**Einsatzorte bei Bezeichnung mit der Kategorie:**		
	ohne	**K1**	**K2**
	Wohnung, Büro innen	Werkstatt, Montage, Labor, Schlosserei, Fertigung, Werkzeugbau, Wäscherei innen, teilw. außen	Baustelle, Landwirtschaft, Tagebau, Chemie, Schwermontage, Stahlbau innen und außen
mech. Beanspruchung	gering	normal	hoch
Feuchte	keine	gering	mittel bis hoch
Staub	gering	normal	hoch, auch leitend
Öle, Laugen, Säuren	keine	gering	mittel bis hoch
Schutzklasse	vorzugsweise II	vorzugsweise II	vorzugsweise II
Schutzart	≥ IP2 nach Norm	≥ IP43	≥ IP54
Leitungsart entsprechend	H03 VV-F	H05 RN-F	H07 RN-F

Tafel 4.6 Kategorien der zulässigen Beanspruchungen, Bedingungen für ortsveränderliche Geräte [2.40]

Frage 4.6 Wie kann das Vorhandensein der IP-Schutzart eines Geräts nachgewiesen werden?

Die vom Hersteller gewährleistete Schutzart IPXX wird auf dem Gerät angegeben. Beim Besichtigen ist nachzuweisen (einzuschätzen), ob die angegebene Schutzart tatsächlich noch vorhanden ist und nicht durch Beschädigung, Alterung oder unsachgemäße Reparatur verschlechtert wurde. Ein Nachmessen der Spalte, Öffnungen usw. oder die Kontrolle mit dem sogenannten Prüffinger wird bei der Wiederholungsprüfung nicht verlangt, kann aber bei einer Prüfung nach der Instandsetzung oder in Zweifelsfällen sinnvoll sein.

Es gehört nicht zur Prüfung eines elektrischen Geräts, dessen richtige Zuordnung bezüglich seiner Schutzart zu den Bedingungen des Einsatzorts zu beurteilen. Das ist Sache des Arbeitsverantwortlichen). Wenn allerdings anhand der Gebrauchsspuren oder der Messergebnisse erkannt wird, dass eine unzulässige Beanspruchung erfolgte, so ist der Betreiber/Anwender zu informieren (Bild 10.2 c).

Auf vielen Geräten muss nach der Produktnorm nicht oder nur in seltenen Fällen die IP-Schutzart angegeben werden. Bei Bohrmaschinen z. B. nur, wenn die Schutzart höher als IP 4X ist.

Frage 4.7 Muss geprüft werden, ob die Schutzklasse I oder II auf dem zu prüfenden Gerät richtig angegeben wurde?

Nein. Zu prüfen ist, ob die vom Hersteller angewandten Schutzmaßnahmen an den berührbaren Teilen des Geräts wirksam sind. Welcher Schutzklasse das Gerät vom Hersteller zugeordnet wurde, ist dabei unerheblich, zumal die gewählte Zuordnung vom Hersteller nicht immer eindeutig begründet und vom Prüfer nicht immer eindeutig erkannt werden kann. Hinzu kommt, dass bei Geräten der Schutzklasse I gar keine äußere Kennzeichnung erfolgt (Tafel 4.5).

Wie Bild 4.3 zeigt, können voll isolierte Geräte, bei denen die Schutzmaßnahme Schutzisolierung am Gerätekörper und an der Anschlussleitung wirksam wird,

- trotzdem mit einer Anschlussleitung mit Schutzkontaktstecker und Schutzleiter ausgestattet sein und
- je nach dem Anschluss oder der Aufgabe des Schutzleiters im Gerätekörper
  - der Schutzklasse I (Bild 4.3 a) oder
  - der Schutzklasse II (Bild 4.3 b)

angehören.

Hinweis

Der Prüfer sollte seine Zeit nicht verwenden, um zu ergründen, welcher Schutzklasse sein jeweiliger Prüfling angehört; dies zu wissen ist für den Prüfablauf nicht erforderlich.

Er sollte, wie in Kapitel 6 (Bild 6.1) dargestellt wird, von der Schutzmaßnahme ausgehend festlegen, welche Prüfgänge erforderlich sind.

Frage 4.8 Welche Merkmale muss ein Gerät der Schutzklasse I haben?

Für die Schutzklasse I gibt es kein Symbol. Mitunter erfolgt eine Kennzeichnung auf dem Gerät unrichtigerweise durch das Symbol für den Schutzleiteranschluss (Tafel 4.5).

Charakteristisch für die Schutzklasse I (Bild 4.3 a) ist das Vorhandensein

- einer Anschlussleitung mit Schutzkontaktstecker (dreipolig/mehrpolig) oder eines entsprechenden Gerätesteckers und
- in der Regel auch von berührbaren leitfähigen an den Schutzleiter angeschlossenen Teilen (Bild 4.3 a, b).

Möglich ist jedoch auch (Bild 4.3 a, c), dass ein Gerät

- keine berührbaren leitfähigen Teile oder
- nur nicht an den Schutzleiter angeschlossene berührbare leitfähige Teile

aufweist.

Außerdem kann es sein, dass

- leitfähige Teile des Gerätekörpers an den Schutzleiter angeschlossen und
- andere, durch die Schutzisolierung geschützte berührbare leitfähige Teile nicht angeschlossen sind (Bild 4.3 a).

Möglich ist auch, dass ein mit einem geschlossenen Isolierkörper ausgestattetes Gerät (vollisoliert) mit einer dreiadrigen Anschlussleitung einschließlich Schutzkontaktstecker ausgerüstet wurde (Bild 4.3 c). Der Grund dafür könnte der innere Kurzschlussschutz oder der Schutz gegen Störungen durch elektromagnetische Felder sein, für die der Schutzleiter (PE, Erde) benötigt wird.

Für diese Geräte gilt, dass sie

- zur Schutzklasse I gehören, wenn der Schutzleiter innen im Gerät angeschlossen ist und
- der Schutzklasse II zugeordnet, wenn der Schutzleiter dort nicht angeschlossen und außerdem gegen die anderen aktiven Leiter ausreichend isoliert ist (Schutzisolierung).

Um von diesen vielfachen Merkmalen nicht völlig irritiert zu werden, sollte der Prüfer davon ausgehen, dass jedes Gerät mit einem Schutzkontaktstecker, unabhängig von seiner Art, als ein Gerät mit Schutzleiterschutzmaßnahme (Schutzklasse I) anzusehen und zu prüfen ist (Bild 6.1).

Frage 4.9 Welche Merkmale muss ein Gerät der Schutzklasse II haben?

Diese Geräte werden durch Doppelquadrat (Symbol in Tafel 4.4) gekennzeichnet. Charakteristisch für sie ist auch eine zweiadrige Anschlussleitung mit einem Stecker ohne Schutzkontakte gemäß **Bild 4.6 c.**

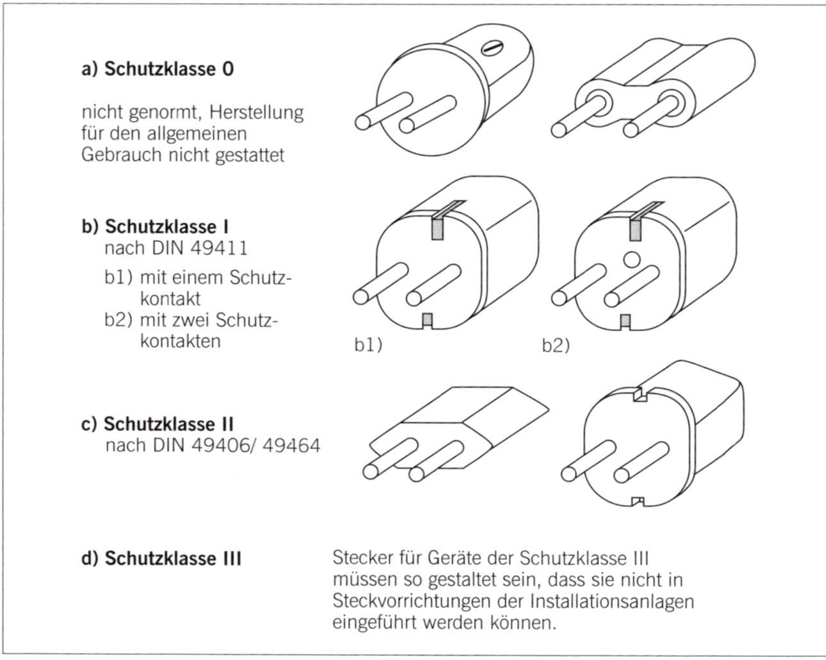

Bild 4.6 Zuordnung der WS-Steckvorrichtungen zu den Schutzklassen ihrer Geräte

Das Ausrüsten von Geräten der Schutzklasse II mit einer dreiadrigen Anschlussleitung und einem Schutzkontaktstecker ist zulässig, da dadurch keine Beeinträchtigung der Schutzmaßnahme doppelte/verstärkte Isolierung (früher: Schutzisolierung) erfolgt. In diesen Fällen wird gefordert [2.12], den Schutzleiter nicht an die im Gerät vorhandenen leitenden Teile anzuschließen. Ein solcher Anschluss ist bei einem in Schutzklasse II eingestuften Gerät als Ausnahme aber dann zulässig, wenn dies in der Herstellernorm dieses Geräts ausdrücklich so festgelegt wurde.

Die an den Schutzkontakt des Steckers angeschlossene Ader muss die grün-gelbe Ader der Leitung sein. Wird bei einem Gerät der Schutzklasse II eine Steckvorrichtung mit Schutzkontakt zum Anschluss weiterer Geräte eingesetzt, und muss somit der Schutzleiter durch das Gerät geführt werden (Bild 4.3 b), so wird er wie ein aktives Teil behandelt und entsprechend isoliert. Die Schutzwirkung der Schutzisolierung und damit die Schutzklasse II bleiben erhalten.

Frage 4.10 Dürfen Geräte der Schutzklasse 0 verwendet werden?

In der EU ist seit mehr als 20 Jahren das in Verkehr bringen von Geräten der Schutzklasse 0 nicht mehr zulässig. Auch in den Jahren davor war der Einsatz in Deutschland schon lange Zeit an viele Bedingungen geknüpft und konnte nur noch unter Leitung und Aufsicht von Elektrofachkräften erfolgen.
Entsprechend selten findet noch ein Einsatz dieser Geräte statt. Wenn Geräte der Schutzklasse 0 vorgefunden werden, sollte der Prüfer dringend von einer weiteren Benutzung abraten.
Eine Prüfung können diese Geräte nicht mehr bestehen.

4

Frage 4.11 Was ist unter Zusatzschutz zu verstehen?

In Bild 4.1 ist zu erkennen, wie durch die beiden Schutzebenen Basisschutz und Fehlerschutz ein im Normalfall ausreichender Schutz gegen elektrischen Schlag gewährleistet wird. Für Orte mit erhöhter Gefährdung (Bad, Baustelle, Außenanlage, Campingplatz usw.), sowie seit 2007 bei neu errichteten Anlagen auch für Stromkreise mit Steckdosen bis 20 A Bemessungsstrom, wird dann zusätzlich der sogenannte Zusatzschutz eingeführt. Im Sommer 2018 wurde der Zusatzschutz ausgeweitet auf alle Stromkreise mit Steckdosen bis 32 A Bemessungsstrom und Lichtstromkreise in Wohnungen. Er wird in erster Linie durch den Einsatz einer Fehlerstromschutzeinrichtung (RCD) ($I_{\Delta N} \leq 30$ mA) erreicht, der im Fall der Durchströmung einer Person so schnell abschaltet, dass keine Gesundheitsschäden auftreten (Bild 4.4). Sein Einsatz erfolgt im Allgemeinen in der elektrischen Anlage, um den Zusatzschutz sowohl im Bereich der Anlage selbst als auch für die angeschlossenen ortsveränderlichen Geräte zu sichern. Er wird jedoch auch in einigen Gerätearten (Baustromverteiler, Steckdosenleisten, Kleinstverteiler usw.) angeordnet, um für alle angesteckten Geräte, die ja möglicherweise unter erschwerten Bedingungen eingesetzt werden, den Zusatzschutz zu gewährleisten.
Zunehmend werden auch PRCDs (mobile Fehlerstromschutzeinrichtungen, Bild 4.8) auch in der Anschlussleitung von Geräten angeordnet, die unter erschwerten Bedingungen eingesetzt werden.
Sinnvoll ist der Einbau einer RCD in ein ortsveränderliches elektrisches Gerät, wenn dies an wechselnden Orten und dann sicherlich auch an Anlagen ohne eine RCD zum Einsatz kommt.

Weitere Schutzmaßnahmen, die als Zusatzschutz wirken, d. h. beim Versagen des Schutzes bei indirektem Berühren eine Durchströmung verhindern, sind

- die Schutztrennung und
- die Schutzkleinspannung.

Bei ihnen wird eine „zusätzliche Schutzwirkung", der Zusatzschutz, durch die „sichere Trennung" des Stromkreises mit dem zu schützenden Gerät vom geerdeten Versorgungsnetz erreicht (Bild 4.3 c).

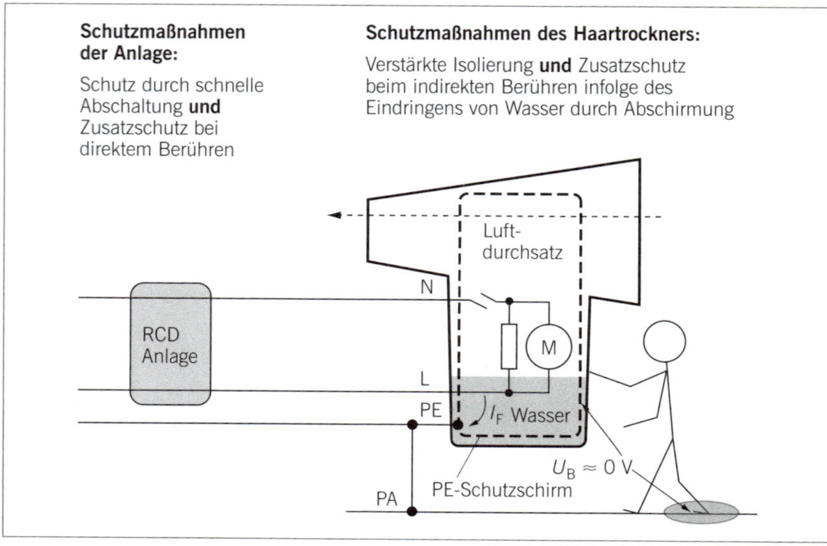

Bild 4.7 Haartrockner mit PE-Schutzschirm, der auch bei vorhersehbarer falscher Benutzung in der Badewanne und dem dadurch bedingten Versagen der verstärkten Isolierung des Haartrockners die Sicherheit für den Anwender gewährleistet. Die Schutzwirkung des PE-Gitters ist unabhängig von den Schutzmaßnahmen (Fehlerschutz) in der Anlage, somit ist der Zusatzschutz für den Haartrockner auch unabhängig vom RCD der Anlage vorhanden.

Einen speziellen Zusatzschutz zeigt **Bild 4.7.** Das mit dem Schutzleiter verbundene, alle aktiven Teile des Geräts umfassende Schutzgitter verhindert, dass durch eingedrungenes Wasser eine indirekte Berührung der aktiven Teile durch den Benutzer entstehen kann.

Frage 4.12 Wie wirkt bei einem Gerät der Schutz gegen Überstrom?

Der Schutz gegen eine zu hohe Erwärmung der Bauelemente und Leitungen eines elektrischen Geräts wird von der Anlage übernommen, an die das Gerät angeschlossen werden kann. Die Geräte sind ebenso wie die Endstromkreise der Anlage für einen Betriebsstrom von 16 A (Bemessungsstrom) ausgelegt und werden durch die zugeordnete Überstromschutzeinrichtung mit ebenfalls 16 A Bemessungsstrom vor einer unzulässigen Überlastung sowie vor den Folgen eines Kurzschlusses geschützt. Befinden sich im Gerät Bauteile oder Leitungen, die einen geringeren Bemessungsstrom haben als 16 A, so muss sich im Gerät eine entsprechend ausgelegte Überstromschutzeinrichtung befinden.

Der Nachweis der Wirksamkeit des Schutzes gegen Überstrom für das Gerät erfolgt durch Besichtigen (Tafel 6.2). Zu kontrollieren ist, ob

- das Gerät einen Bemessungsstrom von 16 A aufweist und wenn nein, ob der Betriebsstrom durch Schutzeinrichtungen im Gerät entsprechend begrenzt wird und ob
- die gegebenenfalls im Gerät vorhandenen Überstromschutzeinrichtungen entsprechend den Herstellerangaben ausgelegt, eingestellt bzw. bestückt sind.

Hinweis:
Bei Verlängerungsleitungen und Tischsteckdosen, die für 16 A ausgelegt sind muss die Leitung einen Mindestquerschnitt von 1,5 mm^2 besitzen. Seit 2005 dürfen keine Verlängerungsleitungen und Tischsteckdosen mehr mit geringerem Leitungsquerschnitt verkauft werden.
Bei Altgeräten kann es also aufgrund des zu kleinen Leitungsquerschnitts und durch eine zulässige Überlastung (1,45 × 16 A über 1 Stunde) zu einer Überhitzung der Leitung kommen und im schlimmsten Fall einen Brand auslösen.
Über den weiteren Betrieb dieser Geräte muss die vEFK entscheiden.

Frage 4.13 Wie wirkt bei einem Gerät der Schutz gegen zu hohe Temperatur bei der Handhabung?

Alle Geräte müssen so gestaltet sein, dass für die sie bedienende Person bei bestimmungsgemäßem Einsatz und Verhalten keine Gesundheitsschäden eintreten können. Das heißt auch, dass die berührbaren Teile des Geräts und ganz besonders die zum Bedienen fest anzufassenden Handgriffe, Hebel, Tasten usw. keine Temperatur annehmen dürfen – Grenzwerte siehe Tafel 6.10 –, die zu einer Verletzung oder einem vielleicht folgenschweren Erschrecken führen könnte.
Durch bewusstes Betrachten der Art der konstruktiven Gestaltung des Geräts und gegebenenfalls einer Handprobe lässt sich einschätzen, ob im Betrieb eine zu hohe Temperatur auftreten kann. Das Messen der Temperatur (Bild 6.22 a) wird nicht gefordert, ist natürlich in Einzelfällen und zum Erkennen ihrer Ursachen hilfreich.

5 Prüfaufgaben, Art der Prüfung, Prüfzeitpunkt

Die Pflicht zur Prüfung wird jeder vernünftige Mensch akzeptieren, der für die Sicherheit anderer Personen verantwortlich ist. Er wird die Mühe nicht scheuen, die er sich damit auflädt. Zu fragen und zu klären ist aber

- welche konkreten Prüfaufgaben sich daraus ableiten und
- wie im konkreten Fall – mit möglichst wenig Aufwand – zu prüfen ist und so die geforderte Sicherheit erreicht werden kann.

In diesem Kapitel werden der Prüfablauf und damit die Prüfaufgaben beschrieben, die jeder Arbeitgeber für alle elektrischen Geräte zu gewährleisten hat [1.2], die er seinen Arbeitnehmern als Arbeitsmittel zur Verfügung stellt.

5.1 Prüfaufgaben

Es ist Sache des Arbeitgebers oder der von ihm beauftragten verantwortlichen Elektrofachkraft zu entscheiden, mit welchen Prüfverfahren und Prüfgeräten die Prüfungen erfolgen sollen. Ebenso hat er festzulegen,

- wie oft, wann und
- nach welchen technischen Regeln

die einzelnen Prüfungen (Bild 5.1) im eigenen Unternehmen oder durch einen fremden Elektrofachbetrieb durchzuführen sind.

Dazu heißt es in der Betriebssicherheitsverordnung [1.2]:
„Für Arbeitsmittel sind ... Art, Umfang und Fristen erforderlicher Prüfungen zu ermitteln“,

und in der Unfallverhütungsvorschrift DGUV Vorschrift 3 (BGV A3) [1.8]:
„Der Unternehmer hat dafür zu sorgen, dass die elektrischen ... Betriebsmittel (Geräte) bezüglich ihres ordnungsgemäßen Zustands geprüft werden

- *vor der ersten Inbetriebnahme,*
- *nach Änderung oder Instandsetzung und*
- *in bestimmten Zeitabständen“, die „.... so zu bemessen (sind), dass entstehende Mängel rechtzeitig festgestellt werden.“*

Zur Art und zum Umfang dieser Prüfungen wird in der Norm [2 28] gesagt:

- **Bei der Wiederholungsprüfung** „ist die elektrische Sicherheit nachzuweisen“.
- **Bei der Prüfung nach der Instandsetzung/Änderung** „… ist die elektrische Sicherheit nachzuweisen und festzustellen, ob der Originalzustand des Geräts wieder hergestellt wurde.“

5.2 Prüfablauf, Art und Umfang der Prüfung

Um die Sicherheit eines elektrischen Geräts während seiner „Lebenszeit“ durchgehend gewährleisten zu können, muss es von seinem Betreiber organisatorisch erfasst (Kapitel 8) und dann konsequent – in bestimmten Zeitabständen/rechtzeitig – geprüft werden. **Bild 5.1** zeigt den „Prüflebenslauf“.

5

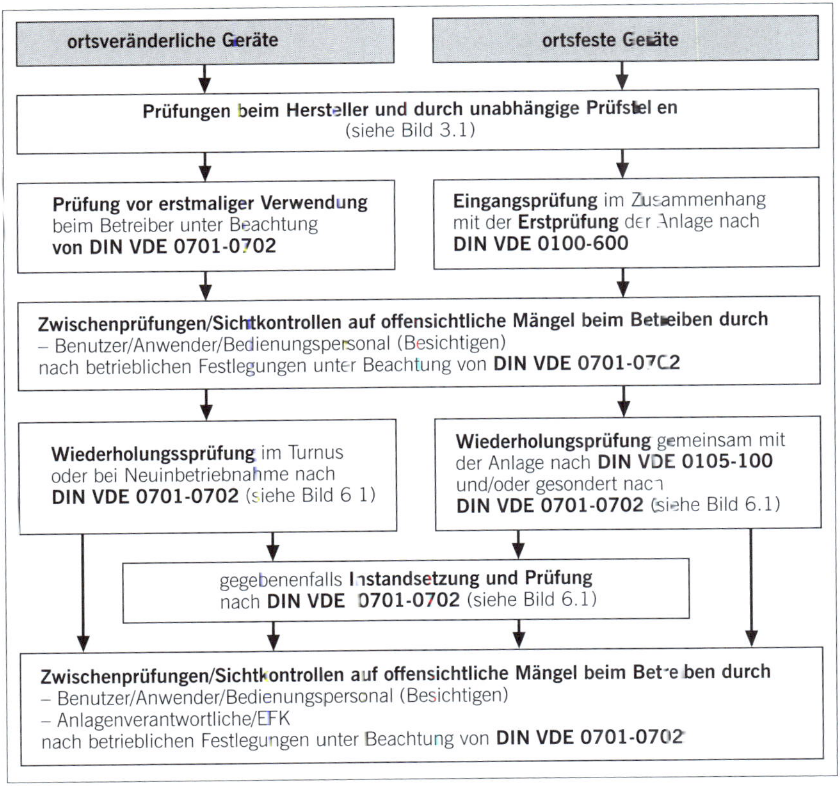

Bild 5.1 An elektrischen Geräten durchzuführende Prüfungen, mit denen die Vorgaben zum Gewährleisten der Sicherheit erfüllt werden können

Was bei den in **Bild 5.1** aufgeführten Prüfungen zu beachten ist, wird in den folgenden Abschnitten erläutert.

5.2.1 Prüfung vor der erstmaligen Verwendung (Eingangsprüfung)

Um bei der Eingangsprüfung der ortsveränderlichen Geräte keine Überraschung zu erleben, muss die verantwortliche Elektrofachkraft möglichst bereits auf deren Bestellung Einfluss nehmen. Sie kann eigentlich nur auf diese Weise dafür sorgen, dass im Interesse der Sicherheit der Mitarbeiter ausschließlich Geräte angeschafft werden,

- die das CE- und das GS-Zeichen aufweisen,
- von einem seriösen, für seine Qualität bekannten Hersteller stammen,
- ausdrücklich für den im Unternehmen vorgesehen Einsatzort und Einsatzumfang als geeignet bezeichnet werden,
- und möglichst schon mit einem Prüfprotokoll der Erstprüfung des Herstellers ausgeliefert werden.

Ist dies gesichert, kann sich die Eingangsprüfung auf die Kontrolle

- des ordnungsgemäßen Zustands und
- des Vorhandenseins der Betriebsanleitung/Dokumentation
- beschränken. Ob dazu eine vollständige Wiederholungsprüfung erforderlich ist, hat der verantwortliche Prüfer zu entscheiden.

Diese Eingangsprüfung ist sinnvoll,

- um das Gerät und seine Eigenarten kennenzulernen,
- weil seit der Prüfung beim Hersteller möglicherweise schon Monate oder Jahre vergangen sind,
- weil es vielleicht zu Transportschäden kam.

Sie ist auch nötig, um etwaige Mängel nicht erst nach einigen Monaten bei der ersten Wiederholungsprüfung festzustellen oder dann mit fehlender Prüftechnik und ungenügenden Kenntnissen des Prüfers konfrontiert zu werden.
In jedem Fall ist das Gerät nach der Eingangsprüfung zu inventarisieren (Kapitel 8) und sollte die erste Prüfmarke (Bild 10.1 a) mit dem nächsten Prüftermin (Tafel 5.1) sowie gegebenenfalls den Aufkleber mit der Einsatzkategorie (Bild 10.1 e) erhalten.
Die Dokumentation des Geräts ist zu archivieren, sie muss für künftige Prüfungen zur Verfügung stehen.

» **Die Eingangsprüfung (Prüfung vor erstmaliger Verwendung) eines ortsveränderlichen Geräts ist Voraussetzung für die Sicherheit der Beschäftigten, die mit ihm umgehen werden. Seine Besonderheiten müssen bekannt sein, bevor es von den Mitarbeitern (Elektrolaien) benutzt wird.**

Bei der Eingangsprüfung der ortsfesten Geräte als Teile einer zu errichtenden Anlage müssen die gleichen, oben aufgeführten Merkmale kontrolliert werden. Diese Prüfung gehört jedoch zum allgemeinen Geschäftsablauf und nicht zu den gemäß Betriebssicherheitsverordnung an diesen Geräten direkt vorzunehmenden Prüfungen. Sie ist unmittelbar vor oder bei der Montage der Geräte oder im Zusammenhang mit der Erstprüfung der Anlage vorzunehmen.

5.2.2 Zwischenprüfungen und Sichtkontrollen

Ob und in welchem Umfang Zwischenprüfungen vorgenommen werden, hat der verantwortliche Prüfer bzw. auf dessen Vorschlag der Leiter des betreffenden Arbeitsbereichs, z. B. einer Werkstatt oder einer Baustelle, festzulegen. Mit ihnen sollen grobe Fehler oder unerwartete unzulässige Belastungen festgestellt und dann gegebenenfalls über die Notwendigkeit einer kompletten Prüfung entschieden werden. Sie sind kein Ersatz für eine Wiederholungsprüfung, ihre regelmäßige Durchführung kann aber beim Festlegen des Zeitabstands zwischen zwei Wiederholungsprüfungen berücksichtigt werden.

5

5.2.3 Wiederholungsprüfung, Prüfung nach der Instandsetzung

Für beide Arten der Prüfung gilt: Es sind die nach der Norm [2.28] vorgegebenen, in Kapitel 6 beschriebenen Prüfgänge durchzuführen. Beide haben das gleiche Ziel:
„Es ist nachzuweisen, dass die Sicherheit gegeben und bei bestimmungsgemäßem Gebrauch ein gefahrloser Betrieb bis zur nächsten planmäßigen Wiederholungsprüfung möglich ist.“
Das heißt, für beide sind dann auch die gleichen Prüfgänge, Grenzwerte, Messmethoden usw. (Tafel 6.7, Bild 6.1) zum Nachweis der Sicherheit verbindlich.

Möglicherweise werden für das Prüfen nach dem Instandsetzen/Ändern (auf den Zusatz „Ändern“ wird im folgenden Text verzichtet) zusätzliche Prüfgänge gefordert (Tafel 6.1). Um dies zu erkennen, ist vor der Instandsetzung zu klären,

- ob in der Norm [2.26, Anhang] oder der Bedienungsanleitung des Herstellers dazu Vorgaben enthalten sind und
- vom Hersteller das Verwenden bestimmter Ersatzteile gefordert oder Bedingungen an die Ausstattung der Instandsetzungswerkstatt bzw. an die Ausbildung der die Instandsetzung durchführenden Fachkräfte gestellt werden.

Bei der danach folgenden Prüfung nach dieser Norm ist dann auch festzustellen, ob

- die Instandsetzung sachgemäß erfolgt ist und
- Veränderungen gegenüber dem Originalzustand vorgenommen wurden, sodass die ursprünglichen Bemessungswerte des Geräts möglicherweise nicht mehr gültig sind.

Nicht zu empfehlen ist der Einsatz von Ersatzteilen, die nicht vom Hersteller zugelassen wurden. Es wäre dann erforderlich nachzuweisen, dass die Bemessungs- und die Kennwerte des Geräts, trotz der vorgenommenen „Veränderung“, nach wie vor stimmen. Die dazu nötigen Prüfungen sind teilweise nicht zerstörungsfrei durchführbar (F 5.1).

In beiden Fällen gilt der in Kapitel 6 dargestellte Prüfablauf. Folgende Bedingungen sind bei allen Prüfgängen zu beachten:

- Baugruppen- und Gerätefunktionen müssen zumindest so weit geprüft werden, wie es zum Nachweis eines sicheren Betriebsablaufs erforderlich ist.
- Eine vollständige Funktionsprüfung kann nötig sein, wenn nur auf diese Weise der sichere Zustand des Geräts oder die ordnungsgemäße Durchführung der Instandsetzung festgestellt werden kann.
- Dass die Funktionsfähigkeit nachzuweisen ist – in einem zumutbaren, ausreichenden Umfang – ergibt sich aus dem Auftrag „Es ist zu prüfen" sowie aus der Definition des „Prüfens" (Anhang 1) und entspricht natürlich auch den Erwartungen des Auftraggebers (F 5.5).
- In der Norm [2.26] wird nicht gefordert, dass die Prüflinge bzw. ihre Teile (Stecker, Anschluss usw.) geöffnet werden müssen. Dies ist nur dann vorzunehmen, wenn
  - es zur Instandsetzung nötig ist,
  - der begründete Verdacht auf einen Mangel nur dadurch geklärt werden kann (Abschnitt 6.4.15) oder
  - es in der Betriebsanleitung, z. B. zum Austausch von Verschleißteilen, zugelassen oder gefordert wird.

  Ein Eingriff in ein Gerät, der in der Betriebsanleitung nicht ausdrücklich gestattet ist, kann die Garantieansprüche beeinträchtigen.
- Das Reinigen der zu prüfenden Geräte – Beseitigung von Gebrauchsspuren und Umgebungseinflüssen – gehört nicht zur Prüfung. Es sollte jedoch nicht verlangt werden, dass der Betreiber des Geräts selbst eine Reinigung vornimmt, bevor er es zum Prüfen übergibt.

  Mitunter ist es aufschlussreich für das Beurteilen des Geräts bzw. der Gebrauchsgewohnheiten des Betreibers, wenn eine im verschmutzten Zustand nicht mehr vorhandene Sicherheit der Geräte auf diese Weise erkannt wird.

5.3 Prüftermine/Turnus der Wiederholungsprüfung

Durch die Betriebssicherheitsverordnung [1.2] und ergänzend durch die DGUV Vorschrift 3 (BGV A3) [1.8] wird der Arbeitgeber verpflichtet, die Prüffristen, d. h. den Zeitpunkt der nächsten Prüfung, zu ermitteln. Dies muss zum Abschluss der Prüfung und im Zusammenhang mit dem Bewerten des geprüften Geräts durch den verantwortlichen Prüfer erfolgen.

» **Achtung Prüfer! Mit dem Vorschlagen des Prüftermins wird von Ihnen ausgesagt: „Bis zu diesem Termin ist ein sicheres Benutzen des elektrischen Geräts höchstwahrscheinlich gewährleistet."**
Sie müssen sich der Verantwortung bewusst sein, die Sie damit übernehmen.

Als Grundlage dieser Aussage kann von Ihnen ein bestimmungsgemäßer Einsatz und ein ordnungsgemäßer Umgang des Anwenders mit dem Gerät vorausgesetzt werden.

Zu berücksichtigen sind die bereits im Zusammenhang mit der Erstprüfung vorgenommene Gefährdungsbeurteilung und der dabei festgelegte Prüfturnus.

Eine solche, immer mit einem Restrisiko behaftete Aussage (F 5.17), kann nur von einer erfahrenen Elektrofachkraft getroffen werden, die das betreffende Gerät selbst geprüft und beurteilt hat. Dies kann nur der Prüfer selbst (EFK) oder der für die Prüfung verantwortliche, die Dokumentation unterschreibende verantwortliche Elektrofachkraft (vEFK) sein. Andere Personen, die nicht selbst an der Prüfung beteiligt waren, haben keine ausreichenden Kenntnisse über das Gerät und seinen Zustand, sie können eine solche Aussage nicht treffen. Sie sind auch – gemäß Betriebssicherheitsverordnung – nicht berechtigt, dem Prüfer eine Weisung zu erteilen; dies auch dann nicht, wenn sie als Elektrolaie sein disziplinarischer Vorgesetzter sind (Tafel 2.1).
Prüffristen, die in Richtlinien, Anweisungen, Fachbüchern oder anderen Dokumenten veröffentlich werden, sind für den Prüfer nicht verbindlich. Egal ob sie als Richt-, Höchst- oder Grenzwerte oder anders benannt wurden, sind alle „lediglich“ ein wertvoller Hinweis auf die von anderen Fachleuten gemachten Erfahrungen. Sie können und sollen vom Prüfer beim Nachdenken über die eigene Entscheidung berücksichtigt werden.

Eine Wiederholungsprüfung sollte – unabhängig von einem bereits festgelegten Termin – auch dann erfolgen, wenn ein elektrisches Gerät einem anderen Verantwortungsbereich/Betreiber übergeben oder nach längerer Zeit, vor einer Montage auf einer neuen Baustelle oder an einem neuen Arbeitsort [1.2] wieder in Betrieb genommen wird.
Erfolgt die Prüfung im Auftrag eines Kunden, so ist dieser als Betreiber des Geräts für das Festlegen des Prüftermins verantwortlich. Der Prüfer ist dann lediglich verpflichtet, im Ergebnis der Prüfung (Dokumentation Bild 10.2, Prüfmarke Bild 10.1) einen Vorschlag für den nächsten Prüftermin zu machen.

Möglicherweise gibt es für bestimmte Geräte oder für bestimmte Einsatzorte gesetzliche Vorgaben zum Prüfturnus (zeitlicher Abstand zwischen zwei Wiederholungsprüfungen). Ebenso können privatrechtliche Vereinbarungen oder Vorgaben (Versicherungsverträge o. Ä.) bestehen, die dann natürlich vom Betreiber beachtet werden müssen.

5.4 Verfahren zum Bestimmen des Prüftermins

Um einen Prüftermin und damit einen Zeitraum vorzuschlagen/festzulegen, innerhalb dessen das betreffende elektrische Gerät mit ausreichender, sehr hoher Wahrscheinlichkeit sicher betrieben werden kann, muss vom Prüfer eingeschätzt werden,
- in welchem **Zustand** sich das von ihm geprüfte Gerät befindet und
- welchen **Beanspruchungen** es bei seinem Gebrauch ausgesetzt sein wird.

Gefährdungsbeurteilung gemäß Betriebssicherheitsverordnung § 3

Unternehmen/Betriebsteil/Bereich 1): Schnitt- und Prägetechnik Hohensulza

Prüffristenermittlung Nr.: : GEF-56-05-Mü

Geltungsbereich (Anlage/Maschine/Anlagenteil/Betriebsmittel/Gerät(e)/...................1)

Bezeichnung: Bürotechnik	Standort Generaldirektor mit Vorzimmer ● Meisterbüro ■
Erarbeitet von: Mücke am: 10.02.2016	gültig bis: 2018 Name: Mücke

Bewertung: Zustand und Beanspruchung des Arbeitsmittels und Gefährdung des Anwenders/Ermitteln des Prüfturnus

Gefährdungsklasse →		**1**		**2**		**3**		**4**		**5**		**6**		**7**	
Zustand →		Spitzenniv.		sehr gut		gut		normal		beeinträchtigt		schlecht		sehr schlecht	
Einwirkung/Gefährdung →		keine		sehr niedrig		niedrig		normal		erhöht		hoch		sehr hoch	
Merkmale															
ZUSTAND	Prüf- und CE-Zeichen	ja, beide	● ■	–		–		nur CE		–		–		keins	
	Gesamteindruck	Spitze		sehr gut	●	gut	■	wie üblich, keine Beeinträchtigung		mäßig		schlecht		Mängel der Sicherheit vorhanden	
	Verschleiß	keiner	●	kaum		wenig	■			bedenklich		erheblich			
	Befestigungen Körper	Spitze		sehr gut	●	gut	■	üblich, ausreichend		bedenklich		schlecht			
	Befestigungen Leitungen				●		■								
	Schutzart	–		viel besser		besser	●	wie üblich, normgerecht	■	–		falsch		gefährlich	
	Folgen von Eigenbewegungen	keine	●	kaum		–			■	bemerkbar		übermäßig		zu stark	
	Folgen innerer Medien		●			–			■						
	Prüfergebnis	–		Spitze	●	sehr gut	■	gut, normgerecht		unwesentl. Mängel		Sicherheitsmängel		Gefährdung	

Tafel 5.1 Bestimmen des Prüftermins für elektrische Arbeitsmittel
(J = Jahre, M = Monate, W = Wochen)

		1	2	3	4	5	6	7
EINWIRKUNG	mechanische Einwirkung	keine	keine Auswirkung	unwesentlich	normal, bemerkbar, keine störende Auswirkung	kleine störende Auswirkung	übermäßig, störende Auswirkung	zu stark bis zerstörend
	Umgebung			●	■			
	Benutzer			●	■			
	Dritte		●		■			
	Einwirkung Atmosphäre		●	■				
	biologische Einwirkung		●	■				
	Niveau Anwender	vorbildlich	sehr gut	● gut	■ normal, noch ausreichend	schlecht	sehr schlecht	negativ
	Niveau Wartung			●	■			keine
GEFÄHRDUNG	Nässe und Staub	keine	● kaum	keine Folgen	■ bestimmungsgemäß	vermehrt	stark	zu viel, Gefahr
	Leitender Staub		●			■		
	Ordnung	Spitze	sehr gut	● gut	wie üblich	■ schlecht	sehr schlecht	Gefahr
	Schwere der Arbeit	nicht	● kaum	wenig	normal	erhöht	■ hoch	sehr hoch
	Temperatur (Schweiß)	kein	● –	–	wie üblich	■ mäßig	stark	sehr stark
	hoher Standort	nein	● –	–	gering	■ erhöht	erheblich	sehr hoch
	Anwenderkontakt mit Arbeitsmittel leitende Teile	keine	selten ● schwach	wenig ■ schwach	● normales Anfassen	öfter, fester	■ viel oder kräftig oder großflächig	viel und großflächig
	Fachkunde der Anwendung	Spitze	sehr gut	gut	● ausreichend	■ wenig	zu wenig	negativ
ERGEBNIS	**Gefährdungsklasse**	1	2	3	4	5	6	7
	Entscheidung →		●		■			
	Prüfturnus Vorschlag →	..........7 J.	..........6 J.	..........5 J.	..........4 J.	..........3 J.	..........2 J.	..........1 J. ....6 M. ....1 M. ....1 W?
	Prüfturnus Entscheidung →		**5 Jahre (Umzug)**		18 Monate			

[1] Zutreffendes unterstreichen

Daraus ergibt sich dann seine Aussage, wie wahrscheinlich das Auftreten eines ersten Fehlers (Schutzleiterbruch, versagende Isolierung o. Ä.) ist (Bild 4.5).
Des Weiteren ist von ihm zu beurteilen (einzuschätzen), wie groß die Wahrscheinlichkeit einer **Gefährdung** für den Anwender des Geräts unter den vorliegenden Betriebsbedingungen (Nässe, großflächige Berührung, Ordnung usw.) sein kann, wenn ein erster Fehler am Gerät entstanden ist.
Mit diesen drei Überlegungen kann dann – nach dem in **Tafel 5.1** dargestellten Prinzip – der nächste Prüftermin bestimmt werden.
In dieser Tafel werden die zu einem ersten Fehler (Bild 4.5) und zu einer Gefährdung führenden Einflüsse/Merkmale im Einzelnen dargestellt, um dem Prüfer Anhaltspunkte für seine Entscheidung über die Prüffrist zu geben. Sind sie alle positiv zu bewerten, so ist eine sehr lange Prüffrist vertretbar; ergibt sich bei mehreren von ihnen jedoch eine negative Einschätzung, so ist in kürzeren Zeitabständen zu prüfen, um etwaige Fehler rechtzeitig festzustellen. Zu berücksichtigen ist, dass eine Gefährdung durch das Zusammenwirken von zwei oder mehr Merkmalen entstehen oder verstärkt werden kann. Welche Überlegungen beim Bewerten der einzelnen Merkmale Bedeutung haben können, kann **Tafel 5.2** entnommen werden.
Sowohl in der DGUV Vorschrift 3 (BGV A3) als auch in der aktuelleren TRBS 1201 [2.34] finden sich beispielhafte Prüffristen, die als Orientierungshilfe dienen können. Jede Prüffristfestlegung muss mit einer Gefährdungsbeurteilung nach BetrSichV untermauert werden, sie darf nicht einfach „aus der Luft gegriffen" werden. Dies gilt auch, wenn die Musterprüffrist aus der TRBS verwendet wird.

Zwei Beispiele für das Ermitteln der Prüffrist wurden für zwei verschiedene Geräte/Einsatzorte in Tafel 5.1 eingetragen.

Eine solche Gefährdungsbeurteilung/Prüffristenermittlung kann für ein bestimmtes Gerät oder für mehrere Geräte eines Einsatzorts vorgenommen werden. Sie kann auch mit einem Rechnerprogramm ermittelt und der Vorschlag für die Prüffrist dann ausgedruckt werden [3.16].

» **Notwendig ist, dass der Prüfer angesichts des geprüften Geräts und auf der Grundlage der „Lebensweise" des Geräts (Tafel 7.1) über den Prüftermin entscheidet oder diesen vorschlägt (F 5.17).**

Die verantwortliche Elektrofachkraft des Unternehmens sollte eine eigene, den Belangen der Betriebsabteilungen bzw. den Gerätearten des Unternehmens angepasste Aufstellung anfertigen, die alle durch solche Gefährdungsbeurteilungen ermittelten Prüffristen enthält. Sie hilft dem Prüfer, die sinnvollen, aktuellen Prüftermine jedes einzelnen Geräts zu benennen. Seine Aufgabe ist es aber auch, am Prüfplatz bei jedem von ihm geprüften Gerät zu entscheiden, ob die ursprünglichen Voraussetzungen der Gefährdungsbeurteilung noch gegeben sind oder ob z. B. der aktuelle Zustand eine Abweichung von der vorgegebenen Prüffrist erfordert.

Merkmal	Bewertungskriterien, Bemerkungen (siehe auch Tafel 6.2)
Prüfzeichen CE-Zeichen GS-Zeichen	CE-Zeichen sind eine Bestätigung des Herstellers, dass er sein Erzeugnis nach den EU-Richtlinien hergestellt hat; sie bestätigen nicht unbedingt das Einhalten der Normen. Ist nur das CE-Zeichen vorhanden, so hat der Gesamteindruck ihm gegenüber den höheren Stellenwert. GS-Zeichen bestätigen, dass die für das Erzeugnis geltenden Normen eingehalten wurden und eine Fertigungskontrolle erfolgt.
Gesamt-eindruck	Er betrifft die konstruktive Gestaltung und damit die Wirksamkeit aller der Sicherheit dienenden Teile, Funktionen und Eigenschaften. Hierzu gehören z. B. auch Anwendbarkeit, Bedienbarkeit, Warnhinweise, Verletzungsgefahr.
Verschleiß	Zu bewerten ist die offensichtliche Abnutzung aller Teile, die der Sicherheit dienen.
Befestigung	Sie betrifft alle Teile hinsichtlich ihrer Beständigkeit (Ziehen, Drücken, Vibration), des ordnungsgemäßen Ausübens ihrer Funktion (Abdeckungen, Halterungen) sowie ihres eigenen Schutzes (Biegeschutz, Zugentlastung).
Schutzart	Zu beurteilen ist die Güte der Lösung und die Wirksamkeit der vorhandenen Schutzart unter den speziellen Bedingungen der Anwendung (Eindringen von Bauteilen, Haaren, Tropfwasser) und die Möglichkeit von Folgefehlern (Kriechstrecken).
Anwender	Qualifikation, Allgemeinbildung sowie Bereitschaft des Anwenders zu einem sicherheitsgerechten Verhalten und einem sorgfältigen Umgang mit dem Arbeitsmittel. Dabei sind auch Faktoren zu betrachten wie altersgerechte Bedienung, Einsatzzeiten und Arbeitsergonomie.
trockener, leitender Staub, Nässe	Zu beachten sind die Möglichkeiten seines Eindringens in das Erzeugnis, die Folgen von Ablagerungen und Langzeiteinwirkungen sowie die durch gemeinsames Einwirken der Medien entstehende Auswirkungen.
Ordnung	Zu bewerten sind die durch Unordnung zusätzlich entstehenden Beanspruchungen des Arbeitsmittels sowie ihr Einfluss auf das Erhöhen der Gefährdung für den Arbeitnehmer.
hoher Standort	Ein erhöhter oder hoher Standort beim Anwenden eines elektrischen Geräts erhöht die bei einem Fehler im Gerät entstehende Gefährdung für den Anwender erheblich (Baugerüst! Leiter!).
Kontakt	Der Kontakt mit einem leitenden Teil ist neben dem Fehler des Geräts eine Voraussetzung für eine Durchströmung. Ein großflächiger, fester Zugriff ist gefährlicher als ein kurzes leichtes Berühren im Vorübergehen.

Tafel 5.2 Hinweise zum Bewerten der Merkmale der Gefährdungsbeurteilung zur Prüffristenermittlung in Tafel 5.1

Dass alle diese Überlegungen und Annahmen mit mehr oder weniger Unsicherheit behaftet sind, ist unvermeidlich. Wer aber hat eine bessere Möglichkeit als die befähigte Person, die höchstwahrscheinlich richtigste – eine nicht zu lange, aber auch nicht unnötig kurze – Prüffrist zu bestimmen?

» **Der Prüfer wurde als „zum Prüfen geeignete, fachkundige und zuverlässige Person" ausgewählt. Er kann das elektrische Gerät begreifen, erfassen und mit allen Sinnen kontrollieren.**
Er und kein anderer kann über dessen Zustand und das Prüfergebnis entscheiden sowie den erforderlichen nächsten Prüftermin vorschlagen.

Wie die Praxis zeigt, sind die von einer befähigten Person für ein normgerechtes, solide konstruiertes und richtig eingesetztes Gerät genannten nächsten Prüftermine immer dann eine solide Grundlage für die Sicherheit, wenn das Gerät bestimmungs- und ordnungsgemäß genutzt und gepflegt wird.

Verantwortung und Aufgaben – Prüfumfang und Prüfzeitpunkt

Person, Funktion	Arbeitsaufgaben
Unternehmer	gewährleisten, dass die Gefährdungsbeurteilungen erarbeitet, die Prüfverfahren festgelegt und die Voraussetzungen für die Prüfung geschaffen werden
verantwortliche Elektrofachkraft	gewährleisten, dass die Gefährdungsbeurteilungen fachlich richtig erarbeitet und die Gefährdungen vollständig erkannt werden, Einrichten der Prüfplätze, Beschaffen der Prüfgeräte, Unterweisungen
befähigte Person (bP)	Mitwirken beim Erarbeiten und Verwenden der Gefährdungsbeurteilung, Vorschläge zu deren Aktualisierung, fachgerechtes kritisches Prüfen

Fragen und Antworten

- zu den Prüfaufgaben und zum Prüfablauf → Fragen 5.1 bis 5.8
- zum Prüftermin → Fragen 5.10 bis 5.19

Frage 5.1 Was wird als Instandsetzung bezeichnet?

Durch die Instandsetzung werden Mängel am Gerät beseitigt und damit dessen „Sollzustand", hier identisch mit dem „Originalzustand", wiederhergestellt. Diese sehr allgemeine Definition wird den Anforderungen der Praxis nicht immer voll gerecht. So sind eine lose Abdeckung, korrodierte Steckerstifte, ein lockerer Haltegriff und ein unleserliches Typenschild natürlich „... zu behebende Mängel ...", als Instandsetzung kann man ihre Beseitigung aber nicht bezeichnen. Auch das Auswechseln einer Lampe oder Sicherung ist keine Instandsetzung sofern es in der Bedienungsanleitung beschrieben ist und erfordert außerdem auch keine komplette Prüfung; das Besichtigen und ein Nachweis des Funktionierens genügen.

Hingegen ist das Auswechseln der Anschlussleitung, einer Steckvorrichtung oder einer Abdeckung durchaus als Instandsetzung anzusehen. Hier wird, und das ist eigentlich entscheidend für die Notwendigkeit der Prüfung, ein die Sicherheit berührender Eingriff vorgenommen.

Zum Nachweis der ordnungsgemäßen Instandsetzung und zum weiteren Vorhandensein der Sicherheit müssen nicht immer alle in der Norm vorgegebenen einzelnen Prüfungen durchgeführt werden. Das Recht darüber zu entscheiden, hat der verantwortliche Prüfer. Er weiß, welche Teile ausgetauscht oder instand gesetzt wurden und was sie zur Sicherheit beitragen. Natürlich sollte er den Grund für diese Entscheidung mit protokollieren.
Als Änderung wird nach DIN VDE 0701-0702 [2.28] eine Maßnahme definiert, die bereits vom Hersteller des Geräts zugelassen/vorgegeben wurde. Eine wirkliche „Veränderung", d. h. ein Umbau, Eingriffe in die Funktion oder in eine Schutzeinrichtung, ist somit – im Sinne dieser Norm – mehr als eine Änderung. Wer eine solche „Veränderung" durchführt, wird damit zum „Hersteller" des „umgebauten" Geräts (F 4.11) und hat Prüfungen nach den dafür geltenden Normen vorzunehmen.

Frage 5.2 Ist die Wiederholungsprüfung einer Anlage auch als Wiederholungsprüfung der mit ihr verbundenen Geräte zu werten?

Die fest an eine Anlage angeschlossenen elektrischen Geräte sind technisch Teil der betreffenden Anlage. Die Sicherheit für die dort tätigen Personen kann nur gewährleistet und beurteilt werden, wenn beide als technische Einheit betrachtet werden. Somit ist es ausreichend, wenn die für eine Wiederholungsprüfung der Anlage – mit allen ihren ortsfesten Teilen/Geräten – vorgeschriebenen Prüfgänge ausgeführt werden.
In DIN VDE 0105-100 [2.19] werden keine speziellen Prüfungen für fest angeschlossene Anlagenteile wie die Geräte gefordert. In DIN VDE 0701-0702 wird im Gegensatz dazu, für steckbare – also von der Anlage trennbare – Geräte, eine auf sie direkt zugeschnittene Prüfung verlangt.
Leider wird in Deutschland sehr scharf bei den Regelwerken zwischen Anlage und daran angeschlossenen Geräten (Arbeitsmitteln) unterschieden. Während Geräte und Maschinen grundsätzlich durch die BetrSichV prüfpflichtig sind, leitet sich die Prüfpflicht für Anlagen über die Arbeitsstättenverordnung ab.
Soll ein bestimmtes ortsfestes Gerät umfassend beurteilt werden, so muss es getrennt von der Anlage nach DIN VDE 0701-0702 (Kapitel 6) geprüft werden (Abschnitt 6.4.14).
Es gibt auch die Stilblüte, dass ein Prüfer versucht, eine sog. Verbundmessung vom Stromkreisverteiler aus durchzuführen und dann Ableitströme mit einer Leckstromzange erfasst. Mit dieser Verfahrensweise kann man sich einen groben Überblick verschaffen, mit einer Prüfung nach DIN VDE 0701-0702 hat dies jedoch nichts zu tun.

Frage 5.3 Sind auch Sichtkontrollen des Anwenders oder Begehungen durch Vorgesetzte eine Wiederholungsprüfung?

Keinesfalls. Diese Kontrollen eines Nichtfachmanns können sich nur auf ein mehr oder weniger sachkundiges Besichtigen beschränken. Wenn dabei Schäden entdeckt oder als möglich angesehen werden, muss dies der Anlass für eine Kontrolle durch die vEFK sowie gegebenenfalls für eine vorfristige Wiederholungsprüfung oder Instandsetzung sein. Innerbetrieblich können natürlich auch für diese „Prüfungen" durch nicht fachkundige Vorgesetzte Regeln (Betriebsanweisung) aufgestellt und vorgegeben werden.

Frage 5.4 Wird vom Prüfer verlangt und ist es ihm möglich, die Bedingungen zu beurteilen, die das zu prüfende Gerät am Einsatzort erwarten?

Für den richtigen, bestimmungsgemäßen Einsatz eines Geräts (Arbeitsmittel) ist dessen Betreiber bzw. die mit der Anwendung des Geräts beauftragte Person verantwortlich. Der Prüfer kann bzw. muss voraussetzen, dass der Betreiber das Gerät unter Beachtung der vom Hersteller bzw. betrieblich vorgegebenen Einsatzbedingungen (Temperatur, Luftfeuchte, Meereshöhe, mechanische Kräfte, elektromagnetische Störungen usw. – siehe Einsatzklassen nach DIN VDE 0100-510) betreibt. Er hat das zu prüfende Gerät jedoch auch hinsichtlich offensichtlicher Anzeichen auf einen nicht bestimmungsgemäßen Einsatz zu beurteilen und den Betreiber gegebenenfalls darauf hinzuweisen. Der bestimmungsgemäße Einsatz ist ja Ausgangspunkt der Gefährdungsbeurteilung und damit auch Grundlage für die Prüffrist.

Hinweis
Es wird nicht vorgegeben, ist aber wünschens- und lobenswert, wenn sich ein Prüfer die Arbeitsbedingungen der von ihm zu beurteilenden Geräte soweit wie möglich vor Augen führt. Bei den Geräten des eigenen Unternehmens ist dies sicherlich leichter möglich und dann eigentlich selbstverständlich, es gehört zur Gefährdungsbeurteilung und damit zur Prüfung.

Frage 5.5 Gehören die Nachweise der einwandfreien Funktion des Geräts sowie der Wirksamkeit mechanischer Schutzeinrichtungen mit zur Prüfung?

Selbstverständlich ist der Prüfer gegenüber seinem Auftraggeber verpflichtet, das ihm übergebene Gerät in einem ordnungsgemäßen und vollständig sicheren Zustand zurückzugeben. Um dies nachzuweisen, ist nach einer Instandsetzung die Prüfung der Funktion des Geräts unbedingt erforderlich. Aber auch zum Abschluss der Wiederholungsprüfung sollte sie erfolgen, um etwaige durch die Prüfung entstandene Fehler zu ermitteln. Hinzu kommt, dass letztlich auch die Funktionsprüfung Teil der

Sicherheitsprüfung ist. Mit ihr wird festgestellt, ob das Umsetzen der Elektroenergie in Bewegung, Wärme oder Strahlung ordnungsgemäß und ohne Gefährdung verläuft Welchen Umfang diese Funktionsprüfung des Geräts haben muss, kann nur von der befähigten Person überblickt werden. Ebenso ist es mit den mechanischen Schutzeinrichtungen (Abdeckungen, Fliehkraftregler, Dichtungen usw.). Es geht um die komplette „Sicherheit des elektrischen Geräts" und nicht nur um dessen „elektrische Sicherheit".

Dass in DIN VDE 0701-0702 nur vom „Feststellen der elektrischen Sicherheit an elektrischen Geräten" [2.28] gesprochen wird, liegt daran, dass mit ihr eben nur die elektrischen Prüfverfahren vorgegeben und die elektrischen Sicherheitskennwerte nachgewiesen werden sollen. Die TRBS 1201 und die BetrSichV fordern darüber hinaus, dass das Gerät (also Arbeitsmittel) insgesamt sicher sein muss.
Soll also mit der Prüfung festgestellt werden, dass das Gerät sicher ist, so sind ist nicht nur die elektrische Sicherheit nach DIN VDE 0701-0702 festzustellen, sondern auch mit einem Blick für das Ganze die Sicherheit für sonstige Gefährdungen nach BetrSichV.

5

Frage 5.6 Wer trägt die Verantwortung für die Sicherheit eines geänderten Geräts?

Ganz deutlich zunächst einmal der Hersteller. Wenn eine Änderung im oben genannten Sinne erfolgt (F 5.1), bleibt der Sollzustand des Geräts erhalten, den sein Hersteller nach wie vor zu verantworten hat.
Gemäß den Festlegungen des Produktsicherheitsgesetzes [1.1] ist der Hersteller bzw. der Importeur (Kapitel 3) für die Sicherheit seines Geräts verantwortlich. Diese Verantwortung besteht weiterhin, wenn das Gerät nach den Vorgaben der Gebrauchsanleitung betrieben und die dort angegebenen Wartungsmaßnahmen durchgeführt wurden. Dies ist ebenso der Fall, wenn ein Defekt unter Verwendung von Originalteilen (oder gleichwertigen Teilen) von einer dazu berechtigten Stelle fachgerecht behoben wurde.

Wird jedoch eine wesentliche Änderung vorgenommen, so ist derjenige, der das Gerät umbaut, der neue Hersteller und muss das Gerät mit einem neuen Typenschild versehen. Eine wesentliche Änderung liegt vor, wenn Funktion, Leistung oder Sicherheit maßgeblich verändert wurden. Es entsteht damit praktisch ein neues Gerät, für dessen Funktion und Sicherheit der ursprüngliche Hersteller berechtigt jede Zuständigkeit ablehnt.

Die verantwortliche Elektrofachkraft hat dann zu gewährleisten, dass die gleiche oder eine höhere Sicherheit vorhanden ist (F3.1, F5.1). Dies „neue" Gerät muss den Festlegungen des Produktsicherheitsgesetzes und der jeweiligen Gerätenorm entsprechen.

Frage 5.7 Müssen auch selbst hergestellte Geräte (Eigenbedarf) geprüft werden?

Die Sicherheit ist vom Verantwortlichen für alle Geräte zu gewährleisten, die von seinen Mitarbeitern verwendet werden können. „Eigenbauten“, wie sie in Labors, Prüffeldern, aber auch in Produktions- und Werksstätten anzutreffen sind oder im Ergebnis von Versuchen, Belegarbeiten usw. entstehen, müssen selbstverständlich in das Prüfregime einbezogen werden.

Geräte, die selbst für den eigenen Gebrauch hergestellt werden, müssen vor ihrer ersten Inbetriebnahme von der verantwortlichen Elektrofachkraft des Unternehmens abgenommen und für die Anwendung freigegeben werden. Dies ist einer Typprüfung gleichzusetzen und dementsprechend gründlich durchzuführen und zu protokollieren. Ausgangspunkt für den Prüfer ist das Vorhandensein dieser „Abnahmebestätigung“, die in diesem Fall alle Merkmale einer „Gefährdungsbeurteilung“ einschließt. Anderenfalls – auch wenn die Prüfung positiv ausgeht – darf das Gerät nicht verwendet werden. Wenn ein solcher Eigenbau an einen Betriebsfremden übergeben, also „in den Verkehr gebracht wird“, so müssten alle gemäß Produktsicherheitsgesetz [1.1] erforderlichen Bedingungen (Prüfung, CE-Zeichen, Konformitätserklärung) eingehalten werden.

Frage 5.8 Genügt es als Eingangsprüfung, das Vorhandensein des CE-Zeichens und des GS-Zeichens festzustellen?

Keinesfalls. Neben den bereits in Abschnitt 5.2 genannten Gründen für die Notwendigkeit der Erstprüfung muss ja festgestellt werden, ob das betreffende Gerät vom Einkäufer so ausgewählt wurde, dass es für die Benutzung am vorgesehenen Einsatzort unter den dort vorhandenen Bedingungen geeignet ist ([1.2] § 4). Es geht dabei also nicht nur um den Zustand des Geräts. Die (Erst-)Prüfung ist ja praktisch ein wesentlicher Teil der Gefährdungsbeurteilung, ohne die der Verantwortliche das Gerät nicht zur Anwendung freigeben darf.

Natürlich kann es auch zu Transportschäden gekommen sein, die im Rahmen einer Erstprüfung auffallen und dokumentiert werden.
Zu bedenken ist auch, dass – aus Kostengründen – oftmals Billiggeräte angeschafft werden, deren Einsatz trotz eines CE- und GS-Zeichens nicht zu empfehlen ist, oder denen zumindest ein kurzer Prüfturnus verordnet werden muss.

Es ist nicht zu übersehen, dass mit einer ordnungsgemäßen Eingangs-/Erstprüfung und dem damit verbundenen Erfassen der anzuschaffenden elektrischen Geräte ein erheblicher Aufwand verbunden sein kann. Vor allem, wenn es den einzelnen Bereichen eines Unternehmens gestattet ist, selbst die für sie am besten geeigneten Geräte auszuwählen und anzuschaffen.
Mit der Erstprüfung werden außerdem die Voraussetzungen für eine ordnungsgemäße Wiederholungsprüfung geschaffen.

Hinweis

Es ist nicht nur falsch, sondern auch fahrlässig, wenn die Meinung vertreten wird, dass bei Geräten mit CE/GS-Zeichen auf die Erst-/Eingangsprüfung beim Betreiber verzichtet werden kann.

Frage 5.9 Darf bei einem fest angeschlossenen Gerät ein längerer Prüfturnus festgelegt werden als bei gleichartigen ortsveränderlichen Geräten?

Der feste Anschluss hat im Prinzip keinen Einfluss auf die bei der Anwendung eines Geräts auftretende Beanspruchung. Zu berücksichtigen ist beim Festlegen der Prüftermine, ob das Gerät – egal wie es mit der Anlage verbunden ist – bewegt, benutzt und behandelt wird (Bild 5.1).

Die mitunter übliche Verfahrensweise, ein ortsveränderliches steckbares Gerät (Prüfturnus 6 Monate) fest an die Anlage anzuschließen und dann als ortsfest (Prüfturnus 4 Jahre) anzusehen, zeugt von fachlichem Unwissen und ist verantwortungslos (Tafel 5.1).

Frage 5.10 Wie ist die Prüfzeit bei nicht genutzten, z. B. eingelagerten Geräten anzusetzen?

Dies ist in Abhängigkeit vom Aufbewahrungsort zu entscheiden. Befindet sich ein Gerät in einem Lager unter ständiger Aufsicht, so kann auf das Durchführen der turnusmäßigen Wiederholungsprüfung verzichtet werden. Wird dieses Gerät dann aber ausgegeben, so ist eine bereits fällige Wiederholungsprüfung nachzuholen.

Für Geräte, die beim Anwender unter vielleicht schlechten Bedingungen gelagert und dann bei Bedarf genutzt werden, gilt diese Verfahrensweise nicht. Sie sind termingemäß der Wiederholungsprüfung zuzuführen. Anderenfalls würde die aktuelle Situation sicherlich dazu führen, dass Geräte mit überfälligen Terminen zur Anwendung kommen.

Frage 5.11 Wie ist das Einhalten der Prüffristen zu kontrollieren?

Dies ist auf folgende Weise möglich und erforderlich:

- konsequente Verwendung einer Prüfmarke o. Ä. (Bild 10.1),
- Unterweisung der Betriebsangehörigen usw. über den Sinn der Prüfung und der Prüfmarken,
- Kontrolle des Geräts und der Prüfmarke durch den Nutzer vor jeder Anwendung,
- konsequentes Einhalten der Termine der Wiederholungsprüfung durch den jeweiligen Vorgesetzten,
- Kontrolle der termingemäßen Anlieferung/Bereitstellung durch den Anwender, Kontrolle durch die vEFK anhand einer Terminkarte, eines PC-Kontrollprogramms o. Ä.

Frage 5.12 Wer ist für das Einhalten der festgelegten Prüftermine verantwortlich?

Jeder betriebliche Vorgesetzte ist entsprechend seiner Führungsverantwortung zum Umsetzen der Betriebssicherheitsverordnung in seinem Bereich verpflichtet (Kapitel 3). Es ist aber auch Aufgabe der vom Arbeitgeber/Unternehmer mit dem Prüfen beauftragten befähigten Person oder der verantwortlichen Elektrofachkraft – gegebenenfalls mit Unterstützung des Arbeitgebers –, die betrieblichen Festlegungen zur Prüfung der ortsveränderlichen Geräte durchzusetzen.

Verantwortlich ist immer derjenige, der auch über den Einsatz der Geräte entscheidet. Das sind neben dem Vorgesetzen (Leiter des Bereichs) dann auch die Arbeitsverantwortlichen, d. h. die Bau-, Büro- und Arbeitsgruppenleiter, die Obermonteure, Hofmeister usw. Diese Verantwortung wird auch dann nicht eingeschränkt, wenn der Prüfer die ihm zugeordneten Arbeiten, z. B. das rechtzeitige Erscheinen zur vereinbarten Prüfung, nicht ordnungsgemäß wahrnimmt.

Es ist aber auch Teil der Fachverantwortung des verantwortlichen Prüfers,

- alle prüftechnischen Voraussetzungen zur termingerechten Durchführung der Prüfung zu schaffen,
- die Prüffristen festzulegen bzw. vorzuschlagen und dann auch über nötige Veränderungen zu entscheiden (F 5.16),
- das termingerechte Bereitstellen der Geräte von den Leitern der Betriebsabteilungen zu fordern und gegebenenfalls durchzusetzen.

Hinweis

Am wichtigsten aber ist, dass sich die Benutzer der Geräte verantwortungsbewusst verhalten und verstanden haben, dass das rechtzeitige Prüfen eine Voraussetzung für ihre Sicherheit ist.

Frage 5.13 Welche Prüffristen gelten für die Geräte, die sich im Besitz von Privatpersonen befinden?

Für die Prüftermine dieser Geräte gibt es ebenso wie für die Prüfpflicht (F 3.4) ihrer privaten Betreiber keine verbindliche Regelung. Es bleibt nur die Möglichkeit, dass die Elektrotechniker bei jeder Gelegenheit immer wieder auf die durch regelmäßige Prüfungen zu erreichende Sicherheit hinweisen.

Anders ist es bei Privatleuten mit Hausangestellten, ebenso bei kleinen Privatbetrieben, beginnend beim „Tante-Emma-Laden“, über die Arztpraxis bis zum Gewerbebetrieb, der keine eigene Elektrofachkraft beschäftigt. Der jeweilige Arbeitgeber hat seine Angestellten gemäß Reichsversicherungsordnung bei einem Unfallversicherungsträger, einer Berufsgenossenschaft, den Gemeindeunfallversicherungsverbänden oder der Landesunfallkasse zu versichern. Demzufolge ergibt sich auch für ihn die Prüfpflicht nicht nur aus der Betriebssicherheitsverordnung, ab dem ersten „Beschäftigten“, sondern auch und unmittelbar aus der Unfallverhütungsvorschrift, z. B. DGUV Vorschrift 3 (BGV A3) [1.8]. Der Arbeitgeber, in den genannten Fällen also die Privatperson, muss eine Elektrofachkraft mit dem Wahrnehmen der Prüfung und mit dem Festlegen der Prüffristen beauftragen. Wie die Praxis zeigt, fehlt es oft nur an einer nachdrücklichen Information durch einen verantwortungsbewussten „Elektriker“.

Frage 5.14 Was ist zu tun, um einen möglichst langen zeitlichen Abstand zwischen zwei Wiederholungsprüfungen verantworten zu können?

Alle in Tafel 5.1 aufgeführten Merkmale, die nicht mit „Spitze“ oder „sehr gut“ bewertet wurden, sind die Ansatzpunkte für derartige Überlegungen. Möglichkeiten einer Veränderung sind ja vor allem vorhanden, wenn es um den Einfluss auf den Einkauf der Geräte, das Verhalten von Personen oder die betrieblichen Arbeitsabläufe geht (Wartung, Umgang mit dem Gerät, Ordnung u. a.).

Aber auch äußere Einflüsse lassen sich oftmals „entschärfen“, um dann bei dem Benutzen des Schemas (Bild 5.1) zu einer günstigeren Entscheidung kommen zu können.

Frage 5.15 Ist es vertretbar, dass der Prüftermin mit dem Rechenprogramm eines PC ermittelt wird?

Wesentlich ist, dass der Prüfer die in Tafel 5.1 aufgeführten oder andere gleichwertige Merkmale eines Geräts bewertet und ihnen damit eine Gefährdungsklasse zuweist. Ob er dann

- anhand des sich ergebenden optischen Eindrucks der Summe der Bewertungen eine Entscheidung über die Prüfzeit trifft oder
- aus den Werten der markierten 7 Gefährdungsklassen in Bild 5.1 den Durchschnittswert errechnet oder
- das Berechnen dem PC überträgt

ist ziemlich egal.

Das Anwenden einer Software ist vorteilhaft, wenn derartige Gefährdungsbeurteilungen häufig oder wiederholt erforderlich sind und/oder die Organisation der Prüfung (Inventarisierung, Prüfergebnisse, Dokumentation usw.) mit der EDV vorgenommen wird.

Hinweis:
Egal auf welchem Weg und von wem das Festlegen der Prüfzeit erfolgt ist, der Prüfer sollte wissen, welche Merkmale der Beanspruchung den bestimmenden Einfluss auf die von ihm zu prüfenden Geräte haben werden oder hatten.

Er darf sich nicht verleiten lassen, das Ergebnis einer Software als „das unumstößliche Ergebnis“ zu verstehen, eine Software ist immer nur ein Hilfsmittel und nimmt keine Entscheidungen ab.

Frage 5.16 Wie ist das mit dem Angeben des „rechtzeitigen“ Prüftermins verbundene Risiko für den Prüfer zu beurteilen?

Wie bei allen mit dem Prüfen verbundenen Entscheidungen besteht auch hier ein Restrisiko. Es ist durchaus möglich, dass der Prüfer sich irrt und z. B. die noch vorhandene Widerstandsfähigkeit eines älteren Geräts falsch einschätzt oder nicht erkennt, dass es sich um ein Billiggerät handelt. Wenn es dann zu einem „vorzeitigen“ Versagen z. B. der Isolierungen und dadurch zu einem Unfall kommt, wird es für den Prüfer wichtig sein, dass er z. B. anhand der nach Tafel 5.1 durchgeführten Gefährdungsbeurteilung/Prüffristenermittlung nachweisen kann, mit der nötigen Sorgfalt gearbeitet zu haben (F 3.5, F 3.20).
Ebenso kann ein vorzeitiges Versagen durch das unsachgemäße Verhalten der Anwender des Geräts provoziert werden, diese Ursache ist jedoch zumeist an der Art, z. B. der entstandenen Beschädigung, erkennbar.

Frage 5.17 Welche Verbindlichkeit haben die vom Prüfer angegebenen Prüftermine?

Für das Bestimmen des nächsten Prüftermins sind der Betreiber (Arbeitgeber/Unternehmer/Privatperson) und seine verantwortliche Elektrofachkraft eines Geräts verantwortlich. Lässt er die Prüfung von seiner befähigten Person/verantwortliche Elektrofachkraft durchführen, so wird diese damit auch beauftragt, den nächsten Prüftermin anhand der Gefährdungsbeurteilung vorzuschlagen. Übergibt der Betreiber den Prüfauftrag einem Fremdbetrieb, so ist der von diesem angegebene Prüftermin für ihn ein Vorschlag. Er hat dann zu entscheiden, ob er den Vorschlag unbesehen akzeptiert oder die Entscheidung einer anderen Elektrofachkraft überträgt.

Diese Verantwortlichkeiten sind den Betreibern elektrischer Geräte (z. B. Kleinbetriebe ohne Elektrofachkraft) oftmals nicht bekannt. Vom Prüfer – d. h. dem Prüfdienstleister – sollte der Betreiber daher immer darüber informiert werden, dass er für das Bestimmen des Prüftermins und für den bestimmungsgemäßen Einsatz der Geräte verantwortlich ist und – zweckmäßigerweise – den Prüfer des oder der Geräte bei der Gefährdungsbeurteilung hinzuzieht.

6 Durchführen der Prüfung

Mit den nach der Betriebssicherheitsverordnung [1.2] durchzuführenden Prüfungen der elektrischen Geräte ist der Nachweis zu führen, dass deren der Sicherheit dienenden Maßnahmen im vorgesehenen Umfang wirksam sind. Kurz gesagt: Es ist eine **Sicherheitsprüfung** durchzuführen.
Dabei ist, soweit im Zusammenhang mit dem Nachweis der Sicherheit erforderlich, auch die **Funktion des Geräts zu erproben**.
Wie dies erfolgen kann, wird durch die DIN-VDE-Normen und andere technischen Regeln vorgegeben.

Eine komplette **Funktionsprüfung** wird nicht verlangt. Der Prüfer hat selbst zu entscheiden, ob und inwieweit er die Arbeitsweise des Geräts durch Messungen, Lastproben o. Ä. kontrolliert. Zu beachten ist dabei, dass

- natürlich die Funktion von Schutzeinrichtungen (mechanisch, elektrisch u. a.) kontrolliert werden muss,
- Gerätefunktionen zu kontrollieren sind, soweit sie eine Gefährdung (Hitze, Wasseraustritt, Einklemmen usw.) hervorrufen können.

» **Der Prüfer muss davon überzeugt sein, dass er seinem Auftraggeber ein bis zur nächsten fristgemäßen Wiederholungsprüfung rundum sicheres, betriebsfähiges Gerät zurückgibt.**

Das heißt, dass:

- mit dieser Prüfung nachzuweisen ist, dass zum Zeitpunkt der Prüfung keine Gefährdung für den Benutzer des Geräts besteht,
- während der Zeit bis zur nächsten Wiederholungsprüfung die Sicherheit für den Benutzer bei bestimmungsgemäßer Anwendung des Geräts höchstwahrscheinlich gewährleistet ist und
- die Prüfaufgabe nicht nur darin besteht, die Vorgaben der Prüfnorm sorgfältig abzuarbeiten, sondern vielmehr den Prüfer zu einer fundierten Aussage über die bei dem Anwenden des Prüflings vorhandene Sicherheit verpflichtet.

6.1 Umfang und Ablauf der Wiederholungsprüfung nach DIN VDE 0701-0702

6.1.1 Umfang der Wiederholungsprüfung

Die in den folgenden Abschnitten 6.2 und 6.3 aufgeführten, durch DIN VDE 0701-0702 vorgegeben Prüfgänge und Prüfverfahren bestimmen den Umfang der Wiederholungsprüfung.
Es können darüber hinaus weitere Prüfgänge oder schärfere Prüfverfahren angewandt werden, um noch mehr Gewissheit über den Zustand des Prüflings und die von ihm gebotene Sicherheit zu erhalten; die gebräuchlichsten von ihnen werden in Abschnitt 6.3.5 erläutert.

Dabei ist zu unterscheiden zwischen

- den allgemeinen Vorgaben für die Prüfung nach DIN VDE 0701-0702 [2.28], die für alle Geräte gelten,
- den zusätzlichen Normen-Vorgaben, die nur bei der Prüfung nach der Instandsetzung bestimmter Gerätearten (Tafel 6.1) zu beachten sind und
- den Vorgaben in speziellen Normen, z. B. für Geräte der Medizin- und Schweißtechnik [2.29] [2.30], die in diesem Buch nicht behandelt werden.

Auch der Hersteller eines Geräts kann besondere Vorgaben für Wiederholungsprüfungen stellen. Beispiele hierfür könnten z. B. steckbare USV-Anlagen sein.

Ob bei der Prüfung der elektrischen Geräte „nur“ DIN VDE 0701-0702 oder

- **auch andere technische Regeln zu berücksichtigen sind,**
- **darüber hinaus weitere Prüfgänge (Abschnitt 6.7) durchgeführt werden sollten oder**
- **in Abhängigkeit von der Art des Geräts zusätzliche oder schärfere Prüfverfahren zweckmäßig sind,**

hat die befähigte Person zu entscheiden.

Festzustellen durch sie ist außerdem, ob laut Norm [2.28], oder bedingt durch die Besonderheiten des Prüflings, auf bestimmte Prüfgänge verzichtet werden kann oder muss. Ein solcher Verzicht ist auch bei der Prüfung nach der Instandsetzung möglich, wenn die der Sicherheit dienenden Teile des Geräts von den Arbeiten nicht betroffen wurden.

Beim Festlegen der durchzuführenden Prüfgänge und Prüfverfahren in der Norm [2.28] wurde davon ausgegangen, dass die zu prüfenden Gerätetypen eine Typprüfung bestanden haben und der Hersteller ein sicheres Gerät ausgeliefert hat. Bestätigt wird dies durch das CE-Zeichen und die Konformitätserklärung des Herstellers. Von dieser Annahme kann auch der Prüfer ausgehen, wenn er das Gerät bzw. die Ergebnisse der Prüfgänge beurteilt (Tafel 6.1).

Das Kennzeichnen mit dem „CE-Zeichen“ durch den Hersteller sagt aus, dass – Übereinstimmung mit den EU-Richtlinien und den harmonisierten (EN)-Normen besteht, – eine Typprüfung und eine Endprüfung beim Hersteller vorgenommen wurden und – das Gerät sicher betrieben werden kann, wenn seine Bemessungswerte eingehalten werden. **Probleme:** Fälschungen, unzuverlässige Bauteile, unzureichende Lösungen.
Die durch den Hersteller erarbeitete „Konformitätserklärung“ sagt aus – nach welchen Normen das Gerät hergestellt und geprüft wurde. **Probleme:** Der Hersteller ist nicht verpflichtet, dieses Papier seinen Kunden zu übergeben.
Das Kennzeichnen mit dem „GS-Zeichen“ einer neutralen Prüfstelle bestätigt, dass – die Sicherheitsvorgaben durch eine Prüfung nachgewiesen wurden, – ein zuverlässiges sicheres Betreiben möglich ist, wenn die Bemessungswerte des Geräts eingehalten werden und – die Produktion des Geräts hinsichtlich des Einhaltens der Vorgaben von der Prüfstelle überwacht wird. **Probleme:** Fälschungen, Veränderungen des Geräts gegenüber der typgeprüften Ausführung.
Das Fehlen des CE- und des GS-Zeichens sagt aus, dass – angenommen werden muss, dass die Bauteile des Geräts nicht die erforderlichen Eigenschaften /Bemessungswerte haben und – die angegebenen Bemessungswerte des Geräts nicht nachgewiesen wurden, sie sind möglicherweise falsch. **Bemerkung:** Die CE-Kennzeichnung muss erst seit 1997 angebracht werden. Für einige spezielle Erzeugnisse wird die CE-Kennzeichnung generell nicht gefordert [1.2], dazu gehören auch die Haushaltsteckvorrichtungen.
Die „Bemessungswerte“ (Spannung, Strom, Schutzart usw.) sagen aus, dass – die zuverlässige Funktion sowie die Sicherheit für den Anwender und die Umgebung gegeben sind, wenn das Gerät mit diesen Werten und bestimmungsgemäß betrieben wird. **Probleme:** fehlerhafte Entwicklung, unsachgemäßer Einsatz durch den Betreiber
Das „Prüfprotokoll“ einer nach DIN VDE 0701-0702 durchgeführten und bestandenen Prüfung sagt aus, dass – zum Zeitpunkt der Prüfung keine erkennbare Gefährdungen für Menschen und die Umwelt vorhanden waren, – das Gerät bis zu dem vom Prüfer genannten Termin der nächsten Prüfung die Sicherheit seiner Anwender gewährleistet, wenn es unter betriebsmäßigen Bedingungen (Einhalten der Bemessungswerte) betrieben wird. **Probleme:** falsche, unzureichende Prüfung, Überlastung oder falscher Einsatz beim Betreiben

Tafel 6.1 Eigenschaften, Zustände, Kennwerte, Beanspruchungen usw. des Prüflings, deren Vorhandensein und Richtigkeit der Prüfer voraussetzen kann bzw. mit denen er rechnen muss, wenn er die Prüfverfahren auswählt und die Prüfergebnisse bewertet.

6.1.2 Ablauf der Wiederholungsprüfung

Bei dem in Bild 6.1 dargestellten Ablauf wird deutlich, dass es immer auf die Meinung des Prüfers „vor Ort" ankommt, wenn angesichts des Prüflings über das „normgerechte, optimale, vernünftige" Prüfen entschieden wird. Er muss dazu eine überdurchschnittliche fachliche Kompetenz aufweisen.

Ein Urgestein des Prüfens sagte einmal: „Als Prüfer ist die beste Elektrofachkraft gerade gut genug."

Die in Bild 6.1 aufgeführten und in den Abschnitten 6.3.1 bis 6.3.4 erläuterten Prüfgänge sollten aus technischen und arbeitsschutztechnischen Gründen immer

- vollständig und
- in der angegebenen Reihenfolge

durchgeführt werden. Über Abweichungen oder den Verzicht auf einzelne in der Norm vorgegebene Prüfgänge hat die befähigte Person zu entscheiden (Abschnitt 6.2).

Ob für den Prüfling

- bereits eine **Gefährdungsbeurteilung/Prüffristenermittlung** (Abschnitt 5.3) vorgenommen wurde,
- eine **betriebliche Prüfanweisung** (Kapitel 8) vorhanden ist **und**
- zur Prüfung nach der Instandsetzung auch die **Bedienungsanleitung** des Herstellers zur Verfügung steht,

das zu klären, ist Teil der Prüfvorbereitung (Kapitel 9). Das Beachten der in diesen Unterlagen enthaltenen Vorgaben ist eine Voraussetzung für den ordnungsgemäßen Ablauf der Prüfung und für die Richtigkeit des Prüfergebnisses.

Wurde einer der Prüfgänge **(Bild 6.1)** mit negativem Ergebnis beendet, so ist die Prüfung abzubrechen und erst nach dem Beseitigen des Mangels fortzusetzen. Zu empfehlen ist, in solchen Fällen den Prüfablauf (Bild 6.1) neu zu beginnen.

Nachfolgend – **als Gedankenstütze in Stichworten** – werden die wesentlichen **Fakten genannt**, die vor der Prüfung eines Geräts zu bedenken sind.

Alles bedacht? Alles geklärt? Alles im Griff?

Ist Ihr Prüfling damit einverstanden?

- Gibt es eine spezielle Norm für den Prüfling, in der Prüfvorgaben enthalten sind?
- Gibt es Prüfvorgaben in der Bedienungsanleitung des zu prüfenden Geräts?
- Ist das Prüfprotokoll der vergangenen Prüfung(en) vorhanden?
- **Kennen Sie das Gerät gut genug, um ihm eine Prüfung zumuten zu können?**
- **Gelten die in der Prüfnorm [2.28] genannten Ausnahmen für dieses zu prüfende Gerät?**
- **Welche Schutzmaßnahmen sind an dem Gerät wirksam?**
- Sind Schutzeinrichtungen vorhanden? Wie sind sie zu prüfen?
- Hat das Gerät eine besondere EMV-Beschaltung?
- Sind mechanische Schalteinrichtungen vorhanden? Muss mehrfach geprüft werden?

- Befindet sich im Prüfling eine netzspannungsabhängige Schalteinrichtung (Bild 6.2)?
- Befinden sich im Prüfling Teile, die bei der Isolationswiderstandsmessung beschädigt werden könnten?
- Sind ein geeigneter Prüfplatz und die benötigten Prüfgeräte vorhanden?
- **Sind Sie selbst so gut informiert, dass Sie die Prüfung vollständig, normgerecht und so durchführen können, dass Ihre Aussagen zum Zustand des Geräts und zu den Prüfergebnissen rundum stimmen?**

Wenn Sie alle Fragen beantworten können, dann sind Sie jetzt gut vorbereitet und können loslegen.

Erläuterungen zum Ablauf der Prüfung elektrischer Geräte in Bild 6.1

6

Besichtigen; erster Prüfschritt

Es ist festzustellen, ob der Zustand des Prüflings eine ordnungsgemäße und sichere Prüfung ermöglicht. Zeigen sich offensichtliche Schäden, starke Verunreinigungen und ähnliche Mängel, so darf die Prüfung nicht fortgeführt werden. Das Gerät ist dann der Instandsetzung zuzuführen.
Vor dem Beseitigen von Verunreinigungen können orientierende Messungen (R_{iso}, I_{SL}) vorgenommen werden, um die Folgen der beim künftigen Betreiben wieder zu erwartenden Verschmutzung und damit des nicht bestimmungsgemäßen Anwendens des Geräts erkennen zu können.

Achtung!
Ein fehlerhaftes Gerät kann eine Gefahrenquelle für den Prüfer sein!

Das Besichtigen ist während der gesamten Prüfung weiterzuführen, um die Reaktionen des Prüflings beim Messen/Erproben sowie etwaige durch die Prüfung entstandene Schäden festzustellen.

Besichtigen; zweiter Prüfschritt

Ziel der Prüfung ist es, die Wirksamkeit der Schutzmaßnahmen nachzuweisen. Je nach der im Prüfling wirkenden Schutzmaßnahme gegen elektrischen Schlag, wie
- Schutzleiterschutzmaßnahme,
- doppelte/verstärkte Isolierung (Schutzisolierung),
- Kleinspannung (SELV/PELV),

sind andere Prüfgänge und andere Kenntnisse des Prüfers erforderlich.

Die VDE 0701-0702 verlangt im Gegensatz zu früher, dass jeder mögliche Prüfschritt durchgeführt wird. Das macht es von der Theorie her jetzt recht einfach, denn im Grunde muss die befähigte Person nur noch das Prüfprogramm abfahren und bei jeder Messung entscheiden, ob diese

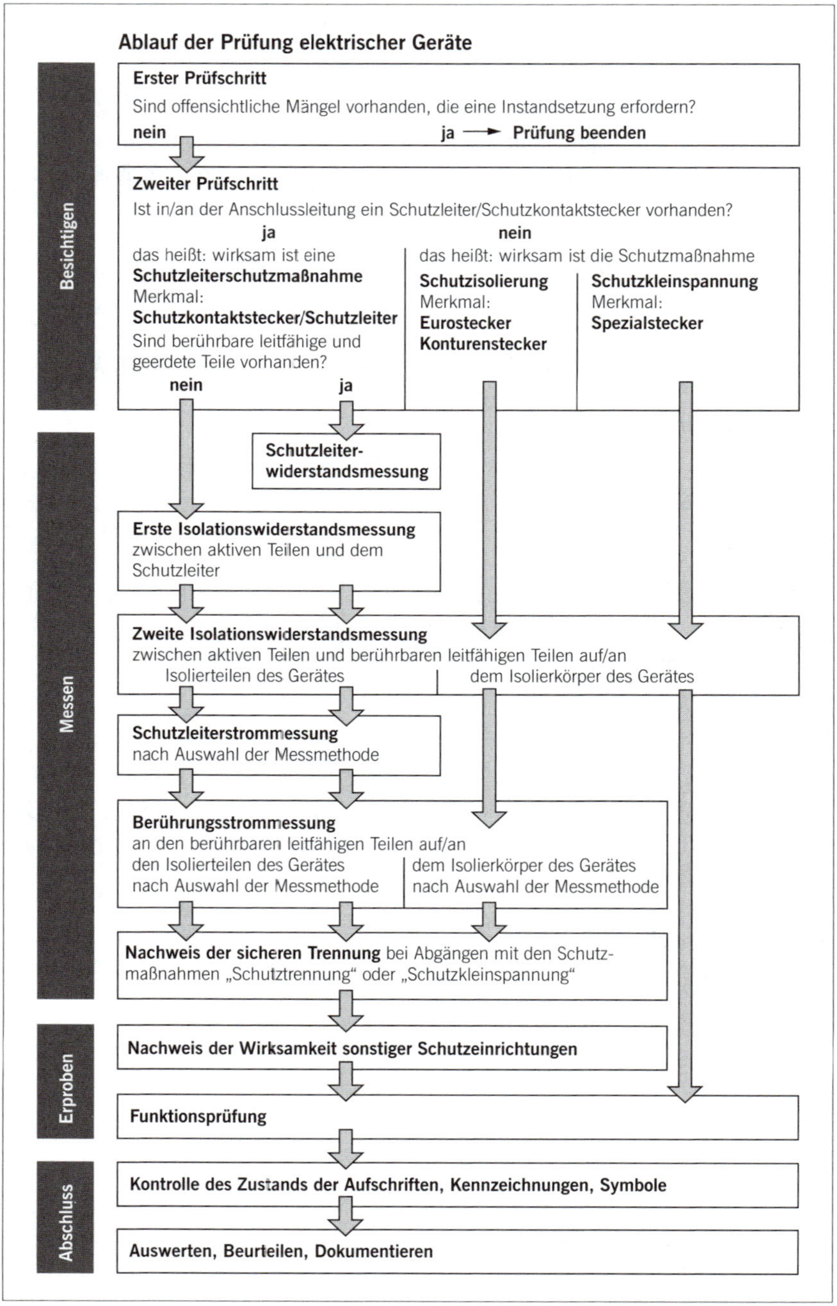

Bild 6.1 Ablauf der Prüfung elektrischer Geräte

- technisch durchführbar
- dem Nachweis der Sicherheit dienlich
- und zerstörungsfrei durchführbar ist.

Nicht jeder Prüfschritt, der technisch möglich ist, ist auch sinnvoll durchführbar. An einer Kabeltrommel aus Kunststoff, an der Plastikteile mithilfe von Metallschrauben befestigt sind, ist es nicht unbedingt zielführend, alle noch so kleinen Schrauben bei der Isolationsmessung als auch der Berührungsstrommessung abzutasten. Mit dem gesunden Verstand eines Elektrikers und dem Sachverstand einer befähigten Person kann der Prüfer hier durchaus entscheiden, dass diese Prüfgänge nicht durchzuführen sind.

Bei näherer Betrachtung der Prüfschritte bildet sich dann heraus, dass wir am Prüfling versuchen, die angewandte Schutzmaßnahme(n) zu erkennen und diese prüfen. Die angewandte Schutzmaßnahme muss dabei nicht einer der altbekannten Schutzklassen entsprechen. Bei vielen Geräten sind die Grenzen zwischen den klassischen Schutzklassen nicht mehr erkennbar oder nicht mehr vorhanden.

6

Es ist nicht erforderlich, nach der Schutzklasse des Prüflings zu forschen. Sie wird zum Festlegen des Prüfablaufs und zur Auswahl von Prüfschritten nicht benötigt. Ein Suchen nach den oftmals nicht vorhandenen oder sogar falsch angegebenen Kennzeichen der Schutzklasse ist nicht notwendig, auch wenn Prüfgerätehersteller gerne noch ihre Prüfabläufe nach Schutzklassen einteilen. Leider ist dies sehr irreführend, eigentlich sind es ja die Schutzmaßnahmen, die geprüft werden müssen.

Unabhängig von der Prüfung sollte aber jeder Prüfer wissen und sich entsprechend informieren, welche Merkmale die Schutzklassen haben (Bild 4.3).

Am Ende des Besichtigens geht es dann weiter im Prüfablauf, unterschiedlich, je nach Art des Steckers und ob berührbare leitfähige Teile vorhanden sind.

- Ein Gerät mit Schutzkontaktstecker und berührbaren leitfähigen Teilen, die am Schutzleiter angeschlossen sind, absolviert komplett alle Messungen, die in der Norm vorgegeben und in Bild 6.1 dargestellt werden.
- An einem Gerät mit dem zweipoligen CEE- oder Konturenstecker oder ohne berührbare leitfähige Teile, die am Schutzleiter angeschlossen sind, wird nur ein Teil der Messungen vorgenommen.
- Bei einem Gerät mit einem Kleinspannungsstecker werden in der Regel keine Messungen durchgeführt, eine Isolationsmessung ist möglich und kann sinnvoll sein.

Schutzleiterverbindung, -widerstandsmessung

Durch Besichtigen/Messen/Erproben der Schutzleiterverbindungen wird kontrolliert, ob sie vorhanden sowie ausreichend niederohmig sind und so die Voraussetzungen für das Wirken der Schutzmaßnahme mit Schutzleiter (Fehlerschutz) erfüllen. Die Wirksamkeit des Schutzleiters ist auch für die Sicherheit des Prüfers bei den folgen-

den Prüfgängen wichtig. Wie der Schutzleiterwiderstand zu messen ist, wird in Abschnitt 6.3.2 (Bild 6.4) dargestellt.
Für Irritationen sorgt bei dieser Messung der Messstrom. Vorgegeben in der Norm [2.26] ist der Mindestwert mit 0,2 A. Die Prüfgeräte präsentieren uns daher Ströme von 0,2 A bis 25 A, AC oder DC, je nachdem, was sich so machen lässt. Leider bewirken unterschiedliche Messströme mitunter auch unterschiedliche Messergebnisse. Wie das zustande kommt und was dann zu tun ist, darüber muss jeder Prüfer informiert sein (Abschnitt 6.3.2).

Achtung!
Diese Messung sollte an allen berührbaren leitfähigen Teilen vorgenommen werden, um auch auf diese Weise anhand des Messergebnisses zu klären, ob sie an den Schutzleiter angeschlossen sind (geringer Messwert!) oder nicht (Skalenendwert!).
Wenn gar keine derartigen Teile vorhanden sind, entfällt diese Messung. Es wird bei der Wiederholungsprüfung nicht verlangt, die Anschlüsse des Schutzleiters im Inneren des Prüflings zu kontrollieren. Wird er jedoch bei der Instandsetzung geöffnet, so ist eine entsprechende Messung sinnvoll.

Isolationswiderstandsmessung

Nachdem die Unversehrtheit der Isolierteile durch Besichtigen/Erproben festgestellt wurde, ist deren Isolationswiderstand zu messen (Abschnitt 6.3.3).

Achtung!
Bitte beachten, dass zwei Prüfgänge erfolgen müssen.
Der erste: Eine Messung an der Isolierung (Basisisolierung) zwischen den aktiven Leitern und dem Schutzleiter erfolgt **ohne Einsatz der Messsonde** (Bild 6.8 a).
Der zweite: An den Isolierungen (Schutzisolierung) zwischen den aktiven Leitern und allen berührbaren leitfähigen Teilen, die nicht an den Schutzleiter angeschlossen sind, erfolgt die Messung **mithilfe der Messsonde** (Bilder 6.8 d und 6.9).

Bei vielen Prüfgeräten sind beide Messungen zusammengefasst: PE der Prüfdose und die Sonde sind dann auf dem gleichen Potenzial.
Beide Messungen erfassen zumeist nicht alle aktiven Teile und somit nicht deren Isolierungen gegenüber den berührbaren Teilen: Wenn sich im Prüfling auch mit Netzspannung zu betätigende Schalteinrichtungen befinden (Bild 6.2), werden nicht alle aktiven Teile und daher auch nicht alle Isolierungen in die Messung einbezogen. Das heißt dann: Die Messungen liefern keine vollständige Aussage über die Isolierungen des Prüflings.

Schutzleiterstrommessung

Der Schutzleiterstrom entsteht durch
- die „Leitfähigkeit“ der Isolation (Ableitstrom),
- Fehler in der Isolation (Fehlerstrom) und

- Ableitströme der Bauelemente (Beschaltungen) zwischen den Außenleitern und dem Schutzleiter.

Die Messung dient dem Ermitteln der Gefährdung, die im Fall eines Schutzleiterbruchs für die bedienenende Person entstehen kann. Der Schutzleiterstrom wird dann zum Körperstrom (Bild 6.11 d).

Durch einen Vergleich des Messwerts mit dem der vorangegangenen Wiederholungsprüfung ist es möglich, das Vorhandensein von Isolationsfehlern zu ergründen.

Es gilt generell:

- Das Differenzstrommessverfahren (Bild 6.12 b) sollte bevorzugt werden.
- Das direkte Messverfahren ist nicht anzuwenden, wenn der Gerätekörper über andere Systeme (Wasser-, Datenleitung o. Ä.) oder über den Erdboden Erdpotential erhalten kann (Bild 6.11 b).
- Das Ersatz-Ableitstromverfahren ist nicht anwendbar bzw. nicht aussagekräftig, wenn sich im Prüfling mit Netzspannung zu betätigende Schalteinrichtungen befinden (Bild 6.2), seine Messwerte sind mit Vorsicht zu behandeln (F 6.25).
- Der Prüfer muss wissen, welche der Messmethoden in seinem Prüfgerät zur Anwendung kommt, um die vorstehenden Besonderheiten berücksichtigen zu können.

Achtung!
Bei der direkten und der Differenzstrommessmethode ist die Messung des Schutzleiter- und ebenso des Berührungsstroms mehrfach, d. h. in beiden Steckerstellungen und in allen betriebsmäßigen Schalterstellungen vorzunehmen.

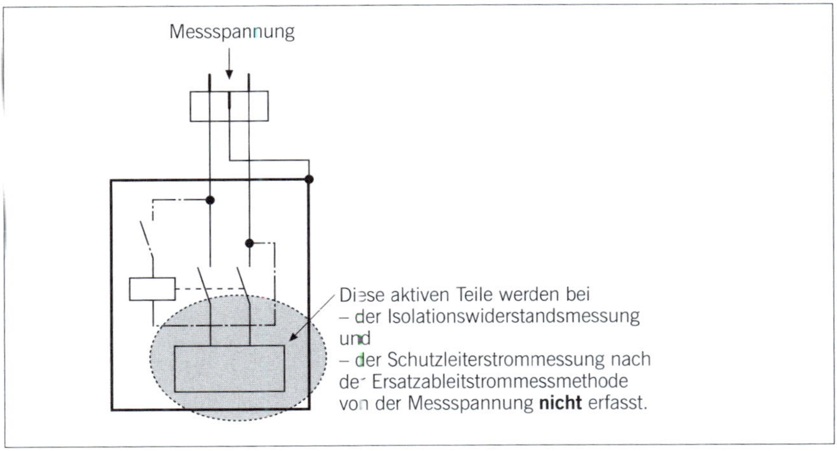

Bild 6.2 Prinzipdarstellung eines elektrischen Geräts, bei dem der Nachweis des Isoliervermögens mit einer Isolationswiderstandsmessung nur unvollständig durchführbar ist und zu einer vollständigen Ableitstrommessung das direkte oder das Differenzstrommessverfahren angewandt werden muss.

6

Berührungsstrommessung

Diese Messung ist an allen berührbaren leitfähigen Teilen vorzunehmen, die nicht an den Schutzleiter angeschlossen sind (Bild 6.16). Sie kann – der Einfachheit halber – auch an allen am Gerät vorhandenen berührbaren leitfähigen Teilen vorgenommen werden. Dies ist dann für alle an den Schutzleiter angeschlossenen Teile eine zweite Kontrolle, bei ihnen wird natürlich immer der Messwert „Null mA" angezeigt.

» **Jeder Prüfer muss den Zusammenhang von Ableit-, Schutzleiter-, und Berührungsstrom restlos erkannt haben, um richtig prüfen zu können.**

Sichere Trennung

Die „Sichere Trennung" ist das entscheidende Merkmal der Schutzmaßnahmen „Schutztrennung" und „Schutzkleinspannung". Sie ist, wie im Prüfablauf nach Bild 6.1 vorgesehen, mit der Isolationswiderstandsmessung zwischen Primär- und Sekundärseite der Übertrager (Transformator, Schaltelektronik) und mit der Berührungsstrommessung an den Sekundäranschlüssen nachzuweisen.
Zum Nachweis der Funktion der beiden Schutzmaßnahmen gehören auch das Messen der Spannung und der Vergleich der Messwerte mit den vom Hersteller genannten Bemessungswerten. Diese dürfen die in der Norm [2.5] genannten Grenzwerte (AC 50 V und DC 120 V) und die den Verwendungszweck berücksichtigenden Angaben des Herstellers (z. B. für Spielzeug: AC 24 V, DC 60 V) nicht überschreiten.
Ob an den Kleinspannung führenden, berührbaren Teilen auch die Isolationswiderstandsmessung oder die Berührungsstrommessung zum Nachweis der sicheren Trennung gegenüber dem Versorgungsnetz durchgeführt wird (Bild 6.10), bleibt dem Prüfer überlassen. Beide Messungen werden nicht verbindlich gefordert, da durch die Messspannung bzw. das Adaptieren Beschädigungen am Prüfling entstehen können.

Sonstige Schutzeinrichtungen/Funktionsprüfung

In zunehmenden Umfang sind außer dem Schutz gegen elektrischen Schlag auch andere Maßnahmen zum Schutz des Anwenders, der Bauelemente des Geräts und gegebenenfalls auch von angeschlossenen Betriebsmitteln erforderlich. Wie und in welchem Umfang dies nötig/sinnvoll ist (Abschnitt 6.3.5), muss der Prüfer im Verlauf der Prüfung entscheiden.

Bewertung/Dokumentation

Beim Bewerten des Prüflings und dem Entscheiden über das Ergebnis der Prüfung durch den Prüfer sind als Erstes die Ergebnisse der aufgeführten Prüfgänge zu berücksichtigen. Es ist jedoch nicht so, dass allein das Einhalten/Nichteinhalten der Grenzwerte das Prüfergebnis bestimmt, es sind immer auch die Bedingungen des Einzelfalls (siehe Bewertungen bei den Prüfverfahren) zu bedenken und angemessen einzubeziehen.

Die Prüf- und Messergebnisse sind so zu dokumentieren (Kapitel 10), dass die Entscheidung über den Prüfling gegebenenfalls begründet/bewiesen werden kann. Zur Dokumentation gehören auch der Vorschlag für den Termin der nächsten Prüfung (Abschnitt 5.4) und die Kennzeichnung des Geräts mit einer Prüfmarke o. Ä.

Verantwortung und Aufgaben – Organisation des Prüfablaufs

Person, Funktion, Befähigung	Arbeitsaufgaben
Unternehmer	Ermöglichen der Mitwirkung der verantwortlichen Elektrofachkraft auf den Einkauf und Sicherstellen der Eingangsprüfung/Erstprüfung der elektrischen Geräte, Durchsetzen der termingerechten Anlieferung der Geräte zur Wiederholungsprüfung und der Unterweisung der Mitarbeiter über die Prüfung
verantwortliche Elektrofachkraft (vEFK),	Information des Verantwortlichen über die gesetzlichen Vorgaben zur Prüfung und deren fachliche/ökonomische Konsequenzen. Organisation des Prüfprozesses gemäß Tafel 2.1 und 6.1, Durchsetzen und Gewährleisten der Qualität der Prüfungen. Durchführen der Gefährdungsbeurteilungen
befähigte Person (bP)	Mitwirkung bei den Aufgaben der vEFK, Durchführen der Prüfprozesse gemäß Tafel 6.1. Bewertung der geprüften Geräte. Bestimmen der Besonderheiten der zu prüfenden Geräte und fachliche Betreuung der EuP, Einflussnahme auf die Information/Unterweisung der Mitarbeiter
mitprüfende EuP	Mitwirkung beim Durchführen der Prüfungen unter Anleitung und Kontrolle der befähigten Person, Durchführen der in einer persönlichen Prüfanweisung aufgeführten Arbeiten
Anwender, Mitarbeiter (Elektrolaie)	Kontrolle der Geräte auf offensichtliche Mängel, Melden von Schäden, Kontrolle der Aktualität der Prüfmarken

6.2 Ablauf der Prüfung bei besonderen Geräten

In Bild 6.1 ist dargestellt, wie die Prüfung eines elektrischen Geräts im Normalfall abläuft bzw. ablaufen sollte. Wenn es infolge einer Besonderheit des zur Prüfung angelieferten Geräts zu einer Störung im Prüfablauf kommt, hat der Prüfer zu klären, ob und wie er den Prüfablauf, ein Prüfverfahren, die Bewertung usw. verändern oder einen anderen Prüfschritt hinzuzufügen bzw. zu streichen hat. Da einige Besonderheiten der Geräte infolge fehlender Erfahrungen dem Prüfer nicht immer bekannt sind, werden im Folgenden einige dieser Besonderheiten aufgeführt und die damit entstehenden Konsequenzen für den Prüfablauf erläutert.

6.2.1 Geräte mit Reglern, Schaltern usw.

Durch die mit Netzspannung beaufschlagten Regler und Schalter werden immer bestimmte aktive Teile/Leiter des Geräts vom Anschlusspunkt getrennt. Um den Zweck der Messung – Erfassen aller Fehlerstellen im Netzspannungsbereich – hundertprozentig zu erreichen, ist es erforderlich, die betreffenden Messungen (R_{iso}, I_{SL}, I_B) in jeder der möglichen Stellungen dieser Regler und Schalter vorzunehmen. Dies muss zweimal, d. h. in jeder der beiden Steckerstellungen erfolgen.
Zu beachten ist, dass bei jeder Messung weitere, andere aktive Teile erfasst werden; jedes Messergebnis demonstriert möglicherweise einen anderen Fehler und ist daher gesondert auszuwerten. Ergeben sich unterschiedliche, aber alle noch im positiven Bereich liegende Messergebnisse, so ist im Protokoll der schlechteste Wert zu nennen. Er bestimmt die Entscheidung über das Prüfergebnis.

6.2.2 Elektrische Geräte ohne Fehlerschutz, Schutzklasse 0

Derartige Geräte (Schutzklasse 0, kein Schutzleiter, kein Doppelquadrat der Schutzisolierung, Bild 4.7) werden für den allgemeinen Gebrauch in der Europäischen Union nicht mehr hergestellt und sind auch aus früherer Zeit kaum noch vorhanden. Sollte dennoch ein solches Gerät zur Prüfung vorgestellt werden – es kann durch Privatleute aus dem Ausland eingeführt oder auf dem Trödelmarkt erworben worden sein –, so ist dem Betreiber zu empfehlen,

- es aus dem Verkehr zu ziehen oder
- von einer Elektrofachkraft so umbauen zu lassen, dass es den aktuellen Sicherheitsanforderungen in Deutschland und der EU gerecht wird.

Eine Ausnahme sind elektrische Geräte, die den Charakter von Antiquitäten haben, für sie gelten die üblichen Sicherheitsvorgaben für aktuelle Geräte nicht. [1.1] Trotzdem müssen diese Geräte natürlich sicher sein und dürfen zu keiner Gefahr für Personen oder Sachwerte werden. Ist das Gerät nicht sicher, so muss der Betreiber darüber informiert werden. Das Gerät ist dann klar als defekt einzustufen und darf nicht mehr betrieben werden.
Der Betreiber ist über die im Vergleich zu den üblichen elektrischen Geräten mangelhafte Sicherheit zu informieren.

6.2.3 Geräte, die nicht abgeschaltet werden sollen

Soll bei in Betrieb befindlichen, fest angeschlossenen oder angesteckten Geräten eine Wiederholungsprüfung erfolgen, so sollten die nach DIN VDE 0701-0702 vorgegebenen Prüfgänge so weit wie technisch möglich vorgenommen werden. Das heißt,

- die Schutzleiterverbindung zwischen dem Gerätekörper und einem das Erdpotential führenden Teil ist nachzuweisen **(Bild 6.3 b)**, dabei sind etwaige Parallelverbindungen zu berücksichtigen,

- die Isolationswiderstandsmessung kann nicht erfolgen,
- die Schutzleiterstrommessung ist nicht oder nur mit einer Stromzange möglich, wenn die örtlichen Verhältnisse dies gestatten (Bild 6.14 a),
- die Berührungsstrommessung, bei der durch den Anschluss, die Steckerstellung vorgegebenen Polarität, ist mit einem der üblichen Prüfgeräte oder mit einer Strommesszange durchzuführen.

Auf diese Weise wird nachgewiesen, dass die Sicherheit der Anwender der Geräte im momentanen Betriebszustand, im Moment der Prüfung, gewährleistet ist. Hierzu siehe auch Abschnitt 6.4.1.

Um bei ortsveränderlichen (steckbaren) Geräten eine komplette Wiederholungsprüfung nach Bild 6.1 durchzuführen, müssen die noch fehlenden Prüfungen bei nächster Gelegenheit nachgeholt werden. Es handelt sich also hier um keine vollständige Wiederholungsprüfung, sondern nur um eine Teilprüfung.

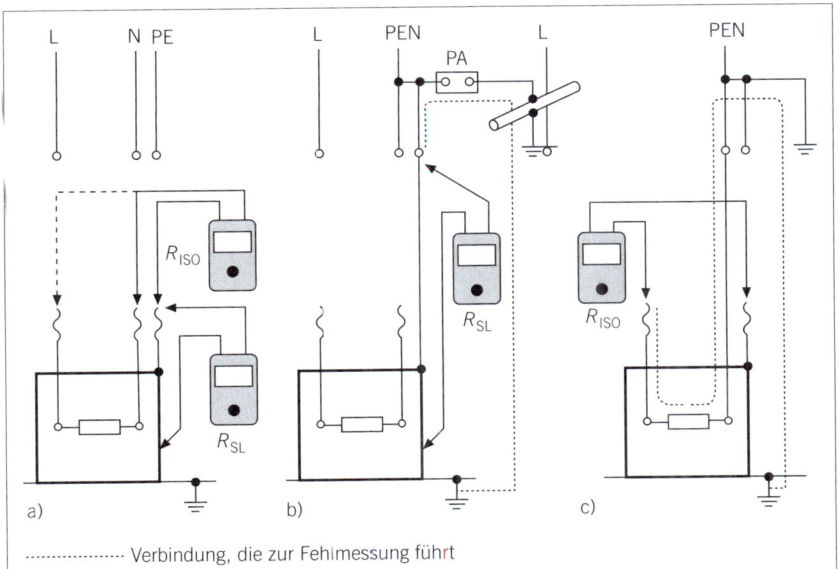

Bild 6.3 Mögliche Messfehler bei der Prüfung fest angeschlossener Geräte, wenn diese nicht vom Netz getrennt wurden:

a) völlige Trennung, Messung ordnungsgemäß und für den Prüfer gefahrlos,

b) Schutzleiter nicht aufgetrennt, Fehlmessung bei der Schutzleitermessung durch Erdkontakt des Gerätekörpers.

c) Neutralleiter nicht aufgetrennt, Fehlmessung bei der Messung des Isolationswiderstands möglich.

6.2.4 Schmutzige Geräte

Das Reinigen eines elektrischen Geräts ist nicht Aufgabe des Prüfers. Man könnte erwarten und auch verlangen, dass der Betreiber seine Geräte vor der Übergabe an den Prüfer säubert, vor allem dann, wenn sie in schmutzigen, staubigen Betriebsstätten betrieben wurden. Zu bedenken ist aber: Diese Geräte befinden sich nach einer Reinigung nicht mehr im normalen betriebsmäßigen Zustand und sind – je nach Qualifikation der säubernden Person – sicherer oder gefährlicher geworden. Das Prüfgerät und der Prüfer kommen möglicherweise zu einem völlig falschen Urteil, eine falsche Prüffrist wird festgelegt. Aus diesem Grund sollte sogar verlangt werden, dass die Betreiber/Kunden ihre Geräte in dem typischen betriebsmäßigen Zustand zur Prüfung bereitstellen.
Die im schmutzigen Zustand gemessenen Werte sind hinsichtlich der während des bisherigen und dann auch künftigen Betriebs vorhandenen Gefährdung/Sicherheit zu beurteilen.

6.3 Prüfaufgabe, Prüfgänge, Prüfverfahren nach DIN VDE 0701-0702

6.3.1 Besichtigen, Ermitteln von Kenndaten

Dieser Prüfgang „Besichtigen", ist ein bewusstes, kritisches „Betrachten mit allen Sinnen". Es erfolgt mit dem Ziel, alle äußerlich erkennbaren Mängel festzustellen (Tafel 6.2). Bei allen dann folgenden Prüfgängen ist ebenfalls im sinnvollen Umfang „zu besichtigen".

Bei der Wiederholungsprüfung werden

- das Besichtigen innerer Teile (Schaltelemente, Klemmen usw.) und somit
- das Öffnen des Geräts

nicht verlangt.

Ob ein Öffnen erforderlich ist, um bei etwaigen Anzeichen eines Schadens ein sicheres Urteil abgeben zu können, muss der Prüfer entscheiden. Er sollte dabei bedenken, dass verminderte Luftstrecken, verzunderte oder gebrochene Isolierteile, lose Halterungen aktiver Teile, eingedrungene Fremdkörper und Schmutzteilchen usw. allein durch die dann folgenden Messungen möglicherweise nicht gefunden werden. Es bedarf erheblicher Prüferfahrungen, um auf der Grundlage des äußeren Erscheinungsbildes den Gesamtzustand eines Geräts beurteilen zu können. Selbstverständlich haben auch Gerüche und Geräusche, die auf Schäden hindeuten können, bei der Entscheidung über das Öffnen einen wesentlichen Stellenwert.
Im Zweifelsfall ist das Gerät der Instandsetzung zuzuführen.
In **Tafel 6.2** werden die bei der Besichtigung zu beachtenden Fakten und einzelnen Prüfschritte beispielhaft angeführt.

Die hier genannten Prüfschritte sind das Grundgerippe des Besichtigens. Das Wissen und die Erfahrungen des Prüfers sind erforderlich, um alle „Ecken und Kanten“ zu erkennen

Kennzeichnungen, Informationen

- Sind CE-Zeichen, GS-Zeichen vorhanden?
- Sind Bedien- und Sicherheitsangaben/Symbole vorhanden und erkennbar?
- Ist eine Bedienungsanleitung vorhanden?

Zustand des Geräts

- Befindet sich das Gerät im Originalzustand? Sind Eingriffe erkennbar?
- Sind Gebrauchsspuren, Abnutzungs-/Alterserscheinungen oder Verschleißerscheinungen vorhanden? Welche Auswirkungen können sie haben?
- Sind Korrosionsspuren, Anzeichen einer Überhitzung oder Wassereinwirkung zu erkennen?
- Ist das Gerät verschmutzt, durchnässt, ist unsachgemäße Anwendung erkennbar? Ergeben sich dadurch Auswirkungen auf die Sicherheit?

Beschädigungen an Teilen mit Sicherheitsfunktion?

- Sind alle Teile der Isolierungen unbeschädigt? Ist die Isolierwirkung gesichert? Sind keine Risse, kein Eindringen von Nässe, Schmutz, biologischen Rückständen feststellbar?
- Sind Schutzkontakte funktionsfähig, Knick- und Biegeschutz einwandfrei und wirksam? Verlief die Handprobe zufriedenstellend?
- Sind Abdeckungen, Isolierungen ordnungsgemäß und sicher befestigt? Ist die Schutzart gewährleistet? Wird das Eindringen der am Einsatzort vorhandenen Gegenstände verhindert?
- Werden die Schutzvorrichtungen gegen mechanische Gefährdung wirksam (z. B. Klappen, Kupplungen, Bremsen, Messerabdeckungen)?
- Sind Sicherungen, LS- und FI-Schalter in einwandfreiem Zustand, richtig dimensioniert/eingestellt?
- Sind Anzeigeleuchten vorhanden, richtig dimensioniert, funktionstüchtig?

Sonstige Beschädigungen, Zustände, Erscheinungen

- Können Bedienelemente ordnungsgemäß benutzt werden? Sind Anzeigeelemente klar erkennbar?
- Ist die Anschlussleitung ordnungsgemäß, ausreichend befestigt/geschützt?
- Sind die Steckverbinder ordnungsgemäß angebracht? Sind ihre Kontakte korrodiert/beschädigt? Ist die Federwirkung vorhanden?
- Ist die Belüftung/Wärmeabführung funktionstüchtig? Sind Filter vorhanden, richtig dimensioniert, sauber?
- Sind die Behälter dicht? Überdruckschutz vorhanden und ordnungsgemäß?
- Ist das Gerät insgesamt im schlechten Zustand, nicht mehr zuverlässig, technisch veraltet?

Zusätzliche Prüfschritte beim Prüfen nach der Instandsetzung

- Wurde die Instandsetzung ordnungsgemäß ausgeführt? Ist das Gerät im Originalzustand?
- Sind die Vorgaben der Betriebs-/Instandsetzungsanleitung des Herstellers eingehalten worden?
- Wurden Teile ersetzt, ausgetauscht? Wurden Originalteile oder vom Hersteller zugelassene Teile verwendet?
- Hat die Instandsetzung zu einer Veränderung von Kennwerten geführt?

Tafel 6.2 Schwerpunkte des Prüfschritts „Besichtigen“

Beim Besichtigen ist auch festzustellen und zu klären:	
allgemein	– Kann das Gerät im vorliegenden Zustand geprüft werden? – Kann dieser Gerätetyp mit unseren Prüfmitteln geprüft werden? – Sind besondere Prüfverfahren, Prüfgeräte erforderlich? – Gibt es Gründe, um die Prüfung abzulehnen? – Welche Schutzmaßnahmen wirken an welchen Teilen? – Gibt es Hinweise auf grundsätzliche Mängel (Rückruf)?
für die Messungen	– Befinden sich im Prüfling mit Netzspannung zu betätigende Schalteinrichtungen? – Bei welchen Schalterstellungen ist zu messen? – An welchen Teilen sind welche Messungen durchzuführen? – Haben der Gerätekörper oder Geräteteile Erdpotential? – Hat das Gerät Beschaltungen? Sind deren Daten bekannt?
für das Erproben und die Funktionsprobe	– Welche elektrischen Sicherheitsfunktionen sind zu erproben? – Welche mechanischen und anderen Sicherheitseinrichtungen sind zu erproben? – Sollte die Nutzfunktion erprobt werden? In welchem Umfang? – Können durch die Funktionsprobe Gefährdungen entstehen?

Tafel 6.3 Im Zusammenhang mit dem Besichtigen zu klärende Fragen

Mit dem Besichtigen sind auch einige, die folgenden Prüfgänge betreffenden Vorbereitungen zu erledigen. Je nach der Art des Geräts, seiner Bauelemente und der bei ihm wirksamen Schutzmaßnahmen gegen elektrischen Schlag sind möglicherweise andere Messungen durchzuführen und andere Grenzwerte zu beachten. Die dafür nötigen, beim Besichtigen zu beschaffenden Informationen und Kenndaten des Prüflings sind in **Tafel 6.3** aufgeführt.

6.3.2 Nachweis der Schutzleiterverbindung

Bei Geräten, die über einen Schutzleiter verfügen, sind das Gehäuse (Körper) sowie andere berührbare leitfähige Teile miteinander und dann über

- den Schutzleiter der Anschlussleitung und
- die Schutzkontakte der Steckvorrichtung/Anschlussklemmen

mit dem Schutzleiter der elektrischen Anlage verbunden. Diese Schutzleiterverbindung ist Voraussetzung für die Wirksamkeit der Schutzmaßnahme gegen elektrischen Schlag und gegebenenfalls der EMV-Beschaltungen.

Prüfaufgabe, Messverfahren

Mit der Prüfung wird nachgewiesen, dass

- diese Verbindung bis zum Schutzkontakt des Steckers vorhanden und ausreichend niederohmig ist und
- dadurch der bei einem Körperschluss fließende Strom das Abschalten einer Schutzeinrichtung der Anlage bewirkt.

Zu besichtigen sind die Steckkontakte sowie Anschluss- und gegebenenfalls Verbindungsstellen des Schutzleiters hinsichtlich ihres Zustands. Mit dem Messen des Widerstands der Schutzleiterbahn wird dann der Nachweis erbracht, dass eine ordnungsgemäße Verbindung vorhanden ist.

Bei einigen Geräten ist ein Schutzleiter vorhanden, obwohl er nicht zum Anschluss an leitfähige berührbare Teile (Schutz gegen elektrischen Schlag) erforderlich ist (Bild 4.3 a2, a4). Bei diesen **Geräten mit Isolierkörper und Schutzleiter** sind etwa vorhandene berührbare leitfähige Teile durch die Schutzmaßnahme „doppelte/verstärkte Isolierung" von den aktiven Teilen getrennt und müssen daher nicht in die „Schutzleiterschutzmaßnahme" einbezogen werden, somit auch keinen Schutzleiteranschluss erhalten. Korrekterweise handelt es sich dann um einen Funktionserdungsleiter (FE), der nur der Funktion dient. Somit ist er auch nicht prüfpflichtig. Der Nachweis, dass er funktioniert, wird dann mit der Schutzleiterstrommessung geführt.

Der Nachweis der Verbindungen des Schutzleiters mit inneren leitfähigen Teilen, wie z. B. die Beschaltung oder leitfähige Konstruktionsteile (Bilder 4.3 a4, c2), ist nach der Norm [2.28] nicht erforderlich, da das dafür nötige Öffnen des Geräts nicht sinnvoll wäre. Bei einer Instandsetzung, wenn diese ohnehin das Öffnen erfordert, sollten die Anschlüsse kontrolliert werden.

Der Schutzleiter muss seine Aufgabe erfüllen, wenn er sich im betriebsmäßigen Zustand befindet, seine Kontakte also auch mit dem betriebsmäßig auftretenden Übergangswiderstand versehen sind. **Sein Widerstand ist somit in diesem Zustand vom Prüfer zu messen und zu bewerten.**

Wenn nötig/möglich ist der Schutzleiterwiderstand auch im „Neuzustand", d. h. ohne Übergangswiderstände zu ermitteln, um später Informationen über den Wert des betriebsmäßigen Übergangswiderstands zu erhalten. (F 6.3).

» **Keinesfalls sind die Übergangswiderstände durch Kratzen oder Schaben zu beseitigen, denn dieses führt zu Beschädigungen und nicht zum tatsächlichen, betriebsmäßigen Zustand der Steckverbindung.**

Vorbereiten der Messung

Vor Beginn der Messung ist zu klären,

- welche Messpunkte am Gerät gewählt werden müssen **(Bild 6.4),** um alle Schutzleiterverbindungen im Prüfling bei der Messung mit zu erfassen,
- ob infolge eines Kontakts des Gerätekörpers mit Erde oder das Erdpotential führenden Teilen eine Parallelverbindung zur Messstrecke vorhanden sein kann, die das Messergebnis verfälschen würde,
- ob Übergangswiderstände an Steck- oder Schleifkontakten des Schutzleiters vorhanden sein können, welche Messparameter (Stromart, Stromstärke) somit sinnvoll sind und
- ob infolge der Art von Messstrom/-spannung des anzuwendenden Prüfgeräts das Messergebnis beeinflusst werden kann (F6.2),
- welche Messwerte sich aufgrund der Art des Prüflings, der Daten seiner Leitungen ergeben müssten **(Tafel 6.4),**
- ob das zu prüfende Gerät funktionsbedingte Schutzleiterunterbrechungen aufweist (z.B. PRCD, Bild 9.4) oder sich Bauelemente im Schutzleiter befinden (F6.8), die eine Durchgangsprüfung verhindern oder beeinflussen.

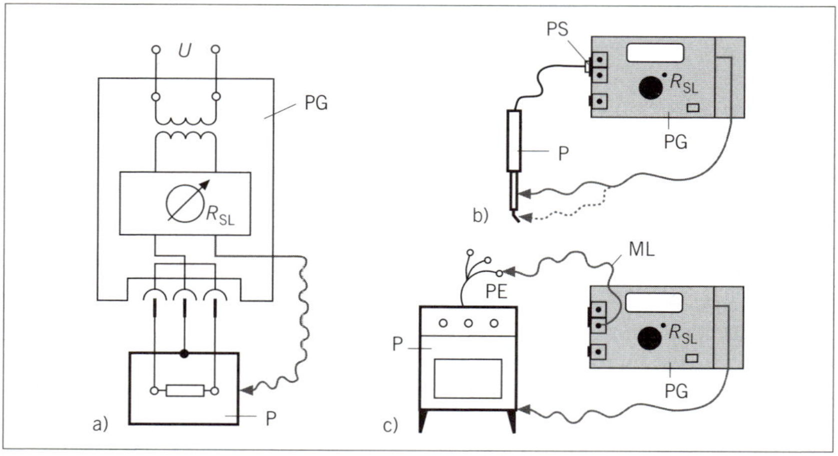

Bild 6.4 Messen des Schutzleiterwiderstands R_{SL}

PG Prüfgerät; P Prüfling; PS Prüfsteckdose; SL Schutzleiteranschluss; ML zusätzliche Messleitung; R_{SL} Schutzleiterwiderstand

a) Prinzipschaltbild der Prüfung eines Geräts mit Steckeranschluss

b) Beispiel für den Anschluss eines ortsveränderlichen Geräts mit Schutzkontaktstecker bei der Messung

c) Beispiel für den Anschluss eines Geräts ohne Stecker bei der Messung

Ader-querschnitt mm²	Leitungs-länge m	Widerstand tatsächlich Ω	Messwert einschließlich Übergangs-widerstand von 0,05 Ω	Grenzwert nach VDE 0701-0702 (informativ) in Ω
0,75	1	0,023	≤ 0,10	0,3
	5	0,12	≤ 0,15	0,3
1,0	1	0,018	≤ 0,10	0,3
	5	0,09	≤ 0,15	0,3
	10	0,18	≤ 0,25	0,4
1,5	1	0,013	≤ 0,10	0,3
	5	0,06	≤ 0,15	0,3
	10	0,13	≤ 0,20	0,4
	25	0,32	≤ 0,35	0,6
2,5	1	0,007	≤ 0,10	0,3
	5	0,04	≤ 0,10	0,3
	10	0,075	≤ 0,15	0,4
	25	0,189	≤ 0,25	0,6
	50	0,378	≤ 0,45	0,9

Tafel 6.4 Widerstandswerte der Schutzleiterbahn der Geräte

Durchführung der Messung

Die Prinzipschaltung der Messung des Schutzleiterwiderstands sowie Beispiele für den Anschluss der Prüflinge zeigt Bild 6.4.

Bei der Prüfung/Messung muss jedes leitfähige berührbare Teil erfasst werden, das eine Verbindung zum Schutzleiter hat bzw. haben muss. Es können somit in Abhängigkeit von der konstruktiven Gestaltung des Geräts mehrere Messungen erforderlich sein.

Während der Messung sind nicht befestigte (bewegbare) Leitungen zu bewegen, soweit es auf sinnvolle Weise möglich ist bzw. der Art des Gebrauchs entspricht. Lose Verbindungs- und Bruchstellen

- machen sich dann durch eine Veränderung des Widerstandswerts bemerkbar, wenn das Prüfgerät einen ständig fließenden Messstrom liefert, d. h. die Messzeit nicht begrenzt wird, oder
- werden – bei Prüfgeräten mit einem DC-Messstrom – entdeckt, weil die vom Prüfgerät durchgeführten zwei Messungen unterschiedlicher Polarität auch unterschiedliche Messwerte erbringen.

Beim Verwenden eines Prüfgeräts, dessen Schutzleiterkontakt der Prüfsteckdose Verbindung mit dem Schutzleiter der Anschlussleitung und daher mit dem Schutzleiter/Potentialausgleich des Netzes hat, ist

- bei ortsveränderlichen Geräten darauf zu achten, dass sie gegenüber der Erde isoliert sind,
- bei ortsfesten Geräten mit Erdkontakt des Körpers (Erdboden, fremde Systeme) der Schutzleiteranschluss zum Netz aufzutrennen.

Anderenfalls wird ein defekter Schutzleiter, d. h. die dann fehlende Schutzleiterverbindung, nicht entdeckt (Bild 6.3).

Messprinzip, Messstrom, Grenzwert

Die wesentlichen Daten der Messung und der für diese Messung anzuwendenden Prüfgeräte nach VDE 0404 oder der neuen DIN EN 61557-16 (VDE 0413-16) (Kapitel 7) sowie die Vorgaben für die Grenzwerte des Schutzleiterwiderstands sind in **Tafel 6.5** aufgeführt. Der vom Prüfgerät zur Verfügung gestellte Messstrom bleibt während der Messung konstant, die über dem Schutzleiter des Prüflings abfallende Spannung wird gemessen, daraus dann der Widerstand errechnet und dessen Wert – **der Messwert** – angezeigt.
Der **Grenzwert** wurde mit 0,3 Ω festgelegt, da dieser Wert als Obergrenze des Widerstands der üblichen und sehr unterschiedlich dimensionierten Anschlussleitungen der Geräte angesehen werden kann.
Ermittelt wird der ohmsche Widerstand der Messstrecke; d. h. der Schutzleiterbahn zwischen den beiden Messspitzen des Prüfgeräts (Bild 6.4 c). Im Messwert sind also auch die Werte der Übergangswiderstände der in den Schutzleiterstrecken liegenden Schutzleitersteckkontakte und Klemmstellen enthalten. Diese sind je nach Art des Steckkontakts, der Anzahl der Kontaktelemente und der Umgebungseinflüsse sehr unterschiedlich (Tafel 6.5). Es ergeben sich daher bei mehreren Messungen am selben Gerät und beim Messen an anderen gleichen Geräten auch unterschiedliche Messwerte. Das ist beim Vergleich des **Messwerts** mit dem **Grenzwert**, beim Bewerten der Abweichung zwischen den beiden, zu bedenken.
Der ursprüngliche **Istwert**, der im Neuzustand vorhandene und zu messende Widerstandswert der Messstrecke, wird somit nie wieder gemessen werden.

Leider ist der Messwert auch noch mehr oder weniger vom Messstrom abhängig (F 6.4). Der **Messstrom 0,2 A DC** kommt bei den meisten Prüfgeräten zur Anwendung. Zu beachten ist:

- Bei der Stromart DC wirken defekte Anschlüsse/Klemmen in der Schutzleiterbahn mitunter wie ein galvanisches Element und beeinflussen daher den Messwert. Durch das automatisch erfolgende zweimalige Messen mit unterschiedlicher Stromrichtung werden sie besonders gut gefunden.
- Die in der Strombahn liegenden Übergangswiderstände gehen in den Messwert ein und verändern sich nicht.

Prüfgerätedaten	**Normenvorgabe [2.21.] [2.28]**	**Bemerkung**
Messspannung Messstrom	AC oder DC 4 bis 24 V 0,2 A, 10 A oder 25 A konstant	Auswahl entscheidet der Prüfer
Geräteart/Leitung	**Normenvorgabe, Grenzwert**	**Bemerkung**
Geräte allgemein mit Anschlussleitung. Leitungen, Leitungsroller o. Ä., mit einem Bemessungsstrom von 16 A	**0,3 Ω** bis 5 m Länge **0,3 Ω** über 5 m Länge: je weitere 7,5 m **+ 0,1 Ω** bis höchstens **1,0 Ω**	Zu beachten ist beim Bewerten des Messergebnisses auch der Widerstandswert, der sich aus den Daten der Leitung errechnen lässt (Tafel 6.4).
Leitungen, Leitungsroller o. Ä., mit einem Bemessungsstrom über 16 A	entsprechend dem sich aus den Daten der Leitung ergebenden Wert	
Übergangswiderstand durch korrodierte Kontakte	zusätzlich zum errechneten, bzw. oben angegebenen Wert üblich **0.05 … 0,1 Ω** (Erfahrungswert der Praxis)	Beim Bewerten ist der Übergangswiderstand nicht mit zu berücksichtigen.
Gerät mit Entstörelement im Schutzleiter	bei hohen AC-Prüfströmen **0,3 Ω**	Bei kleinem Prüfstrom kann ein Wert R_{SL} > **0,3 Ω** auftreten (Erfahrungswert, F 6.2).
Gerätesysteme, Schutzleiterverbindung zwischen dem Gerät über den Steckdosenverteiler zu dessen Stecker	entsprechend dem sich aus den Daten der Leitungen ergebenden Wert	Bei Werten über **0,3 Ω** Schleifenimpedanzmessung vornehmen (Empfehlung), (siehe Abschnitt 6.11).

Tafel 6.5 Vorgaben für das Messen des Schutzleiterwiderstands

Höhere Messströme, z. B. AC 10 A oder AC 25 A bewirken folgende Besonderheiten:

- Lose Anschlüsse machen sich optisch/akustisch bemerkbar.
- Die Messwerte liegen möglicherweise erheblich unter den Werten, die sich bei einem geringeren Prüfstrom von z. B. DC 0,2 A ergeben, da die Übergangswiderstände an Steck-/Schleifkontakten beseitigt (verbrannt) werden (F 6.3).
- Der Messwert wird durch die gegebenenfalls im Schutzleiter vorhandenen Induktivitäten (Impedanzen, Sättigung) beeinflusst.

Betriebsmessabweichung (Messfehler)

Da der zu erwartende Widerstandswert (Leiterwiderstand + Übergangswiderstände) bei den allermeisten Geräten ziemlich genau abgeschätzt werden kann, ist es meist möglich festzustellen, ob der **Messwert** (bzw. seine Größenordnung) diesem Schätzwert entspricht. Besteht keine ungefähre Übereinstimmung, so sind eine Ursachenermittlung und gegebenenfalls eine nochmalige Messung mit einer anderen Prüfstromstärke erforderlich.

Deutlich wird wiederum, dass hier keine Präzisionsmessung vorgenommen wird und eine solche infolge des variablen Übergangswiderstands auch weder möglich noch nötig wäre.
Es ist somit nicht notwendig, bei dem Vergleich des **Messwerts** mit dem **geschätzten Istwert** die Betriebsmessabweichung (Messfehler) des Prüfgeräts zu berücksichtigen (Tafel 7.2). Sie liegt bei einem geringeren Wert als 0,01 Ω und fällt somit im Gegensatz zum Übergangswiderstand nicht ins Gewicht.
Grundsätzlich kann man auch sagen, dass die Messabweichung bei besonders kleinen Messwerten besonders groß ausfällt. So sind Messwerte $< 0{,}05\,\Omega$ kaum bewertbar.

Bewertung der Messergebnisse

In Tafel 6.5 wurden die Vorgaben für den **Grenzwert** des Schutzleiterwiderstands aus der Norm DIN VDE 0701-0702 sowie einige zu beachtende Erfahrungswerte aufgeführt. Diese Werte sind der Bewertung des **Messwerts** und der Entscheidung „bestanden“ oder „nicht bestanden“ zugrunde zu legen.
In Anbetracht der Besonderheiten des Schutzleiters (Steck-/Schleifkontakte mit sich verändernden Übergangswiderständen, eingefügte Bauelemente, Leitungslänge wird aber verlangt, das Messergebnis gründlicher zu beurteilen, als dies in der Norm vorgegeben ist.

Das heißt, die Bewertung der Messung lautet:

- bei einem Messwert für den Schutzleiterwiderstand $R_{SL} \leq 0{,}3\,\Omega$ **bestanden**,
- bei einem Schutzleiterwiderstand $R_{SL} > 0{,}3\,\Omega$ **bestanden**, wenn
  - der Messwert etwa den Daten der Leitung entspricht (F 6.2, F 6.5) oder
  - die Überschreitung des Messwert durch Übergangswiderstände entstanden ist.
- **nicht bestanden**, wenn der gemessene Wert deutlich vom geschätzten und erwarteten Wert abweicht.

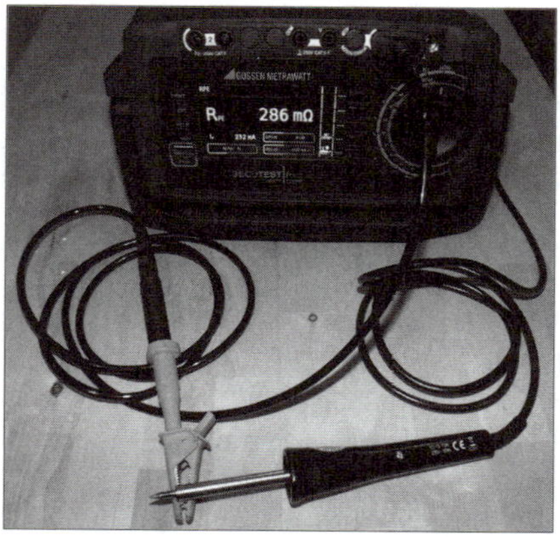

Bild 6.5
Dieser einfache Lötkolben weist im Neuzustand einen Schutzleiterwiderstands $R_{SL} = 0{,}286\,\Omega$ auf und ist nach dem Normgrenzwert formal in Ordnung. Erfahrungsgemäß weisen diese Lötkolben im Neuzustand Schutzleiterwiderstände $R_{SL} < 0{,}05\,\Omega$ auf. Die befähigte Person erkennt hier also einen schwerwiegenden Mangel

Vorausgesetzt wird bei der Bewertung **„bestanden“**, dass sich die Steckverbinder des Schutzleiters in einem einwandfreien Zustand befinden.

Bewertet wird hier grundsätzlich danach, ob ein Messwert plausibel ist. Eine Beurteilung nur nach Norm-Grenzwerten ist mit den Anforderungen aus der TRBS 1201 nicht mehr vereinbar.

Verantwortung und Aufgaben – Prüfgänge: Besichtigen und Nachweis der Schutzleiterverbindung

Person, Funktion, Befähigung	Arbeitsaufgaben
verantwortliche Elektrofachkraft	– ständige Information der befähigten Person über aktuelle Sachverhalte – Vorgeben der Prüfaufgabe und der Prüfmittel sowie der zu beachtenden Besonderheiten des Prüflings – Hinweis auf die möglichen Gefährdungen und deren Abwehrmöglichkeit – Klären von Auffälligkeiten
befähigte Person (bP)	– selbstständiges Durchführen der Prüfaufgaben, „bewusstes“ Besichtigen, Bewerten und Bestätigen der Prüfungen, Information der vEFK bei besonderen Prüfergebnissen
elektrotechnisch unterwiesene Person (EuP)	– Mitwirken bei den Prüfungen unter Anleitung/Kontrolle einer befähigten Person oder Prüfen nach besonderer Prüfanweisung

Fragen und Antworten zum Schutzleiter

Frage 6.1 Welche Defekte der Schutzleiterverbindung werden nicht erkannt?

Schutzleiterdefekte werden in der Regel daran erkannt, dass ein unüblicher, unwahrscheinlicher Messwert angezeigt oder ein schwankender Messwert festgestellt wird. Durch das Bewegen der Anschlussleitung – während der Messung mit einem ständig fließenden Messstrom – werden die dort und an den Einführungsstellen vorhandenen Mängel sicher, oder besser gesagt zumeist gefunden. Anders ist es bei losen Anschlussstellen in den Steckvorrichtungen und im Gerät. Diese bewirken möglicherweise keine oder nur eine sehr geringe Erhöhung des Widerstands und lassen sich daher bei der Messung nur schwer entdecken.
Mitunter, aber nicht mit Sicherheit werden sie erkannt, wenn

- mit einer Messgleichspannung und unterschiedlichen Stromrichtungen zwei Messungen vorgenommen werden oder
- mit unterschiedlichen Stromstärken gemessen oder
- die Leitung in unmittelbarer Nähe ihrer Einführung bewegt wird

Absolute Gewissheit über den Zustand der inneren Anschlüsse des Schutzleiters erhält der Prüfer nur durch das Öffnen des Geräts. Dies sollte aber nur dann erfolgen, wenn Anzeichen eines Eingriffs, einer Überlastung, einer Schutzleiterunterbrechung oder ähnliche Merkmale auf einen inneren Defekt/Konstruktionsfehler (Abschnitt 6.4.15) hindeuten.
Eine ähnliche Unsicherheit ergibt sich auch bei Steck- oder Schleifkontakten. Aus einem positiven Messergebnis kann nicht mit Sicherheit geschlossen werden, dass der Kontakt eine zuverlässige Verbindung bietet. In derartigen Fällen sollte eine zweite Messung nach dem Umstecken oder Bewegen des Kontaktes erfolgen (Fragen 6.2 und 6.3).

Frage 6.2 Warum sind unterschiedliche Prüfströme zulässig, wie entstehen die unterschiedlichen Messwerte?

Der Nachweis der Schutzleiterverbindungen ist ein Prüfgang, der bei allen Erzeugnisarten vorgegeben wird. Da die Erzeugnisse der Elektrotechnik (Anlage, Maschine, Gerät) von mehreren DKE-Komitees betreut werden, wurden unterschiedliche – erzeugnisspezifische – Festlegungen, u. a. für den beim Messen des Schutzleiterwiderstands anzuwendenden Strom getroffen.
In dem Bestreben, diese alle dem gleichen Ziel dienenden Festlegungen zu vereinheitlichen, kam es dann zu der allgemeingültigen Vorgabe IP $\geq 0{,}2$ A. Dem Prüfer sollte damit auch die Möglichkeit gegeben werden, eine seiner Prüfaufgabe entsprechende Stromart und Stromstärke auswählen zu können.
Der Nachteil dieser Entscheidung – unterschiedliche Messwerte bei unterschiedlichen Prüfströmen – wurde erst später deutlich. Seit einigen Jahren sind nun die Prüfströme 0,2 A DC, 10 A AC und 25 A AC üblich.
An den Stellen, die infolge von Verschmutzung, mechanischer Einwirkung oder Korrosion einen Übergangswiderstand $R_Ü$ aufweisen, wird durch den Messstrom I_P die Wärmeleistung $W = I_P^2 \cdot R_Ü$ umgesetzt. Diese ist bei einem höheren Messstrom und je nach der Art der Spannungsquelle so hoch (Beispiel: $I_P = 10\,A$, $W = (10\,A)^2 \cdot 1\,\Omega = 100\,W$), dass der Schmutz an den ja punktförmigen Kontaktstellen augenblicklich verdampft/verbrennt. Dieser Vorgang läuft so schnell ab, dass der vor dem „Reinigen“ vorhandene Widerstand nicht erfasst/gemessen werden kann. Bei einem Messstrom von 0,2 A entsteht demgegenüber nur eine Wärmeleistung von weniger als 1 W, die keine derartige „Reinigungs-“Wirkung hat.

Dieser Reinigungsvorgang betrifft jedoch nur die in der betreffenden Steckerposition vorhandenen Kontaktstellen zwischen Stecker und Buchse, nach einem erneuten Stecken kann sich infolge der veränderten Kontaktstellen wieder ein anderer Messwert ergeben.
Der mit einem höheren Strom erzielte **Messwert** ist somit genauer und kommt dem tatsächlichen **Istwert** am nächsten.

Zu empfehlen ist, die Prüfgeräte so auszuwählen, dass das Messen mit DC 0,2 A (Dauerstrom) und AC 10 A (Prüfzeit von einigen Sekunden genügt) möglich ist.

Frage 6.3 Wie kommt es beim Anwenden mehrerer Prüfgeräte unterschiedlicher Hersteller zu unterschiedlichen Messwerten für den Schutzleiterwiderstand?

Geringfügige, durch die jeweilige Betriebsmessabweichung und die Eigenabweichung des Prüfgeräts bedingte Unterschiede wird es immer geben. In Anbetracht der vielen Ungenauigkeiten, die bei diesem Messen nicht zu vermeiden sind, wird dadurch aber keine verbindliche unterschiedliche Aussage für das Prüfergebnis – bestanden/nicht bestanden – entstehen. Bemerkenswert ist ja, dass auch zwei Messungen am selben Prüfling mit demselben Prüfgerät andere Messwerte erbringen können, wenn zwischendurch die Stellung des Steckkontakts (andere Kontaktpunkte, anderer Übergangswiderstand) verändert wurde oder einige Zeit verstrichen ist.

6

Erhebliche Differenzen zwischen den Messergebnissen unterschiedlicher Prüfgerätetypen können sich durch deren unterschiedliche Messströme (DC/AC, 0,2 A ... 10 A ... 25 A) ergeben (F 6.2).
Wichtig ist, dass der Prüfer sich die festgestellten Unterschiede erklären und somit bewerten kann (F 6.2).

Frage 6.4 Welcher Zusammenhang besteht zwischen Istwert und Messwert?

Eine Antwort auf diese Frage muss gut überlegt sein. Der erfragte Zusammenhang ist im Prinzip leicht darzulegen, allerdings sind mehrere Einflussfaktoren zu beachten. Das ist schwierig, weil es dazu mehrere vom Betrachter abhängige Ansichten gibt.

Istwert

ist der im Moment der Messung tatsächlich vorhandene Wert des Messobjekts, hier die Schutzleiterbahn, zwischen den Messspitzen des Messgeräts.

- Je nach dem Zustand der Elemente der Schutzleiterbahn, vor allem der mehr oder weniger verschmutzten Steckkontakte, kann ein anderer **Istwert** vorhanden sein.
- Der sich mit der Zeit verändernde **Istwert** des Schutzleiterwiderstands ist kein **Kennwert** des Geräts, er kann es auch nicht sein und wird vom Hersteller daher auch nicht genannt.

Messwert

ist jeder vom Messgerät angezeigte Wert. Dieser hat eine durch die Umgebungseinflüsse und der Eigenabweichung des Messgeräts bedingte Betriebsmessabweichung (Messfehler) vom **Istwert**, der **im Moment der Messung** vorhanden ist.

- Während sich der **Istwert** nur mit der Zeit verändert, wird der **Messwert** durch die im Moment der Messung vorhandenen Messbedingungen beeinflusst (Messfehler des jeweiligen Prüfgeräts, Druck auf die Messspitzen, beschädigte oder zusätzliche Messleitungen usw.). Er kann somit mehr oder weniger
  - von dem im Augenblick der Messung tatsächlich vorhandenen **Istwert** und
  - auch von den **Messwerten** der vorangegangenen Prüfungen abweichen.

Grenzwert

ist der von einem Fachgremium für die betreffende Kenngröße des Geräts festgelegte Wert, der die Zustände **„noch sicher"** und **„nicht mehr sicher"** und damit die Bewertungen **„bestanden"** und **„nicht bestanden"** voneinander trennt.

Diese Gut/Schlecht-Entscheidung wird vom Prüfer durch einen Vergleich des Messwerts mit dem Grenzwert getroffen. Es ist durchaus möglich und mitunter auch nötig, dass der Prüfer eine Überschreitung des Grenzwerts durch den Messwert akzeptiert und den Prüfling trotzdem freigibt. Auch der umgekehrte Fall, dass trotz Einhaltung des Grenzwerts nach Norm ein Fehler erkannt wird, ist möglich. Dies setzt allerdings voraus, dass er die Gründe für das Festlegen genau dieses Grenzwerts 0,3 Ω für den Schutzleiterwiderstand kennt und versteht sowie auch weiß und berücksichtigt,

- dass es sich hier um einen „sehr groben" Grenzwert und sehr ungenaue Messbedingungen handelt,
- welche Folgen sich ergeben, wenn der Messwert den Grenzwert über,- bzw. unterschreitet und
- die oben genannten Aussagen „noch sicher" und „nicht mehr sicher" auch als „fast schon unsicher" und „fast noch sicher" interpretiert werden können.

Diese Betrachtung gilt auch für die anderen in der Norm [2.28] genannten Grenzwerte.

Hinweise

- Im Gegensatz zum **Grenzwert für den Schutzleiterwiderstand**, der aus technischen und konstruktiven Überlegungen abgeleitet wurde, ergaben sich die **Grenzwerte für den Schutzleiter- und den Berührungsstrom** aus den Werten des noch nicht spürbaren oder noch nicht gesundheitsschädigenden Körperstroms eines Menschen [3.2] und haben keinen direkten Bezug zu den technischen Vorgaben. Diese unterschiedliche Herkunft ist zu bedenken, wenn wie oben dargestellt eine Abweichung von dem einen oder dem anderen Grenzwert toleriert wird.
- Interessant und zu berücksichtigen ist auch, dass der heute gültige Grenzwert von 1 MΩ für den Isolationswiderstand ein Urgestein der Anlagenprüfung aus den Jahren um 1900 ist. Damals wurde für den die Isolation der Leitungsadern berührenden Menschen ein Berührungsstrom von 1 mA als ungefährlich/zulässig erachtet. Daraus entstand dann der erste Grenzwert für das Isoliervermögen der elektrischen Anlage 1 mA = 1 V/1000 Ω ← **tausend Ohm pro Volt** → R_{iso} = 1000 V/1 mA = 1 MΩ

Frage 6.5 Welche Folgen ergeben sich für die Sicherheit des Anwenders eines Geräts, wenn der Wert des Schutzleiterwiderstands über 0,3 Ω, z. B. bei 2 Ω oder darüber liegt?

Die Anschlussleitung und damit auch der Schutzleiter eines Geräts haben, wie in **Bild 6.6** zu erkennen ist, in zweierlei Hinsicht auch eine negative Auswirkung auf die Sicherheit der mit dem Gerät hantierenden Person:

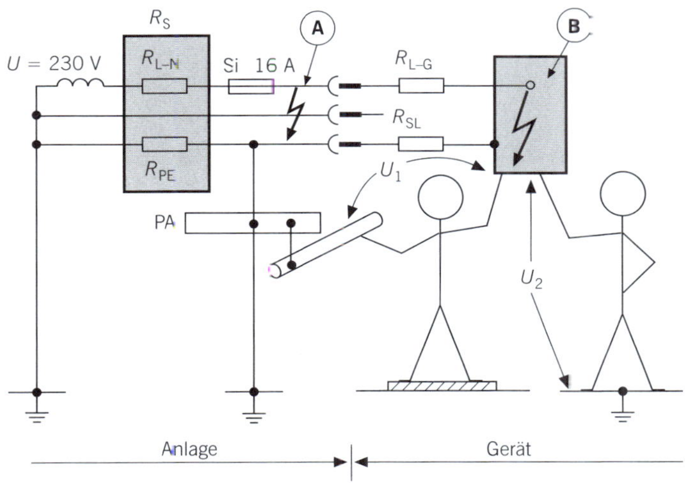

Kennwert	Fehlerstelle A	Fehlerstelle B	
Schleifenwiderstand R_S in Ω	1	1	1
Schutzleiterwiderstand R_{SL} des Geräts in Ω	–	0,3	1,0
gesamter Widerstand der Fehlerschleife $\Sigma R = R_S + R_{L-G} + R_{SL}$ in Ω	1	1,6	3
Kurzschlussstrom (Fehlerstrom) I_k in A	230	144	73
Abschaltzeit 16 A Sicherung gl in s	< 0,2	≥ 0,2	> 5
Abschaltzeit 16 A LS (B) in s	< 0,2	< 0,2	> 8
Berührungsspannung in V			
• $U_1 = I_k \cdot R_{SL}$	–	43	73
• $U_2 = I_k \cdot (R_{SL} + R_{PE})$	–	≤ 115	≤ 115

Bild 6.6 Einfluss des Schutzleiterwiderstands auf Schleifenimpedanz, Kurzschlussstrom und Berührungsspannung im Fall eines Fehlers im Gerät sowie der damit entstehenden Folgen für die Abschaltzeit der Anlage

- Die Schleifenimpedanz (Schleifenwiderstand) der Anlage wird um den Widerstand des Schutz- und des Außenleiters der Gerätezuleitung erhöht. Dies hat möglicherweise Einfluss auf die Abschaltzeit der Überstromschutzeinrichtung der Anlage ($\sum$ R in der Tafel in Bild 6.6).
- Zwischen dem fehlerhaften Gerät und dem Potentialausgleich der Anlage tritt im Fehlerfall eine Berührungsspannung von möglicherweise mehr als 50 V auf (U_1 in Bild 6.6).

Aus diesem Grund ist es notwendig, den Schutzleiterwiderstand, d. h. die Länge der Leitungen eines Geräts, auf einen noch vertretbaren Wert (0,3...1,0 Ω) zu begrenzen, wenn der Anschluss an Stromkreise mit Überstromschutzeinrichtungen erfolgen kann.

Ist dies nicht der Fall, so muss der Anschluss dieser Geräte (Leitungsroller u. Ä.) an Stromkreise mit einer Fehlerstromschutzeinrichtung erfolgen, da deren Wirksamkeit durch den Wert des Schutzleiterwiderstands bzw. durch die Länge der Anschlussleitung praktisch nicht beeinflusst wird.

Die Länge der Anschlussleitung eines Geräts wird vom Hersteller festgelegt und muss den Normenvorgaben entsprechen. Der Prüfer hat somit keinen Einfluss auf den damit vorhandenen Ausgangswert des Schutzleiterwiderstands.

Hinweis

- Die Übergangswiderstände an den Steckkontakten bewirken infolge ihrer im Kurzschlussfall geringen Lebensdauer praktisch keine Erhöhung der Abschaltzeit der Schutzeinrichtungen und keine zu hohe Berührungsspannung (Bild 6.6).
- Zu erkennen ist, dass ein Hintereinanderschalten von Steckdosenleisten auch wegen des damit entstehenden höheren Schleifenwiderstands und dessen Auswirkungen auf die Schutzmaßnahme vermieden werden sollte (Abschnitt 6.4.14).

Frage 6.6 Welche Vor- und Nachteile hat ein Messstrom 10 A oder 25 A?

Wie Tafel 6.5 zeigt, wird die Anwendung derartiger Messströme nicht gefordert (F 6.2). Das Anschaffen eines Prüfgeräts, das auch über Messströme 10 oder 25 A verfügt, ist dann sinnvoll, wenn des Öfteren

- Schutzleiterdefekte innerhalb von Geräten oder Steckvorrichtungen zu suchen sind,
- festzustellen ist, ob ein überhöhter Schutzleiterwiderstand auf einen Übergangswiderstand zurückzuführen ist oder
- mit starken Verschmutzungen der Schutzleiterkontakte zu rechnen ist oder
- sich ein stromabhängiges Bauelement (F 6.8) im Schutzleiter befindet.

Ein bereits stark geschwächter Querschnitt (z. B. Bruch fast aller Litzendrähte) kann durch hohe Messströme (10...25 A) nicht ermittelt werden.

Nachteile hoher Messströme sind neben dem Gewicht des Prüfgeräts, dass

- sie an den Kontaktstellen Spuren (Krater, Verfärbung usw.) hinterlassen können,
- die Umkehr der Stromrichtung wie beim 0,2-A-Messgleichstrom nicht möglich ist.

Frage 6.7 Warum wurde der Wert 0,3 Ω als Grenzwert des Schutzleiterwiderstands gewählt?

Der größte Teil der elektrischen Geräte hat kurze Anschlussleitungen und wird unter gemäßigten Bedingungen (nicht nass oder nur mäßig feucht) betrieben. Es kann vorausgesetzt werden, dass

- bei diesen Geräten meist Schutzleiterwiderstände < 0,1 Ω auftreten (Tafel 6.4),
- die möglichen/üblichen Übergangswiderstände < 0,1 Ω sind und
- der Schutzleiter seine Aufgabe ordnungsgemäß erfüllt, die erforderliche Sicherheit gegeben ist, wenn sich mit den in DIN VDE 0701-0702 vorgegebenen Messmethoden ein Messergebnis ≤ 0,3 Ω ergibt.

Um den Prüfablauf zu vereinfachen und dem Prüfer Zeit zu ersparen, wurde somit der Grenzwert 0,3 Ω vorgegeben.

Frage 6.8 Warum werden Bauelemente im Schutzleiter zugelassen, die dessen Widerstand erhöhen?

Die im Schutzleiter angeordneten Bauelemente (Induktivitäten) dienen der Entstörung des Geräts. Eine derartige Lösung ist im Sinne der Schutzleiterschutzmaßnahmen nicht erfreulich, es gibt jedoch keine Normenvorgabe, die eine derartige Lösung ausschließt.
Zu fordern ist – und das wird von den Herstellern dieser Geräte auch beachtet – dass der in DIN VDE 0701-0702 vorgegebene Grenzwert 0,3 Ω eingehalten wird.
Zu beachten sind allerdings folgende Besonderheiten:

- Bei dem Bauelement handelt es sich in der Regel um eine Drossel mit Eisenkern, also um eine Impedanz.
- Der Wert der Impedanz ist infolge der Eigenart des Eisenkerns (Sättigung) messstromabhängig. Er ist deshalb bei hohen Messwechselströmen geringer als bei kleinen Messgleichströmen (> 0,2 A).
- Maßstab der Bewertung ist die im Fehlerfall, also bei einem hohen AC-Strom (Kurzschlussstrom, F6.5) vorhandene Impedanz.

Somit ist

- entweder die Messung mit einem hohen AC-Prüfstrom vorzunehmen oder
- für das zu prüfende Gerät – der Typ seiner Beschaltung und sein ohmscher Widerstand bei DC 0,2 A müssten und könnten ermittelt werden – ein entsprechender Grenzwert festzulegen.

6.3.3 Nachweis des Isoliervermögens durch Isolationswiderstandsmessung

Die Isolierungen sind neben den leitfähigen Bauteilen das wesentlichste Element der elektrischen Erzeugnisse. Sie ermöglichen deren ordnungsgemäße Funktion und die Sicherheit für den Anwender; der Zustand der Isolierungen bestimmt, ob ein Gerät weiterhin verwendet werden kann oder darf. Die verschiedenen Aufgaben der Isolierung zeigt Bild 4.3.

Das Messen des Isolationswiderstands ist die einfachste und war lange Zeit auch die einzig gebräuchliche Methode zum Beurteilen der Isolierungen der Anlagen und Geräte.

Sie verliert vor allem bei der Prüfung von Informationsgeräten/-teilen an Bedeutung, ist aber zum Nachweis von Isolationsfehlern in den Leistungs-/Starkstromteilen bislang nicht zu ersetzen. Sie kann ebenso nicht verwendet werden, wenn Geräte netzspannungsabhängige Schaltelemente haben.

Alle im Handel erhältlichen, nach DIN EN 61557-16 (VDE 0413-16) oder früher DIN VDE 0404-2 für die Prüfung elektrischer Geräte hergestellten Prüfmittel (Bilder 7.1 bis 7.6) sind mit diesem Messverfahren ausgerüstet.

Prüfaufgabe

Mit dieser Messung, als einer der Prüfgänge nach [2.28] (Bild 6.1), soll nachgewiesen werden, dass die dem Schutz gegen elektrischen Schlag dienenden Isolierungen keine verdeckten, beim Besichtigen nicht zu ermittelnden Mängel (Isolationsfehler) aufweisen.

Dieser Prüfgang erfordert je nach Prüfgerät eine oder zwei Messungen. Es wird der Widerstand der Isolierungen

- **erstens** zwischen den miteinander verbundenen **aktiven Teilen** des Geräts (L/N) **und dem Schutzleiter**, einschließlich aller mit ihm verbundenen berührbaren leitfähigen Teile (Bild 6.7, A und C) sowie dann
- **zweitens** zwischen diesen **aktiven Teilen** und den berührbaren leitfähigen, **nicht mit dem Schutzleiter verbundenen Teilen (Bild 6.7 B)** gemessen.

Vor dem Beginn dieser Messungen ist zu klären,

- ob im Prüfling netzspannungsabhängige Schalteinrichtungen vorhanden sind (Bild 6.2, F6.15) und
- welche berührbaren leitfähigen Teile nicht mit dem Schutzleiter verbunden sind, sodass an ihnen der Isolationswiderstand zu messen ist (Dies sind alle Teile, die bei der Messung des Schutzleiterwiderstands das Messergebnis **RSL = Skalenendwert = keine Verbindung** aufweisen).
- welche Schalter, Regler usw. einzuschalten bzw. umzuschalten sind, um mit mehreren Messungen alle aktiven Teile beim Messen zu erfassen,

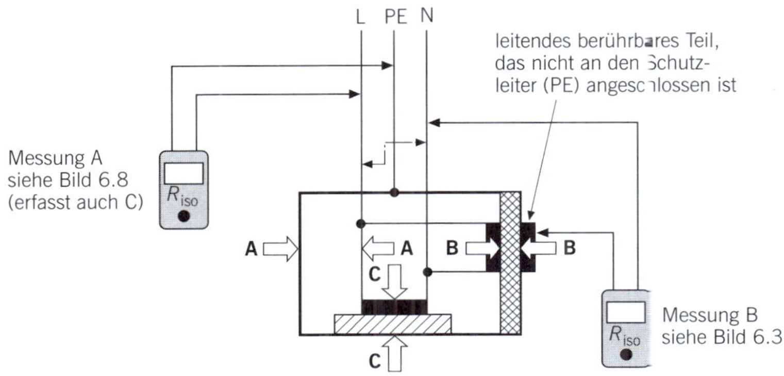

⇨ Angriffpunkte der Messspannung

→ Brücke L-N

A Messen an der „Basisisolierung" aus Luft (L/N → PE)
B Messen an der „verstärkten Isolierung" aus Isoliermaterial (L/N → berührbares leitendes Teil)
C Messen an der „Basisisolierung" aus Isoliermaterial (L/N → PE)

Bild 6.7 Prinzipdarstellung des Messverfahrens „Isolationswiderstandsmessung" an den Isolierungen eines elektrischen Geräts mit Schutzkontaktstecker/ Schutzleiter. Die Basisisolierung (L/N → PE) der Anschlussleitung ist nicht dargestellt. Sie wird bei Messung A mit erfasst.

- ob elektronische oder andere Bauelemente im Prüfling vorhanden sind, die durch die Messspannung beschädigt werden könnten, und ob gegebenenfalls eine geringere Prüfspannung angewandt werden sollte (F 6.14),
- welche Messwerte sich aufgrund der Art und des Zustands des Prüflings (Heizelemente, Beschaltung, Schmutz, Nässe usw.) voraussichtlich ergeben werden,
- ob bei der Prüfung nach einer Instandsetzung, z. B. wie bei Elektrohandwerkzeugen [2.28], spezielle Vorgaben gelten,
- ob und welche Maßnahmen des Arbeitsschutzes als Vorgaben aus der Gefährdungsbeurteilung für den Prüfplatz (Kapitel 9) erforderlich sind.

Durchführung der Messung

Die Prinzipschaltung der Messung des Isolationswiderstands sowie Beispiele für den Anschluss der Prüflinge zeigen die **Bilder 6.8** bis **6.10.**
Dargestellt wird jeweils das Messen an einer der im Prüfablauf (Bild 6.1) ausgewiesenen Gerätearten, mit einem jeweils der Schutzmaßnahme zugeordneten Stecker.

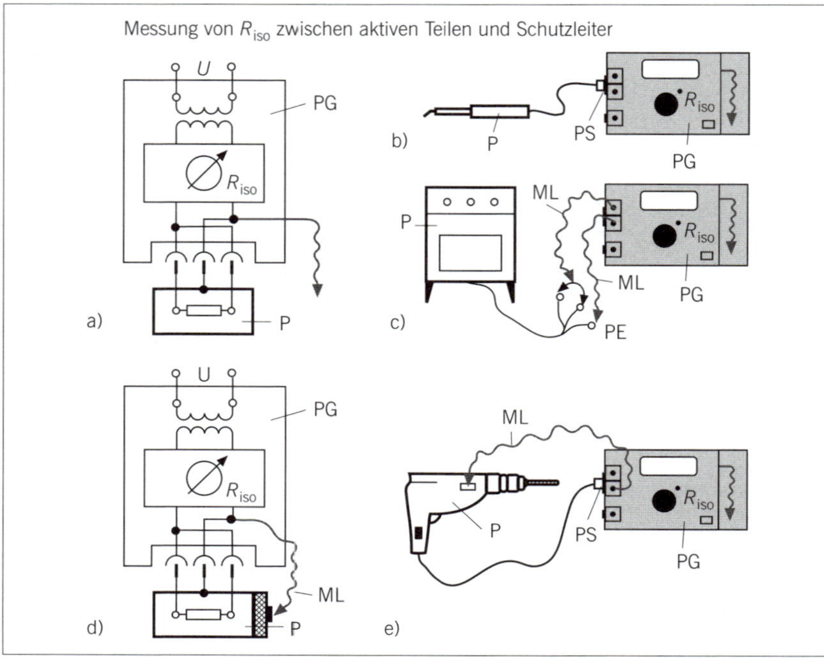

Bild 6.8 Messung des Isolationswiderstands an Geräten mit Schutzkontaktstecker/Schutzleiter

a) Prinzipschaltbild der Prüfung eines Geräts mit Schutzkontaktstecker/Schutzleiter

b) Beispiel für den Anschluss des Geräts nach a)

c) Beispiel für den Anschluss eines Geräts ohne Steckverbinder und mit Schutzleiter

d, e) Prinzipschaltbild und Beispiel für das Prüfen eines Geräts nach a), das auch ein berührbares leitendes Teil ohne Schutzleiteranschluss aufweist.

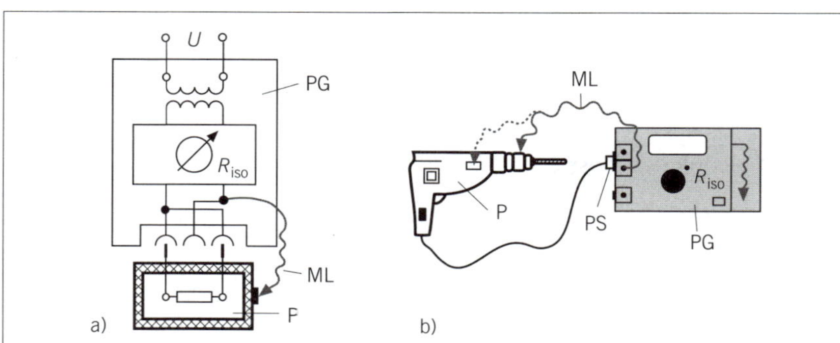

Bild 6.9 Messung des Isolationswiderstands an Geräten ohne Schutzkontaktstecker/Schutzleiter und mit berührbaren leitfähigen Teilen (nicht mit Schutzleiter verbunden)

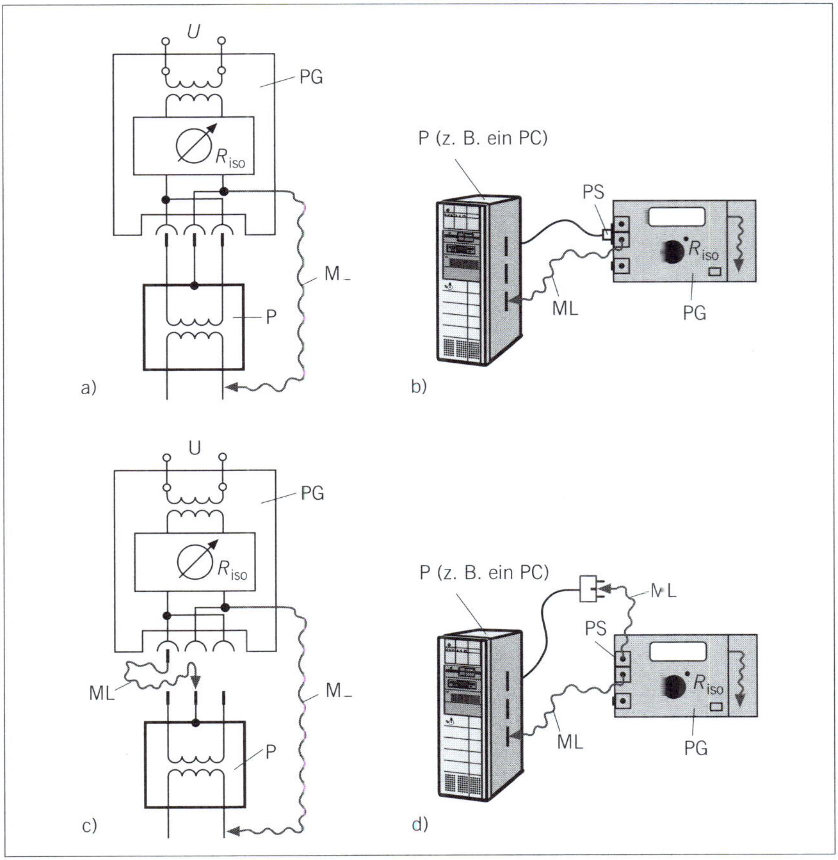

Bild 6.10 Messung des Isolationswiderstands an berührbaren leitfähigen Kleinspannung (SELV, PELV) führender Teilen.

a) Prüfling, in dem eine Kleinspannung erzeugt und auf berührbare Teile (Klemmen oder Steckbuchsen) geführt wird. Isolationswiderstandsmessung zwischen Primär- und Sekundärseite des Spannungserzeugers (Trafo, Schaltnetzteil), zum Nachweis der sicheren Trennung

b) Beispiel der Messung nach a) an einem PC

c), d) Messung des Isolationswiderstands zwischen Kleinspannungsstromkreis und Gehäuse (PE). Damit wird die Trennung des Sekundärkreises gegenüber Erde (PE) bei SELV und gegebenenfalls auch bei PELV nachgewiesen.

Tafel 6.6 enthält alle Vorgaben für die Messung bzw. das einzusetzende Prüfgerät sowie die Grenzwerte, deren Einhaltung nachzuweisen ist.

Isolationswiderstandsmessung

Erste Isolationswiderstandsmessung (Bild 6.1)

Unter der Voraussetzung, dass die Schutzleiterverbindungen ordnungsgemäß nachgewiesen wurden (Abschnitt 6.4) und etwaige Schaltkontakte im Gerät geschlossen sind, werden bei den Messungen (Bild 6.8a, b, c) alle Isolierungen zwischen den aktiven Leitern (L/N) und dem Schutzleiter (SL) erfasst. Gegebenenfalls ist diese Messung mehrfach, in allen möglichen Schalterstellungen vorzunehmen.
Bei Geräten, die keine an den Schutzleiter angeschlossenen berührbaren Teile aufweisen (Bild 4.3c), erfolgt die Messung in der gleichen Weise, da es ja auch um die Messung an den Isolierungen (L/N-PE) der Anschlussleitung und der im Inneren des Geräts vorhandenen Bauelemente geht.

Zweite Isolationswiderstandsmessung (Bild 6.1)

Handelt es sich um ein Gerät, das auch über berührbare leitfähige Teile verfügt, die nicht an den Schutzleiter angeschlossen sind, so ist zusätzlich die in Bild 6.8d und e dargestellte Messung vorzunehmen.

Dritte Isolationsmessung (Bild 6.10)

Wenn diese Geräte auch über Teile verfügen, die Kleinspannung führen (SELV/PELV) und die berührbar sind, ist vom Prüfer zu entscheiden, ob die Isolationswiderstandsmessung zum Nachweis der sicheren Trennung an diesen Teilen durchgeführt wird (Bild 6.10).
Bei Schutztrenntransformatoren sollte zusätzlich noch eine Isolationsmessung von der Sekundärseite auf den PE und gegen leitfähige berührbare Teile des Gehäuses erfolgen.
Alle etwaigen Schalter des Geräts müssen geschlossen sein. Gegebenenfalls ist auch diese Messung mehrfach, in allen möglichen Schalterstellungen vorzunehmen.

Isolationswiderstandsmessung an vollisolierten Geräten mit dem Kleinspannungsstecker (Geräte mit der Schutzmaßnahme: Schutzkleinspannung zur Verwendung unter erschwerten Bedingungen)

Üblicherweise brauchen Geräte, die nur mit SELV-/PELV-Spannung betrieben werden, nicht messtechnisch geprüft werden, da unter normalen Bedingungen keine elektrischen Gefährdungen von ihnen ausgehen können. Anders ist es jedoch bei Geräten, die unter erschwerten Bedingungen z. B. auf Baustellen verwendet werden. Hier sind die Benutzer darauf angewiesen, dass es zu keinem Isolationsfehler kommt. Bei diesen Geräten ist nur die zweite Messung nach Bild 6.1 an jedem leitfähigen berührbaren Teil so durchzuführen, wie es in Bild 6.9 dargestellt ist. Es ist ausreichend, wenn mit einer Messspannung von 250 V gemessen wird.

Messprinzip, Messspannung

Das wesentliche Merkmal der Qualität einer Isolierung ist ihr ohmscher Widerstand. Er ist bei einer einwandfreien neuen Isolierung eines modernen elektrischen Geräts so hoch (> 200 MΩ), dass er mit den üblichen Prüfgeräten gar nicht messbar ist. Werte < 20 MΩ zeigen an, dass möglicherweise neue, aber noch betriebsmäßige Zustände (Alterung, Schönheitsfehler, Verschmutzung) eingetreten sind; geringe Werte (4 MΩ…0,5 MΩ) weisen auf mehr oder weniger (sofort oder später) gefahrbringende Isolationsfehler oder besondere betriebsmäßige Umstände (feuchte Isolierungen bei Heizgeräten) hin (F 6.12 und 6.13).

Prüfgerätedaten	**Normenvorgabe [2.21] [2.28]**	**Bemerkung**
Messspannung Messstrom	DC 500 max. 3,5 mA	Auch DC 250 V, wenn dafür Gründe vorliegen (Überspannungsableiter, elektronische Bauelemente), die Entscheidung liegt beim Prüfer.
Kennwert der Prüfung, Teil	**Grenzwert**	**Bemerkung**
Isolationswiderstandsmessung 1, Bild 6.1, aktive Teile gegen Schutzleiter	**1 MΩ**	Prüfschaltung – Bild 6.8 a, b, c, Festlegen eines eigenen höheren Grenzwerts ist für jede Geräteart zu empfehlen.
Ausnahme 1: Geräte mit eingeschalteten Heizelementen	**0,3 MΩ**	Wird dieser Wert bei Geräten mit Heizleistung > 3,5 kW unterschritten, erfolgt die Bewertung nach dem Ergebnis der Schutzleiterstrommessung.
Ausnahme 2: Geräte mit Beschaltungen, die auch ohmsche Widerstände enthalten	Bemessungswert des Widerstands, in der Regel **> 40 kΩ**	–
Isolationswiderstandsmessung 2 Bild 6.1, aktive Teile gegen berührbare leitfähige Teile, die nicht an den Schutzleiter angeschlossen sind	**2 MΩ**	Prüfschaltung – Bild 6.8 d, e sowie Bild 6.9, Festlegen eines eigenen höheren Grenzwerts ist für jede Geräteart zu empfehlen.
aktive Teile gegen Teile mit Kleinspannung	**2 MΩ**	Prüfschaltung – Bild 6.10, Messung darf entfallen.
Teile mit Kleinspannung gegen berührbare leitfähige Teile	**0, 25 MΩ**	Kein Bild, Messung darf entfallen.

Tafel 6.6 Vorgaben (Grenzwerte) für den Isolationswiderstand R_{iso}

Festzustellen sind mit dieser Messmethode nur solche Veränderungen der Isolierung, die sich auf deren ohmschen Widerstand auswirken. Das heißt, mechanische Beschädigungen einer Leitungsisolierung oder infolge einer Verformung verminderte Luftstrecken werden nicht bemerkt. Erfasst werden bei dieser Messung aber die auf Isolierteilen vorhandenen Kriechstrecken. Sie beeinflussen das Messergebnis allerdings nur dann, wenn feuchter Schmutz oder leitender Staub in das Gerät eingedrungen ist und sich auf der gesamten Strecke abgelagert haben.

Die Messung erfolgt mit Gleichspannung 500 V (Tafel 6.6), beim Verwenden von Wechselspannung würden nicht nur der hier festzustellende ohmsche Widerstand, sondern auch die Kapazitäten der Beschaltungen und Isolierungen das Messergebnis bestimmen. Es ist zulässig, die Messung mit einer Gleichspannung von 250 V vorzunehmen (F 6.11).

Betriebsmessabweichung (Messfehler)

Die Betriebsmessabweichung (Messfehler) beträgt bei den für Wiederholungsprüfungen gedachten Prüfgeräten 10 bis 20 % (Kapitel 7) im Bereich von 0,5 bis 10 MΩ, darüber ist die Abweichung deutlich größer. In Anbetracht

- der Abweichungen, die z. B. bei den Grenzwerten zulässig sind (Tafel 6.6), und
- der subjektiven Einschätzungen des Prüfers, die er vornehmen muss, um zu einem vertretbaren Ergebnis zu kommen,

ist sie jedoch ziemlich bedeutungslos und darf vernachlässigt werden.

Bewertung der Messergebnisse

Das Bewerten der Messungen erfolgt durch den Vergleich des jeweiligen Messwerts mit den in der Norm vorgegebenen, in Tafel 6.6 aufgeführten Grenzwerten.

Demnach gilt nach DIN VDE 0701-0702

- bei einem Messwert $R_{iso} > 1$ MΩ, bzw. $R_{iso} > 2$ MΩ **Prüfung bestanden** und
- bei einem Messwert $R_{iso} < 1$ MΩ, bzw. $R_{iso} < 2$ MΩ unter Beachtung der in Tafel 6.7 angegebenen Ausnahmen **Prüfung nicht bestanden.**

Es ist jedoch erforderlich, nicht nur das Einhalten der Grenzwerte der Norm zu kontrollieren, sondern auch zu berücksichtigen, dass

- im Normalfall bei den Isolierungen eines neuen ordnungsgemäßen Geräts ein Isolationswiderstand Riso von mehreren MΩ bzw. der Skalenendwert angezeigt wird,
- in Ausnahmefällen, z. B. bei Geräten mit Heizwiderständen oder einer Beschaltung (Entladewiderstände!), konstruktionsbedingt ein geringerer Wert des Isolationswiderstands zulässig sein kann,

- auch über den Grenzwerten (1 MΩ, 2 MΩ), aber unter dem Skalenendwert liegende Messwerte Anzeichen eines Fehlers sein können, wenn sie die bei derartigen Geräten üblichen Messwerte unterschreiten,
- Messwerte in der Größenordnung des Grenzwerts immer auf eine mehr oder weniger mangelhafte Isolierung hinweisen (F 6.9),
- sich auch beim Messen an defekten Isolierungen ein hoher Isolationswiderstand ergeben kann.

Es genügt daher nicht, die Bewertung des Prüflings nur vom Über- oder Unterschreiten des in der Norm vorgegebenen Grenzwerts (Tafel 6.6) abhängig zu machen, immer muss der erzielte Messwert unter Beachtung

- des Zustands und der Eigenarten des Prüflings (Besichtigung, Tafel 6.6) sowie
- der bei gleichen/ähnlichen Prüflingen/Isolierungen üblicherweise vorhandenen Werten des Isolationswiderstands
- beurteilt werden.

6

Beim Bewerten des Messwerts und seinem Vergleich mit dem Grenzwert ist auch zu bedenken, dass diese in der Norm genannten Grenzwerte keineswegs als exakte Grenze zwischen „guter Isolierung" und „schlechter Isolierung" des zu beurteilenden Geräts angesehen werden können (F 6.4). Bei ihrem Festlegen wurde seinerzeit davon ausgegangen, dass eine gute Isolierung keinen den Menschen gefährdenden Körperstrom zulassen darf, jetzt wird dieser Wert benutzt – mangels einer Alternative – um technische Erzeugnisse zu bewerten (F 6.4, F 6.9).
Es geht hier um die Größenordnung des Messwerts, diese ist dann vom Prüfer unter Beachtung der genannten Einflussfaktoren und der Erfahrungen mit gleichen/ähnlichen Geräten vom Prüfer zu beurteilen.

Hat ein Gerät mehrere berührbare, nicht an den Schutzleiter angeschlossene leitfähige Teile, an denen die Messung nach Bild 6.9 vorgenommen werden muss, so gilt der geringste gemessene Wert als Messergebnis für das gesamte Gerät.

» **Beim Nachdenken über diesen Prüfschritt und dessen Besonderheiten wird hier besonders deutlich, dass die Normenvorgaben hier und in allen anderen Fällen keine „Kochbuchangaben", sondern Hinweise auf bestimmte Möglichkeiten oder Bedingungen sind, die der Prüfer verstanden und gespeichert haben, sowie im Sinne der Norm anwenden muss.**

Verantwortung und Aufgaben – Messen des Isolationswiderstands
(gilt auch für das Messen der Ableitströme nach Abschnitt 6.3.4)

Person, Funktion, Befähigung	Arbeitsaufgaben
verantwortliche Elektrofachkraft	– Verantwortung für das Umsetzen der gesetzlichen Vorgaben – Sicherstellen der Voraussetzungen für die Prüfung
befähigte Person	– Verantwortung für das ordnungsgemäße Prüfen/Messen aller Gerätearten sowie den Arbeitsschutz beim Anwenden der Prüfverfahren – Ermitteln der Grenzwerte des Isolationswiderstands – Bestimmen der Prüfabläufe, Prüfverfahren und der Prüforte sowie der zulässigen Abweichungen von Vorgaben, Bewertung der geprüften Geräte – Ermitteln der Ableitströme der Beschaltungen und des zu verwendenden Ableitstrommessverfahrens – Erkennen der unterschiedlichen Teilströme und ihres Zusammenhangs (Bild 6.17)
mitprüfende EuP (elektrotechnisch unterwiesene Person)	– Durchführen der Messung nach spezieller Prüfanweisung der befähigten Person mit einem vorgegebenen Prüfgerät unter Verwendung von Prüfspitzen beim Messen von R_{iso}

Fragen und Antworten zum Isolationswiderstand

Frage 6.9 Wie werden die in den Normen angegebenen Grenzwerte für den Isolationswiderstand begründet?

Die Vorgaben der DIN-VDE-Normen zur Prüfung [2.28] ergeben sich aus der Forderung, die Sicherheit des Menschen, der Nutztiere und der Sachwerte zu gewährleisten. Als sicher – hinsichtlich des Schutzes gegen einen elektrischen Schlag – gilt z. B. ein Gerät, wenn bei seinem Benutzen (Berühren) keine Körperströme von mehr als 0,5 mA bzw. 3,5 mA (Bild 3.1) über die es berührende Person fließen können.

Daraus wurden die Maximalwerte (Grenzwerte) für den Schutzleiterstrom (3,5 mA) und den Berührungsstrom (0,5 mA) abgeleitet, die dem Bewerten der zu prüfenden elektrischen Geräte dienen (Abschnitt 6.3.4).
Ebenso entstand daraus bereits 1896 (Sicherheitsbestimmungen/Vorläufer der VDE-Bestimmung 0100) auch der Mindestwert (Grenzwert) 1000 Ω/V für den Isolationswiderstand. Es bestand und besteht seitdem für die Niederspannungsanlagen und ihre Geräte der Zusammenhang zwischen dem zulässigen Berührungsstrom:

$$I_B = 1\,\text{mA}\ \frac{U}{R} = \frac{1\,\text{V}}{1000\,\Omega} = \frac{1000\,\text{V}}{1\,\text{M}\Omega}$$ dies entspricht 1000 Ohm pro Volt

und dem Grenzwert für den Isolationswiderstand der Anlagen bis 1000 V Nennspannung:

$$R_{iso} = \frac{1000\,V}{0{,}001\,A} = 1\,M\Omega$$

Dieser Mindestwert (Grenzwert) „1000 Ω pro Volt" für den Isolationswiderstand – immer bezogen auf die Nennspannung der betreffenden Anlage – war seinerzeit auch eine Zielvorstellung für die technische Qualität der aus getränktem Textilwerkstoff bestehenden Isolierungen der Leitungsadern. Dass allein dieser geringe Wert heute noch – trotz der wesentlich hochwertigeren Werkstoffe – als Maßstab für das Bewerten der technischen Qualität der Isolierungen von Anlagen und Geräten vorgegeben wird, ist nicht sinnvoll. Durch die Praxis wird ja bestätigt, dass sich bei den Messungen an einem einwandfreien Gerät immer wesentlich höhere Werte des Isolationswiderstands ergeben. Von ihnen müsste beim Festlegen des Bemessungswerts und dem Bewerten der Messergebnisse ausgegangen werden.

6

Ein allgemeingültiger exakter Wert, der als Gut-Schlecht-Grenze der technischen Qualität der Isolation zu werten wäre, lässt sich allerdings nicht festlegen. Allein der Prüfer kann im konkreten Fall entscheiden, ob der gemessene Wert eine Schwachstelle, d. h. einen entstehenden Fehler erkennen lässt oder ob er für den ordnungsgemäßen Zustand der betreffenden Geräteart typisch ist. Die geringfügigen Änderungen des ursprünglich allgemeingültigen Grenzwerts 1000 Ω/V, die zu den in Tafel 6.6 aufgeführten Grenzwerten geführt haben, sind willkürliche, auf persönlichen Ansichten und Erfahrungen begründete Festlegungen.

Zu beachten ist daher:
Allein das Einhalten der physiologisch begründeten (Sicherheits-)Grenzwerte der Normen (0,5 MΩ, 1,0 MΩ, 2 MΩ) (Tafel 6.6) kann nicht als Bestätigung des hundertprozentig ordnungsgemäßen technischen Zustands der Isolierungen eines Geräts angesehen werden. Wird ein relativ geringer Messwert des Isolationswiderstands festgestellt, so sind dessen Ursachen zu klären und gemeinsam mit den Ergebnissen des Besichtigens (Abschnitt 6.2) und der Ableitstrommessungen (Abschnitt 6.3.4) zu beurteilen.

Frage 6.10 Kann ein einheitlicher Grenzwert zur Beurteilung aller Geräte verwendet werden?

Es wäre für die prüfenden Fachkollegen zweifellos vorteilhaft, wenn für alle nach den Normen durchzuführenden Messungen ein einheitlicher Grenzwert vorgegeben würde. Technisch möglich ist das durchaus, da eine ordnungsgemäße Isolierung erfahrungsgemäß immer einen Widerstand >> 2 MΩ aufweist. Die funktionell begründeten Ausnahmen (z. B. Beschaltungen) haben in diesem Zusammenhang ja keine Bedeutung. Eine solche Aktivität ist jedoch nicht zu erwarten, dies auch, weil das Festlegen eines allgemein gültigen höheren Grenzwerts in den Normen auch nicht möglich wäre, ohne wiederum Ausnahmeregeln zu formulieren.

Hinweis
Es ist nichts dagegen einzuwenden, wenn der verantwortliche Prüfer eines Unternehmens z. B. festlegt, dass für alle Messungen der Grenzwert 10 MΩ gilt und ihm alle Geräte, bei denen dieser Wert nicht erreicht wird, zur Klärung übergeben werden.

Frage 6.11 Welchen Einfluss hat die Höhe der Messspannung auf den Messwert des Isolationswiderstands?

Die bei den elektrischen Geräten eingesetzten Isoliermaterialien sind so ausgewählt worden, dass sich ihre Kennwerte, z. B. der ohmsche Widerstand, praktisch nicht verändern, wenn ihre Beanspruchungen durch Spannung, Temperatur, Luftfeuchte usw. im Bemessungsbereich (für die Spannung in der Regel ± 10 %) bleiben. Es ist festzustellen, dass sich der ohmsche Widerstand bei einem normalen, d. h. bestimmungsgemäßen Betrieb (Umgebungstemperatur, Feuchtigkeit usw.) auch dann nicht ändert, wenn höhere Abweichungen auftreten. Erst wenn die Spannung so hoch ist, dass sie Durch- oder Überschläge zur Folge hat – d. h. wenn die Spannungsfestigkeit überschritten wird –, werden die Struktur des Isolierstoffs und damit auch der ohmsche Widerstand entscheidend verändert.
Es muss bedacht werden, dass die Isolationswiderstandsmessung nicht als Stressprüfung – Erzeugen von Durch- oder Überschlägen an defekten Stellen der Isolierung – vorgesehen ist. Mit ihr soll vielmehr auf zerstörungsfreie Weise festgestellt werden, ob Strukturveränderungen (Alterung) oder Verschmutzungen (Kriechstrecken) oder unzulässige Verbindungen zwischen leitfähigen Teilen vorhanden sind.
Es ist somit praktisch gleichgültig, ob der ohmsche Widerstand der Isolierungen mit z. B. DC 250 V oder mit DC 500 V gemessen wird. Das Anwenden einer Messspannung von 1000 V ist aber – je nach Isoliermaterial, Zustand und Prüfdauer – möglicherweise bereits als Stressprüfung anzusehen und kann – wie die Spannungsprüfung – zur weiteren Beschädigung eines bereits vorgeschädigten Isolierteils führen.
Bei Geräten mit einem Überspannungsableiter SPD Typ 3 (früher: Klasse D) (Ansprechspannung < 285 V) ist der Isolationswiderstand mit DC 250 V zu messen, um ein Ansprechen der Anzeige im Prüfgerät und einen Überschlag sicher zu vermeiden.

Frage 6.12 Welche Auswirkungen haben Schmutz und Nässe auf den Isolationswiderstand bzw. das Messergebnis?

Ob eine Verschmutzung im Messergebnis zum Ausdruck kommt, hängt von der Art des Schmutzes, dem Grad der Verschmutzung und der konstruktiven Gestaltung der verschmutzten Isolierteile des Geräts ab. In der Regel haben nur leitender (z. B. Kohlebürstenabrieb, Metallstäube oder Schweißdämpfe) oder feuchter Schmutz Einfluss auf das Messergebnis. Eine brauchbare Aussage bietet das Messergebnis der Isolationswiderstandsmessung daher nur im Zusammenhang mit einer gründlichen Sichtprüfung der verschmutzten Stellen. Diese würde jedoch das Öffnen des Prüflings erfordern, das bei der Wiederholungsprüfung in der Regel nicht vorgenommen wird. Allein aus dem Messergebnis kann also nicht auf den Umfang einer Verschmutzung und die möglichen Folgen geschlossen werden.

Bei erheblich verschmutzten Geräten sollte überlegt werden, ob die Auswirkungen der Verschmutzung durch eine Hochspannungsprüfung (Abschnitt 6.3.5) ermittelt werden können oder ob ein zusätzlicher Arbeitsauftrag „Säubern/Instandsetzen des Geräts“ erforderlich ist.

Frage 6.13 Welchen Einfluss hat die Witterung auf das Messergebnis?

Ebenso wie eine Verschmutzung (F 6.12) können auch die Luftfeuchtigkeit und vor allem Kondenswasser den Messwert beeinflussen. Möglich ist dies, wenn längere Zeit in einer kühlen Umgebung gelagerte oder transportierte Geräte in einen warmen Raum gebracht und dann geprüft werden.

Eine besondere Bedeutung hat dieser Einfluss bei Geräten mit wärmespeichernden und möglicherweise hygroskopischen Materialien, wie sie bei Heizgeräten verwendet werden. Zu bewerten ist in diesem Fall der Isolationswiderstand, der sich bei der Messung nach einer kurzen Betriebszeit, also nach dem Verdunsten der Feuchtigkeit ergibt.

Hinweis
Diese Vorsicht gilt auch den Prüfgeräten! Sie sollten nicht die Nacht z. B. im Pkw verbringen müssen.

Frage 6.14 Was ist zu beachten, wenn das zu prüfende Gerät elektronische Baugruppen enthält?

Elektronische Baugruppen und ebenso einzelne elektronische Bauelemente müssten vom Hersteller des Geräts so ausgewählt worden sein, dass sie den Beanspruchungen, z. B. den betriebsmäßigen Überspannungen und den Prüfspannungen, standhalten. Erfahrungsgemäß kommt es aber mitunter zu Beschädigungen bei der Isolationswiderstandsmessung mit einer Messspannung von DC 500 V. Die Ursache dieses Fehlers, der meist zum Ausfall des Prüflings führt, ist z. B. eine stark verschmutzte Kriechstrecke, ein Isolationsfehler in der Elektronik oder ein anderer Mangel, der dann nur selten ermittelt werden kann. Somit scheint es dann mitunter, dass „das Prüfen“ die Ursache gesetzt hätte und „der Prüfer“ schuld sei an den betrieblichen Störungen. Um dies zu vermeiden, sollte in derartigen Fällen eine der folgenden dem Prüfer nach [1.2] und [2.28] gegebenen Möglichkeiten genutzt werden:

- Verzicht auf die Isolationswiderstandsmessung, Anwendung des Besichtigens und – soweit möglich – der Schutzleiterstrom- und/oder Berührungsstrommessung mit Netzspannung als alleiniger Nachweis des Isoliervermögens oder
- Anwendung einer verminderten Messspannung, z. B. DC 250 V.

Eine weitere Möglichkeit, das Abtrennen der gefährdeten Teile vom zu prüfenden Stromkreis, sollte nicht genutzt werden; Montagefehler oder Beschädigungen sind dabei nicht auszuschließen.

Aus den vorstehend genannten Gründen wird in der Norm DIN VDE 0701-0702 ausdrücklich festgelegt, dass auf diese Messung bei Informationsgeräten und bei Teilen/ Stromkreisen mit der Schutzmaßnahme Kleinspannung verzichtet werden darf.

Frage 6.15 Wie ist zu verfahren, wenn der Prüfling elektrisch zu betätigende Schaltelemente (Relais, Schütze o. Ä.) aufweist?

Diese Schaltelemente bewirken, dass ein Teil der an die Netzspannung angeschlossenen Bauelemente/Baugruppen des Prüflings (Bild 6.2), und somit ein mehr oder weniger großer Anteil der Isolierungen, **nicht in die Messung des Isolationswiderstands einbezogen wird**.
Dies kann nicht oder nur mit einem erheblichen Aufwand verhindert werden.
Als akzeptabler Ausweg sind dann die Ableitstrommessungen (Abschnitt 6.6) nach dem direkten oder dem Differenzstromverfahren zu betrachten. Da beide mit Nennspannung vorgenommen werden und so das Betätigen der betreffenden Schaltelemente möglich ist, werden auch die der bei der Isolationswiderstandsmessung nicht erfassten Isolierungen in die Messung einbezogen.
Bei den Steuerungen größerer Geräte, die bereits den Charakter einer Maschinenausrüstung haben, ist aber auch diese Prüfmethode praktisch nicht anwendbar. Sie würde eine vollständige Funktionsprüfung erfordern, um die Ableitströme aller aktiven Leiter in allen Schaltstellungen erfassen zu können. Insofern ist es unvermeidlich, dass der Nachweis des Isoliervermögens bei Geräten, deren Steuerung mit Netzspannung betrieben wird, durch Messungen nur sehr unvollkommen vorgenommen werden kann. Die Sichtprüfung und Kontrollmessungen des Ableitstroms an ausgewählten/erreichbaren Baugruppen müssen diesen Mangel so weit wie möglich ausgleichen.

Hinweis
Trotz seiner eingeschränkten Wirksamkeit sollte auf die Isolationswiderstandsmessung keinesfalls verzichtet werden, da gerade in dem von ihr gut erfassten Anschlussbereich der Geräte relativ oft Isolationsfehler infolge mechanischer Eingriffe oder Verschmutzungen zu finden sind. Wenn wissentlich nur Teile eines Prüflings mit der Isolationsmessung erfasst werden, dann muss dies auch so dokumentiert werden.

Frage 6.16 Sind Geräte, die zur Wassererwärmung dienen oder auf andere Weise dem Einfluss von Wasser ausgesetzt sind, unter Betriebsbedingungen zu prüfen?

Der sichere Nachweis einer ordnungsgemäßen Isolation bzw. das sichere Erkennen von Schwachstellen ist bei derartigen Geräten nur durch das Prüfen unter Betriebsbedingungen möglich. Zu fragen ist jedoch, ob

- Fehler an den Wasserbehältern oder den mit Wasser bedeckten Teilen nicht auch durch eine gründliche Besichtigung zu erkennen sind und
- der Aufwand in einem vertretbaren Verhältnis zum Nutzen steht.

Für das Prüfen nach der Instandsetzung ist zu empfehlen, dass wasserdichte Geräte/Geräteteile bei der Isolationswiderstandsmessung mit Wasser bedeckt sind. Dies bezieht sich insbesondere auf Tauchsieder und gleichartige Geräte, bei denen z. B. Risse im metallenen Körper durch eine Sichtprüfung nur schwer oder gar nicht feststellbar sind.
Auch bei Tauchpumpen ist es wichtig, diese in einem Wasserbecken zu prüfen um eventuelle Undichtigkeiten zu erkennen. Dabei sollte nach Möglichkeit leicht salzhaltiges Wasser verwendet werden um einen hohe Leitfähigkeit des Wassers zu erzielen. Geräte, die mit Trinkwasser betrieben werden sollen, also Heißwasserbereiter, Pumpen usw. dürfen auch nur mit Trinkwasser geprüft werden.

Für die Wiederholungsprüfung gibt es eine solche Forderung in der Norm nicht. Natürlich ist es auch nicht verboten, sich selbst diese Prüfbedingung vorzugeben, denn nur so kann die Sicherheit des Geräts auch umfassend bestätigt werden.

Wenn Beschädigungen (Beulen o. Ä.) vorhanden sind, über deren Auswirkung keine Klarheit besteht, oder ältere Geräte mit Verschleißerscheinungen geprüft werden, sollte die Messung des Isolationswiderstands und der Ableitströme an Warmwasserbereitern, Kaffeemaschinen usw. mit gefülltem Wasserbehälter vorgenommen werden. Auf ein derartiges, zwar nur kleines aber erstrebenswertes „Mehr an Sicherheit“ sollte man nicht verzichten.

Frage 6.17 Ist es erforderlich, den Isolationswiderstand der Steuerstromkreise zu messen?

Steuerstromkreise mit Netzspannung werden bei der Isolationswiderstandsmessung der aktiven Teile des Geräts teilweise mit erfasst; die entsprechenden Schalter, Schutzeinrichtungen usw. müssen ja während der Messung geschlossen sein. Diese Situation wird in Frage 6.15 erläutert.

Für Steuerstromkreise, die nicht mit Netzspannung, sondern über einen Transformator mit Spannung versorgt werden, besteht keine Notwendigkeit für diese Messung, da im Fall eines Isolationsfehlers keine unmittelbare Gefährdung für den Anwender des Geräts besteht. Außerdem kann diese Prüfung sehr aufwendig sein die Beschädi-

6

gung von Bauelementen dieser unbekannten Baugruppe ist nicht auszuschließen; es bleibt wieder die Aufforderung an den verantwortlichen Prüfer, in jedem Einzelfall abzuwägen und zu entscheiden.

Frage 6.18 Wie ist der Isolationswiderstand zu messen, wenn ein Gerät aus Isolierstoff keine berührbaren leitfähigen Teile aufweist?

Wenn keine derartigen Teile vorhanden sind, muss die in der Norm vorgegebene Messung des Isolationswiderstands entfallen. Allerdings, damit ist es ja nicht getan, nur das Prüfverfahren **„Messen des Isolationswiderstands"** entfällt und nicht der Prüfgang **„Nachweis des Isoliervermögens des Gehäuses"**. Durch Besichtigen ist dann zu prüfen, ob sich die Isolierteile in einem ordnungsgemäßen Zustand befinden. In Abhängigkeit von der Art des zu prüfenden Geräts und im Sinne der Sicherheit kann es aber zweckmäßig sein, die Messung an bestimmten nicht leitfähigen berührbaren Teilen vorzunehmen, die möglicherweise an Fugen, Einführungen usw. durch Schmutz oder Nässe Verbindung (Kriechstrecken) zu aktiven Teilen des Geräts haben. Beispiele für derartige Geräte sind Pflegebetten, Körperpflegegeräte und auf Baustellen zum Einsatz kommende Geräte.

Das Messen kann auch mit einer Sonde erfolgen, die mit einem Metallschwamm oder einer Metallbürste ausgestattet ist (Bild 7.11).

Die Messung des Widerstands zwischen den aktiven Teilen und einer auf das Isoliergehäuse gelegten Metallfolie, wie sie bei derartigen Prüflingen z. B. bei der Typprüfung zur Anwendung kommt, ist bei der Wiederholungsprüfung oder der Prüfung nach der Instandsetzung nicht sinnvoll (Abschnitt 6.3.5).

6.3.4 Nachweis des Isoliervermögens durch das Messen der Ableit-/Fehlerströme

Allgemeines zu Ableit-/Fehlerströmen

Der über eine Isolierung fließende Strom ist eine kennzeichnende Größe für die Qualität der zum Isolieren eingesetzten Materialien oder Teile. Damit ist er aber auch ein Maß für die Sicherheit, die ein elektrisches Gerät seinem Benutzer bietet. Noch wesentlicher ist für uns als Prüfer aber, dass er auch ein Maß für die Gefährdung der Personen ist, die das betreffende Gerät benutzen (Bild 4.6d). Da es nicht möglich ist, diesen Strom am Ort seines Entstehens – in der Isolierung – zu messen, müssen andere, der Eigenart der Geräteart angepasste Möglichkeiten genutzt werden.

Bezeichnet wird dieser über die Isolierungen zur Erde (PE) fließende Strom ganz allgemein als **Ableitstrom** (im Fehlerfall als **Fehlerstrom**) und speziell

- als **Schutzleiterstrom** (Ableitstrom des gesamten Geräts) bei Geräten mit Schutzleiter und
- als **Berührungsstrom** (Körperstrom) bei einem leitfähigen Teil, das nicht an den Schutzleiter angeschlossen ist.

Um elektrische Geräte ordentlich prüfen und richtig beurteilen zu können, müssen folgende in Bild 6.11 dargestellte Zusammenhänge beachtet werden:

1. Der Schutzleiterstrom und der Berührungsstrom sind, ebenso wie der Isolations- und der Schutzleiterwiderstand, kennzeichnende Größen der Geräte. Sie informieren über das Niveau der Sicherheit des Geräts bzw. die Größe der vorhandenen Gefährdung.
2. Den Vergleich der Messwerte des Schutzleiter- bzw. des Berührungsstroms mit den zulässigen Grenzwerten (Tafel 6.7 oder 6.8) muss der Prüfer anstellen, um entscheiden zu können, ob er das geprüfte Gerät als „sicher“ bezeichnen und für die weitere Benutzung freigeben darf oder nicht.
3. Es muss zwischen dem Ableit- und dem Fehlerstrom unterschieden werden. Über die Isolierung eines elektrischen Erzeugnisses fließt immer ein – allerdings sehr geringer – Strom. Er wird als Ableitstrom bezeichnet und definiert als
   „... Strom, der im fehlerfreien Stromkreis/Gerät zur Erde oder zu einem fremden leitfähigen Teil fließt.“
   Wird eine Isolierung so beschädigt, dass sie nicht mehr ihr ursprüngliches Isoliervermögen hat, so entsteht ein zusätzlicher, über diese Isolierung an der Fehlerstelle fließender Strom. Er wird als Fehlerstrom bezeichnet und definiert als
   „... Strom, der bei einem Isolationsfehler über die Fehlerstelle fließt.“
4. Wo im konkreten Fall vom Prüfer die Grenze zwischen diesen beiden Strömen zu ziehen ist, d. h. ob der bei einem Gerät gemessene Schutzleiterstrom- oder der Berührungsstrom noch als Ableitstrom oder schon als Fehlerstrom anzusehen sind, lässt sich oftmals nicht exakt ermitteln, sondern nur aufgrund der Prüferfahrungen einschätzen.
5. Problematisch für den Prüfer ist, dass auch schon sehr geringe Ströme (z. B. 0,1 mA) als Folge eines Fehlers entstanden sein können. Dagegen müssen wesentlich höhere Ströme (z. B. 4 mA, 10 mA und mehr bis zu einigen Ampere) nicht fehlerbedingt sein, sondern können auch durch betriebsmäßige Umstände, z. B. normgerecht vorhandene Beschaltungen, entstehen.

» **Das heißt: Jedes Messergebnis, mit dem ein Strom > 0 mA ausgewiesen wird, muss vom Prüfer analysiert und beurteilt werden, bevor er über den Zustand des betreffenden Geräts entscheidet.**

Erläuterungen zum Bild 6.11

Wenn in den Normen und hier im Buch der Schutzleiterstrom erwähnt wird, ist immer der **Schutzleiterstrom des Geräts** gemeint, nicht der **Schutzleiterstroms I_{PE} der Anlage**.

Er wird für den Bereich der Geräteprüfung definiert als der Strom,
„... der über die Isolierungen des Geräts zum Schutzleiter bzw. zu dem mit dem Schutzleiter verbundenen Körper des Geräts fließt“ [2.28]
und kann ein Ableit- oder Fehlerstrom oder auch die Summe von beiden sein.

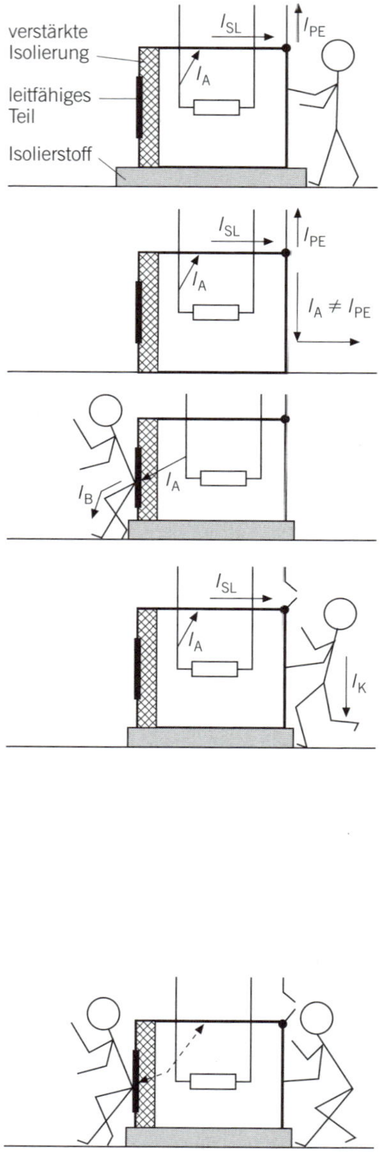

a) einwandfreies Gerät ohne Erdkontakt

Ableitstrom I_A
= Schutzleiterstrom I_{SL}
= Strom im Schutzleiter I_{PE}

b) einwandfreies Gerät
Körper hat Erdkontakt

Ableitstrom I_A
(bei einem Isolationsfehler ist es der Fehlerstrom I_F)
= Schutzleiterstrom I_{SL}
≠ Strom im Schutzleiter I_{PE}

c) einwandfreies Gerät, Person berührt ein nicht an den Schutzleiter angeschlossenes Teil

Ableitstrom I_A
(bei einem Isolationsfehler ist es der Fehlerstrom I_F)
= Berührungsstrom I_B (Körperstrom)

d) Schutzleiter unterbrochen

Ableitstrom I_A
(bei einem Isolationsfehler ist es der Fehlerstrom I_F)
= Schutzleiterstrom I_{SL}
(er wird infolge der Berührung zum Körperstrom I_K (I_B))

Bitte beachten Sie:
Der Schutzleiterstrom I_{SL} eines Geräts ist die Summe der Ableit- und Fehlerströme dieses Geräts. Da bei a), b) und d) nur der Ableitstrom I_A fließt, gilt $I_A = I_{SL}$.

Achtung!
Das sind Argumente für die Notwendigkeit des Prüfens!

e) Isolationsfehler zum Körper **und/oder** zu einem leitenden Teil ohne Schutzleiteranschluss **und** außerdem Schutzleiterunterbrechung
Trotzdem funktioniert das Gerät!
Trotzdem kommt es zu keiner Durchströmung (solange die berührenden Personen keinen Erdkontakt haben).
Aber! Es besteht Lebensgefahr, wenn
- **das Gerät eingeschaltet ist oder**
- **durch einen einpoligen Schalter im N-Leiter ausgeschaltet wurde!**

Bild 6.11 Varianten der Wege der Ableitströme (bzw. Fehlerströme) in einem elektrischen Gerät mit Schutzleiter, Darstellung des Zusammenhangs zwischen Ableit-/Fehlerstrom und Schutzleiter- bzw. Berührungsstrom

Dieser Schutzleiterstrom I_{SL} des Geräts

- fließt entweder vollständig zum Schutzleiter der Anlage und ist dann dort ein Teil des Schutzleiterstroms IPE der Anlage (Bild 6.11 a) oder
- teilt sich auf in einen über den Schutzleiter der Anlage und einen über den Potentialausgleich fließenden Anteil (Bild 6.11 b) oder
- fließt bei einem Schutzleiterbruch über eine das Gerät berührende Person zur Erde (Bild 6.11 d).

Prüfaufgabe, Durchführung der Messungen

Das Messen des Ableitstroms/Fehlerstroms mit Netzspannung zum Nachweis des Isoliervermögens ist in DIN VDE 0702 [2.26] bereits seit 1995 zugelassen bzw. gefordert worden und hat sich bestens bewährt. Zuvor wurde davon kein allgemeiner Gebrauch gemacht, wohl vor allem deshalb, weil das zu prüfende Gerät im Gegensatz zu den anderen Prüfverfahren dann mit dem Netz verbunden sein muss, wodurch Gefährdungen entstehen könnten. Außerdem ist der gerätetechnische Aufwand größer als bei der Messung des Isolationswiderstands. Seit 1971 gibt es jedoch das Ersatz-Ableitstrom-Messverfahren, das auch heute noch in begrenztem Maße zulässig ist. Dabei wird der Prüfling aus einer galvanisch getrennten Spannungsquelle versorgt, dem „Ersatz-Netz" nach dem damaligen Sprachgebrauch.

Die Messung des Ableitstroms/Fehlerstroms hat gegenüber der Messung des Isolationswiderstands den Vorteil, dass

- der den Anwender des Geräts möglicherweise gefährdende Ableit- bzw. Fehlerstrom unmittelbar gemessen wird,
- alle mit Netzspannung beaufschlagten Teile erfasst werden und
- die Prüfung unter Berücksichtigung aller Betriebszustände des Prüflings erfolgen kann.

Sie hat den Nachteil, dass der Prüfling mit dem Netz verbunden und in Betrieb sein muss.

Leider hatte diese mit DIN VDE 0702:2004-06 [2.26] für alle Prüfungen vorgegebene und sinnvolle Anwendung der Ableitstrommessung noch zwei weitere und unangenehme Konsequenzen.

- Mit vielen einfachen und besonders günstigen Prüfgeräten (Bilder 7.3 und 7.4) war und ist eine komplette Wiederholungsprüfung nicht mehr bei allen Arten der elektrischen Geräte möglich. Das Anschaffen eines über alle Prüfverfahren verfügenden Prüfgeräts (Bilder 7.5 und 7.6) wurde erforderlich.
- Der in der Norm [2.28] vorgegebene Grenzwert von 3,5 mA wird bei den modernen elektrischen Geräten infolge ihrer Beschaltungen vielfach überschritten. Würde nur das Anliegen dieser Sicherheitsnorm [F 6.28] berücksichtigt, hätten diese Geräte die Prüfung nicht bestanden.

Vor Beginn der Messungen muss der Prüfer sich darüber informiert haben,

- ob das Gerät mit einem Schutzkontaktstecker/Schutzleiter ausgestattet ist und demzufolge der Schutzleiterstrom zu messen ist (Bild 6.1),
- ob berührbare leitfähige Teile vorhanden sind, die keine Verbindung zum Schutzleiter haben, sodass an ihnen der Berührungsstrom zu messen ist (Bild 6.1),
- welche Schalter, Regler usw. einzuschalten bzw. umzuschalten sind, um beim Messen – in jeder der beiden Steckerpositionen – alle aktiven Teile zu erfassen,
- welche Besonderheiten des Prüflings, z. B. eine möglicherweise vorhandene Beschaltung, sich auf das Messergebnis auswirken können (Tafeln 6.7 und 6.8).

Er muss außerdem festlegen, welche der drei einsetzbaren Messmethoden (Bilder 6.12 und 6.16)

- direkte Messung,
- Differenzstrommessung,
- Ersatz-Ableitstrommessung

angewandt werden muss und ob sein Prüfgerät damit ausgestattet ist. Dabei und beim Beurteilen der Messergebnisse sind einige Besonderheiten zu beachten (F6.24, F6.25).

Messen des Schutzleiterstroms

Die Messschaltungen/Messverfahren sind in Bild 6.12 dargestellt. Tafel 6.7 enthält die hier wesentlichen Daten der Prüfgeräte und die Grenzwerte des Schutzleiterstroms, deren Einhaltung nachgewiesen werden soll.
Auch Strommesszangen (Bild 6.13) können zur Messung eingesetzt werden, wenn z. B. bei fest angeschlossenen Geräten (Bild 6.14 a) oder durch den Einsatz von Adaptern (Bilder 6.14 b und 6.13) die Leitungsadern zugänglich sind.

Bei dem Messen des Schutzleiterstroms sind einige Bedingungen zu beachten:

- Die Messungen sind beim direkten und beim Differenzstrom-Messverfahren in beiden Positionen des Netzsteckers bzw. in beiden Anschlussmöglichkeiten der Anschlussleitungen durchzuführen (Bild 6.17 a). Bei allen drei Messverfahren sind die Messungen in allen Stellungen der die Netzspannung führenden Schalt- oder Steuergeräte vorzunehmen. Der Beurteilung ist der größte Messwert zugrunde zu legen.

Bild 6.12 Messung des Schutzleiterstroms I_{SL} des zu prüfenden Geräts

PG Prüfgerät; P Prüfling; ML zusätzliche Messleitung; D Differenzstrom-Messeinrichtung; PS Prüfsteckdose; I_{SL} Schutzleiterstrom des zu prüfenden Geräts;
I_{PE} im Schutzleiter der Anlage fließender Strom; $I_\Delta = I_L - I_N$ Differenzstrom;
I_{PA} über den Potentialausgleich abfließender Teil des Schutzleiterstroms I_{SL}

a) Prinzipschaltbild der Messung mit der **direkten Messmethode**

b) Prinzipschaltbild der Messung mit der **Differenzstrom-Messmethode**

c) Prinzipschaltbild der Messung mit der **Ersatz-Ableitstrom-Messmethode**

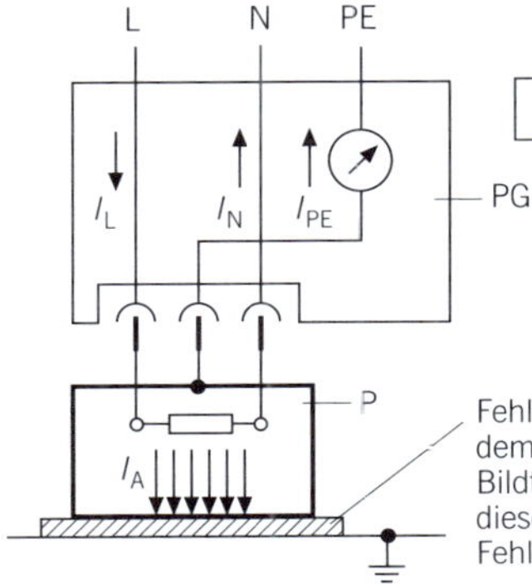

$I_A = I_{PE} = I_L - I_N$

Fehlt die Isolierung gegenüber dem geerdeten Standort (siehe Bildteil b), so ergibt sich bei diesem Messverfahren eine Fehlmessung, da $I_A \neq I_{PE}$.

a)

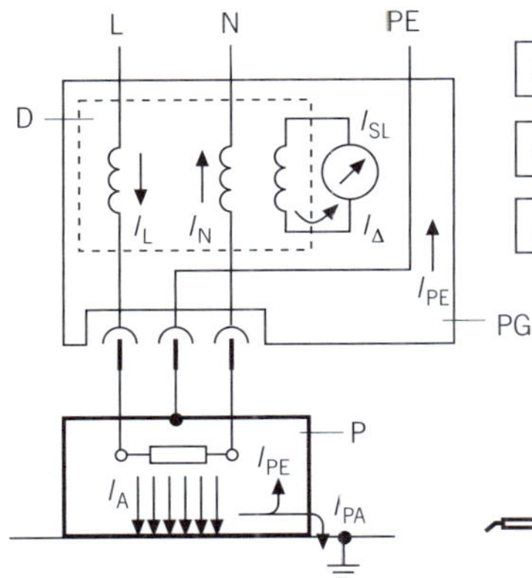

$I_A = I_\Delta\ (I_{SL}) = I_L - I_N = I_{S\_}$

$I_A = I_{PE} + I_{PA}$

$I_{PE} = I_{SL}$

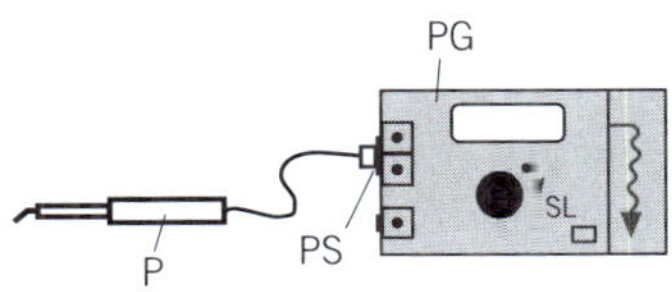

b)

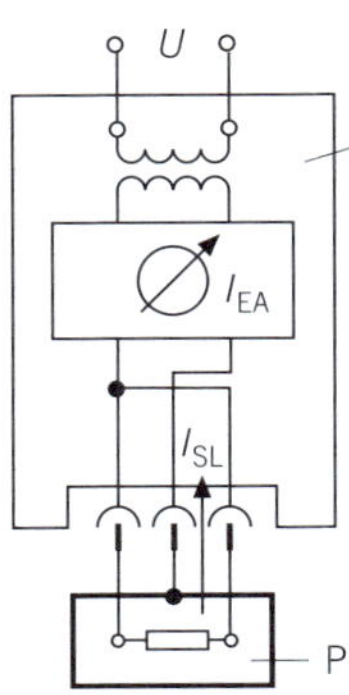

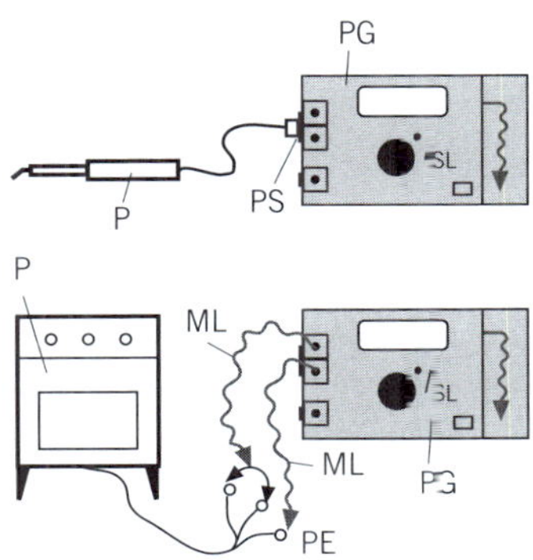

c) Im Gegensatz zu a) und b) werden bei dieser Messmethode die Ableit- und Fehlerströme der beiden aktiven Leiter (L/N) des Prüflings gemeinsam gemessen.

6

- Das Anwenden der Ersatz-Ableitstrom-Messmethode (Bild 6.12 c) ist nicht möglich, wenn sich im Prüfling durch Netzspannung zu betätigende Schaltelemente befinden.
- Bei der direkten Messung des Schutzleiterstroms (Bild 6.12 a) dürfen keine Verbindungen des Prüflings mit anderen Geräten oder zur Erde bestehen. Bei der Anwendung der Differenzstrom-Messmethode ist eine isolierte Aufstellung, wie sie in Bild 6.12 a zu sehen ist, nicht erforderlich.
- Bei Geräten, deren Schutzleiterstrom funktionsbedingt (Normen- oder Herstellervorgabe) mehr als 3,5 mA beträgt, muss festgestellt werden, ob die zusätzlichen Vorgaben, z. B. bei fest angeschlossenen Geräten das Anbringen einer zusätzlichen Potentialausgleichsleiterverbindung und/oder bei Ableitströmen $>$ 10 mA eines Warnhinweises, z. B. **„Hoher Ableitstrom! Vor Netzanschluss Schutzleiterverbindung herstellen"**, eingehalten werden. Es ist durch Besichtigen zu prüfen, ob diese Vorgaben ordnungsgemäß eingehalten werden. Eine weitere übliche und hinreichende Maßnahme ist der Einsatz von CEE-Steckvorrichtungen.
- Bei der Messung nach dem direkten oder dem Differenzstrom-Messverfahren können Mängel im Schutzleiter oder der Isolierung zu einer unmittelbaren Gefährdung des Prüfers führen (Kapitel 9); dies ist einer der Gründe, um die in Bild 6.1 vorgesehene Reihenfolge der Prüfgänge unbedingt zu beachten.

Prüfgerätedaten	**Normenvorgabe [2.21] [2.28]**	**Bemerkung**
Messspannung	AC 230 V (Netzspannung)	Bei Schutzleiterdefekten liegt die Spannung an den berührbaren Teilen.
Innenwiderstand der Messschaltung	(früher 2000 Ω) ≤ 5 Ω	Abschaltzeit im Kurzschlussfall kann beeinträchtigt werden.
Kennwert der Prüfung	**Grenzwert**	**Bemerkung**
Schutzleiterstrommessung (6.12 b) Geräte allgemein	**3,5 mA**	
Geräte mit EMV-Beschaltung	Istwert entsprechend den Daten der Beschaltung **… 3,5 … 10 … 20 … 50 mA …**	Istwert vom Hersteller/Norm und/oder bei der Erstprüfung messen. Dieser Wert ist der Grenzwert des Geräts.
Geräte mit eingeschalteten Heizelementen einer Gesamtleistung $>$ 3,5 kw	1 mA/kW bis zu einem Höchstwert von 10 mA	

Tafel 6.7 Vorgaben für das Messen des Kennwerts Schutzleiterstroms I_{SL}

Bei Verlängerungsleitungen, abnehmbaren Geräteanschlussleitungen und mobilen Mehrfachsteckdosen ohne elektrische Bauteile zwischen aktiven Leitern und Schutzleiter kann diese Messung entfallen.

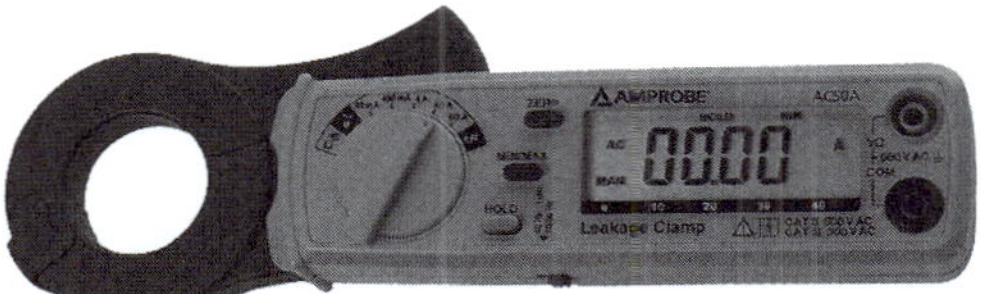

Bild 6.13 a
AC50-AD (Amprobe) mit zuschaltbarem Frequenzfilter

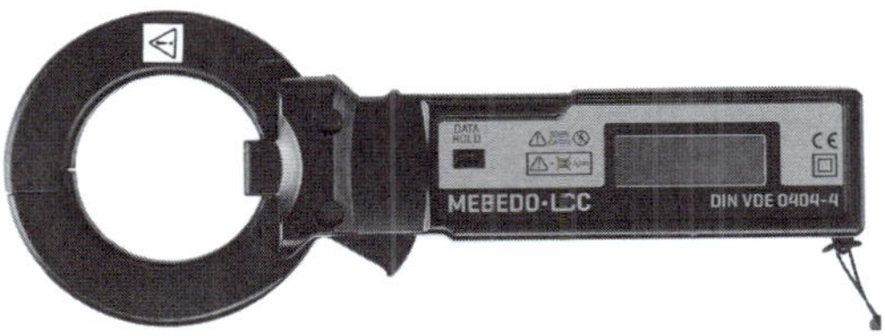

Bild 6.13 b
LCC (Mebedo) zur Messung von Schutzleiter- und Berührungsströmen (entspricht VDE 0404-4, jetzt DIN EN 61557-13 (VDE 0413-13))

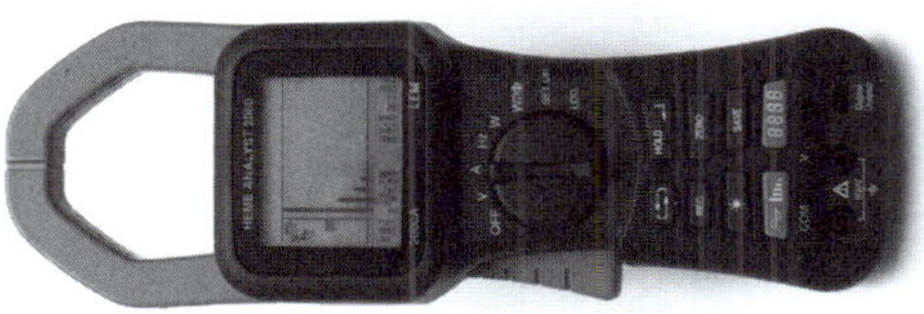

Bild 6.13 c
Netzqualitätsmesszange 345 (Fluke)

Zu beachten ist außerdem, dass sich der Schutzleiterstrom des Geräts aus mehreren Teilströmen unterschiedlicher Art zusammensetzen kann. Dies sind

- der **Ableitstrom der EMV-Beschaltungen** – er ist hoch (2 mA . . 5, ... 10 mA ... bis zu einigen A) und hat infolge der Beschaltungskapazitäten eine **kapazitive Komponente** und
- der **Ableitstrom der Isolierungen** – er ist gering und kann zumeist vernachlässigt werden sowie
- ein **Fehlerstrom**, kleiner oder größer als der Ableitstrom der Beschaltungen.

Der Ableitstrom wie auch der Fehlerstrom der Isolierung haben ohmschen Charakter und somit eine Phasenverschiebung gegenüber dem Ableitstrom der Beschaltung. Dies sollte der Prüfer wissen, muss es aber nicht berücksichtigen, weil es bei der Bewertung nur um den Absolutwert der Summe der Ströme geht. Bild 6.17 zeigt den Zusammenhang.

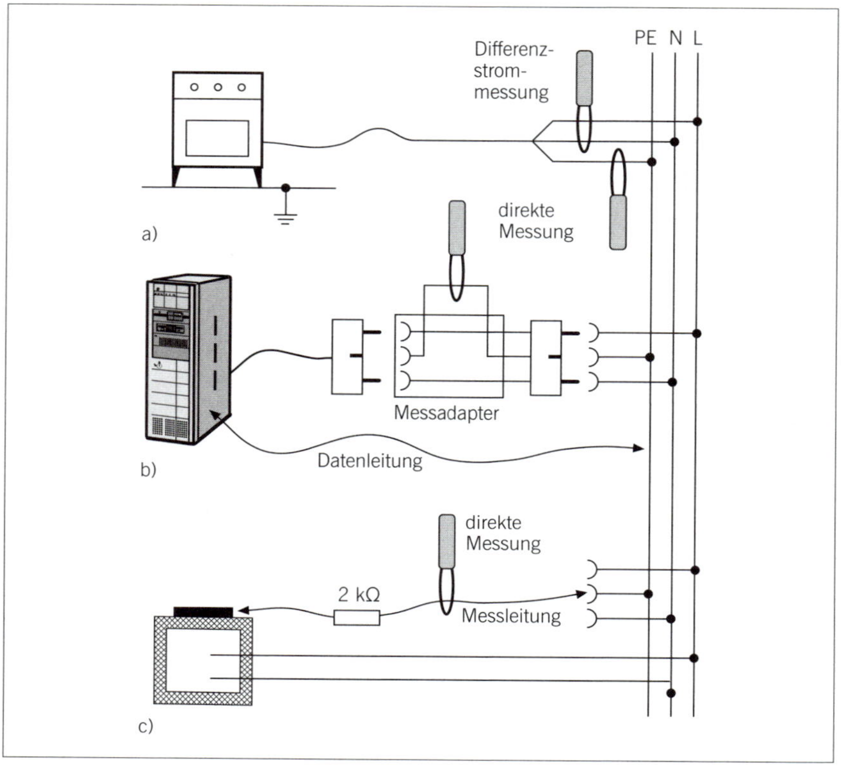

Bild 6.14 Messung des Schutzleiter- und Berührungsstroms mit Strommesszangen

a) Messung des Schutzleiterstroms an einem fest angeschlossenen Gerät

- als Differenzstroms $I_{\Delta} = I_L - I_N = I_{SL}$ und
- direkt (im Beispiel fehlerhaft, da infolge der Erdverbindung (Fußboden) nur der im Schutzleiter abfließende Teil I_{PE} und nicht der gesamte Schutzleiterstrom I_{SL} des Geräts gemessen wird)

b) Messung des Schutzleiterstroms mithilfe eines Mess-Adapters (im Beispiel fehlerhaft, da infolge der Erdverbindung (Datenleitung) nur der im Schutzleiter abfließende Teil I_{PE} und nicht der gesamte Schutzleiterstrom des Geräts I_{SL} gemessen wird)

c) Messung des Berührungsstroms I_B

Eine recht neue Problematik bei der Messung des Schutzleiterstroms sind hochfrequente Ableitströme, die durch Frequenzumrichter und Schaltnetzteile erzeugt werden. Die Norm [2.28] geht davon aus, dass wir mit der Prüfung die Gefährdung für den Menschen feststellen müssen. Physiologisch ist es jedoch so, dass die Spürbarkeit und somit auch die Gefährdung von Strom für den Menschen mit zunehmender Frequenz geringer wird. So fühlt sich ein Strom von 14 mA bei 4000 Hz genauso an, wie 3,5 mA bei 50 Hz.

Um diese hochfrequenten Ströme richtig bewerten zu können, ist es bei den Prüfgeräten seit 2002 vorgeschrieben, eine entsprechende Filterschaltung zu haben. Diese bewirkt, dass der effektive, der Körperreaktion entsprechende Stromwert am Prüfgerät angezeigt wird.
Wird der Schutzleiterstrom mithilfe von Stromzangen ermittelt, so ist diese Filterschaltung nur vorhanden, wenn die Stromzange der VDE 0404-4, oder der aktuellen DIN EN 61557-13 (VDE 0413-13) entspricht (vgl. Bilder 6.13).

Bei dem Beispiel aus Bild 6.15 wurden vom Hersteller angegeben, dass ein Schutzleiterstrom von bis zu 5 mA zulässig sei. Ermittelt wurden:

- 3,8 bis 4,1 mA mit dem Differenzstrom-Messverfahren mit einem üblichen Prüfgerät,
- 1,8 bis über 20 mA mit normalen Stromzangen sowohl im direkten als auch im Differenzstrom-Messverfahren,
- Um 4 mA mit einer Stromzange nach VDE 0404-4 im Differenzstrom-Messverfahren mit Einzelader-Adapter.

Steht zur Beurteilung des Schutzleiterstroms gerade bei größeren Drehstromgeräten mit Frequenzumrichter kein anderes Prüfmittel als eine normale Stromzange zur Verfügung, so ist die Beurteilung des Messwertes nahezu unmöglich, da der Prüfer sowohl wissen muss, in welchem Frequenzbereich er hochfrequente Ableitströme erwartet, als auch, ob seine Stromzange diesen Frequenzbereich überhaupt erfassen kann.

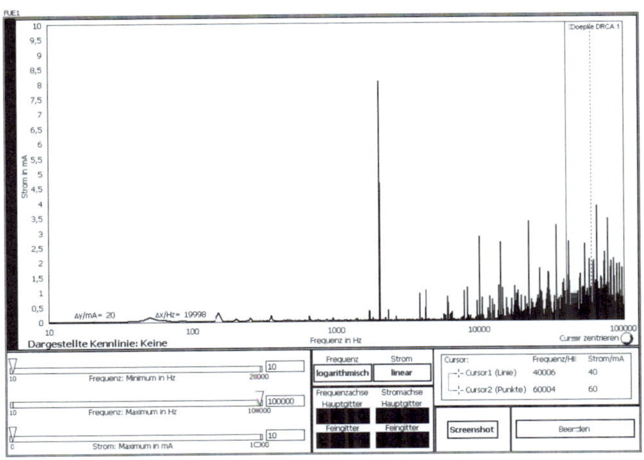

Bild 6.15 Schutzleiterstrom eines elektronischen Umformers für Betonrüttelflaschen. Deutlich erkennt man den Hauptanteil des Schutzleiterstroms bei 2 kHz und einiges im höheren Frequenzbereich. Im Bereich von 50 Hz erzeugt das Gerät fast keinen Schutzleiterstrom (Erstellt mit Doepke DRCA-1

Messen des Berührungsstroms

Die Messschaltungen sind in Bild 6.16 dargestellt. Tafel 6.8 enthält alle Vorgaben für das einzusetzende Messgerät sowie die Grenzwerte des Berührungsstroms. Anzuwenden sind die gleichen Prüfgeräte, die beim Messen des Schutzleiterstroms zum Einsatz kommen (Kapitel 7). Möglich ist auch, die Messung mit Strommesszangen vorzunehmen (Bild 6.14 c). Die Messung ist anzuwenden bei allen berührbaren leitfähigen Teilen, die nicht mit dem Schutzleiter verbunden sind, egal ob sie sich an Geräten mit einem Isolierkörper (Bilder 6.8 d, e) oder auf einer Abdeckung aus Isolierstoff eines Geräts mit einer Schutzleiterschutzmaßnahme (Bild 6.10) befinden. Früher wurde diese Prüfmethode als „Prüfung der Spannungsfreiheit" bezeichnet.

Zu beachten ist:

- Die Messungen sind beim direkten und beim Differenzstrommessverfahren in beiden Positionen des Netzsteckers bzw. in beiden Anschlussmöglichkeiten der Anschlussleitungen durchzuführen. Bei allen drei Messverfahren (also auch bei Ersatz-Ableitstrommessverfahren) sind die Messungen in allen Stellungen der die Netzspannung führenden Schalt- oder Steuergeräte vorzunehmen.
- Wird das Differenzstromverfahren beim Messen des Berührungsstroms an einem Prüfling mit Schutzleiter angewandt, so wird vom Prüfgerät die Summe von Berührungsstrom und Schutzleiterstrom angezeigt, sofern im Prüfgerät keine Korrektur erfolgt.
- Die Teile, an denen der Berührungsstrom gemessen wird, dürfen keinen Erdkontakt haben (Erdboden, Antenne, Datenleitung), da sonst nur ein Teilstrom gemessen wird.
- Bei leitfähigen Teilen, die gleichzeitig mit derselben Hand berührt werden können, ist die Summe der Werte bei der Berührungsströme der Bewertung zugrunde zu legen.
- Bei berührbaren leitfähigen Teilen, die nicht zwingend mit dem Schutzleiter verbunden werden müssen, aber über Konstruktionsteile (Scharnier, Nieten usw.) Kontakt mit einem an den Schutzleiter angeschlossenen Teil erhalten, führt das Anwenden der Ersatz-Ableitstrom-Messmethode zu falschen Ergebnissen, wenn das Gerät eine Beschaltung (L/N-PE) aufweist.

Bild 6.16 Messung des Berührungsstroms IB an berührbaren leitfähigen Teilen

PG Prüfgerät; P Prüfling; ML Messleitung; D Differenzstrom-Messeinrichtung; R_i Innenwiderstand des Prüfgeräts (2 kΩ, Körperwiderstand des Menschen), I_A Ableitstrom der Isolierung (wird bei Berührung durch eine Person zum Berührungsstrom I_B)

a) Prinzipschaltbild der Messung mit der **direkten Messmethode,**

b) Prinzipschaltbild der Messung mit der **Differenzstrom-Messmethode,**

c) Prinzipschaltbild der Messung mit der **Ersatz-Ableitstrom-Messmethode,**

d) Prinzipschaltbild und Anschlussbeispiel für die **direkten Messung des Berührungsstroms** an einem Gerät mit Schutzleiter und einem nicht an den Schutzleiter angeschlossenen berührbaren leitfähigen Teil

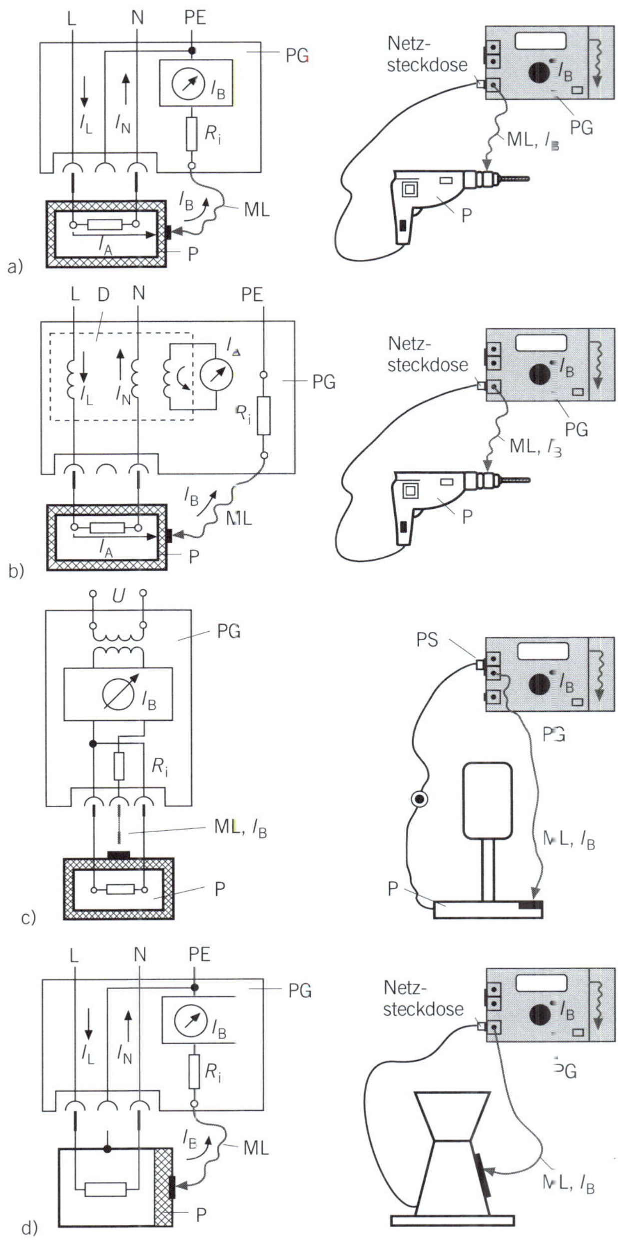

L
N
PE
PG
I_B
I_L
I_N
R_i
ML
I_A
P
a)
Netz-
steckdose
ML, I_B
D
I_Δ
b)
U
ML, I_B
c)
PS
d)

6

- Mit dem Messen des Berührungsstroms an einem berührbaren leitfähigen Teil wird nicht der Zustand des gesamten isolierenden Gerätekörpers (doppelte oder verstärkte Isolierung), sondern lediglich der Zustand des unter diesem Teil liegenden Isolierkörpers erfasst. Es ist daher immer zu überlegen, ob auch Messungen an nicht leitfähigen Teilen sinnvoll sind und welche isolierenden Teile besonders intensiv besichtigt werden müssen.
- An berührbaren leitfähigen Teilen, die auf dem Isolierkörper des Geräts angebracht sind, muss keine Berührungsstrommessung erfolgen, wenn auch die Befestigungselemente keine leitende Verbindung in das Innere bewirken.

Prüfgerätedaten	**Normenvorgabe [2.21] [2.28]**	**Bemerkung**
Messspannung Prüfgerät	AC 230V (Netzspannung)	Bei der Ersatz-Ableitstrom-messschaltung AC 25V bis AC 250V
Innenwiderstand der Messschaltung	2000 Ω	Nachbildung des Körperinnen-widerstands des Menschen
Kennwert der Prüfung, Teil	**Grenzwert**	**Bemerkung**
Berührungsstrommessung	**0,5 mA**	früher auch 0,25 mA, andere Werte bei medizinischen elektrischen Geräten

Tafel 6.8 Vorgaben für das Messen des Kennwerts Berührungsstrom I_B

Bewertung der Messergebnisse

Die in den Normen vorgegebenen Grenzwerte des Schutzleiter- und des Berührungsstroms wurden aus dem in Bild 4.4 dargestellten Strom-Zeit-Verhalten des Menschen bei einer Durchströmung abgeleitet. Die Strom(grenz)werte 0,5 mA bzw. 3,5 mA bewirken eine gesundheitlich keine oder gerade noch vertretbare Reaktion. Aus ihnen lässt sich die physiologisch begründete Aufgabe ableiten, an einem im Gebrauch befindlichen elektrischen Gerät keine höheren Werte der Ableit-/Fehlerströme zuzulassen.

» **Diese Begründung der Grenzwerte ist nicht allgemein bekannt. Sie wird auch in der Norm [2.28] nicht genannt. Jeder Prüfer muss jedoch wissen und beachten, dass diese Werte – allein für sich – nicht geeignet sind, um auch den Zustand elektrischer Isolierungen technischer Geräte ausreichend zu bewerten und eine exakte Grenze zwischen „sicher“ und „unsicher“ zu ziehen.**

So könnten z. B.

- Berührungsströme von 0,1 … 0,49 mA oder Schutzleiterströme von 0,1 … 3,4 mA durchaus Anzeichen von schweren Isolationsfehlern sein, die über kurz oder lang zum Totalschaden oder einer unmittelbaren Gefahr führen werden

- und ein normgerechtes, einwandfreies Gerät einen Schutzleiterstrom über 3,5 mA aufweisen (Tafel 6.7, F 6.28).

» **Die Entscheidung darüber, ob ein Gerät freizugeben ist oder nicht, darf somit nicht allein auf Grundlage des Messwerts für den Schutzleiter- bzw. den Berührungsstrom getroffen werden.**

Trotz dieser etwas schwierigen Sachlage erfolgt das Bewerten der Messwerte von Berührungs- oder Schutzleiterstrom zunächst natürlich – wie durch die Norm [2.28] gefordert – durch Vergleiche mit den in der Norm vorgegebenen, in den Tafeln 6.7 und 6.8 aufgeführten Grenzwerten.

Das heißt nach DIN VDE 0701-0702 bei einem

- gemessenen Berührungsstrom **$I_B \leq 0{,}5$ mA** **Prüfung bestanden**
  und
- gemessenen Berührungsstrom **$I_B > 0{,}5$ mA**, **Prüfung nicht bestanden**
  und ebenso gemessenen Schutzleiterstrom **$I_{SL} \leq 3{,}5$ mA** **Prüfung bestanden**
  und
- gemessenen Schutzleiterstrom **$I_{SL} > 3{,}5$ mA**,
  unter Beachtung der in Tafel 6.7 angegebenen Ausnahmen **Prüfung nicht bestanden**.

Dann hat der Prüfer zu überlegen und zu entscheiden, ob er dieser etwas einseitigen Empfehlung der Norm Folge leisten sollte. Dabei sollte er bedenken:

Bei einem Gerät ohne Beschaltung

- muss der gemessene Schutzleiterstrom praktisch den Wert „Null“ haben (F 6.21), damit die Aussage „Bestanden, da kein Isolationsfehler erkennbar ist“ stimmt,

und

- muss bei einem Wert des Schutzleiterstroms I_{SL} zwischen **≈ 0 mA und ≤ 3,5 mA**, trotz der dafür in der Norm festgelegten Bewertung „bestanden“, geklärt werden: „Wie und woher kommt dieser Strom vom Außenleiter (L) zum Schutzleiter (SL)? War er auch bei den bisherigen Messungen, im Originalzustand, so hoch?“

Möglicherweise sind verschmutzte Kriechstrecken die Ursache, oder vielleicht ein noch unscheinbarer Isolationsfehler?

Bei einem Gerät mit Beschaltung (L/N → SL):

- muss der gemessene Schutzleiterstrom etwa den Wert haben der
  - vom Hersteller des Geräts genannt wurde (wird auch als „I_{AC} = Ableitstrom der EMV-Beschaltung“ bezeichnet“)

  oder
  - bei der Erstprüfung im Unternehmen ermittelt worden ist (Abschnitt 5.2.1; F 6.26), damit das Gerät mit „bestanden“ bewertet werden kann,

- ist wahrscheinlich
  - ein Funktionsfehler vorhanden, wenn der Messwert wesentlich unter

  oder
  - ein Isolationsfehler vorhanden, wenn der Messwert wesentlich über dem Wert von I_{AC} liegt.

Bei dieser etwas schwierigen Bewertung ist noch zu beachten:

- Die Beschaltungen der (um-)steckbaren ortsveränderlichen Geräte sind an jedem der beiden aktiven Leitern (L/N → SL) vorhanden, es muss daher zweimal gemessen werden (Bild 6.12). Beide Messwerte müssen etwa gleich groß sein. Ist das nicht der Fall, so sollte die Ursache ergründet werden, es wird wohl eine Instandsetzung erforderlich sein (Bild 6.17 a).
- Bei Geräten mit Schutzleiterströmen über 5 bzw. 10 mA sind zusätzliche Maßnahmen zum Erhöhen der Sicherheit vorgesehen, dies können sein
  - CEE-Steckvorrichtungen,
  - zweiter oder verstärkter Schutzleiter,
  - zusätzlicher Anschluss an den Potentialausgleich.

Ihr Vorhandensein und ihr Zustand sind zu kontrollieren. Sind sie nicht vorhanden, so muss der Betreiber auf die damit vorhandene erhöhte Gefährdung seiner Mitarbeiter hingewiesen werden.
Es ist bei allen Messungen nicht erforderlich, den Messfehler des Prüfgeräts zu berücksichtigen (F 6.30).

Bild 6.17 Vergleich der Messung des Schutzleiterstroms mit der Differenzstrom- oder der Ersatz-Ableitstrom-Messmethode an einem Prüfling mit einer EMV-Beschaltung und einem Isolationsfehler in einem der beiden aktiven Leiter (PG Prüfgerät, PL Prüfling)
Achtung: Der Schutzleiterstrom ISL ergibt sich aus der geometrischen Addition des kapazitiven Ableitstrom der Beschaltung und der ohmschen Ableit-/Fehlerströmen der Isolation. Die Lastströme wurden nicht eingezeichnet.

a) Messen mit der Differenzstrom-Messmethode in beiden Stellungen des Steckers des zu prüfenden Geräts.
Bei der links dargestellten Polarität der Anschlüsse wird die geometrische Summe des Ableitstroms eines Beschaltungskondensators (1,5 mA) und des Fehlerstroms (2 mA) angezeigt $I_{SL} \approx 2{,}5$ mA. Der Fehlerstrom wird auch dann miterfasst, wenn die Fehlerstelle hinter dem Schaltelement liegt.
Bei geänderter Polarität/Steckerstellung (rechts im Bild) fließt kein Fehlerstrom, es wird angezeigt $I_{SL} \approx 1{,}5$ mA.
Da je nach Polarität/Steckerstellung ein anderes Messergebnis entsteht, wird deutlich, dass in dem hier dargestellten Beispiel ein Fehlerstrom/Isolationsfehler vorhanden ist.

b) Messen mit der Ersatz-Ableitstrom-Messmethode.
Angezeigt wird die geometrische Summe der beiden Ableitströme (2 mA × 1,5 mA) und des Fehlerstroms (2 mA) $I_{SL} \approx 3{,}6$ mA.
Ob der gemessene Strom einen Fehlerstromanteil enthält, ist nur zu erkennen, wenn der Wert des Ableitstroms der Beschaltung bekannt ist. Ein Fehler wird nicht erkannt, wenn die Fehlerstelle hinter dem Schaltelement liegt.
Der Messwert ist zu halbieren, da im Normalbetrieb nur vom Leiter mit Außenleiterpotential ein Ableitstrom ausgeht.

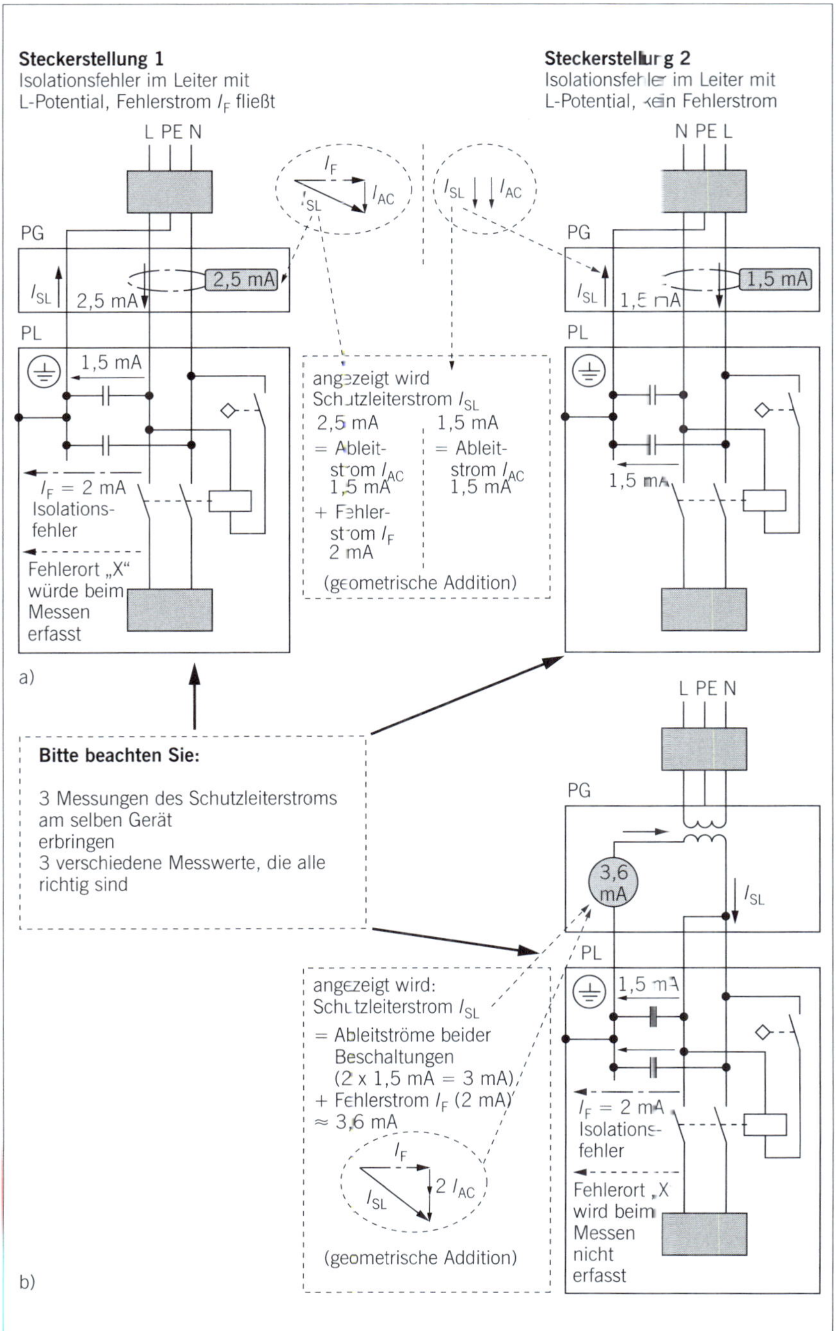

Steckerstellung 1
Isolationsfehler im Leiter mit L-Potential, Fehlerstrom I_F fließt
L PE N
PG
I_{SL}
2,5 mA
2,5 mA
PL
1,5 mA
I_F = 2 mA
Isolationsfehler
Fehlerort „X" würde beim Messen erfasst
a)
I_F
I_{AC}
I_{SL}
I_{SL}
I_{AC}
angezeigt wird Schutzleiterstrom I_{SL}
2,5 mA
= Ableitstrom I_{AC} 1,5 mA
+ Fehlerstrom I_F 2 mA
1,5 mA
= Ableitstrom I_{AC} 1,5 mA
(geometrische Addition)
Steckerstellung 2
Isolationsfehler im Leiter mit L-Potential, kein Fehlerstrom
N PE L
PG
I_{SL}
1,5 mA
1,5 mA
PL
1,5 mA
Bitte beachten Sie:
3 Messungen des Schutzleiterstroms am selben Gerät erbringen 3 verschiedene Messwerte, die alle richtig sind
L PE N
PG
3,6 mA
I_{SL}
PL
1,5 mA
I_F = 2 mA
Isolationsfehler
Fehlerort „X" wird beim Messen nicht erfasst
angezeigt wird: Schutzleiterstrom I_{SL}
= Ableitströme beider Beschaltungen (2 x 1,5 mA = 3 mA)
+ Fehlerstrom I_F (2 mA)
≈ 3,6 mA
I_F
2 I_{AC}
I_{SL}
(geometrische Addition)
b)

Verantwortung und Aufgaben – Schutzleiter-/Berührungsstrom

Person, Funktion, Befähigung	Arbeitsaufgaben
verantwortlicher Prüfer (EFK)	Siehe „Verantwortung und Aufgaben" beim Prüfgang „Nachweis des Isoliervermögens durch eine Isolationswiderstandsmessung". Klärung der zu erwartenden Messwerte, Bewertung der Messwerte
befähigte Person	Durchführen der Messungen, Klärung der Ursachen der Messergebnisse
mitprüfende EuP	entsprechend Auftrag durch die bP

- Fragen 6.19 bis 6.27: Allgemeines zum Ableitstrom
- Fragen 6.28 bis 6.32: Besonderheiten zum Schutzleiter- und Berührungsstrom

Frage 6.19 Ist die Ableitstrom-/Fehlerstrommessung wichtiger als die Isolationswiderstandsmessung?

Der Isolationswiderstand ist in erster Linie ein Materialkennwert. Die Isolationswiderstandsmessung ist somit geeignet, die Qualität des Isoliermaterials bzw. eines Isolierteils zu ermitteln. Damit wird natürlich auch eine Aussage über die Schutzwirkung dieser Isolierung für Personen usw. getroffen.
Bei gebrauchten Geräten, deren Isolierungen gealtert oder möglicherweise verschmutzt und/oder feucht sind, bietet die Isolationswiderstandsmessung die Möglichkeit, bereits vorhandene oder sich anbahnende Isolationsmängel zu entdecken. Sie hat daher für den Betreiber und seine Wiederholungsprüfungen einen höheren Stellenwert als für den Hersteller.
Leider setzt sich der Isolationswiderstand immer aus den Widerständen mehrerer Komponenten zusammen. Dies sind Ableitwiderstände und -kondensatoren, defekte, angekratzte und einwandfreie Isolierungen, verschmutzte und andere Kriechstrecken. Sie werden alle zusammen mit einer Messung erfasst, es kann äußerst schwer oder unmöglich sein, ihnen auf die Spur zu kommen.

Der Schutzleiter-/Berührungsstrom eines Geräts ist in erster Linie ein Kennwert des Sicherheitsniveaus. Sein Wert kann z. B. als ein Maß für die Höhe der Gefährdung der das Gerät benutzenden Personen beim Versagen eines dem Schutz dienenden Betriebsmittels (Isolierung oder Schutzleiter) angesehen werden (Bild 6.11). Leider muss man immer damit rechnen, dass sich diese Ströme aus Teilströmen zusammensetzen (Bild 6.17), die jeder eine unterschiedliche Ursachen haben und nicht allein für sich exakt bestimmt werden können.

Beide Prüfverfahren/Messungen sind ausgezeichnete, aber unterschiedlich zu nutzende Prüfwerkzeuge.

Sie dürfen beide nicht routineartig abgearbeitet werden; der Prüfer sollte sie immer zielgerichtet einsetzen und ihren Ergebnissen immer auf den Zahn fühlen.
Es ist nicht möglich, sie 1:1 gegeneinander auszutauschen.
Mit der Messung des Schutzleiter- und Berührungsstroms wird bei der Wiederholungsprüfung festgestellt – und zwar wesentlich konkreter als bei der Isolationswiderstandsmessung –, ob die geforderte Sicherheit bzw. welcher Grad der Sicherheit noch vorhanden ist. Es können mit dieser Messung jedoch keine sich anbahnenden und somit noch geringfügigen (hochohmigen) Fehler ermittelt werden.
Dazu ist wiederum die Isolationswiderstandsmessung besser geeignet, da sie auch Fehler entdeckt, die einem Ableitstrom < 0,1 mA bzw. 10000 Ω/V entsprechen (F 6.9). Jedoch kann die Isolationsmessung bei modernen Geräten immer seltener sinnvoll angewandt werden.

6

Frage 6.20 Wie ist der rechnerische Zusammenhang des Isolationswiderstands R_{iso} mit dem Schutzleiterstrom I_{SL}?

Als Isolationswiderstand wird der ohmsche Widerstand der Isolierungen bezeichnet, seine Messung erfolgt mit Gleichspannung. Die Messungen des Schutzleiter- oder Berührungsstroms werden mit Wechselspannung vorgenommen. Somit gehen auch die kapazitiven und induktiven Widerstände in die Messung ein. Ein rechnerischer Zusammenhang zwischen den Strömen, den Prüfspannungen und dem ohmschen Widerstand der Isolierungen besteht daher nicht.
Außerdem sind die genannten Ströme im Allgemeinen so gering, dass die gemessenen Werte im unteren Anzeigebereich der Messgeräte liegen und nicht exakt ermittelt werden können (Kapitel 7). Auch aus diesem Grund ist kein praktikabler rechnerischer Vergleich möglich.

Frage 6.21 Wie ist der Zusammenhang zwischen dem „Schutzleiterstrom I_{SL}“ und dem „Strom im Schutzleiter I_{PE}“ des Stromkreises?

Der Schutzleiterstrom eines elektrischen Geräts ist einer seiner in DIN VDE 0701-0702 festgelegten Kennwerte, dessen Istzustand bei der Prüfung bestimmt wird. Er besteht definitionsgemäß aus der Summe aller Ströme, die im Gerät über die Isolierungen zu den Teilen mit Schutzleiterpotential im Gerät fließen. Seine Teile sind somit

- die Ableitströme der Isolierungen (L → SL) und gegebenenfalls
- der durch eine Beschaltung entstehende meist kapazitive Ableitstrom (L → SL) sowie
- der über eine defekte Isolierung (L → SL) fließende Fehlerstrom.

Diesem Schutzleiterstrom I_{SL} bleiben zwei Möglichkeiten als Rückweg:

- der Schutzleiter des Stromkreises und
- eine Verbindung des Gerätekörpers mit dem Potentialausgleich oder Erde.

Gibt es eine solche Verbindung (Bild 6.11 b), dann teilt sich der Schutzleiterstrom und es gilt: $I_{SL} = I_{PE} + I_{PA}$ sowie $I_{PE} < I_{SL}$.

Ist sie nicht vorhanden
gilt: $I_{SL} = I_{PE}$.

Hinweis:
Wer bestimmte Fachworte häufig benutzt, sollte sich über deren Bedeutung und ihre Definitionen genau informieren. Und dies auch über Widersprüche, unklare Definitionen usw., wie wir sie z. B. hier beim „Schutzleiterstrom" angetroffen haben.

Frage 6.22 Werden durch die Schutzleiter- oder die Berührungsstrommessung alle Isolationsmängel entdeckt?

Nein. Wie bei allen anderen Prüfgängen, Messverfahren usw. besteht nur die mehr oder weniger große Wahrscheinlichkeit, dass die vorhandenen oder entstehenden Mängel gefunden werden.
Nicht entdeckt durch diese Messung des Schutzleiterstroms werden z. B. höchstwahrscheinlich

- zu geringe Luftstrecken,
- mit trockenem nicht leitfähigem Staub verschmutzte Kriechstrecken,
- zerbrochene trockene Isolierteile,
- trockene beschädigte Isolierungen.

Beim Berührungsstrom kommt hinzu, dass durch die Messung nur die unmittelbar unter dem berührbaren leitenden Teil liegende Isolierung, also bei weitem nicht der ganze Isolierkörper, erfasst wird.

Das heißt, allein die Ergebnisse dieser Messungen sind keine ausreichende Grundlage zur Bewertung der Isolierungen bzw. des zu prüfenden Geräts. Sie sind lediglich eine Information für den Prüfer, die er bei seiner Entscheidung unter anderem (Besichtigen, Handprobe, Erfahrungen) und unter Berücksichtigung ihrer beschränkten Aussagekraft mit zu bedenken hat.

Frage 6.23 Wird mit einem Prüfgerät tatsächlich der Berührungsstrom ermittelt, der über einen Menschen fließt, wenn dieser das betreffende Teil berührt?

Durch den Innenwiderstand der Messschaltung des Prüfgeräts von etwa 2000 Ω (Bild 6.16) wird der Körperwiderstand des Menschen nachgebildet, der als „Körper"-innenwiderstand unter normalen Bedingungen angesehen wird. Der dann fließende und gemessene Strom wird praktisch nur durch den Isolationswiderstand bestimmt, der an der berührten Stelle der Isolierung des zu prüfenden Geräts vorhanden ist. Je nach Anwendungsfall und Umgebung kann der Körperwiderstand jedoch ganz andere

Werte annehmen. In der Literatur finden sich Werte für den menschlichen Körper von 200 bis 5000 Ω.

Frage 6.24 Welche technischen Merkmale unterscheiden den Ersatz-Ableitstrom vom Schutzleiter- und Berührungsstrom?

Keine. Der unglückselige Fachausdruck „Ersatz-Ableitstrom" ist ungewollt entstanden bzw. eingeführt worden und bringt nun alle Fachkollegen durcheinander. Ausgangspunkt war, dass der Ableitstrom mit einer aus Sicherheitsgründen vom Netz getrennten – d. h. **das Netz ersetzenden** – Messschaltung gemessen wurde. Für den mit dieser **Ersatz-Messschaltung** gemessenen, aber völlig „echten" Ableitstrom des zu prüfenden Geräts hat sich leider die Bezeichnung **Ersatz-Ableitstrom** eingebürgert und zu einem Wirrwarr bei den Fachausdrücken geführt.

Es gibt also keinen „Ersatz" für einen Ableitstrom und somit auch keinen Ersatz-Ableitstrom. Jeder der Ableitströme, die beim Prüfen eines elektrischen Geräts gemessen werden, ist „echt" und kein „Ersatzstrom". In den Bildern 6.11, 6.12, 6.14, 6.16 und 6.17 ist dies zu erkennen.

Wir sprechen lediglich vom sogenannten **Ersatz-Ableitstrom-Messverfahren**, mit dem das Messen des Ableitstroms erfolgen kann. Es ist eine der drei in der Norm angegebenen Möglichkeiten, Ableitströme, bzw. den Schutzleiter- und den Berührungsstrom zu messen (Bild 6.12 c bzw. 6.16 c).
Wenn in einer Norm, einem Fachbuch, einem Messgerätekatalog oder auf den Bedienelementen eines Prüfgeräts vom „Messen des Ersatzableitstroms" gesprochen wird, dann ist dies falsch, eine nicht exakte und irritierende Angabe

Frage 6.25 Welche Besonderheiten sind beim Verwenden des Ersatz-Ableitstrom-Messverfahrens zu beachten?

Zunächst ist das Verfahren nicht tauglich, wenn Geräte mit elektrisch zu betätigenden Schaltgeräten zu prüfen sind (Bild 6.2). Wenn es trotzdem angewandt wird, bezieht sich der Messwert nur auf den Eingangsteil des Geräts bis zu diesen Schaltgeräten.
Dass der Ableitstrom bei den meisten Prüfgeräten nicht mit einer Spannung in der Höhe der Netzspannung AC 230 V, sondern mit einer Kleinspannung (z. B. AC 25 V) gemessen und das Ergebnis dann elektronisch umgerechnet wird, hat früher kaum Probleme hervorgerufen; der ohmsche Widerstand von Isoliermaterialien ist in diesen Bereichen nicht spannungsabhängig. Heute werden die Schutzleiterströme meistens von EMV-Beschaltungen verursacht, die komplexe Widerstände sind. Diese lassen sich dann nicht mehr zuverlässig umrechnen, die Messergebnisse haben dann nicht mehr viel mit den tatsächlich auftretenden Schutzleiterströmen bei der direkten oder Differenzstrommessung zu tun.

Vom Prüfer muss beachtet werden, dass bei der Ersatz-Messschaltung (Bilder 6.16 b, 6.18 a) alle aktiven Teile des Prüflings die Messspannung gegen den Schutzleiter führen. Dies ist im Normalzustand (Bild 6.18 b) nicht der Fall. Der bei der Ersatz-Messschaltung angezeigte Messwert betrifft dann alle aktiven Leiter (L und N) und deren Isolierungen und ist daher etwa doppelt so hoch wie bei den anderen beiden Messverfahren, bzw. im Betriebszustand.
Dies ist unwichtig bei Geräten ohne Beschaltung. Wenn bei ihnen ein Ableitstrom gemessen wird, muss in jedem Fall seine Ursache ermittelt werden.

Bei Geräten mit symmetrischer Beschaltung muss diese Besonderheit der Verdoppelung berücksichtigt werden, um deren Zustand und auch das etwaige Vorhandensein eines Isolationsfehlers feststellen/einschätzen zu können.

Bei dieser Messmethode ist somit der Messwert zu halbieren bzw. beim Bewerten zu berücksichtigen, dass es sich bei ihm um die Summe der Ableitströme von beiden Beschaltungen handelt (Bild 6.18 a).

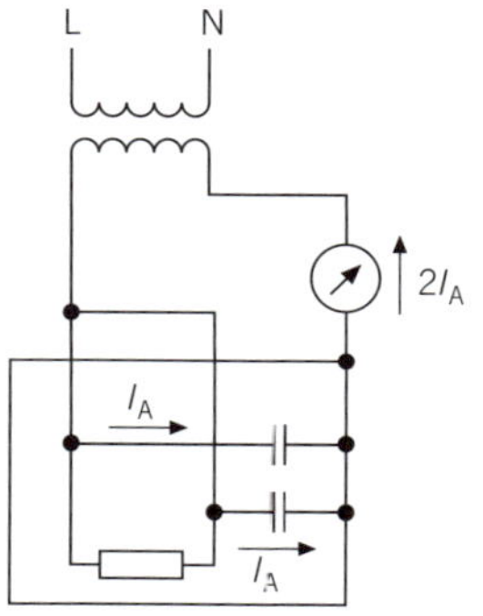

a) Ersatz-Ableitstrommessverfahren
Messwert $I_{SL} = 2I_A$

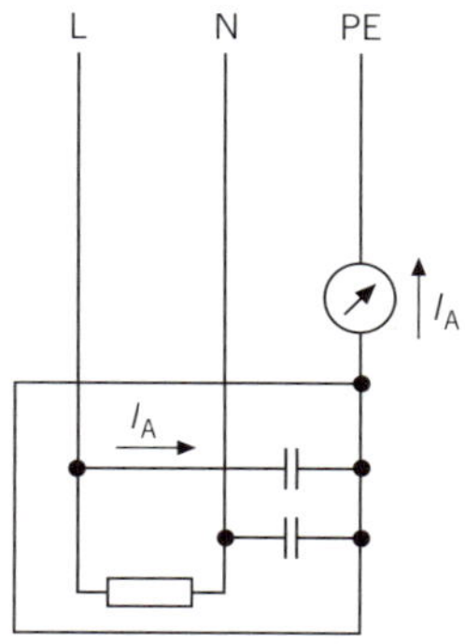

b) direktes Messverfahren
(oder Betriebszustand)
Messwert $I_{SL} = 1 \times I_A$

Bild 6.18 Wert des mit dem Ersatz-Ableitstrommessverfahren gemessen Ableitstroms (Schutzleiterstrom) im Vergleich mit dem tatsächlichen, durch die direkte Messung ermittelten Wert

Vorteile der Anwendung dieser Ersatz-Messschaltung sind aber:
- Das Umpolen des Anschlusssteckers ist nicht erforderlich.
- Die sichere Trennung vom Versorgungsnetz ist hinsichtlich des Arbeitsschutzes vorteilhaft.
- Ein Erdkontakt des Prüflings hat keinen Einfluss auf das Messergebnis.

Frage 6.26 Gibt es elektrische Geräte, bei denen kein Ableitstrom auftritt bzw. gemessen werden kann? Was ist dann zu protokollieren?

Theoretisch gibt es solche Geräte nicht, es fließt immer ein Ableitstrom über die Isolierungen (L → PE). Zumindest unter Laborbedingungen kann er nachgewiesen werden. In der Praxis ist es allerdings nicht sinnvoll, so genau – oder besser gesagt, so unnötig genau – zu sein. Ströme $< 100\,\mu A$ ($< 0{,}1$ mA) haben für den Praktiker den Wert null, da sie als Teil des betriebsmäßigen ordnungsgemäßen Zustands anzusehen sind. Außerdem sind die in diesem Bereich auftretenden Messfehler (Betriebsmessabweichung) so hoch (Tafel 7.2), dass ohnehin keine exakte Aussage/Beurteilung möglich ist.

Lässt sich keine Reaktion oder nur eine „Eigenbewegung" der Anzeige feststellen, so ist 0 oder ≈ 0 einzutragen.

Der Vollständigkeit halber sei darauf hingewiesen, dass ein Berührungsstrom erst dann fließt, wenn eine Berührung erfolgt. Insofern ist der Berührungsstrom vor der Berührung (Mensch oder Messgerät) unabhängig von etwa vorhandenen Isolationsfehlern tatsächlich 0 (Bild 6.11 e).

Frage 6.27 Wie ist ein Gerät zu beurteilen, dessen Schutzleiterstrom infolge der Beschaltungen mehr als 3,5 mA beträgt?

Zu klären ist vom Prüfer zunächst, ob es sich um ein ordnungsgemäß ausgeführtes Gerät handelt und ob dessen Beschaltungen der vom Hersteller gewählten Ausführung entsprechen. Wenn ja, dann ist auch der gemessene Wert des Schutzleiterstroms (Ableitstrom der Beschaltung) als normaler, betriebsmäßiger Wert anzusehen. Um der bei einem Schutzleiterbruch entstehenden höheren Gefährdung (Bild 6.11 d) entgegenzuwirken, muss das Gerät

- mit einem zusätzlicher Schutzleiter (Potentialausgleichsleiter) oder
- einem besonders zuverlässigen Schutzleitersteckkontakt (CEE-Stecker)

ausgestattet sein.

Gegebenenfalls – d. h. wenn es dem Betreiber (Anwender) obliegt, den zusätzlichen Schutzleiter anzubringen – muss ein Hinweis des Herstellers auf dem Gerät vorhanden sein, etwa mit dem Inhalt „Achtung! Erhöhter Ableitstrom, vor Netzanschluss Schutzleiterverbindung herstellen".
Ist kein zusätzlicher/sicherer Schutzleiterkontakt vorhanden oder fehlt der Hinweis, so ist der Betreiber auf diesen Mangel hinzuweisen.
Hinzuweisen ist der Betreiber auch auf den Einfluss, den dieser hohe Schutzleiterstrom im Einsatzort haben kann (Auslösen RCD).

Frage 6.28 Warum ist es zulässig, Beschaltungen einsetzen, deren Ableitstromanteil am Schutzleiterstrom größer ist als der [2.12] festgelegte Grenzwert 3,5 mA?

In jeder einzelnen Produktnorm können Ausnahmen zu den bekannten Grenzwerten verzeichnet ein. Dies hat in den meisten Fällen technische Hintergründe, denn die Geräte müssen so konzipiert sein, dass sie ausreichend entstört sind. Es dürfen also sowohl keine Funkstörungen (Funkentstörung) auftreten, als auch Rückwirkungen ins versorgende Stromnetz ausgesendet werden. Nur zu oft wird dabei ein höherer Schutzleiterstrom in Kauf genommen.

Es ist nun Sache des für das jeweilige Erzeugnis zuständigen Komitees, bei seinen Festlegungen dafür zu sorgen, dass die insgesamt vorhandene Sicherheit nicht gemindert wird. Das heißt, wenn aus technischen Gründen die Schutzleiterströme höher sein müssen als 3,5 mA, so muss durch zusätzliche Maßnahmen gesichert werden, dass die Wahrscheinlichkeit eines entsprechenden Körperstroms (Berührungsstrom) (siehe Bild 6.11 d, e) vermindert wird. (F 6.27)
Da durch eine Wiederholungsprüfung der Nachweis erbracht werden soll, dass die im Neuzustand eines Geräts vorhandene Sicherheit immer noch existiert, ist für den Prüfer das Vorhandensein der dem Originalzustand entsprechenden Teile, Eigenschaften usw. (Kapitel 4) eine feste Vorgabe. Dies gilt auch für die Beschaltungen und deren Kennwert. Ein solches Gerät ist somit nicht zu beanstanden.
Wichtig ist für den Prüfer, dass er bei diesen Geräten den im Originalzustand als Schutzleiterstrom fließenden Ableitstrom der EMV-Beschaltung kennt. Um dies festzustellen, sollte bei der Erstprüfung – am ordnungsgemäßen Gerät – der Schutzleiterstrom gemessen und in den Prüfunterlagen dokumentiert werden (Bild 6.17).

Frage 6.29 Warum werden bei den Heizgeräten auch Schutzleiterströme (Tafel 6.7) zugelassen, die zu einer merkbaren Durchströmung und somit Erschrecken und Folgeunfällen führen könnten?

Das hygroskopische Isoliermaterial der Heizwiderstände nimmt möglicherweise Feuchtigkeit auf, wenn das Gerät über einen längeren Zeitraum nicht betrieben wird. Ein gegenüber dem Betriebszustand während der Heizzeit verminderter Isolationswiderstand und ein höherer Ableitstrom sind auch bei einem betriebsmäßigen Gebrauch nicht zu vermeiden. Bei der Beurteilung der dadurch entstehenden Gefährdung ist zu bedenken:

- Ein Schutzleiterstrom $\geq$ 3,5 mA tritt infolge der sofort nach dem Anlegen der Netzspannung entstehenden Erwärmung der Isolierung nur kurzzeitig auf.
- Bei einem ordnungsgemäß mit dem Schutzleiter verbundenen Gerät wird dieser Strom abgeführt (Bild 6.11 a), eine Gefährdung kann nicht entstehen.
- Großgeräte mit mehr als 6 kW Heizleistung werden vornehmlich gewerblich genutzt, eine Wiederholungsprüfung kann vorausgesetzt werden. Hinzu kommt, dass diese Großgeräte fest montiert und meist über zuverlässige CEE-Steckverbin-

der angeschlossen werden, der Schutzleiter einen relativ hohen Querschnitt hat und oft auch über den Standort oder leitende Systeme ein Potentialausgleich erfolgt.

Die Wahrscheinlichkeit, dass dieser Schutzleiterstrom im Fall einer Berührung zum Berührungsstrom wird, ist also sehr gering. Aus den genannten Gründen ist es vertretbar, einen Ableitstrom von bis zu 10 mA, der noch nicht zu Verkrampfungen führen kann, zuzulassen (Bild 4.4). Die heute im Handel erhältlichen Geräte verfügen meist über eine so gute Isolierung der Heizkreise, dass eine derartige Minderung des Isolationswiderstands nicht erfolgt.

Frage 6.30 Welche Messfehler können bei den Ableitstrommessungen auftreten?

6

Bei der Messung des Schutzleiterstroms mit dem Verfahren der „Ersatz-Ableitstrommessung" sind „Messfehler" möglich, die sich zwangsläufig aus der nicht völlig mit dem Betriebszustand übereinstimmenden Ersatz-Messschaltung ergeben. Sie werden unter F 6.25 erläutert. Besonders sei auf seine Mängel beim Messen an Geräten mit elektrisch zu betätigenden Schaltelementen hingewiesen (Bild 5.2).

Beim Messen des Schutzleiterstroms mit dem direkten oder dem Differenzstrommessverfahren an elektrischen Geräten mit nichtlinearen Bauelementen oder mit Kommutatoren können in ihren Ableit-/Fehlerströmen auch Anteile mit Frequenzen über 50 Hz enthalten sein. Diese Ströme sind für den Menschen bekanntlich nicht im gleichen Maße gefährlich, wie ein Strom mit der Frequenz 50 ... 60 Hz. Um diesen Umstand zu berücksichtigen, werden die höherfrequenten Stromanteile bei der Anzeige des „wirksamen" Ableit-/Fehlerstroms nicht in vollem Umfang, sondern durch Filter im Messstromkreis der Prüfgeräte nur anteilig berücksichtigt. Ältere Prüfgeräte enthalten solche Filter nicht, sodass bei ihrer Verwendung ein im Vergleich mit den modernen Geräten zu hoher Stromwert angezeigt wird.

Beim Messen des Berührungsstroms mit dem Differenzstromverfahren an Geräten mit Schutzleiter wird die Summe von Schutzleiter- und Berührungsstrom angezeigt. Beim Anwenden des direkten Messverfahrens führt eine ungewollte Verbindung der Teile, an denen gemessen wird, zu einem mit Erde verbundenen Teil zur Fehlmessung.

Frage 6.31 Warum wird ein erheblicher Berührungsstrom gemessen, wenn an einem Netzteil die berührbaren Steckkontakte der Sekundärseite abgetastet werden?

Viele Netzteile und Ladegeräte haben heute keinen einfachen Netztrafo mehr mit Schutzkleinspannung und galvanischer Trennung. Spätestens seitdem Schaltnetzteile große Verbreitung gefunden haben und daran angeschlossene elektronische Verbraucher einen Erdbezug benötigen (Laptop, Telefonanlagen, Netzwerkkomponenten ...)

wird keine erdfreie Schutzkleinspannung SELV, sondern nur noch eine Sicherheitskleinspannung PELV bereitgestellt. Dabei ist ein Pol der Kleinspannung dann über eine Impedanz oder Kapazität mit dem Schutzleiter verbunden.

Wird nun der nicht-geerdete Pol der Kleinspannung mit der Sonde des Prüfgeräts abgetastet, so fließt über den Innenwiderstand des Prüfgeräts ein Strom (Bild 6.19). Bei den beispielhaften 12 V ergibt sich über den Innenwiderstand des Prüfgeräts bei 2000 Ω ein Strom von 6 mA der angezeigt wird.

Da es sich immer noch um eine ungefährliche Kleinspannung handelt, besteht auch keine Gefahr der Körperdurchströmung.

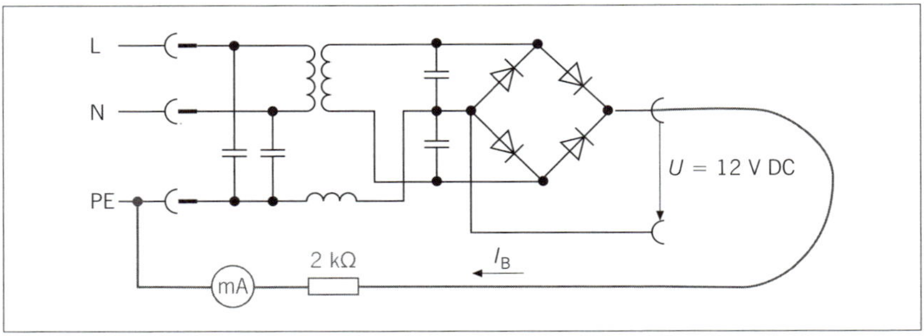

Bild 6.19 Vereinfachter schematischer Aufbau eines entstörten Netzteils mit geerdeter Ausgangsspannung (PELV) bei der Berührungsstrommessung. Beim Abtasten schließt sich der Stromkreis und es wird ein Strom gemessen

6.3.5 Sonstige Prüfgänge und Prüfverfahren

Allgemeines zu den Prüfverfahren

In den Abschnitten 6.3.1 bis 6.3.4 wurden die üblichen, nach DIN VDE 0701-0702 [2.28] zum Nachweis der elektrischen Sicherheit von elektrischen Geräten erforderlichen Prüf- und Messverfahren behandelt. Gemäß der Vorgabe dieser Norm sind jedoch gegebenenfalls auch weitere Prüfungen vorzunehmen, wenn

- ein Gerät über elektrische Schutzeinrichtungen verfügt, deren Wirksamkeit mit den bereits genannten Prüfverfahren nicht nachgewiesen wurde,
- der Prüfer erkennt, dass zum Nachweis der Sicherheit bzw. zum Entdecken von Schäden an elektrischen und anderen Teilen weitere Prüfungen oder andere Prüfverfahren notwendig sind,
- durch den Gebrauch und die Funktion des Geräts zwangsläufig Gefährdungen entstehen können bzw. vorhandene Mängel erst dadurch wirksam werden.

Für diese Prüfungen werden in der Norm jedoch keine konkreten Prüf- oder Messverfahren benannt. Der Prüfer muss selbst klären, was zu tun ist und welche Prüfmethode er dann dafür anwenden kann.

Darüber hinaus gehört es zur selbstverständlichen Aufgabe des Prüfenden, dem Auftraggeber ein rundum sicheres, einwandfreies Gerät zurückzugeben. D. h., das Gerät

- darf auch keine mechanischen Schäden aufweisen, die Gefährdungen bewirken können [1.2] und
- muss seine eigentliche Gebrauchsfunktion bestimmungsgemäß ausüben können und
- muss obendrein auch zuverlässig sein, vor allem hinsichtlich der Sicherheit für seinen Anwender.

Diese „Prüfphilosophie“ erwartet der Auftraggeber von der Elektrofachkraft, seinem „Garant“, dem er seine Geräte zur Prüfung anvertraut.

» **Jeder Prüfer muss überlegen, welche Prüfgänge oder Prüfverfahren über die direkten Vorgaben der Norm hinaus – im Sinne einer allumfassenden Sicherheit – notwendig sind.**

6

Einige dieser Prüfungen und Prüfverfahren werden nachstehend aufgeführt.

Und wenn hier über die mehr oder weniger bekannten Prüfverfahren und ihre Anwendung nachgedacht wird, dann sollte auch über den „Prüfplatzrand“ hinaus geguckt werden. Für eine Elektro**fach**kraft eigentlich eine Selbstverständlichkeit.

Was also wäre zu tun, um vollständiger, besser und effektiver zu prüfen? Normgerecht und ordentlich prüfen, reicht das denn nicht? Mehr ist doch nicht drin?

Oh doch, der Prüfer als „Sicherheitsgarant“ kann und muss sich eigentlich auch dafür interessieren, Einfluss darauf nehmen, was seinen Prüflingen vor und nach ihrer Wiederholungsprüfung widerfährt. Sie dürfen für ihn kein „schwarzer Kasten“ sein, der seine Geheimnisse für sich behält, dem er nicht „auf die Schliche kommt“.

Einige Beispiele für diesen „Blick über den Prüfplatzhorizont“ sind im folgenden Text und auch in Abschnitt 6.4 zu finden.

Spannungsprüfung

Die Spannungsprüfung – auch als Nachweis der Spannungsfestigkeit bekannt – ist neben der Isolationswiderstands- und der Messung des Schutzleiter- und Berührungsstroms (Abschnitte 6.3.3 und 6.3.4) eine weitere Methode zum Nachweis des Isoliervermögens. Sie wird vorwiegend beim Entwickeln elektrotechnischer Erzeugnisse, bei Typ- und Materialprüfungen angewandt, um Konstruktions- oder Materialfehler zu ermitteln.
Bei Wiederholungsprüfungen elektrischer Geräte wird sie nicht mehr bzw. nur in Ausnahmefällen, beispielsweise bei den Elektrowerkzeugen, genutzt. Bei der Prüfung nach der Instandsetzung hat sie ebenfalls keine oder nur in Sonderfällen eine

Bedeutung, weil dabei nur ordnungsgemäß typgeprüfte Originalteile eingesetzt werden dürfen.

Bedingt durch das erforderliche Hochspannungsprüfgerät, ein Beispiel zeigt Bild 6.20 a, beschränkt sich die Anwendung vorwiegend auf Prüfungen an ortsfesten Prüfplätzen oder in Werkstätten. Ein spezielles Prüfgerät mit einem Hochspannungsprüfteil zeigt Bild 6.20 b und 7.6 e.

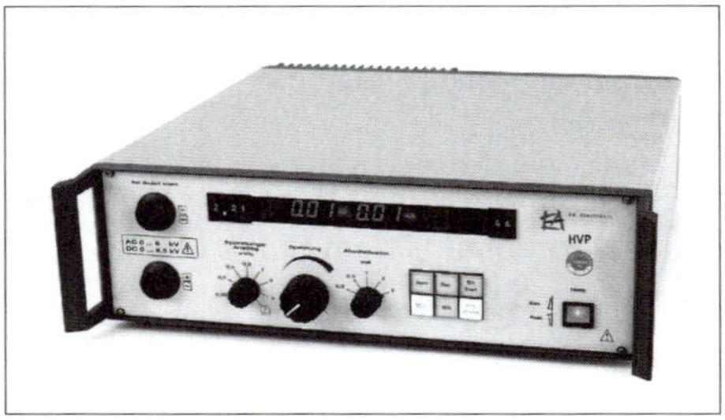

Bild 6.20 a
Wechselspannungsprüfgerät, Prüfspannung bis 6 kV AC (EA-Electronic)

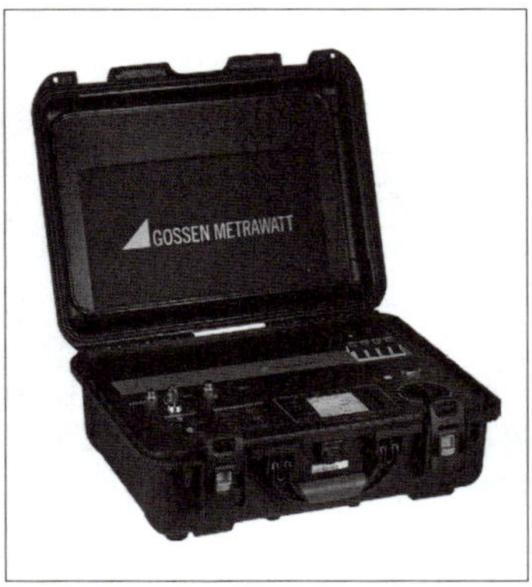

Bild 6.20 b
Profitest PRIME AC, Prüfgerät für die elektrische Ausrüstung von Maschinen, Hochspannungsprüfung bis 5 kV (GMC)

Ihre Anwendung bei den hier behandelten Prüfungen elektrischer Geräte beschränkt sich auf das Entdecken von versteckten bzw. vermuteten Fehlern, wie z. B.

- nicht sichtbare Beschädigungen von Isolierteilen,
- Verschmutzungen (Kriechstrecken) im Gehäuse eines Geräts oder in den Steckverbindern oder
- Beschädigung der Anschluss- oder anderer Leitungen.

Sinnvoll ist sie vorwiegend zur Fehlersuche, da ein unentdeckter Isolationsfehler vor allem bei den Leistungsteilen zu erheblichen Schäden führen kann.
Bei Informations- und Steuerteilen sowie bei Kleinspannungsstromkreisen ist ihre Anwendung nicht zu empfehlen. Ebenso wenig bei anderen empfindlichen, kostspieligen Baugruppen.

Zu beachten ist, dass

- die im zu prüfenden Versorgungs-/Leistungsteil vorhandenen handbetätigten und die netzspannungsabhängigen Schaltelemente überbrückt werden müssen,
- ebenso wie bei der Isolationswiderstandsmessung (Abschnitt 6.3.3) nicht immer alle Teile einer Isolierung von der Prüfspannung erfasst werden (Frage 6.15) und
- ein bereits defektes oder verschmutztes isolierendes Bauelement durch die Prüfspannung möglicherweise noch mehr beschädigt wird.

Für die Spannungsprüfung bestehen keine besonderen Vorgaben. Zweckmäßig ist, die Prüfspannung (AC oder DC) langsam von z. B. 0,5 kV bis zu dem vom Prüfer festzulegenden Endwert zu steigern. Auch das Anlegen der Prüfspannung mit dem vollen Spannungswert nach Tafel 6.9 ist üblich.

Der Endwert sollte den in Tafel 6.9 festgelegten Werten entsprechen. Er muss deutlich unter den für die garantierte Spannungsfestigkeit genannten Werten bleiben. Dies sind

- 2,5 kV bei ortsveränderlichen Geräten und
- 4 kV bei Installationsendstromkreisen

mit der Bemessungsspannung 230/400 V.

Prüfgerätedaten	**Normenvorgaben**	**Bemerkung**
Prüfspannung	bis 5 kV	Je nach Typ
Messstrom/Strombegrenzung	max. 3,5 mA AC/12 mA DC	
Zu prüfendes Teil	**Prüfspannung/Prüfzeit**	**Bemerkung**
Basisisolierung (L/N → PE)	1 kV WS oder DS/3 s	Außen- und Neutralleiter verbinden
Schutzisolierung (L/N → leitfähige, berührbare nicht an SL angeschlossene Teile)	2 kV WS oder DS/3 s	

Tafel 6.9 Vorgaben für die Spannungsprüfung bei Geräten mit der Bemessungsspannung 230/400 V

Erfolgt dabei kein Durch- oder Überschlag, so ist das Isoliervermögen ausreichend, wenn nicht Ergebnisse des Besichtigens oder der Isolationswiderstandsmessung eine andere Bewertung erfordern.

Eine Gefährdung des Prüfenden besteht in elektrischer Hinsicht nicht, wenn der Prüfstrom des Prüfgeräts auf max. 3,5 mA AC/12 mA DC begrenzt wird. Möglich ist jedoch, ebenso wie bei der Messung des Isolationswiderstands, dass es durch den bei einer Berührung Hochspannung führender Teile zu einem Körperstrom und einer Schreckreaktion kommt und dadurch ein Folgeunfall entsteht.

Möglich ist derartiges auch, wenn durch einen Isolationsfehler oder eine versehentliche Verbindung einer Prüfspitze mit einem fremden leitenden System die Prüfspannung verschleppt wird. Aus diesen Gründen ist eine solche Prüfung ausschließlich an einem ständig oder zeitweilig eingerichteten und sorgfältig abgesperrten Prüfplatz (Kapitel 9) durchzuführen und bei der Gefährdungsbeurteilung mit zu berücksichtigen. Vorgegeben wird dieses Prüfen mit einer überhöhten Spannung jedoch bei folgenden Geräten/Erzeugnissen als Ermitteln der „Spannungsfestigkeit" der Isolierungen bei der Erstprüfung von

- Maschinenausrüstungen nach VDE 0113-1 [2.29] und
- fabrikfertigen Baueinheiten (Schaltschränken u. a.) nach VDE 0660-600 (DIN EN 61439) [2.32].

Dort kommen Prüfspannungen von 1–5,4 kV zur Anwendung, ein Prüfplatz nach Bild 9.1 oder am Prüfobjekt entsprechend Bild 9.2 ist hier erforderlich, da mit einem Prüfstrom von 100 mA geprüft wird.
Dieser Sachverhalt ist bei der Gefährdungsbeurteilung mit zu berücksichtigen.

Prüfen der Schutzeinrichtungen

Zu den Sicherheitsprüfungen gehört auch der Nachweis der Funktion der Schutzeinrichtungen, die im Prüfling vorhandenen sind, in der Norm aber (Bild 6.1) nicht erwähnt werden. Dies können z. B. sein: Fehlerstrom- und Überstromschutzeinrichtungen, mechanisch wirkende Schutzeinrichtungen, Fangkörbe für Leuchtengläser usw.

Neben dem Besichtigen und dem Erproben der mechanisch wirkenden Schutzfunktionen sind, **soweit dies möglich bzw. bezahlbar ist,** Messungen vorzunehmen. Wie dies zu erfolgen hat, ist vom Prüfer unter Berücksichtigung der in anderen Prüfnormen aufgeführten Prüfverfahren und des Aufwandes festzulegen. Beispielsweise seien genannt:

- **Fehlerstromschutzschalter:** Auslösen mit der Prüftaste und mit dem Bemessungsdifferenzstrom, wenn möglich auch Messen des Auslösedifferenzstroms,
- **Entstörbeschaltungen (Elektromagnetische Verträglichkeit):** Messen des Ableitstroms (Abschnitt 6.3.4),
- **Überstromschutzeinrichtungen:** Kontrolle der Dimensionierung, Erproben der mechanischen Funktion,
- **Überspannungsschutzeinrichtungen:** Besichtigen, Kontrolle der Ansprechanzeige, Messen des Ansprechwerts, wenn dafür ein geeignetes Prüfgerät des Herstellers zur Verfügung steht,
- **Überdruck-Sicherheitsventil:** Besichtigen (austretendes Wasser), Aufheizen bis Wasser abtropft,
- **Schutz gegen Hineingreifen:** Besichtigen, Handprobe, Sitz und Befestigungen von Schutzabdeckungen, Funktion von Verriegelungen,
- **Not-Halt/Not-Stop-Taster:** Besichtigen und Erproben jedes Tasters.

Die bei gewerblich genutzten Geräten erforderlichen Schutzfunktionen sind im Anhang der Betriebssicherheitsverordnung [1.2] aufgeführt.

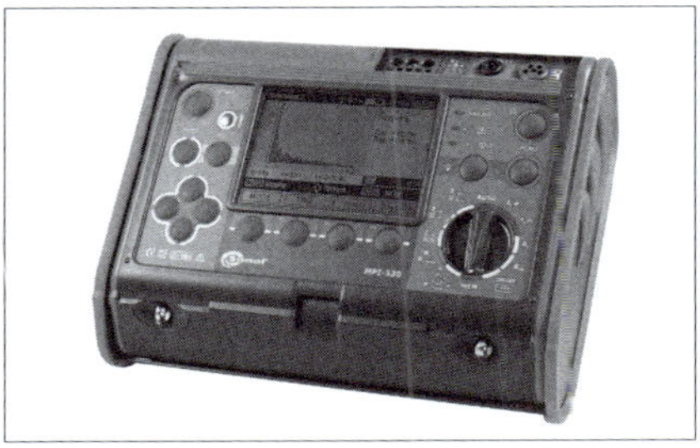

Bild 6.21
MPI 530 (Sonel), Installationstester, zur Prüfung von Fehlerstrom-schutzeinrichtungen in Geräten geeignet

Nachweis der Nutzfunktion des geprüften Geräts

Aus den zu Beginn dieses Abschnitts 6.3.5 geschilderten Gründen ist auch nachzuweisen, dass vom geprüften Gerät nach wie vor die Nutzfunktion erbracht werden kann. In welchem Umfang dieser Nachweis erforderlich und inwieweit er unter den Prüfbedingungen überhaupt möglich ist, muss vom Prüfer entschieden werden. Im Allgemeinen genügt eine Kontrolle

- der Wirkungsweise (Drehen, Heizen, Leuchten usw.) bei Teillast und
- der entsprechenden Strom-/Leistungsaufnahme,
- wie es mit den modernen Prüfgeräten (Bilder 7.4 und 7.5) problemlos möglich ist. Bei dieser Funktionsprüfung muss der Prüfer auch einschätzen, ob
- die Sicherheit des Benutzers bei betriebsmäßigem Einsatz des Geräts gewährleistet wird und
- durch die Funktion des Geräts eine bisher nicht erkannte Gefährdung entstehen kann.

Die Kontrolle der Funktion unter voller Belastung und/oder unter den Grenzbedingungen (Umgebungstemperatur, Feuchte usw.) gehört nicht zur Wiederholungsprüfung nach [2.28], ob sie im Einzelfall zur Beurteilung nötig ist, entscheidet der verantwortliche Prüfer.

Zustand der Aufschriften

Die Sicherheit eines elektrischen Geräts kann von seinem Anwender nur gewährleistet werden, wenn eine Bedienungsanleitung vorhanden ist. Der Prüfer darf voraussetzen, dass der Betreiber des Geräts (Arbeitgeber, Privatperson)

- diese Bedienungsanleitung erhalten und die Anwender entsprechend unterwiesen hat sowie
- für eine bestimmungsgemäße Anwendung sorgt.

Dies gilt auch für das Beachten der auf dem Gerät angebrachten Texte und Symbole. Zu kontrollieren sind auch der ordnungsgemäße Sitz und die Lesbarkeit der Prüfmarke und anderer dem entsprechenden Kennzeichen.

Es ist nicht Aufgabe des Prüfers zu klären, ob diese Bedienhinweise richtig, ausreichend und zweckmäßig angebracht sind. Er hat nur zu kontrollieren, ob sie gelesen bzw. erkannt werden können.

Sind sie nicht mehr lesbar/erkennbar und können sich dadurch eine Fehlbedienung und dann eine Gefährdung ergeben, ist eine Instandsetzung erforderlich.
Sind sie im Originalzustand nicht deutlich erkennbar, sollte der Betreiber auf deren Aussage hingewiesen werden.

Diese Kontrolle der Bedienhinweise ist schon Teil des ersten Prüfgangs, des Besichtigens. Sie muss in ausreichendem Umfang wiederholt werden, nachdem die anderen Prüfgänge abgeschlossen wurden, um die möglicherweise während der Instandsetzung/Prüfung eingetretenen Beschädigungen feststellen zu können.

Messen der Betriebstemperatur

Das Messen der Betriebstemperatur ist eine hervorragende Möglichkeit, Unregelmäßigkeiten im Zustand des Prüflings und damit entstehende Mängel/Schäden rechtzeitig zu erkennen. Natürlich verbietet es der damit verbundene Aufwand, diese Messung in DIN VDE 0701-0702 vorzugeben.
Oftmals hilft eine solche Messung aber dem Prüfer, sachgerecht über den Zustand eines Prüflings sowie über die Notwendigkeit einer Instandsetzung oder Aussonderung zu entscheiden. Zu bedenken ist auch, dass die Wiederholungsprüfung nicht unbedingt, wie allgemein üblich, durch eine „Momentaufnahme“ erfolgen muss, sondern auch durch eine längere oder ständige Überwachung erfolgen kann. Insofern kann der Prüfer eine Temperaturmessung während des Betreibens über einen längeren Zeitraum vornehmen und als Prüfgang der dann folgenden Wiederholungsprüfung werten.

Temperatur in °C (Metall/Isolierstoff)	**Subjektive Empfindung beim Berühren**	**Bemerkungen zur Messung mit der Hand und deren Folgen**
20 bis etwa 40	angenehm, normal	Messung problemlos
40 bis 55/65	zu warm, noch nicht unangenehm	intensive Empfindung der Wärme nur beim Berühren von Metallteilen
55/65 bis 65/75	zu warm, schon sehr unangenehm	Metallteile können – noch kurzzeitig berührt, – nur angetippt, nur im Abstand gemessen werden
65/75 bis 75/80	heiß, höchst unangenehm	
bis 80/90	sehr heiß, schon schmerzhaft	
80/90	zu heiß für eine Berührung, sehr schmerzhaft	Verletzung/Verbrennungen beim Berühren von Metallteilen möglich

Tafel 6.10 Maßstab zur Beurteilung der Temperatur durch das Berühren der betreffenden Teile durch eine Person

Gerät, Bauelement	Zulässige Temperatur in °C (Richtwerte)	Quelle, Bemerkung
Leitungen Adern	gummiisoliert 60 kunststoffisoliert 70	Herstellernorm, je nach Typ andere Werte
Oberfläche Isolierung	60/70, je nach Umgebungstemperatur	Literatur, Erfahrung
Klemmen bei Nennstrom	80 bis 100	Herstellernorm
Schaltkontakte	Aufheizen der angeschlossenen Leiter darf nicht erfolgen	Normen und andere Vorgaben
Sicherungen		
Körper von Einbaugeräten	50 bis 60	Herstellernorm, je nach Einbauart Vorgaben verschieden; höhere Werte bei Transformatoren, Dimmern usw.
zulässige Umgebungstemperatur der Einbaugeräte	bis 40	Höhere Temperaturen entstehen möglicherweise durch gegenseitiges Aufheizen
Innentemperatur bei Teilen, die …		
… nicht berührt	Metall 80 Kunststoff 90	siehe Tabelle 6.9
… berührt	Metall 70 Kunststoff 80	Normen und andere Vorgaben
… in der Hand gehalten werden	Metall 55 Kunststoff 65	

Tafel 6.11 Zulässige Temperatur von elektrischen Bauelementen, Geräten und Anlagenteilen. In Abhängigkeit vom eingesetzten Werkstoff, der Gestaltung und auch durch Normenänderungen können andere Werte gelten

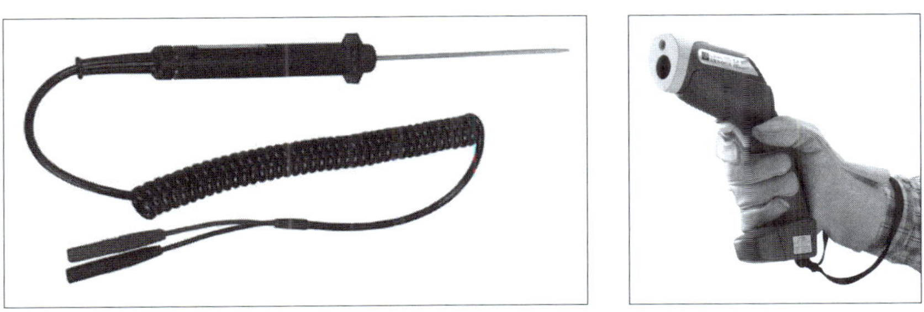

Bild 6.22 Beispielhafte Darstellung von Messgeräten für das Messen von Temperaturen an elektrischen Geräten

a) Temperaturfühler zum Anschluss an ein Prüfgerät (GMC)

b) Infrarot-Messgerät (Chauvin Arnoux)

Als Messgerät bietet sich die „Hand des Prüfers“ an. Die menschlichen Temperatursensoren sind so gut, dass ein unzulässiger (schmerzhafter) Temperaturwert bei einer Annäherung oder Berührung des Prüflings auf Anhieb erkannt wird (Tafel 6.10). Es kommt ja auch bei dieser „Messung“ nicht auf den genauen Wert, sondern auf dessen Größenordnung an. Die einzuhaltenden Grenzwerte zeigt Tafel 6.11. Wenn doch ein ganz exakter Messwert verlangt wird oder eine Annäherung mit der Hand nicht ratsam ist, bieten sich die in Bild 6.22 b gezeigten Temperaturmessgeräte an.

6.4 Prüfung besonderer Geräte

In den Prüfnormen DIN VDE 0701-0702 und den Abschnitten 6.1 bis 6.7 wird die Prüfung der üblichen elektrischen Geräte erläutert. In diesem Abschnitt wird das Prüfen von Geräten besprochen, bei denen besondere Bedingungen zu beachten sind.

6.4.1 Mit der Anlage fest verbundene Geräte

Soll ein mit einer Anlage fest verbundenes Gerät für sich allein geprüft werden, so ist es dazu möglichst von dieser zu trennen. Mithilfe einer arbeitsschutzgerechten Adaptierung der Anschlüsse kann die Prüfung dann wie bei den steckbaren Geräten – und wie in den Abschnitten 6.1 bis 6.6 beschrieben – nach DIN VDE 0701-0702 mit den Prüfgeräten nach DIN VDE 0404 bzw. DIN EN 61557-16 (VDE 0413-16) vorgenommen werden.
Dies gilt genauso für Geräte, die für die Prüfung nicht außer Betrieb genommen werden sollen.

Nicht immer aber ist ein Trennen von der Anlage möglich bzw. sinnvoll. Sowohl bei fest angeschlossenen als auch bei steckbaren Geräten kann es

- infolge ihrer räumlichen Anordnung und ihres Anschlusses,
- bedingt durch die betrieblichen Arbeitsabläufe,
- bei einer kurzfristig notwendig werdenden Kontrolle oder
- mit dem Ziel der Kosteneinsparung
- zweckmäßig sein, die Prüfung vorzunehmen, ohne die elektrische Verbindung zur Anlage zu lösen.

Prüfverfahren
Wenn eine Prüfung der Geräte in dieser Form vorgenommen werden soll, ist zu bedenken, dass fest angeschlossene Geräte ein Teil der ortsfesten Anlage sind und ihre Wiederholungsprüfung normalerweise gemeinsam mit der Wiederholungsprüfung der Anlage nach DIN VDE 0105-100 [2.19] erfolgt. Es wird nicht verlangt, dass diese fest angeschlossenen Geräte nach DIN VDE 0701-0702 [2,28] zu prüfen sind. Dieser Nachweis der „Sicherheit der Geräte als Teil der Anlage“ ist somit normgerecht.

Zu bedenken ist aber auch, dass die Sicherheit der Geräte damit „nur“ für

- die vorhandene Einbau- und Anschlusssituation der Geräte und
- im Zusammenhang mit der Sicherheit der Anlage

bestätigt wird. Diese Aussage gilt daher immer nur bis zum Zeitpunkt der Trennung des Geräts von der Anlage. Vor dem erneuten Anschluss und der Wiederinbetriebnahme an einem beliebigen Ort ist eine erneute (Erst-)Prüfung erforderlich.

» **Es muss immer bedacht werden: der Umfang und die Aussagekraft einer Wiederholungsprüfung nach DIN VDE 0701-0702 bzw. ihrer Prüfverfahren ist erheblich größer als die einer Prüfung nach DIN VDE 0105-100 (Tafel 6.12).**

Eine gesonderte Prüfung – nach DIN VDE 0701-0702 – kann aber doch aus folgenden Gründen notwendig sein:

- Bei der Prüfung der Anlage ergeben sich Unklarheiten, mögliche Fehler sind zu lokalisieren.
- Etwaige Auswirkungen des Geräts auf die Anlage sind zu erfassen.
- Es bestehen Zweifel am ordnungsgemäßen Zustand und somit an der Sicherheit eines Geräts.

Der Prüfer hat dann selbst zu entscheiden, welche Prüfgänge er auswählt und wie er prüft, um das gewünschte Ziel zu erreichen.

Prüfgang/ Prüfverfahren	**Vorgaben nach DIN VDE 0105-100 $U_N = 230\,V$**	**Vorgaben nach DIN VDE 0701-0702**	**Bemerkung**
Schutzleiter-prüfung	Nachweis des Durchgangs und eines sinnvollen Messwerts	Nachweis des Durchgangs und RSL $\leq 0{,}3\,\Omega$	Bei der Anlage ist auch die Schleifeimpedanz zu messen.
Isolationswider-standsmessung	300 Ω/V … 0,06 MΩ; 1 MΩ	1 MΩ, 2 MΩ	erhebliche Differenz
Schutzleiter-strommessung	nicht gefordert, keine Vorgabe	3,5 mA	schärfere Prüfung nach DIN VDE 0701-0702
Berührungs-strommessung	nicht gefordert, keine Vorgabe	0,5 mA	

Tafel 6.12 Vergleich der Prüfverfahren für die Wiederholungsprüfung eines Geräts mit seinem Anlagenteil nach DIN VDE 0105-100 und des Geräts getrennt vom Anlagenteil nach DIN VDE 0701-0702

Durchführen der Prüfung

Die Prüfung sollte ebenso erfolgen, wie es nach DIN VDE 0701-0702 in Bild 6.1 für ortsveränderliche Geräte vorgegeben wird. Sie ist jedoch nur ausführbar, wenn der Prüfling spannungsfrei geschaltet, d. h. allpolig (Außenleiter und Neutralleiter) von der Anlage getrennt wird.
Da dies nicht möglich bzw. in Anbetracht der damit verbundenen Eingriffe in die Anlage nicht zweckmäßig ist, lassen sich einige Einschränkungen gegenüber der kompletten Prüfung nach DIN VDE 0701-0702 nicht vermeiden.
Trotzdem aber kann beim positiven Ausgang der nachfolgend genannten Prüfgänge **der unter den gegenwärtigen Betriebsbedingungen sichere Zustand des Geräts** bestätigt werden. Der Prüfer kann davon ausgehen, dass er intensiver geprüft hat, als es nach DIN VDE 0105-100 gefordert wird.

Besichtigen

Das Besichtigen ist auch hier der wichtigste und möglicherweise – z. B. bei den Geräten ohne leitfähige berührbare Teile – der einzig durchführbare Prüfgang. Diese Feststellung erhält besondere Bedeutung, weil fast immer Kompromisse hinsichtlich der Vollständigkeit der einzelnen Messungen gemacht werden müssen. Das heißt, beim Besichtigen ist soweit wie möglich festzustellen, ob die durch Messungen zu gewinnenden Aussagen über das Gerät unter Beachtung seiner Einbau- und Anschlussart ausreichend und aussagekräftig sind.
Bei Teilen des Geräts, die nicht besichtigt werden können, muss eingeschätzt werden, ob ein dadurch möglicherweise nicht entdeckter Fehler oder Schaden bei dem zu erwartenden Gebrauch der Anlage zu einer Gefährdung führen kann.

Messen des Schutzleiterwiderstands

Der Nachweis der Schutzleiterverbindung kann durch das Verwenden eines Schutzleiteranschlusses der Elektroinstallation erfolgen **(Bild 6.23 a).**

Besonderheiten dieser Messung:

- Der Widerstandswert der „zusätzlichen Messstrecke“ (Bild 6.23 a) ist zu schätzen und vom Messergebnis abzuziehen.
- Es ist festzustellen, ob parallel zum Schutzleiter (Messstrecke in Bild 6.23 a) über
  - den Erdboden oder
  - fremde leitfähige Systeme (z. B. Konstruktion, Wasserleitung)

eine Verbindung zwischen dem Gerätekörper und dem Schutzleiter der Anlage besteht, die eine eventuelle Schutzleiterunterbrechung überbrücken oder das Messergebnis erheblich verfälschen könnte.
Wenn es nicht möglich ist, den Prüfling vom Netz zu trennen (Außenleiter abklemmen), muss ein für den Einsatz in Anlagen geeignetes Prüfgerät nach VDE 0413 (DIN EN 61557) [2.24] verwendet werden (Kapitel 7).

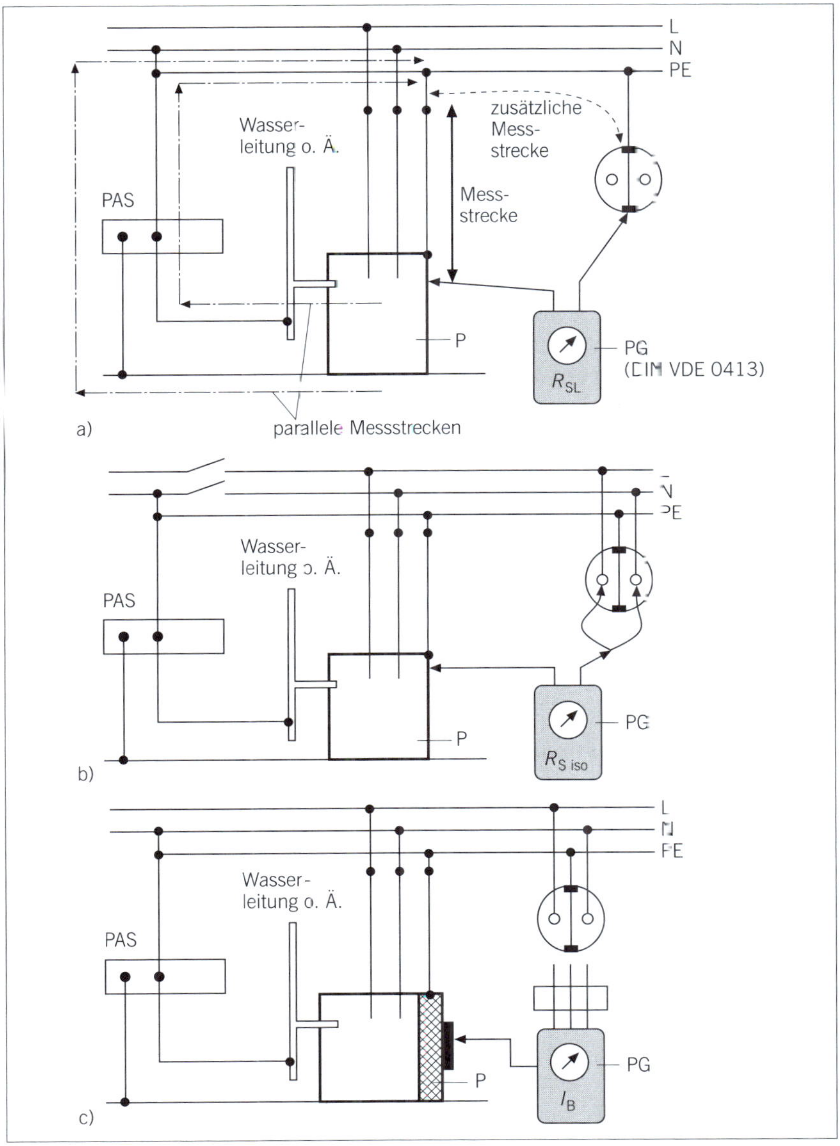

Bild 6.23 Messverfahren beim Prüfen von mit der Anlage verbundenen Geräten

a) Messen des Schutzleiterwiderstands, die zusätzliche Messstrecke und etwaige Parallelverbindungen sind zu beachten.

b) Messen des Isolationswiderstands, die Parallelschaltung mit anderen Anlagenteilen/Geräten ist zu beachten.

c) Messen des Berührungsstroms, die Darstellung gilt auch für Geräte ohne Schutzleiter (Schutzklasse II).

Messen des Isolationswiderstands

Diese Messung ist aus Gründen der Arbeitssicherheit mit den gängigen Prüfgeräten nur zulässig, wenn der Prüfling abgeschaltet, d. h. vom Außenleiter getrennt ist. Sie ist aus messtechnischen Gründen nur möglich, wenn bei Anlagen mit dem TN- oder TT-System auch der Neutralleiter des Prüflings/Stromkreises von der übrigen Anlage getrennt wurde (Bild 6.23 b).

Besonderheiten dieser Messung:

- Beim Beurteilen des Messergebnisses ist zu beachten, dass die Isolationswiderstände des angeschlossenen Anlagenteils sowie der anderen mit dem Stromkreis verbundenen Gebrauchs- und Installationsgeräte mit in den Messwert eingehen.
- Ergibt sich nach den Regeln für das Bewerten des Messwerts (Abschnitt 6.5.3) eine negative Aussage, so muss der Prüfling von der Anlage getrennt und für sich allein der Messung unterzogen werden.

Wird die Messung aus den eingangs genannten oder anderen Gründen nicht vorgenommen, so ist vom Prüfer zu entscheiden,

- ob die in Tafel 6.6 genannten Ausnahmen einen Verzicht auf die Messung gestatten oder
- ob bei den am Einsatzort vorliegenden Bedingungen das Besichtigen und/oder die Ableitstrommessungen (F 6.9) einen ausreichenden Nachweis des Isoliervermögens des Prüflings ermöglichen.

Messen des Berührungsstroms

Der Berührungsstrom kann problemlos mit den üblichen Prüfgeräten (Bilder 7.4 und 7.5) gemessen werden, wie es in Bild 6.23 c dargestellt wird.

Besonderheiten dieser Messung:

- Das nach DIN VDE 0701-0702 geforderte Umpolen der Anschlüsse der aktiven Leiter (L und N) des Prüflings ist nicht möglich und in Anbetracht des festen Anschlusses auch nicht nötig.
- Diese Messung ist eine wesentliche Ergänzung der Prüfung nach DIN VDE 0105-100.

Messen des Schutzleiterstroms

Das Messen des Schutzleiterstroms eines fest mit der Anlage verbundenen Geräts ist meist mit Schwierigkeiten verbunden. Wie in Bild 7.2 dargestellt, ist es dazu erforderlich, dass

- die Anschlüsse (L und N) des Geräts oder des Stromkreises (L und N) zugänglich sind
- und das Anlegen einer Strommesszange möglich ist.

Besonderheiten dieser Messung:

- Das Umpolen der Anschlüsse der aktiven Leiter (L und N) des Prüflings ist nicht möglich, aber infolge des festen Anschlusses auch nicht nötig.
- Erfolgt die Messung an den Anschlüssen des Stromkreises (Bild 7.2, M5 und M6), so darf an dessen aktive Leiter (L und N) nur das zu prüfende Gerät angeschlossen sein.
- Eine Messung des im Schutzleiter des Stromkreises fließenden Schutzleiterstroms (M6) ist meist nicht sinnvoll, da er in der Regel Verbindungen zum Potentialausgleich oder Erde hat und somit unbekannte Ströme aufgenommen/abgegeben werden, die dann das Messergebnis beeinflussen.
- Für die Bewertung des Messergebnisses gelten die in Abschnitt 6.3.3 vorgegebenen Regeln. Zu beachten ist, dass am Messort meist Fremdfelder vorhanden sind, die bei dem zu erwartenden geringen Messwert einen erheblichen Messfehler (Betriebsmessabweichung) hervorrufen können. Aus diesem Grund ist eine Kontrollmessung (Bild 7.2, M1) erforderlich.
- Diese Messung ist eine wesentliche Ergänzung der Prüfung nach DIN VDE 0105-100.

Bewerten der Prüfung

In Anbetracht der aufgeführten Besonderheiten und der nur in jedem einzelnen Fall zu bewertenden Einschränkungen muss die Entscheidung über das gesamte Prüfergebnis dem Prüfer vorbehalten bleiben. Er kann die Prüfung als „bestanden“ bewerten, wenn die Sicherheit bei dem vorliegenden Anschluss des Prüflings vollständig gewährleistet ist, d. h. die oben genannten Prüfgänge positiv verlaufen sind.
Konnten bei Geräten mit berührbaren, leitfähigen und an den Schutzleiter angeschlossenen Teilen weder die Isolationswiderstandsmessung noch die Schutzleiterstrommessung durchgeführt werden, so wurde der Nachweis der Sicherheit nicht vollständig erbracht; weder die Vorgaben nach DIN VDE 0701-0702 noch die nach DIN VDE 0105-100 wurden erfüllt. Der Prüfer hat in Abhängigkeit von der oben genannten Prüfaufgabe sowie von der Funktion und der Art des Geräts zu entscheiden, ob eine Gefährdung entstehen kann, und muss dann dem Betreiber entsprechende Maßnahmen vorschlagen.

6.4.2 Drehstromgeräte

Das Prüfen von drei- und mehrphasigen Geräten erfolgt nach dem gleichen Prinzip (Bild 6.1) und mit den gleichen Vorgaben, Prüfgängen, Prüf- und Messverfahren, wie sie in den voranstehenden Abschnitten beim Prüfen der einphasigen Geräte beschrieben wurden. Allerdings ergeben sich durch die Phasenzahl und die Phasenlage der Ströme einige Änderungen bei Prüfmitteln und Messverfahren sowie bei der Bewertung der Messergebnisse.

Messverfahren und ihre Besonderheiten

Das Messen des Schutzleiterwiderstands, des Isolationswiderstands und des Berührungsstroms (Bild 6.24) ist ebenso unproblematisch wie bei den einphasigen Geräten.

Alle diese Messungen können

- mit den üblichen für einphasige elektrische Geräte benötigten Prüfgeräten und unter Verwendung des in Bild 6.24 b dargestellten Adapters (siehe Bilder 6.26 c, 6.25 a oder b) oder
- mit einem entsprechend ausgestatteten Prüfgerät (siehe Bilder 6.26 a bis c und 9.5 f)

vorgenommen werden.

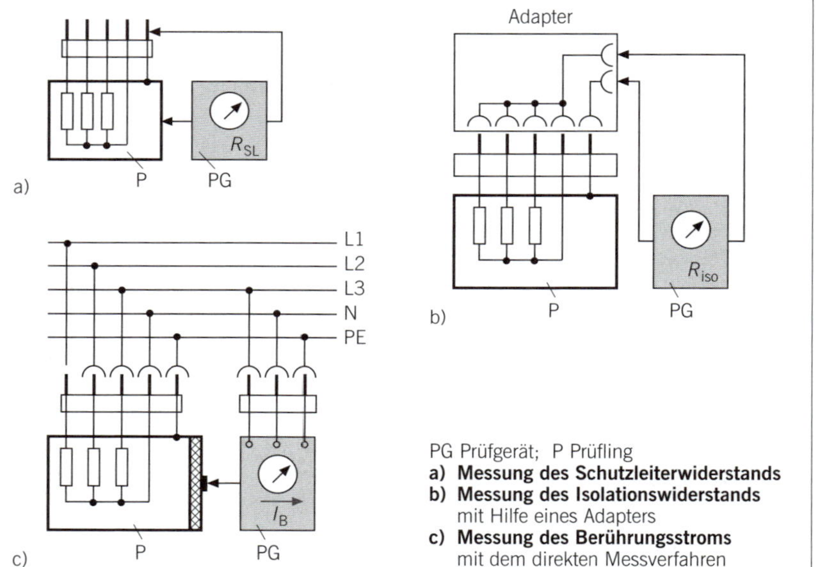

PG Prüfgerät; P Prüfling
a) Messung des Schutzleiterwiderstands
b) Messung des Isolationswiderstands mit Hilfe eines Adapters
c) Messung des Berührungsstroms mit dem direkten Messverfahren

Bild 6.24 Messungen mit den üblichen Prüfgeräten an einem dreiphasigen elektrischen Gerät

Das Messen des Schutzleiter- und auch des Berührungsstroms bzw. das Bewerten ihrer Messwerte ist hingegen infolge

- der unterschiedlichen Phasenlage (120°) der von den drei Außenleitern ausgehenden Anteilen am Schutzleiterstrom des Geräts sowie der
- bereits unter 6.3.4 erwähnten Unterschiede der Phasenlage (90°) der kapazitiven Ableitströme der Beschaltung und der ohmschen Ableitströme der Isolierungen, die sich ja geometrisch addieren,

nicht immer einfach.

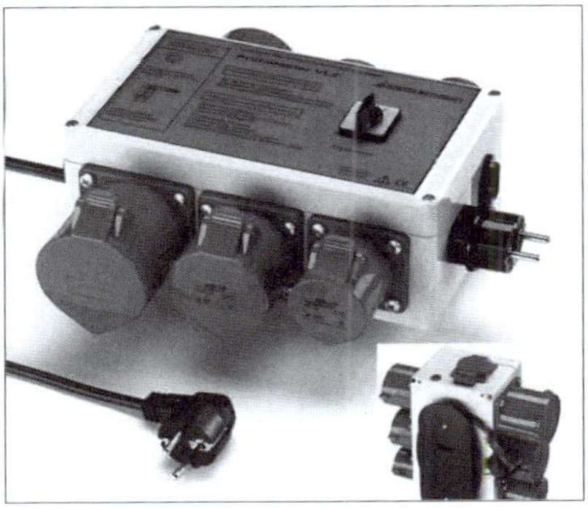

Bild 6.25
Beispiele des Zubehörs zu den Prüfgeräten und Prüfplätzen

a) Prüfadapter VL2 für Geräte und Verlängerungsleitungen (GMC)

b) Prüfadapter für dreipolige Geräte und Verlängerungsleitungen (Beha)

c) CEE-Adapter (Mebedo) zur Ergänzung eines beliebigen Gerätetesters, um die Messung des Schutzleiter- oder Berührungsstroms mit dem Differenzstromverfahren durchzuführen

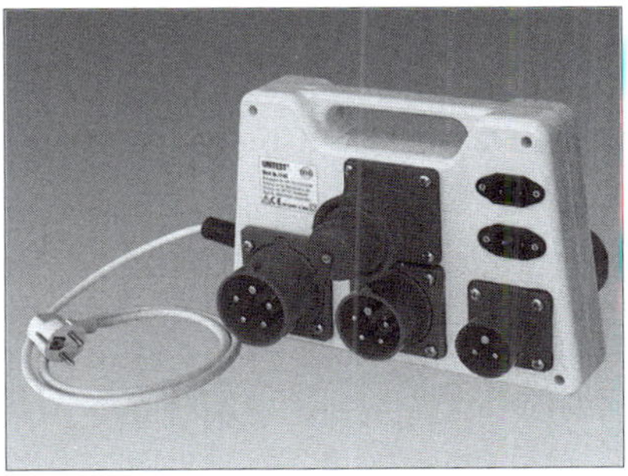

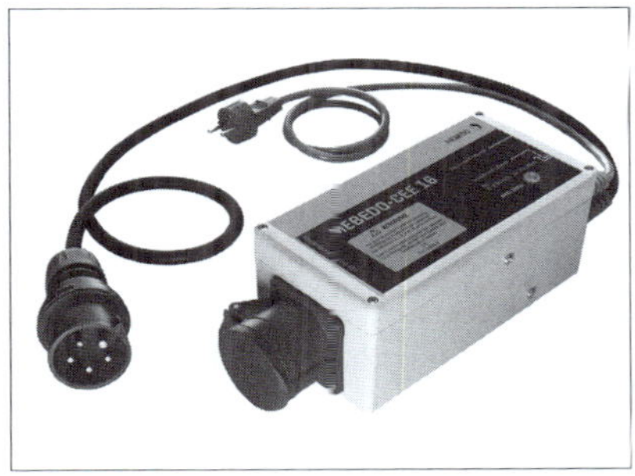

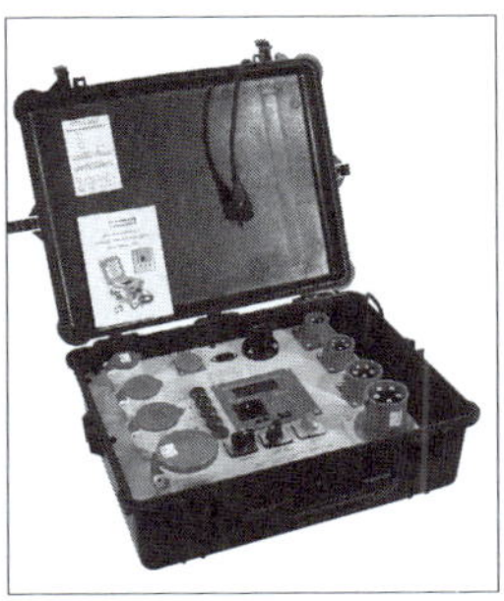

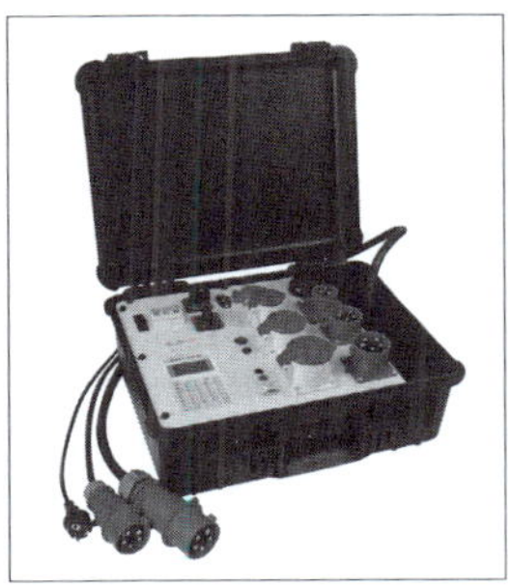

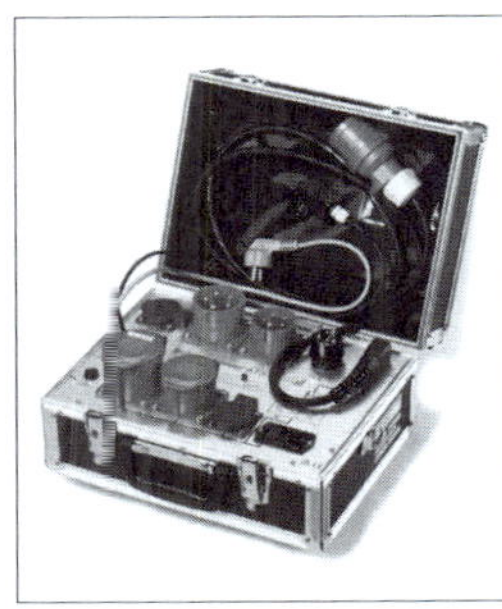

Bild 6.26 a Mobiles Prüfgerät PMLK 1400D zum Prüfen von Verlängerungsleitungen und von Geräten (Merz)

Bild 6.26 b Mobiles Prüfgerät PMKD 2500-Fi (Merz) zum Prüfen von Geräten bis 32 A (WS und DS), einschließlich Funktionsprüfung und Prüfung von Fehlerstromschutzeinrichtungen in Geräten

Bild 6.26 c Prüfkoffer AT3-III, Adapter zur Ergänzung des Prüfgeräts Secutest (Bild 7.5 g) zum Prüfen von Geräten und Verlängerungsleitungen (WS und DS)

Bei einem symmetrisch aufgebauten Erzeugnis gilt:

- Die im fehlerfreien Erzeugnis vorhandenen betriebsmäßigen Ableitströme der Außenleiter addieren sich zu null, es fließen zwar Ableitströme im Gerät (L → SL), aber keine im Schutzleiter/PA-leiter außerhalb des Geräts, hin zum Schutzleiter der Versorgungsanlage **(Bild 6.27 a).**

Beim direkten oder Differenzstrom-Messverfahren wird daher

- kein Schutzleiterstrom angezeigt, wenn das Gerät **fehlerfrei** ist und
- ein Schutzleiterstrom angezeigt, wenn ein **Fehler existiert**.

Das heißt: **Der Fehlerstrom eines Isolationsfehlers**

- **stört die im fehlerfreien Zustand vorhandene Symmetrie der Ableitströme und**
- **bewirkt die Anzeige eines Schutzleiterstroms (Bild 6.27 c).**

» **Denkbar ist auch, dass in allen drei Außenleitern Isolationsfehler und somit Fehlerströme vorhanden sind, die sich dann geometrisch und möglicherweise auch zu null addieren.**

Das Messergebnis – die Stromsumme im Schutzleiter außerhalb des Geräts – bietet somit keine zuverlässige Aussage darüber, ob im Drehstromgerät Ableit- und/oder Fehlerströme vorhanden sind und welche Werte sie haben. Es bietet somit zunächst „nur" eine Aussage über die bei einem Schutzleiterbruch mögliche Gefährdung von Personen (siehe Bild 6.6). Es bedarf einiger Überlegungen, um das Messergebnis richtig zu interpretieren und damit den Zustand des Geräts einschätzen zu können.

Bild 6.27 Messung des Schutzleiterstroms (Summe der Ableitströme und etwaiger Fehlerströme aller Außenleiter) an einem dreiphasigen elektrischen Gerät. Die Beschaltungen und deren Ableitströme I_{AC} sind nicht eingezeichnet und werden bei den Additionen nicht berücksichtigt. Ihr Vorhandensein ändert nichts an dem Prinzip der Messungen/Auswertung, da die Phasenlage der Teilströme vom Prüfer nicht erkannt wird und von ihm auch nicht zu bewerten ist.
PG1 sinngemäß dargestelltes spezielles Prüfgerät/Prüfadapter (Bild 6.25 c),
PG2 herkömmliches Prüfgerät (Bilder 7.5 und 7.6),
Adapter (Bilder 6.25 a und b),

P_L Prüfling, i Ableitstrom, I_F Fehlerstrom, Δ_i Differenzstrom (geometrische Summe), I_A angezeigte Summe der Fehler- oder Ableitströme der drei Phasen.

a) Messung mit der Differenzstrom-Messmethode, die Stromsumme i_Δ ist bei der geometrischen Addition der drei gleichgroßen Ableitströme, wie das Zeigerdiagramm zeigt, Null.
Nachteil: Es werden zwar gefährdende Schutzleiterströme erkannt, die symmetrischen Ableitströme im Gerät aber nicht bemerkt.

b) Messung mit der Ersatz-Ableitstrom-Messmethode, die Stromsumme I_A ist infolge der arithmetischen Addition der Ableitströme der Isolierungen (gleiche Phasenlage) $I_A = 3$ i
Nachteil: Es wird das Vorhandensein von Ableitströmen erkannt, nicht aber festgestellt, ob diese eine unmittelbare Gefährdung hervorrufen.

c) Darstellung der Addition der Ströme zum Schutzleiterstrom außerhalb des Geräts, wenn ein Isolationsfehler in einem der Außenleiter vorhanden ist.

Das Ersatz-Ableitstrom-Messverfahren hingegen bietet die Anzeige des Schutzleiterstroms als arithmetische Summe der Ableit-/ und Fehlerströme der Isolierungen aller drei Außenleiter (Bild 6.27 b). Seine Bewertung ist ebenso durchzuführen, wie dies unter 6.3.4 für die Wechselstromgeräte beschrieben wird.

Der Fehlerstrom eines Isolationsfehlers erhöht den im fehlerfreien Zustand vorhandenen Wert des Schutzleiterstroms (Bild 6.27 c).

Wegen der erforderlichen Erfassung der Ströme aller vier aktiven Leiter ist dafür nur ein speziell ausgestattetes Prüfgerät (Bild 6.28 a/b) oder ein ergänzender Adapter (Bild 6.25 c) geeignet.

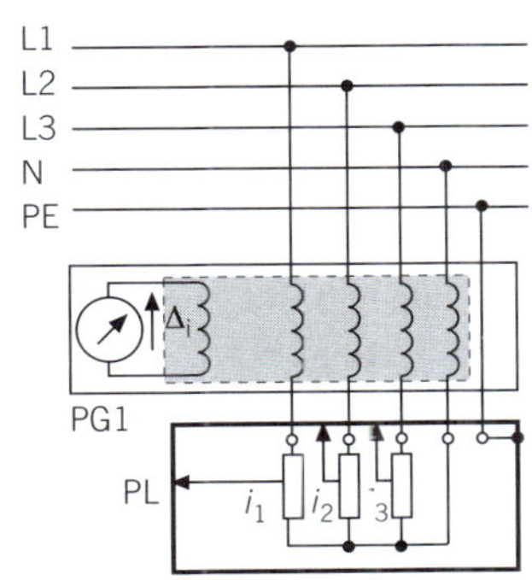

a)

In jedem Außenleiter des Drehstromgeräts fließt der gleiche Ableitstrom ($I_1 = I_2 = I_3$). Infolge der Phasenlage der Ströme ergibt sich als Stromsumme (geometrische Addition)

$$I_1 \mathbin{\hat{+}} I_2 \mathbin{\hat{+}} I_3 = \Delta_i = 0$$

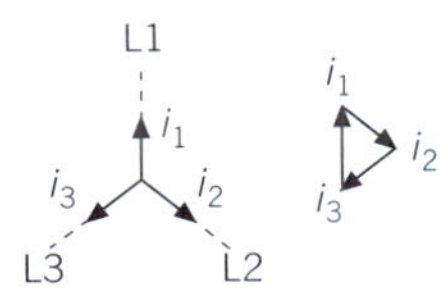

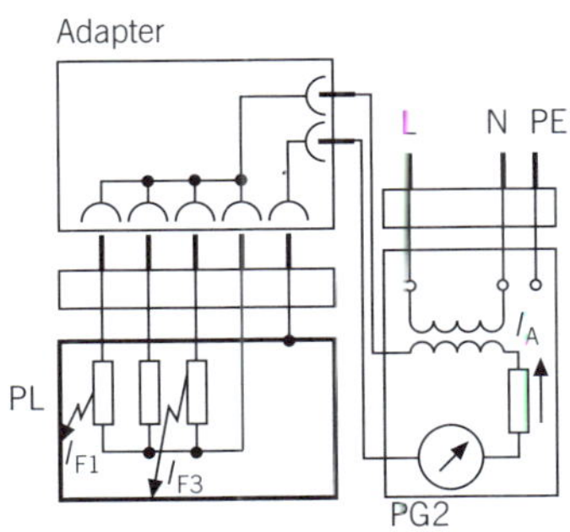

b)

In jedem Außenleiter des Drehstromgeräts fließt der gleiche Ableitstrom ($I_1 = I_2 = I_3$). Infolge der übereinstimmenden Phasenlage der Ströme ergibt sich als Stromsumme (arithtrische Addition)

$$I_1 + I_2 + I_3 = 3i = I_A$$

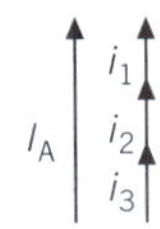

Differenzstrom-Messmethode

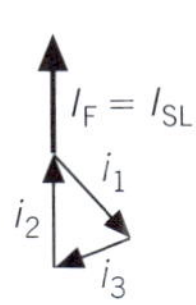

c)

Ersatz-Ableitstrom-Messmethode

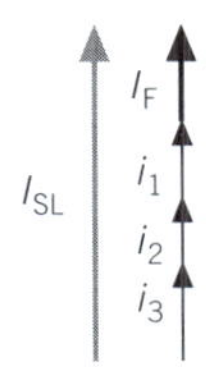

Messergebnisse und ihre Bewertungen

Es ist zweckmäßig, beim Messen des Schutzleiterstroms der Drehstromgeräte

- sowohl das Differenzstrom-Messverfahren
- als auch das Ersatz-Ableitstrom-Messverfahren anzuwenden (Bild 6.27),

um möglichst viele Informationen über das Stromgewirr im Prüfling zu erhalten. Trotzdem aber lässt sich auch auf der Grundlage dieser beiden Messergebnisse meist nur annähernd feststellen,

- ob die angezeigten Stromsummen von einem oder von mehreren Außenleitern dominiert werden und
- welche Ableit- und/oder Fehlerströme mit welchem Anteil beteiligt sind.

Grundsätzlich kann ein zu prüfendes Drehstromgerät mit symmetrischem Aufbau nur bei folgenden Messergebnissen als ordnungsgemäß bezeichnet werden:

- Beide Messverfahren liefern das Ergebnis null.
- Der im Betriebszustand gemessene Differenzstrom beträgt null oder etwa null, und die mit dem Ersatz-Ableitstrom-Messverfahren gemessene Summe der Ableitströme der Außenleiter hat einen Wert, der nicht über dem Grenzwert 3,5 mA liegt oder – sofern eine Beschaltung vorhanden ist – höchstens dem dreifachen Ableitstrom der Beschaltung eines Außenleiters entspricht.

Alle anderen Messergebnisse sind Anzeichen für einen Isolationsfehler. Der Prüfer muss dann über die weitere Verfahrensweise entscheiden – Freigabe bei geringfügigen, ungefährlichen und erklärbaren Stromwerten – oder Instandsetzung.

Der Zustand des Prüflings lässt sich genauer beurteilen, wenn er nur mit jeweils einer Phase mit dem Netz verbunden und somit bei den Messungen nur der in dieser Phase vorhandene Isolationsfehler (Isolationswiderstand, Ableitstrom) wirksam wird.

Zu empfehlen ist, die bei der Erstprüfung ermittelten Werte als „Grenzwerte" zu betrachten und dann bei der Wiederholungsprüfung festzustellen, ob eine Veränderung – ein Isolationsfehler? – aufgetreten ist.

6.4.3 Geräte mit Kondensatoren

Bei einem Gerät, das mit einer kapazitiven Beschaltung oder aus anderen Gründen mit Kondensatoren ausgerüstet ist, muss durch das Gerät selbst sichergestellt werden, dass 1 s nach dem Trennen vom Netz keine Spannung über 60 V an berührbaren Teilen, z. B. an den Steckerstiften, anliegt. Ein Nachweis dieser selbsttätigen Entladung, wie er z. B. für Maschinenausrüstungen vorgegeben ist [2.10], wird für die Wiederholungsprüfung der elektrischen Geräte nicht gefordert.

Es muss jedoch damit gerechnet werden, dass eine solche zwangsläufige Entladung der Kondensatoren nicht erfolgt, wenn es sich um Geräte ohne CE-Zeichen (F 4.1) oder um Billiggeräte handelt. Es ist daher bei der Eingangsprüfung der Geräte (Abschnitt 6.1) zu klären, ob dadurch eine Gefährdung auftreten kann und ob

- auf den Einsatz der Geräte verzichtet werden oder
- eine entsprechende Unterweisung der Mitarbeiter und der Prüfer erfolgen muss.

6.4.4 Geräte mit Beschaltungen

Bei Geräten mit einer Schutzzwecken dienenden Beschaltung (Entstörung, Verhindern nachteiliger Einflüsse auf elektronische Sicherheitseinrichtungen) sind zwei Varianten möglich:

Beschaltung (Filter) zwischen den aktiven Leitern und dem Schutzleiter der Geräte

6

Die Auswirkungen dieser in der Regel kapazitiven Beschaltung auf den Wert und die Phasenlage des Schutzleiterstroms wurden bereits in Abschnitt 6.3.4 behandelt. Möglich ist jedoch, dass auch ohmsche Widerstände Teil der Beschaltung sind, z. B. um das Entladen von deren Kapazitäten sicherzustellen (Abschnitt 6.4.3). Sie beeinflussen dann

- den Wert und die Phasenlage des **Ableitstroms** der Beschaltung und,
- infolge ihrer Parallelschaltung zu den Widerständen der Isolierungen, auch den Messwert, der sich beim Prüfgang „Messen des **Isolationswiderstands**“ ergibt und somit nicht dem tatsächlichen, eigentlich ja interessierenden Widerstandswert der Isolationen entspricht.

Hinzu kommt, dass die sich dadurch ergebenden Messwerte zumeist über bzw. unter den in der Norm [2.28] vorgegebenen Grenzwerten liegen.
Diese Zusammenhänge für das jeweils zu prüfende Gerät bis ins Detail zu klären, ist nicht Aufgabe der Wiederholungsprüfung. Zum Bewerten genügt es ja, diese aktuellen Messwerte mit den Messergebnissen zu vergleichen, die sich bei der Erstprüfung, also an dem als einwandfrei erkannten Gerät, ergeben haben.

Beschaltungen im Schutzleiter (nichtlineare Bauelemente)

Der Widerstand dieser induktiven Bauelemente ist stromabhängig. Wenn mit einem Prüfstrom von DC 0,2 A ein Widerstand $> 0{,}3\,\Omega$ ermittelt wird, wäre das ein nach DIN VDE 0701-0702 negatives Prüfergebnis. In diesen Fällen ist

- zu kontrollieren, ob das Gerät den Vorgaben der Herstellernorm entspricht, und
- die Messung mit einem höheren Prüfstrom von z. B. AC 10 A oder AC 25 A zu wiederholen.

Die zweite Verfahrensweise ist akzeptabel, da damit nachgewiesen wird, dass die Beschaltung das Ansprechen der Schutzeinrichtungen der Anlage im Fehlerfall (widerstandsloser Kurzschluss, Fehlerstrom in der Größenordnung 200 A) nicht behindert. Bei den dann folgenden Prüfungen kann auch bei dieser Beschaltung der Vergleich mit den Messwerten (0,2 A, 10 A usw.) der Erstprüfung zur Bewertung genutzt werden.

6.4.5 Instand gesetzte Geräte

Bei der Prüfung nach der Instandsetzung ist zu kontrollieren, ob die Reparatur sachgemäß und unter Beachtung aller in der Betriebsanleitung des zu prüfenden Geräts vorhandenen Festlegungen erfolgte. Ebenso sind die bei besonderen Geräten, z. B. Warmwasserspeichern mit Druckbehältern oder asbesthaltigen Heizgeräten, bestehenden gesetzlichen oder vom Hersteller in der Dokumentation bzw. der Bedienungsanleitung getroffenen Festlegungen zu berücksichtigen. Ob solche Festlegungen bestehen, ist von der vEFK im Zusammenhang mit der Eingangsprüfung/Gefährdungsbeurteilung (Kapitel 3) zu klären. Gegebenenfalls sollten die dadurch erforderlichen Prüfschritte und Prüfverfahren in einer betrieblichen Anweisung festgelegt werden.

Ist an einem instand gesetzten Gerät einer der vorgegebenen Prüfgänge, bedingt durch die örtlichen Gegebenheiten oder den dazu erforderlichen Aufwand, nicht durchführbar oder wurde auf seine Durchführung verzichtet, weil bei der Instandsetzung keine für die Sicherheit maßgeblichen Teile beeinflusst worden sind, ist vom Prüfer zu entscheiden, ob trotz dieses Verzichts die Sicherheit bestätigt werden kann oder nicht. Diese Entscheidung sollte dokumentiert werden (F 3.1).

Sind Kundengeräte nicht nur zu prüfen, sondern auch instand zu setzen, so sollte dies zuvor mit dem Kunden vereinbart und die Dokumentation des Geräts von ihm angefordert werden.

6.4.6 Möbel/Betten mit elektrischer Ausrüstung

Derartige Einrichtungsgegenstände werden bei der Wartung oder Prüfung sehr oft völlig vergessen, d. h. nicht als zu prüfende elektrische Geräte angesehen. Es ist daher bei jedem nur allgemein formulierten Auftrag wie „Prüfung der ortsveränderlichen elektrischen Geräte“ auch auf solche „Sonderlinge“ zu achten, um sie dann mit zu prüfen. Dies gilt auch und besonders für Möbel, die vom Anwender selbst „elektrifiziert“ wurden.

Ergänzend zu den allgemein vorgegebenen Prüfschritten (Kapitel 6) ist bei diesen Prüflingen auf Folgendes zu achten:

- richtige Zuordnung/Abstände der wärmeerzeugenden Geräte zu den sie umgebenden Werkstoffen/Möbelteilen,

- ausreichende Wärmeabführung für die eingebauten sowie für die nach einem Einsatz abgelegten ortsveränderlichen Geräte (Messen der Temperatur der Abluft),
- erkennbare Folgen (Farbe, Verformung) der beim Betrieb auftretenden Temperaturen,
- richtige, der Schutzmaßnahme und der Einsatzart entsprechende Anschlussleitung, deren Verlegung und Befestigung,
- Schäden an der elektrischen Ausstattung, die durch Transport oder andere Bewegungen sowie durch die Reinigung (Reinigungschemie!) oder spezielle Beanspruchungen (Alkohol, Urin usw.) entstanden sind.

Bei Betten mit elektrischer Stellvorrichtung muss es zum Prüfprogramm gehören, dass der Prüfer

- sich eingehend darüber informiert, ob Flüssigkeiten (Reinigungsflüssigkeit, Wasser, Urin) in das Innere der Elektroinstallation eingedrungen sein könnten und
- gegebenenfalls Isolationswiderstandsmessungen (Isolierkörper → aktive Teile) an den Stellen des Isolierkörpers vornimmt, an denen eine Flüssigkeit (s. o.) in das Innere bis zu den aktiven Teilen vordringen kann.

Bei Pflegebetten in medizinischen Einrichtungen (Medizinprodukte) sind bei der Prüfung die entsprechende Norm [2.29] und ergänzende landesrechtliche Vorgaben zu berücksichtigen.

Die durch derartige Mängel entstehenden Kriechströme waren bereits mehrfach die Ursache von Bränden und Todesfällen.

6.4.7 Geräte ohne berührbare leitfähige Teile und ohne Schutzleiter

An Geräten ohne Schutzleiter und ohne berührbare leitfähige Teile kann keine der in den Normen vorgegebenen Messungen vorgenommen werden. Es wird hier sehr deutlich,

- welche Bedeutung eine gründliche, sachkundige Besichtigung für das Bewerten eines elektrischen Geräts hat und
- dass die Qualität der Prüfung und die Richtigkeit der Entscheidung über die Sicherheit der Geräte sehr von der Kompetenz und den Erfahrungen der Prüfer abhängen.

Die bei diesen Geräten vorhandene „Messunfähigkeit“ besteht mehr oder weniger bei allen Geräten mit der Schutzmaßnahme doppelte/verstärkte Isolierung (Schutzisolierung). Dies sind die meisten der Informations-, Unterhaltungs-, Kommunikationstechnik. Das heißt, bei vielen der Geräte, die wir täglich benutzen, sind die nach den Normen vorgesehene Prüfverfahren (R_{ISO}, I_B) gar nicht durchführbar.
Diese Einschränkung der Messmöglichkeit/-aussage besteht auch, wenn sich auf dem Isolierkörper eines Geräts berührbare leitfähige Teile befinden.

6

» **Durch das Messen des Isolationswiderstands und/oder des Berührungsstroms an einem berührbaren Teil (Bild 6.16 a) wird nur ein unmittelbar an/unter einem solchen Teil des Isolierkörpers vorhandener Schaden ermittelt, keinesfalls aber der ordnungsgemäße Zustand des gesamten Isolierkörpers/-teils bestätigt.**

Um dies auszugleichen, sollten neben dem gründlichen Besichtigen so weit wie möglich auch die anderen in Abschnitt 6.6 aufgeführten Prüfverfahren zur Anwendung kommen. In Abhängigkeit von der Art oder der Beanspruchung des Geräts oder bei erkennbaren Fehlern (Nässe, Kriechstrecken, Verfärbungen) kann es auch zweckmäßig sein, die Messungen des Isolationswiderstands oder Berührungsstroms an nichtleitenden berührbaren Teilen vorzunehmen (Abschnitt 6.4.6).

6.4.8 Geräte, für die spezielle Normenvorgaben bestehen

Spezielle Arbeitsabläufe im Unternehmen können besondere elektrische Geräte erforderlich machen, für deren Prüfung besondere Vorgaben zu beachten sind. Möglich ist auch, dass in gesetzlichen Vorgaben (Bundes- oder Landesgesetze) für bestimmte Bauten oder Anwendungsfälle der Einsatz besonderer Geräte und/oder spezielle Prüfungen gefordert werden. Dies muss der Prüfer im Zusammenhang mit der Vorbereitung der Prüfung feststellen.

Geräteart, Einsatzbedingungen/-arten	**Gesetze, Normen**
medizinische elektrische Geräte	DIN EN 62353 (VDE 0751-1), Betreiberverordnung für medizinische Geräte
Einsatz auf/in Bahnen (Fahrzeugen)	VDE 0115 (DIN EN 60950-1)
Einsatz unter Tage	DIN VDE 0118
Anlagen/Räume mit Ex-Schutz	DIN VDE 0170/0171, BetrSichV
eigensichere Betriebsmittel/Systeme	DIN VDE 0170/0171, BetrSichV
spezielle Warn- und Brandschutzanlagen	DIN VDE 0833. VdS-Richtlinien, Landesbauordnung
Druckgeräte	Betriebssicherheitsverordnung
Schweißgeräte	DIN EN 60974-4 (VDE 0544-4) [2.30]
Aufzugsanlagen	Betriebssicherheitsverordnung, TRBS 1201-4
elektromotorische Handwerkzeuge	DIN EN 60745- 1 (VDE 0740-1)
Steckdosenleisten	DIN VDE 0620-1
Netzteile der Informationstechnik	DIN EN 60950-1 (VDE 0805-1) DIN EN 62368-1 (VDE 0868-1)

Tafel 6.13 Einsatzgebiete/-arten, die besondere Anforderungen an das elektrische Gerät und möglicherweise auch besondere Prüfbedingungen zur Folge haben können

Einem Elektrofachbetrieb, der auftragsgemäß die ihm übergebenen Geräte prüft, müsste der Auftraggeber mitteilen, ob bei deren Einsatz besondere Bedingungen vorliegen und welche Prüfvorgaben gegebenenfalls zu beachten sind. Da dies meist nicht erfolgt bzw. infolge Unwissenheit auch nicht erfolgen kann, ist es auch die Aufgabe des Prüfers, auf derartige, meist erkennbare Besonderheiten der Geräte oder der betrieblichen Verhältnisse des Auftraggebers zu achten.
Möglich ist auch, dass für das Prüfen solcher Geräte eine besondere Qualifikation oder Ausbildung (Herstellerseminar) erforderlich ist und gesetzliche Vorgaben für die Prüffristen bestehen.

Vom Prüfer sollte auch darauf geachtet werden, dass viele elektrische Geräte – bedingt durch ihre Funktion (Drehen, Heben, Leuchten, Heizen, Wärmen, Pflegen, Verschönern usw.) – bestimmte Eigenarten und Gefährdungen aufweisen. Er sollte deshalb die Herstellungsnormen aller von ihm zu prüfenden Geräte kennen **(Tafel 6.13).**

6

6.4.9 Selbst hergestellte Geräte

Der Prüfablauf nach DIN VDE 0701-0702 mit seinen in Bild 6.1 aufgeführten Prüfgängen ist **ausreichend**, um bei einem selbsthergestellten Gerät nachzuweisen, dass bei seinem Benutzen im gegenwärtigen Zustand die erforderliche Sicherheit gewährleistet ist: Er ist jedoch **nicht ausreichend**, um zu bestätigen, dass die für das Gestalten des Geräts geltenden Vorgaben der Gesetze [1.1] und Normen [2.14] eingehalten wurden (F 3.1). Werden sie „in den Verkehr“ gebracht, also verliehen oder vertrieben, ist das Einhalten dieser Vorgaben nachzuweisen.

Im eigenen Betrieb ist durch eine Gefährdungsbeurteilung (F 3.16) festzulegen, ob und welche Verhaltensweisen der eigenen Mitarbeiter beim Verwenden dieses Geräts erforderlich sind, um die Sicherheit zu gewährleisten (F 5.7).

Selbsthergestellte Geräte dürfen somit nicht „in den Verkehr gebracht“ werden (Kapitel 3). Bei einer internen Übergabe an andere Unternehmen o. Ä. muss in einem vom Empfänger unterschriebenen Übergabeprotokoll o. ä. dargelegt werden, welche Merkmale das Gerät aufweist (kein CE-Zeichen, keine Typprüfung usw.), welche Gefährdungen bestehen und welche Verhaltensweisen bei seinem Benutzen erforderlich sind.

6.4.10 Geräte mit nichtelektrischen Schutzeinrichtungen

Die Betriebssicherheitsverordnung verpflichtet zur Abwehr jeglicher Gefährdung, die für den Anwender eines Arbeitsmittels entstehen kann. Insofern haben die Betreiber elektrischer Geräte bzw. die mit dem Prüfen beauftragten befähigten Personen auch die „nichtelektrischen“ Schutzeinrichtungen bei der Prüfung zu berücksichtigen. Dies sind z. B. Schutzkörbe, Fangvorrichtungen, Überdruckventile, deren Versagen ja letzt-

lich auch zu einer elektrischen Gefährdung führen kann. Es ist dabei unerheblich, ob diese Prüfungen in den technischen Regeln, z. B. der Prüfnormen [2.28], aufgeführt sind oder nicht, ihre Wirksamkeit ist in jedem Fall und im notwendigen Umfang nachzuweisen (Bild 6.1).
Möglicherweise sind die in den Herstellungsnormen genannten Prüfverfahren eine Hilfe für den Prüfer.
Für einige gewerblichen Geräte, z. B. für Baukreissägen, werden in Vorschriften der Berufsgenossenschaft ergänzende, die mechanischen Schutzeinrichtungen betreffenden Prüfvorgaben gemacht, die von einer dazu befähigten Person umgesetzt werden sollen. Es ist vom Prüfer mit dem Betreiber des Geräts zu vereinbaren, wer diese Prüfschritte ausführt.

6.4.11 Verbund steckbarer Geräte

Das Zusammenstecken von zwei, drei oder mehr Steckdosenleisten, um alle am Arbeitsplatz benötigten ortsveränderlichen Geräte mit der elektrischen Anlage verbinden zu können, ist vielfach üblich. Im Büro, an der Werkbank und zu Hause sind diese „hilfreichen Monster“ zu finden. Sie sind das Produkt einer mangelhaften Ausstattung der Räume mit Steckdosen, werden von Elektrolaien „errichtet“ (zusammengesteckt) und befinden sich dann in einem lebenslangen Pflegenotstand.
Es gibt keine Errichtungsbestimmungen für eine derartige „gesteckte“ Anlage und dann natürlich auch keine Prüfvorschrift.

Ein solcher Verbund ist kein ortsveränderliches Gerät. Und selbst wenn er mit „Augen zu und durch“ wie ein großes Gerät behandelt und der Stecker der ersten Master-Steckdosenleiste an ein Prüfgerät (Anhang 5) angeschlossen wird, kann
keine komplette Prüfung nach DIN VDE 0701-0702 [2.28]
durchgeführt werden. Die Gründe dafür sind:

- Die zu prüfenden Teile dieser Anlage, die einzelnen Geräte, sind mehr oder weniger nicht zugänglich. Das Besichtigen ist daher nicht oder nur teilweise möglich. Die beim „Errichten“ entstandenen und nicht beachteten Mängel (schlechte Wärmeabführung, Quetschungen u. a.) sowie die Spuren des Betreibens, z. B. Kontaktdefekte, können nicht konsequent gesucht und daher nicht gefunden werden.
- Die in DIN VDE 0701-0702 vorgegebenen Grenzwerte gelten ausschließlich für ein einzelnes Gerät. Ihr Vergleich mit den beim Messen an dem Verbund erzielten Werten ist somit mehr oder weniger sinnlos. Es ist nicht möglich, die einzelnen Geräte zu beurteilen.
- Das Ziel der Prüfung, die in der Betriebssicherheitsverordnung geforderte Bestätigung der Sicherheit für jedes einzelne der beteiligten Geräte und das Dokumentieren seiner Prüfergebnisse, ist nicht erreichbar.

Zulässig und sinnvoll wäre die gemeinsame Prüfung der Geräte im Verbund nur dann, wenn

- deren vollständige Besichtigung möglich ist, und
- der Prüfer anhand der Messergebnisse eine zweifelsfreie Beurteilung aller Geräte vornehmen kann.

Dies ist z. B. bei einer Steckdosenleiste der Fall, von der mehrere Leuchten und keine weitere Leiste versorgt werden und auch bei der Kombination „Gerät plus steckbare Anschlussleitung“.

Das Prüfen eines solchen „Steckverbunds“ nach DIN VDE 0701-0702 ist natürlich nicht verboten.

Im Gegenteil, es ist zweifellos nützlich; mit ihm wird ja festgestellt, ob irgendwo im Verbund ein Sicherheitsmangel besteht, der sein Abschalten und eine Fehlersuche erfordert. Trotzdem ist sie allein keine normgerechte Wiederholungsprüfung, da nicht alle Mängel gefunden werden können.

Eine Wiederholungsprüfung erfordert klipp und klar, dass die zu prüfenden Geräte zuvor aus dem Verbund herausgelöst werden.

Um die Sicherheit nach Betriebssicherheitsversordnung [1.2] zu gewährleisten, genügt es aber in diesem Fall nicht, „nur“ das normgerechte Prüfen [2.26] zu organisieren.

Zum Vorbereiten der Prüfung durch die befähigte Person bzw. den verantwortlichen Prüfer gehört es ja auch, die Rahmenbedingungen für ein effektives Prüfen der Geräte zu gewährleisten.

Das heißt, für den „Steckverbund“ sind aufgrund seiner Besonderheiten einige besondere Überlegungen zur Prüfvorbereitung (Kapitel 8) erforderlich:

- Ein solcher Steckverbund ist keine Anlage, die „normgerecht“ nach DIN VDE 0105-100 [2.19] zu prüfen wäre. Bei dieser Prüfung würden einige der durch DIN VDE 0701-0702 vorgegebenen Prüfgänge entfallen (I_{SL}, I_B) oder, wie das Besichtigen, aus den bereits angegebenen Gründen nicht gründlich durchgeführt werden können.
- An dieser „Anlage“ wurde sicherlich nach ihrem Zusammenstecken und auch nach etwaigen Veränderungen keine Erstprüfung nach DIN VDE 0100-600, einschließlich des Nachweises der Wirksamkeit der Schutzmaßnahme (Schleifenimpedanzmessung), vorgenommen. Sie hätte somit nicht in Betrieb genommen werden dürfen.
- Dieser Steckverbund kann und darf jederzeit durch die Mitarbeiter (Elektrolaien) unkontrolliert verändert werden. Das macht es unmöglich, ihn als Anlage anzusehen und entsprechend zu warten.
- Die vEFK eines Unternehmens muss sie dafür sorgen, dass in allen Räumen genügend Steckdosen installiert werden, damit sich der Einsatz von Steckdosenleisten weitgehend erübrigt, und sicherstellen, dass nur bestimmte Steckdosenleisten (Typen) vertrauenswürdiger Hersteller eingesetzt werden.

- Wenn der Auftraggeber oder seine „befähigte Person" darauf bestehen, dass eine derartige Verbundlösung wie ein Einzelgerät geprüft wird und eine Demontage nur erfolgt, wenn ein Fehler im Verbund festgestellt wird, sollte diese Aufgabenstellung sowie der sich daraus ergebende unvollständige Prüfumfang (Prüfqualität) im Prüfprotokoll klar deutlich notiert werden.

Da die in [1.2] [2.28] vorgegebenen Prüfgänge nicht alle durchgeführt wurden, bzw. das Prüfergebnis keine Bewertung der einzelnen Geräte ermöglicht, kann das Durchführen der Wiederholungsprüfung dieser Geräte nicht bestätigt werden.

6.4.12 Netzteile

Es geht um Netzteile, die als selbständige Geräte für die Versorgung anderer Geräte mit einer vom geerdeten Versorgungsnetz sicher getrennten Kleinspannung (max. 50 V AC oder 120 V DC) verwendet werden **(Bild 6.28, Tafel 6.13).** Diese Stromversorgungsgeräte gewährleisten damit auch die Schutzmaßnahme „Schutz durch Kleinspannung" [2.5]. Sie verfügen über einen kompakten, vollständig geschlossenen robusten Isolierkörper, der

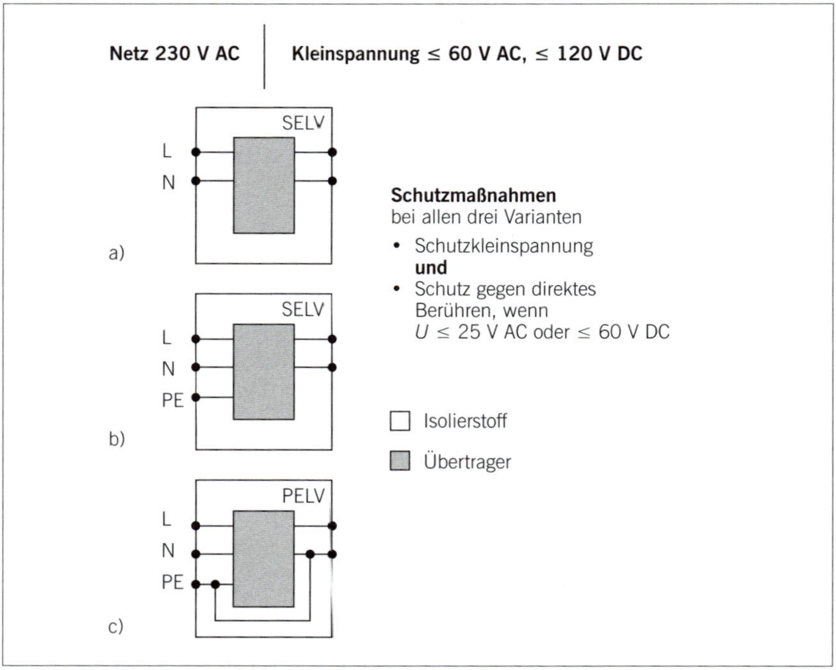

Bild 6.28 Übliche Varianten der Netzteile, Darstellung ihrer Schutzmaßnahmen gegen elektrischen Schlag

- für die 230 V-Eingangsseite den Schutz gegen direktes und bei indirektem Berühren (verstärkte Isolierung) und
- für die Kleinspannungsseite neben der Kleinspannung auch, bei einer Spannung über 25 V AC oder 60 V DC, den Schutz gegen direktes Berühren (Basisisolierung)

gewährleistet.

Diese Netzteile/-geräte [3.21] sind Massenartikel und haben aus den verschiedensten Gründen oftmals nicht die zu erwartende und geforderte Qualität. Außerdem sind sie mit ihren Varianten (SELV und PELV) für manchen Prüfer ein „schwarzer Kasten", dessen unbekannter Inhalt ihm das Prüfen, das Festlegen der Prüfstrategie, erschwert.

In Bild 6.28 sind die drei üblichen, hinsichtlich der Schutzmaßnahmen unterschiedlichen Netzteile, dargestellt. Für sie gilt:

- Hat der Prüfling einen zweipoligen Netzanschluss, handelt es sich um Typ a).
- Ob es sich bei einem dreipoligen Netzanschluss um Typ b) oder c) handelt, ergibt sich aus der Schutzleiterwiderstandsmessung (Messung 1 nach Tafel 6.14), mit der festgestellt wird, ob der Schutzleiter der Primärseite mit einem aktiven Leiter der Sekundärseite verbunden ist. Wenn ja, gehört er zum Typ c), wenn nein, zum Typ b).

Ein als „Netzteil" bezeichnetes Gerät ist zur Versorgung von elektrischen und elektronischen Haushalts- und Bürogeräten bestimmt und - wird mit sehr unterschiedlichen Bauformen und Bemessungsdaten, zumeist als Schaltnetzteil, gefertigt (max. 250 W), - dient dem Umwandeln des Wechselstroms (AC) aus dem Versorgungsnetz in einen Wechsel- (AC) oder Gleichstrom (DC) geringerer Spannung, - stellt nur eine Gleich- oder Wechselkleinspannung zur Verfügung, die nur für ein räumlich getrenntes Endgerät zur Verfügung steht, - wird über eine abnehmbare oder fest angeschlossene Leitung (Stecker und/oder Kupplung) mit dem Endgerät verbunden.

Tafel 6.14 Merkmale eines Netzteils

Prüfablauf

Als Erstes sollten die aufgedruckten Informationen/Daten/Prüfzeichen kontrolliert werden, um grundsätzliche Mängel nach Möglichkeit sofort zu erkennen.

Das Vorhandensein und die Wirksamkeit der Schutzmaßnahme „Schutzkleinspannung" wird dann durch die in Tafel 6.15 angegebenen Prüfgänge nachgewiesen, indem

- mit den Messungen 3 und 4 die sichere Trennung – also Typ a) und b) nach Bild 6.28 – und mit Messung 5 das Einhalten des vorgegebenen Werts der Spannung bestätigt wird.

Prüfgegenstand	Prüfvorgabe	Prüfverfahren	Bemerkung
allgemein	vollständig, zutreffend	Besichtigen	
Kontrolle der Daten, Kontrolle SELV oder PELV	**Messung 1** Feststellen, ob Verbindung (PE → Leiter Sekundärseite) besteht	Widerstandsmessung Prüfstrom = 0,2 A	Bild 6.28c
Gerätekörper	einwandfreier Zustand, keine offensichtlichen Schäden	Besichtigen	Bild 6.28
Schutz gegen direktes und bei indirektem Berühren auf der Primärseite	Gilt auch bei U > 12 V AC oder > 30 V DC bei erschwerten Einsatzbedingungen [2.5]	Besichtigen, Handprobe	
Schutz gegen direktes Berühren auf der Sekundärseite, wenn U > 25 V AC oder 60 V DS			
Betriebstemperatur	**Messung 2** handwarm und noch wärmer, aber noch nicht unangenehm (Tafel 6.10)	Handprobe	
Übertrager (Trafo, Schaltnetzteil), sichere Trennung	**Messung 3** Isolationswiderstand von > 2 MΩ zwischen aktiven Leitern der Primär- und der Sekundärseite	Messen des Isolationswiderstands mit U = 250 V AC	Bild 6.10
	Messung 4 Berührungsstrom von < 0,5 mA an den aktiven Leitern der Sekundärseite	Messung des Berührungsstroms	
Bemessungsdaten	**Messung 5** Einhalten der angegebenen Bemessungsspannung	Messen der Sekundärspannung, soweit möglich	

Tafel 6.15 Prüfgänge und Prüfverfahren der Wiederholungsprüfung eines Netzteils

Besonderheiten

In DIN VDE 0701-0702 wird gestattet, bei den Kleinspannungs- bzw. den elektronischen Baugruppen auf die Isolationswiderstandsmessung und/oder die Berührungsstrommessung zu verzichten. Handelt es sich um Netzteile, die eine geerdete Sekundärspannung herstellen, dann kann zwischen Sekundärseite und PE keine Isolationsmessung (Messung 3) und auch keine sinnvolle Berührungsstrommessung (Messung 4) durchgeführt werden (F 6.31).

Ein Adaptieren der Messleitungen an den Buchsen der Sekundärseite sollte ausschließlich mit den dafür gedachten Originalsteckern/-buchsen erfolgen, um Beschädigungen an den Kontakten auszuschließen.
Die Messungen nach Tafel 6.15 und das Kennzeichnen mit der Prüfmarke o. ä. (Bild 10.1) sollten getrennt für das Netzteil und für seine Anschlussleitung vorgenommen werden, da ein gemeinsamer Verbund vielfach nicht erhalten bleibt.

6.4.13 Ortsveränderliche Schutzeinrichtungen (PRCD, PRCD-S)

Das mobile Schutzgerät mit der Bezeichnung PRCD bzw. PRCD-S entspricht hinsichtlich seiner Differenzstrom-Messmethode, des Erfassens der Ableit-, Fehler- und Berührungsströme in dem von ihm versorgten Anlageteil und seiner Schutzwirkung einem Fehlerstromschutzschalter (RCD). Es hat darüber hinaus jedoch einige spezielle, den Schutzumfang einer RCD ergänzende Funktionen, die für das Aufspüren und Abschalten der z. B. im rauen Betrieb auf Bau- und Montagestellen entstehenden Fehler sorgen. Dies können folgende Zusatzfunktionen sein

- Unterspannungs- sowie
- Fremdspannungsauslösung und
- Schutzleiterüberwachung oder
- ein Varistor im Schutzleiter zur Vermeidung von Streuströmen.

Es existieren mehrere Varianten dieses ortsveränderlichen Schutzgeräts,

- Einfache DI-Schutzschalter (L/N und teilweise PE)
- PRCD mit zweipoliger (L/N) und
- PRCD-mit dreipoliger (L/N/PE)
- PRCD-S mit Fremdspannungserkennung
- PRCD-K mit Varistor im Schutzleiter
- PRCD-S in Drehstromausführung

PRCD-SPE und PRCD-S
Die korrekte Bezeichnung für eine „ortsveränderlich Fehlerstromschutzeinrichtung mit geschaltetem Schutzleiter" ist tatsächlich PRCD-SPE (switched protected erth). Die Bezeichnung PRCD-S ist ein Handelsname des Herstellers Kopp, der sich in der Fachwelt jedoch eher als die Norm-Bezeichnung durchgesetzt hat. Entsprechend wird in diesem Buch auch vom PRCD-S gesprochen, obwohl damit alle PRCD-SPE mit Schutzleiterüberwachung und Fremdspannungserkennung gemeint sind.

Der Prüfablauf der Wiederholungsprüfung dieser Geräte ergibt sich wie bei jedem anderen Gerät aus den Vorgaben von DIN VDE 0701-0702. Dazu gehört natürlich auch der Nachweis der Wirksamkeit der oben genannten Schutzmaßnahmen. Wie dies erfolgen soll, muss eigentlich in der Bedienungsanleitung der Geräte zu finden sein. Leider ist dies oftmals nicht der Fall.

Für die PRCD-S sind infolge der Netzspannungsabhängigkeit des Schaltgeräts und seiner allpoligen Abschaltung die nachfolgend genannten Änderungen an den Prüfverfahren erforderlich. Es würde an dieser Stelle den Rahmen sprengen für jede PRCD-Variante alle Eventualitäten im Prüfablauf aufzuzeigen. Stattdessen sind nachfolgend die Besonderheiten aufgeführt, unabhängig in welcher Kombination sie in PRCDs verwendet werden.

Bei der Sichtprüfung muss bei allen PRCD-S mit Fremdspannungserkennung (erkennbar an der leitfähigen ON-Taste) der Hinweis am Gerät vorhanden sein, dass das Einschalten nur mit bloßer Hand, also ohne Handschuhe, erlaubt ist. Dieser Hinweis darf entfallen, wenn der PRCD-S erkennt, ob er mit Handschuh bedient wird.

Der Durchgang des Schutzleiters kann beim vielen PRCD-Varianten infolge der allpoligen Trennung nicht, wie in Abschnitt 6.3.2 dargestellt, durch eine Messung im spannungsfreien Zustand ermittelt werden. Möglich ist dann die Messung am angeschlossenen PRCD über eine benachbarte Steckdose (Steckdosenleiste).
Sein ordnungsgemäßer Zustand ist praktisch auch erwiesen, wenn die Schutzleiterstrommessung und die Abschaltung durch die Prüftaste ordnungsgemäß verlaufen sind. Möglich ist auch, den Nachweis mit einer Schleifenimpedanzmessung nach Bild 6.4 b zu erbringen.

Bei PRCD-K und einigen weiteren Varianten ist ein Varistor im Schutzleiter verbaut. Dieser spannungsabhängige Widerstand verhindert beim Betrieb an Stromerzeugern die ungewollte Ausbreitung von Streu- und Ausgleichsströmen. Der Varistor wird erst bei etwa 20 V AC leitfähig, weshalb hier eine Messung des Schutzleiterwiderstands nicht möglich ist.

Die Messung des Isolationswiderstands kann beim PRCD an den Eingangs- und den Ausgangsanschlüssen vorgenommen werden, um alle Isolierungen der aktiven Teile in die Messung einzubeziehen. Beim PRCD-S sollte in Anbetracht der empfindlichen elektronischen Schutzleiterüberwachung darauf verzichtet werden. Es sind dabei auch Messwerte von etwa 0,2 MΩ zu erwarten.

Die Schutzleiterstrommessung muss im direkten oder Differenzstrommessverfahren durchgeführt werden, das Ersatz-Ableitstrommessverfahren ist hier nicht anwendbar. Alle PRCD mit Schutzleiterüberwachung verursachen einen Schutzleiterstrom. Bekannt sind folgende typische Werte:

- PRCD-S etwa 0,4 bis 0,5 mA
- PRCD-K um 0,15 mA
- andere PRCD 0,1 bis etwa 0,5 mA

Gemessen werden muss natürlich in beiden Steckerpositionen mit eingeschaltetem PRCD.

Die Berührungsstrommessung muss auch als direkte oder im Differenzstromverfahren durchgeführt werden. Dabei sind wie üblich alle berührbaren leitfähigen Teile abzutasten, insbesondere die leitfähige ON-Taste von PRCD-S. Bei einigen Bauformen kann man die Leitfähigkeit nicht von außen erkennen, im Zweifelsfall sollte die Prüfung der Fremdspannungserkennung vorgezogen werden.

Die **Prüfung des RCD-Teils** sollte mit einem Schutzmaßnahmenprüfgerät erfolgen (z. B. Bild 6.21). Viele moderne Prüfgeräte verfügen über eine RCD-Test-Funktion, die jedoch nicht immer bei PRCDs einfach anzuwenden ist. Bei der Prüfung des RCD-Teils muss festgestellt werden, dass

- die Prüftaste funktioniert,
- die Auslösezeit bei Bemessungsdifferenzstrom < 300 ms ist (praxisüblich sind dabei allerdings Werte – je nach verwendetem Prüfgerät – zwischen 10 und 50 ms)
- der Auslösestrom
  - bei einfachen PRCD und PRCD-S zwischen 50 und 100 % des Bemessungsdifferenzstroms und
  - bei PRCD-K und allen anderen PRCD mit Varistor im Schutzleiter zwischen 25 und 50 % des Bemessungsdifferenzstroms liegt.

Dieser Unterschied muss noch näher betrachtet werden. Bei PRCD-K und anderen PRCD mit Varistor im Schutzleiter ist der Schutzleiter gegensinnig durch den Summenstromwandler geführt (siehe Bild 6.29 Schaltung c und d). Dadurch wird bei der Prüfung über die Schukokupplung des PRCD im Summenstromwandler der doppelte Fehlerstrom gemessen, der vom Prüfgerät eingestellt ist (Bild 6.29 Schaltung c). Die Variante nach Schaltung d) hat den Nachteil, dass der Schutzleiter bei dieser Methode nicht mit geprüft wird. Aufgrund des Varistors im Schutzleiter lässt sich die Durchgängigkeit des Schutzleiters nur indirekt, also mithilfe der RCD-Prüfung oder der Schutzleiterstrommessung nachweisen. Bei Schaltung nach c) wird allerdings der Summenstromwandler nur einmal durchflossen, der Auslösewert muss also zwischen 50 und 100 % des Bemessungsdifferenzstroms liegen.
Bei allen PRCDen genügt es, diese mit sinusförmigen Fehlerstrom zu prüfen. Eine allstromsensitive Version ist bei Drehstrom-PRCD-S möglich, jedoch sehr selten.

Die **Prüfung der Unterspannungsauslösung** ist ein weiterer Prüfschritt, der bei allen PRCD-Varianten durchzuführen ist.
Die Unterbrechung

- der aktiven Leiter muss bei allen PRCD zur Abschaltung führen. Fehlt einer der Leiter, so darf sich der PRCD nicht einschalten lassen.
- des Schutzleiters muss bei allen PRCD-S und vielen 3-poligen PRCD eine Auslösung bewirken. Fehlt der Schutzleiter, dürfen sich diese PRCD auch nicht einschalten lassen.

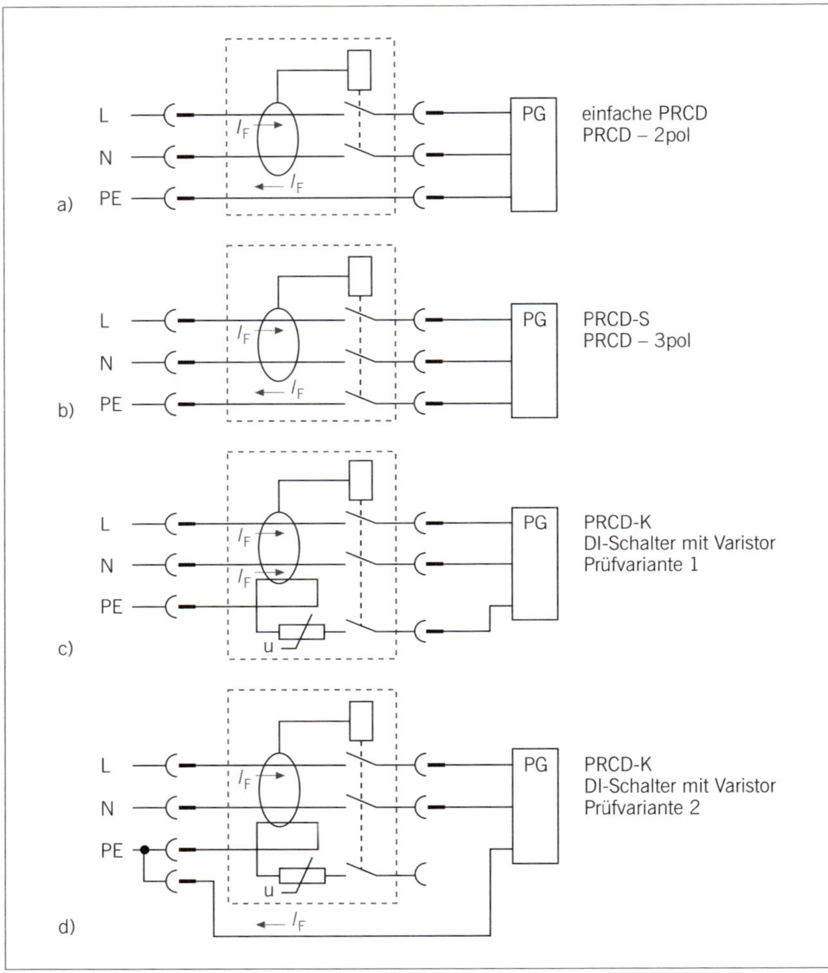

Bild 6.29 Übliche Varianten der Netzteile, Darstellung ihrer Schutzmaßnahmen gegen elektrischen Schlag

Die **Prüfung der Fremdspannungserkennung** ist bei PRCD-S eine wichtige zu prüfende Schutzfunktion. Dabei muss die leitfähige ON-Taste des PRCD-S (siehe Berührungsstrommessung) mit einer Fremdspannung beaufschlagt werden. In den Hersteller-Prüfanleitungen wird dazu oft der „Phasenprüfer" (einpoliger Spannungsprüfer nach DIN VDE 0680-6) eingesetzt, der hier ideal einsetzbar ist. Dazu sucht man sich den Außenleiter einer beliebigen Steckdose, berührt die Berührungsfläche des Phasenprüfers und gleichzeitig die ON-Taste des PRCD-S. Dieser muss auslösen. (Bild 6.30)

Der Phasenprüfer hat den Vorteil, dass der maximale Strom über die ON-Taste bei etwa 0,4 mA liegt, also unterhalb der Wahrnehmbarkeitsschwelle für den Menschen. Natürlich kann auch ein zweipoliger Spannungsprüfer benutzt werden, der Strom an der ON-Taste beträgt dann bis zu 3,5 mA.

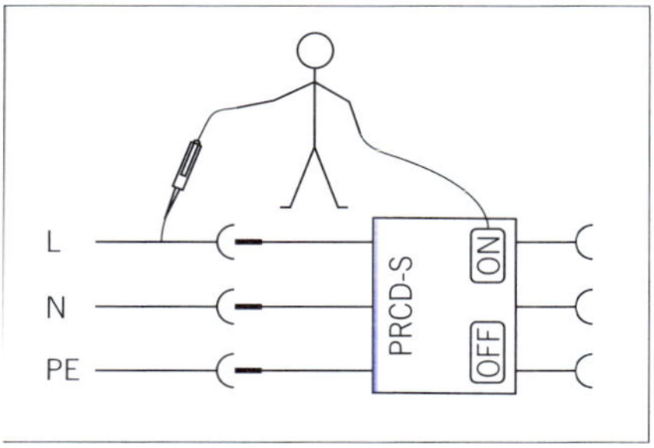

Bild 6.30
Prüfung der Fremdspannungserkennung (Prinzip mit Phasenprüfer)

Weitere Angaben zur Funktion dieser Schutzgeräte und zu den Prüfverfahren sind auf den Internetseiten ihrer Hersteller zu finden (Anhang 3).

6.4.14 Steckdosenleisten

Steckdosenleisten (Bild 6.20 b) und andere ähnliche Verteiler für Elektroenergie sind in allen Wirtschaftszweigen und auch in privaten, kulturellen und anderen Bereichen unentbehrlich. Sie kamen und kommen von deutschen Firmen, aus Fernost, aus der EU oder anderen Ländern und sind Produkte seriöser und anderer Hersteller.
Einige recht einfache Typen stehen wie Schüttware im Baumarkt, andere, elektronisch und funktionell hochgerüstet, haben fast Kultstatus. Manche sind schaltbar, mitunter sogar mit Funkfernbedienung. Die Preise sind ebenso vielfältig, zwischen 99 ct und fast 1000 €.
Erwähnenswert sind noch jene, von denen gleichzeitig bis zu 20 Endgeräte mit elektrischem Strom versorgt werden können.
Weder der Durchschnittsbürger noch die Einkäufer der Unternehmen haben eine ausreichende Übersicht, um aus mehreren 1000 im Verkehr befindlichen Typen die für ihren Fall passende, sicherste, zuverlässige Steckdosenleiste auszuwählen. Der Einkaufspreis hat oft den größten Stellenwert.
Vor dem Hintergrund der Testergebnisse (Tafel 6.15) und der Erlebnisse vieler Elektrofachkräfte [3.20] ist das ein sehr unerfreulicher Zustand. Viele der im Einsatz befindlichen Steckdosenleisten sind fehler- oder mangelhaft, ein großer Teil von ihnen war nie zu einer Wiederholungsprüfung.

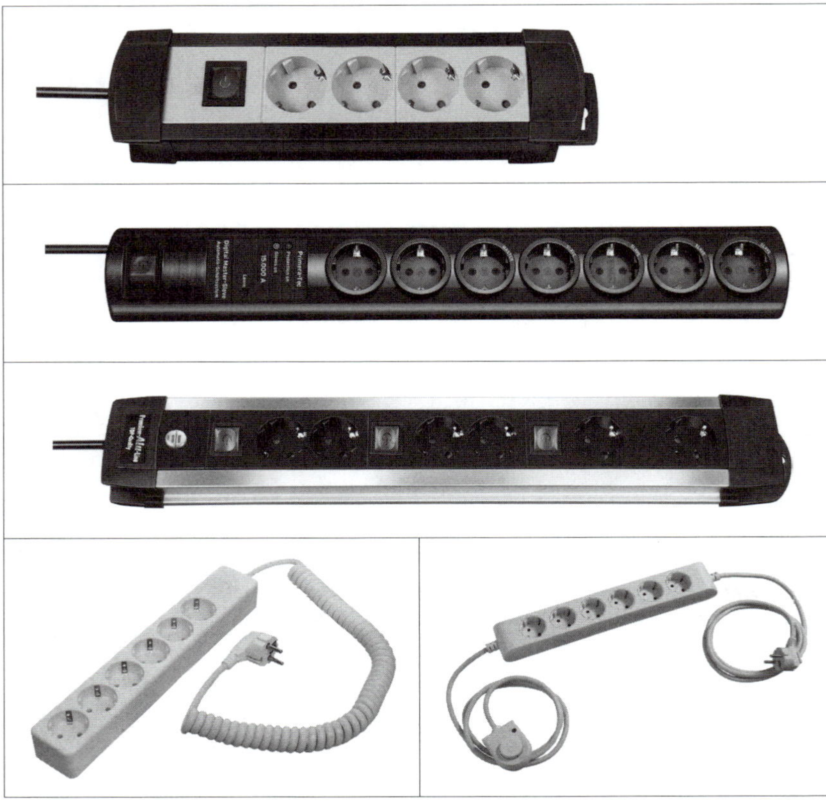

Bild 6.31 Besondere Prüflinge: Steckdosenleisten unterschiedlicher Bauform und Ausstattung erfordern unterschiedliche Prüfabläufe

a) mit/ohne Schalter (einpolig/zweipolig) (Brennenstuhl)

b) mit Schutztechnik (Brennenstuhl)

c) mit abschaltbaren Teilabschnitten (Brennenstuhl)

d) mit gewendelter Anschlussleitung (Schwalbe)

e) mit Hand-Fußabschaltung (Schwalbe)

In Unternehmen, Behörden usw., überall dort, wo eine „befähigte Person“ oder eine „verantwortliche Elektrofachkraft“ tätig ist, können die unsicheren Kandidaten durch eine konsequente [1.2] Prüforganisation (Eingangs-/Erst- und Wiederholungsprüfung) ermittelt werden.

Allerdings, die Prüfer müssen die typischen Mängel der Steckdosenleisten kennen und ganz gezielt nach den Fehler- und Schwachstellen suchen. Sie müssen auch wissen, welche Typen möglicherweise zurückgeholt oder aus dem Verkehr gezogen worden sind. Eine ständige Information über diese Ereignisse, anhand der Berichte der Überwachungsbehörden (Anhang 3), sollte von ihrer vEFK organisiert werden.

Prüfvorbereitung, Prüfablauf

Der in den Abschnitten 6.1 bis 6.3 behandelte normgerechte Prüfablauf ist für eine Steckdosenleiste, die lediglich dem Verteilen dient, völlig unkompliziert. Von den ohnehin nur das „Mindestniveau" einer Wiederholungsprüfung präsentierenden in Abschnitt 6.3 erläuterten Prüfgängen darf nach Norm dann auch noch die Schutzleiterstrommessung entfallen [2.28] und kann die Messung des Berührungsstroms nur vorgenommen werden, wenn die Leiste berührbare leitfähige Teile aufweist. Hinzu kommt, dass laut Norm nur äußerlich erkennbare Mängel zu beachten sind und das Öffnen des Prüflings grundsätzlich nicht gewünscht wird [2.28]. Eine unkomplizierte und wohl auch lukrative Prüfung. Aber dieser Eindruck täuscht.

In der Norm findet man die folgende für alle Geräte, aber besonders für die Steckdosenleisten bedeutsame Festlegung [2.28]:
„Das Gerät ... ist (nur dann) zu öffnen, wenn ein begründeter Verdacht ... nur auf diese Weise geklärt werden kann."
Ob ein solcher Verdacht besteht, das muss der Prüfer herausfinden. Ohne dieses Wissen – das wird hier sehr deutlich – kann er den Prüfablauf und die erforderlichen Prüfschritte nicht festlegen und kann auch nicht für sich beanspruchen, *„nach bestem Wissen und Gewissen geprüft zu haben".*

Das heißt, er muss klären, ob
- der Typ der betreffenden Steckdosenleiste bereits beanstandet wurde und
- es für diesen Typ bereits einen „Steckbrief" gibt (Abschnitt 6.4.15) und
- daher ein weiterer, die Vorgaben der Norm [2.26] ergänzender Prüfschritt, nennen wir ihn „Information über versteckte Mängel", erforderlich ist.

Dann erst kann der Prüfer entscheiden
- ob der Prüfling geöffnet werden sollte, um sein Innenleben (Tafel 6.16) beurteilen zu können und
- ob es auch sinnvoll und bezahlbar ist, ihn zu öffnen.

» **Eine Steckdosenleiste ist kein einfacher Prüfling, sondern vielmehr ein Elektroenergieverteiler unbekannter Qualität, der von nicht unterwiesenen Personen – zumeist Elektrolaien – eingesetzt, untergebracht, nicht beachtet, be- und überlastet wird.**

Leider sind diese „einfachen" Geräte beim Festlegen ihrer Normenvorgaben seinerzeit wohl unterschätzt worden, einiges wurde inzwischen nachgeholt [6.31], um den Billigprodukten Grenzen zu setzen.

Situation, Mangel	mögliche Folgen	Vorgabe Fakt konkret	Wo?	Bemerkung
konstruktive Gestaltung, Anwenderfreundlichkeit, Ausführung				
Steckdosen-anordnung ungeeignet	Bedienprobleme, Beschädigung	schwieriges Stecken		Gefährdungs-analyse durch den Hersteller fehlt oder ist ungenügend
PE-Kontakte unzuverlässig	elektrischer Schlag	schwache Feder		
schlechte Gestaltung	Ärger, Angst, Vertrauen schwindet	Ästhetik schlecht		
„billiger“ Eindruck				
ungeeignetes Material	Basisschutz versagt	zu große Fugen		
Verstöße gegen Vorgaben in Normen, Vorschriften, die mehrfach festgestellt wurden				
Querschnitt < 1,5 mm^2	Brandgefahr	nicht 1,5 mm^2	DIN VDE 0620-1	konkrete Normenvorgabe „1,5 mm^2“
Bemessungs-strom 10 A	Brandgefahr	Überlastung möglich		konkrete Normenvorgabe nur „16 A“
Warnhinweise	Anwender in Gefahr	Hinweise fehlen – nicht in Reihe – nicht abdecken		auch: span-nungsfrei nur bei gezogenem Stecker
Pfuscharbeiten, die nach dem Öffnen mehrfach festgestellt wurden				
Anschlüsse mangelhaft	Unzuverlässigkeit, elektrischer Schlag, Erwärmung Qualifikation fehlt	Aderendhülsen fehlen		Qualitäts-kontrollen mangelhaft
Lötstellen mangelhaft		Qualifikation fehlt		
schlechte Verarbeitung				
fehlende SL-Funktion	elektrischer Schlag	SL kein Kontakt, div. Gründe		Messung an jeder Steckdose!
Schäden durch falsche Anwendung, unzulässige äußere Einwirkungen				
Schmutz, Nässe innen	elektrischer Schlag, Brandgefahr	falsche Einsatzorte		Gefährdungs-analyse des Anwenders fehlt
Gewalt-anwendung	Kontakte verbogen	SL kein Kontakt		Fehlende Qualifikation der Anwender
	Gehäuse defekt	Berührungs-schutz fehlt		
Wärme-einwirkung	Gehäuse verformt			

Situation, Mangel	mögliche Folgen	Vorgabe		Bemerkung
		Fakt konkret	Wo?	
Wissen um Rückrufe, häufig festgestellte Mängel, unseriöse Hersteller				Siehe Anhang 3
Prüferfahrungen	wie vorstehend	wie vorstehend	Gesetze, Normen	
Testergebnisse				
Ausfall-Kontrollstatistik				

Tafel 6.16 Merkmale, Zustände und Eigenschaften einer Steckdosenleiste, die, ergänzend zu den Vorgaben der Tafel 6.2, bei der Wiederholungs-/Erstprüfung zu beachten und zu bewerten sind.

Hinweis ! Unbedingt beachten! Hinweis!
- Je Wandsteckdose nur eine Steckdosenleiste verwenden! Keinesfalls eine Steckdosenleiste an eine andere anstecken!
- Jede Steckdosenleiste muss sich im Blickfeld/Handbereich befinden. Verfärbung/Verformung/Erwärmung/Defekte müssen für den Nutzer sichtbar und erkennbar sein! Gelegentlich ganz bewusst hingucken!
- Prüfmarke! Termin beachten! Nur aktuell geprüfte Steckdosenleisten benutzen!
- Defekte Steckdosenleiste? Sofort von der Steckdose trennen!
- Bitte Stromfresser (z. B. Waschmaschine, große Heizkörper) nie an eine Steckdosenleiste anstecken.

Tafel 6.17 Textvorschläge für eine Information der Personen, von denen Steckdosenleisten (Bild 6.20 b) angewandt werden

6.4.15 Geräte, die möglicherweise defekt sind

Bei den Normenvorgaben [2.28] und den Prüfgängen der Wiederholungsprüfung (Bild 5.1) wird davon ausgegangen, dass die zu prüfenden elektrischen Geräte normgerecht entwickelt, auf Herz und Nieren einer **Typprüfung** unterzogen und qualitätsgerecht gefertigt sowie einer **Endprüfung** unterzogen worden sind.

Mit der **Wiederholungsprüfung** wird dann später vom Betreiber des Geräts lediglich festgestellt, ob im Moment der Prüfung eine Gefährdung vorhanden ist.
Mit dieser Aktion wird nicht kontrolliert, ob die der Sicherheit dienenden Baugruppen des Geräts (Isolierungen, Schutzleiter usw.) richtig konstruiert, ausgewählt und eingesetzt wurden.

Es ist nicht Ziel der Wiederholungsprüfung und gehört nicht zur Aufgabe des „Wiederholungsprüfers“, nach etwaigen grundsätzlichen Sicherheitsmängeln des Prüflings zu suchen [1.8] [2.28] [3.34].
Wird der Prüfer allerdings durch andere Fachkollegen oder eine Pressemeldung (Bild 2.1) darüber informiert, dass bei dem betreffenden Gerätetyp bestimmte Mängel

vorhanden sein könnten, ist es natürlich seine „Prüfpflicht", zu klären, ob auch sein Prüfling diesen Mangel aufweist.

Wie weit geht nun diese „Prüfpflicht? Darf der Prüfer darauf warten, bis ihn eine solche Fehlermeldung zufällig erreicht? Muss er sich nicht vielmehr selbst darüber informieren, ob bei den von ihm zu prüfenden Gerätetypen solche Mängel aufgetreten sind?

Alle Personen, die fachliche Verantwortung für das Prüfen elektrischer Geräte tragen, sind Elektrofachkräfte. Es kann daher vorausgesetzt werden, dass sie sich in der Fachpresse informieren und auch, dass sie Dank Presse, Internet usw. mit dem Tagesgeschehen vertraut sind.
Jeder von ihnen weiß also um die Rückrufaktionen elektrischer und anderer Geräte. Und er weiß auch, ohne viel überlegen zu müssen, dass viele, die meisten, dieser **zurückgerufenen** Ausfallkandidaten **nicht zurückgefunden** haben und weiterhin zum Unheilstifter werden können.
Neben diesen durch einen Fehler des Herstellers ungewollt entstandenen Schwachstellen sind es die zumeist ganz bewusst „billiger" hergestellten Gerätetypen, deren Mängel und Gefahren dann erst durch Kontrollen der Behörden (Anhang 3) oder als Brandursache entdeckt wurden.

Das heißt, jeder Prüfer elektrischer Geräte muss dafür sorgen, dass er die zurückgezogenen, aus dem Verkehr genommenen Gerätetypen kennt.
Nur dann kann er den Betreiber eines solchen Geräts entsprechend informieren, wenn dieser sein Gerät zur Wiederholungsprüfung bringt.
Anderenfalls wird er wahrscheinlich seinem Auftraggeber nach der Prüfung (ein per Steckbrief gesuchtes) gefährliches Elektrogerät in die Hand drücken.
Sollte dieses Gerät dann Ursache eines Schadens werden, wird der Prüfer erklären müssen, warum er sich nicht ausreichend darüber informiert hat, welche Mängel sein Prüfling haben könnte. Wiederum ist es der verantwortliche Prüfer, der sich um die unsicheren, zurückgepfiffenen Geräte kümmern muss. Alle diese „Steckbriefe" sollten auf einer gesonderten Informationstafel in der Werkstatt veröffentlicht werden.

» **In Anbetracht der vielen Elektrogeräte, die trotz einer solchen Rückrufaktion oder trotz einem Vertriebsverbot weiterhin benutzt werden, muss diese Gefahrenquelle und die Notwendigkeit, sie zu begrenzen, sehr ernst genommen werden.**

Die Wiederholungsprüfung wäre daher um die Aufgabe, den Prüfgang *„Information über versteckte Mängel"* zu ergänzen. Die Möglichkeit dazu bieten die Statistiken mehrerer Prüf- oder Kontrollinstitutionen (Anhang 3).

Eine Information der Elektrolaien ist auch selbstverständlich, wenn der EFK im Bereich ihres Kunden ein solches Gerät unter die Augen kommt.

7 Prüfgeräte

7.1 Merkmale, Eigenschaften, Gestaltung der Prüfgeräte

Für die nach DIN VDE 0701-0702 durchzuführenden Messungen sind Prüfgeräte einzusetzen, die nach der neuen DIN EN 61557-16 (VDE 0413-16) oder der alten DIN VDE 0404 „Geräte zur sicherheitstechnischen Prüfung elektrischer Betriebsmittel“ hergestellt worden sind. [2.21] Bei ihnen kann vorausgesetzt werden, dass

- die **prüftechnischen Vorgaben** der Normen (Stromart/-höhe, Spannungsart/-höhe, Grenzwerte usw.) und
- die zur richtigen Beurteilung des Zustands der Prüflinge nötige **eindeutige Messaussage** sowie
- **Sicherheit und Gesundheitsschutz** des Prüfenden (Berührungsschutz, Strombegrenzung usw.)

gewährleistet sind.

Die auf dem deutschen Markt angebotenen Geräte wurden alle nach der genannten Norm [2.21] hergestellt. Über Internet-Handelsplattformen werden teilweise Prüfgeräte von außerhalb der EU angeboten – diese unterscheiden sich sowohl in den Prüfmethoden als auch in der Sicherheit für den Prüfer.
Prüfgeräte speziell für Geräteprüfung gibt es in Deutschland schon seit etwa den 1960er Jahren. Davor war es üblich, mit Isolationsmessgeräten den Zustand der Isolation zu überprüfen, mehr nicht.

Ältere, vor 2002 hergestellte Geräte sind nicht mit allen heute für eine Prüfung erforderlichen Messmöglichkeiten ausgestattet und verfügen teilweise weder über eine CE-Kennzeichnung noch über den Nachweis einer ausreichenden Messmittelkategorie (Beispiele Bilder 7.1 und 7.3) (F 7.6 und F 7.7).

Mit der DIN VDE 0404-1 und 2:2002-05 wurde vorgegeben, dass Prüfgeräte alle bei den Prüfungen nach DIN VDE 0701-0702 benötigten Messungen, d. h.

- des Schutzleiter- und des Isolationswiderstands sowie
- des Schutzleiter- und des Berührungsstroms ermöglichen müssen.

Leider wurde dabei nicht festgelegt, mit welchem Verfahren die Prüfgeräte die Schutzleiterstrom-/Berührungsstrommessung durchführen müssen. So verfügen die Prüfgeräte der untersten Preisklasse nur über die Möglichkeit, die Ströme im Ersatz-Ableitstrommessverfahren messen zu können. In Verbindung mit vorgegebenen automatischen Prüfabläufen mit „automatischer Erkennung der Schutzklassen" wird es damit für die befähigte Person bei vielen Geräten unmöglich, diese überhaupt zu prüfen.

Natürlich gibt es erhebliche Unterschiede, vor allem im Bedienkomfort, der Automatisierung und Individualisierung von Prüfabläufen und der Möglichkeiten der elektronischen Dokumentation. Ein neu anzuschaffendes Prüfgerät sollte daher sorgfältig ausgewählt werden (Kapitel 8). Zu berücksichtigen sind

- einerseits die Prüfaufgabe, die Art der zu erwartenden Prüflinge und die Gestaltung des Prüfgeräts sowie
- andererseits die Qualifikation des Prüfers und der Prüfplatz.

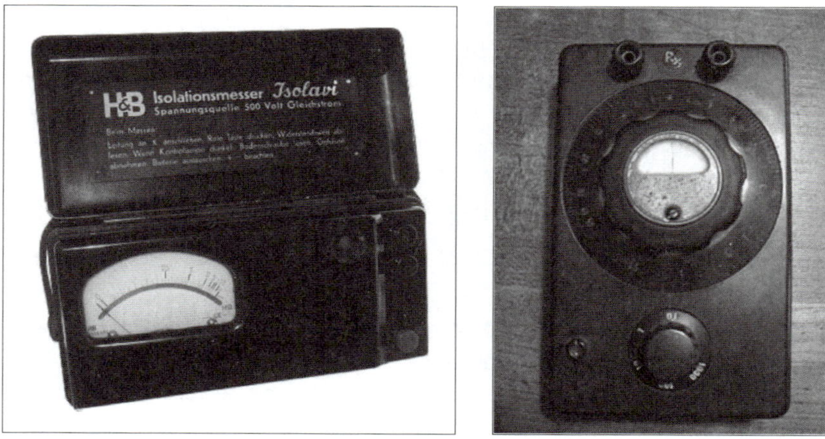

Bild 7.1 Geräte zur Messung des Isolationswiderstands und von Leitungswiderständen (Messbrücke) aus den Jahren um 1930/1940

Bild 7.2 Secutestelektronik (GMC), Messung von Schutzleiterwiderstand (Prüfstrom 10 AC A) und Isolationswiderstand, Durchgangs- und Kurzschlussprüfung (Baujahr etwa 1990)

7.1.1 Zur Verfügung stehende Messverfahren

Mit jedem für die Wiederholungsprüfung nach DIN VDE 0701-0702 vorgesehenen Prüfgerät müssen das Messen der in der Norm angegebenen Sicherheitskennwerte (Tafel 7.1) und somit das Feststellen des Zustands der Sicherheitselemente/-einrichtungen möglich sein. Die anzuwendenden Prüfverfahren und deren Daten werden in der Norm ebenfalls genannt, allerdings bleibt dem Hersteller der Prüfgeräte beim Umsetzen dieser Festlegungen einiger Spielraum. Wie Tafel 7.1 zeigt, kommt es somit – trotz der gleichen Grundausstattung mit den vorgesehenen vier Prüfverfahren – zu unterschiedlich ausgestatteten Prüfgeräten:

- Zum einen können die Werte der Messströme und Messspannungen innerhalb vorgegebener Bereiche vom Hersteller frei gewählt werden,
- zum anderen werden zusätzlich weitere Messmöglichkeiten hinzugefügt, die nach Ansicht der Hersteller beim Prüfen der Geräte nützlich sein können und
- zum Dritten werden auch die speziellen Anforderungen z. B. der medizinischen elektrischen Geräte nach VDE 0751 oder für Schweißgeräte nach VDE 0544-4 (EN 60974-4) berücksichtigt

7

Letztendlich sind es auch der Bedienkomfort und die Möglichkeit der Handhabung und die optische Wirkung, die zu Unterschieden führen.

Aufgrund von Besonderheiten der Prüflinge oder der Art der zu erwartenden Fehler kann es somit sinnvoll sein, ein Prüfgerät z. B. mit bestimmten Prüfströmen/-spannungen einzusetzen.
Auch die Erfahrungen und Gewohnheiten des Prüfers, die Vorgaben zur Instandhaltung usw. sowie die betrieblichen Gegebenheiten können die Auswahl beeinflussen.

» **Am wichtigsten ist aber, dass sich der Prüfer selbst für „sein“ Prüfgerät entscheidet. Und das bitte erst dann, wenn er nach dem Besuch eines Messseminars und durch das Mitwirken bei den Prüfarbeiten eines erfahrenen Fachkollegen einen ausreichenden Überblick gewonnen hat.**

Tafel 7.1 zeigt, welche Ausstattungen mit den durch DIN VDE 0701-0702 geforderten Prüfverfahren von den Herstellern der Prüfgeräte angeboten werden. Weitere Einzelheiten der Gestaltung und zur Arbeitsweise des jeweiligen Geräts können der Anlage 5, vor allem aber der zugehörigen Dokumentation oder den elektronischen Medien entnommen werden.
Die in der ersten Spalte „Variante“ unter A und B aufgeführten Prüfgeräte können im Rahmen ihrer Prüf- und Messmöglichkeiten weiter verwendet werden, wenn sie sich in einem ordnungsgemäßen Zustand befinden.
Prüfgeräte der Variante B sind auch weiterhin auf dem Markt vertreten oder wurden kürzlich erst neu auf den Markt gebracht. Für begrenzte Prüfaufgaben können diese Prüfgeräte durchaus sinnvoll anwendbar sein.

Variante	Art des Prüfgeräts, Prüfmöglichkeiten	Die Ausstattung umfasst Verfahren für das Messen von:	Bilder
A	Nur ein Teil der Prüfgänge nach [2.8] stehen normgerecht zur Verfügung.	Schutzleiterwiderstand Isolationswiderstand und (teilw.) Strom und Spannung	 7.1 7.3 a–d
B	Nur ein Teil der Prüfgänge nach [2.8] steht normgerecht zur Verfügung, aber zusätzliche Messverfahren sind vorhanden.	Schutzleiterwiderstand Isolationswiderstand Strom und Spannung und (teilw.) I_{SL} und I_B (Ersatz-Ableitstrommessmethode) und I_B mit direktem Messverfahren und (teilw.) Schnittstelle Datenerfassung	 7.3 e–g 7.4 a und c 7.4 b
C	Alle Prüfgänge nach [2.8] stehen zur Verfügung und zusätzliche Messverfahren und Datenverarbeitung sind vorhanden.	wie Variante B und I_{SL} mit Differenzstrom- oder direktem Messverfahren und RCD-Test und (teilw.) Schnittstelle Datenerfassung	7.5 a–e
D	wie Variante C, aber Prüfgänge mit automatisiertem Ablauf	wie Variante C und automatisierter Prüfablauf Schnittstelle Datenerfassung und individuell gestaltbaren Prüfabläufen	7.6 a–c 7.6 d–k
E	wie Variante D, aber zusätzliche Ausstattung nach weiteren Normen	wie Variante D, auch für medizinische Geräte geeignet; auch für Schweißgeräte geeignet	 7.6 l–m 7.6 n

Tafel 7.1 Varianten der Ausstattung von handelsüblichen Prüfgeräten, die zum Prüfen nach DIN VDE 0701-0702 [2.8] für ortsveränderliche Geräte anzuwenden sind.
(I_B Berührungsstrom, I_{SL} Schutzleiterstrom, R_{SL} Schutzleiterwiderstand, R_{ISO} Isolationswiderstand, I_{EA} Ersatz-Ableitstrom, I_P Prüfstrom)

7.1.2 Anschlussart und Anwendungsmöglichkeit

Die Stromversorgung der Prüflinge und damit ihr Anschluss an das Prüfgerät werden in Abhängigkeit von den vom Prüfgerät bereitgestellten Messverfahren auf unterschiedliche Weise vorgenommen (Tafel 7.1):

- Bei den in den Bildern 7.1 und 7.3 (Variante A) dargestellten Prüfgeräten sind alle Messkreise galvanisch vom Netz getrennt. Die Messungen erfolgen ausschließlich über die sogenannte Prüfsteckdose (siehe Prinzipschaltung Bild 7.3) oder wahlweise durch den Anschluss der einzelnen Adern der Zuleitung des Prüflings an parallel zu den Prüfsteckdosenkontakten liegenden Einzelbuchsen.

- Bei den Prüfgeräten in Bild 7.4 (Variante B) sind nur einige der Messkreise galvanisch vom Netz getrennt; für sie erfolgt der Anschluss des Prüflings wie bei Variante A über die „Prüfsteckdose". Für mit dem Netz verbundene Messstromkreise (Berührungsstrommessung) wird der Anschluss des Prüflings über die sogenannte Netzsteckdose (siehe Prinzipschaltung Bild 7.4) vorgenommen. Der Prüfer muss den Prüfling zunächst an die Prüfsteckdose und dann – bei positiven Prüfergebnissen – an die Netzsteckdose anschließen.
- Prüfgeräte nach Bild 7.5 (Variante C) entsprechen der Variante B, verfügen im Gegensatz zu ihr aber auch über das Prüfverfahren der Schutzleiterstrommessung nach der direkten oder der Differenzstrommessmethode. Sie gestatten eine komplette Prüfung nach DIN VDE 0701-0702.
- In Bild 7.6 sind die Prüfgeräte mit automatischem Prüfablauf (Variante D) dargestellt. Bei ihnen sind wie bei Variante C bestimmte Messkreise galvanisch vom Netz getrennt und andere mit dem Netz verbunden (Prinzipschaltung in Bild 7.6). Der Anschluss des Prüflings erfolgt über eine Steckdose, die automatisch durch die Steuerlogik des Prüfgeräts zunächst als Prüfsteckdose und dann bei positiven Prüfergebnissen als Netzsteckdose angesteuert wird.

7.1.3 Art der Messwertanzeige/-ausgabe

Die Anzeige der Messwerte erfolgt vorwiegend digital durch ein Display. Teilweise wird auch noch (optisch/akustisch) das Über-/Unterschreiten des Grenzwerts der jeweils zu messenden Größe angezeigt.
In einigen Fällen verfügt das Prüfgerät nur über eine Grenzwertbewertung (Ja-Nein-Aussage, F 7.5) durch optische oder akustische Zeichen (Bilder 7.1 und 7.8).
Bei einigen Geräten kann ein Messwertdrucker nachgerüstet werden, und außerdem haben fast alle modernen Geräte einen Datenspeicher mit Schnittstelle zur Messwertübertragung an PC-Systeme (alle Bilder 7.6).
Bei einigen Prüfgeräten besteht auch die Möglichkeit zur Fernsteuerung aus einer speziellen Prüfsoftware. Da sich dieser Bereich sehr schnell weiterentwickelt, wird in diesem Buch nur ein grundsätzlicher Überblick dazu gegeben.

Prüfgeräte, die lediglich über eine Ja-Nein-Aussage verfügen, bei denen auf die Angabe des numerischen Messwerts also verzichtet wird, verhindern das Nachdenken des Prüfers über den Messwert und damit über Zustand und Sicherheit des Prüflings (F 7.3). Der Einsatz derartiger Prüfgeräte zur Erst-/Wiederholungsprüfung und ebenso bei der Prüfung nach der Instandsetzung ist somit als fahrlässig anzusehen.

Prüfverfahren	Prinzipschaltung der Prüfgeräte	Besonderheiten
▮ Messung Schutzleiterwiderstand (1) ▮ Messung Isolationswiderstand (2) ▮ Messung (3) – des Schutzleiterstroms und – des Berührungsstroms mit dem Messverfahren Ersatz-Ableitstrommessung	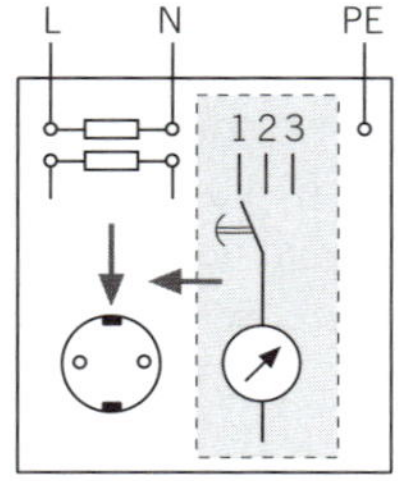	Die Messungen können bei einigen Geräten auch über parallel zur Prüfsteckdose liegende Buchsen vorgenommen werden.

 **Bild 7.3 a** Minitester 0701 (GMC)	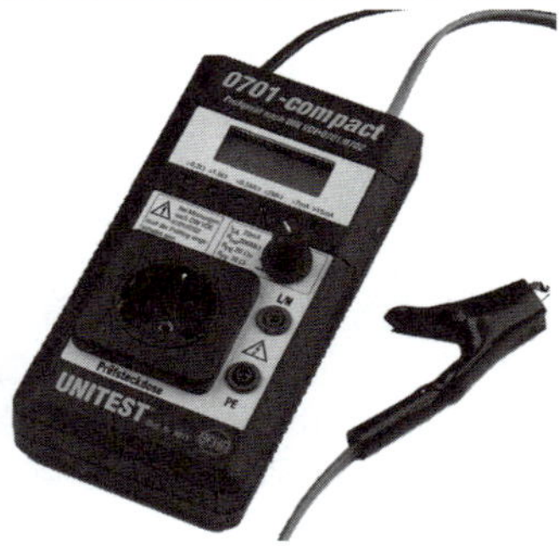 **Bild 7.3 b** UNITEST 0701 compact (BEHA)
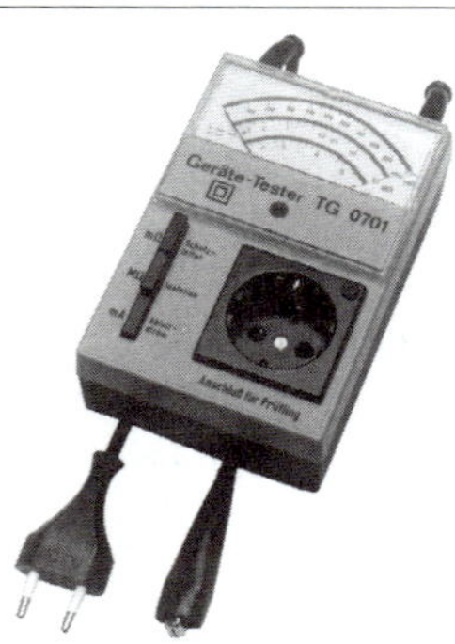 **Bild 7.3 c** Tester TG 701 (Neuberger)	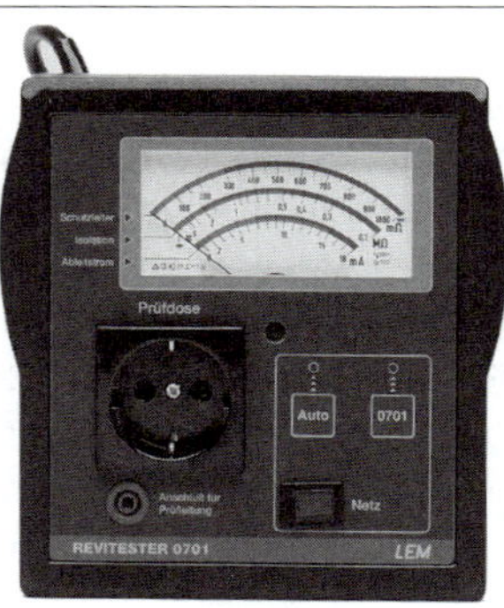 **Bild 7.3 d** Revitester 0701 (LEM)

Bild 7.3 Beispiele für die zweite Generation der Prüfgeräte für ortsveränderliche Geräte (Variante A nach Tafel 7.1)
Alle Messkreise sind sicher vom Versorgungsnetz getrennt. Sie entsprechen den Vorgaben der bis 6/2004 verbindlichen Norm DIN VDE 0702 [2.26] und haben bis zu diesem Termin einen vollständigen Nachweis der Sicherheit bei herkömmlichen elektrischen Geräten ermöglicht. Sie sind für das Prüfen

Prüfverfahren	Prinzipschaltung der Prüfgeräte	Besonderheiten
wie bei A5.2 a bis A5.2 d ▮ Messung Schutzleiterwiderstand (1) ▮ Messung Isolationswiderstand (2) ▮ Messung (3) – des Schutzleiterstroms und – des Berührungsstroms beide mit dem Messverfahren Ersatz-Ableitstrommessung **und auch** ▮ direkte Messung des Berührungs und des Schutzleiterstroms an Prüflingen, die an das Versorgungsnetz angeschlossen sind (4)	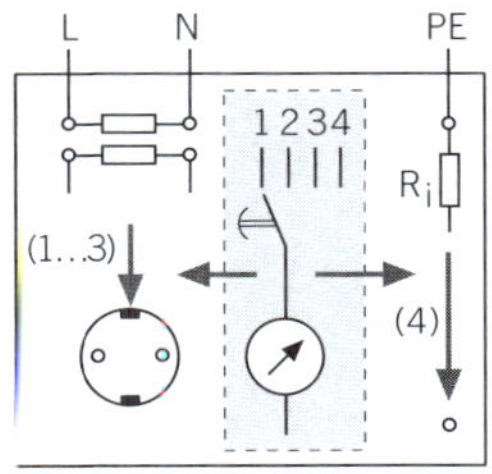	Um den Schutzleiterstrom (4) mit Netzspannung messen zu können, ist ein Zwischenadapter zum Auftrennen des Schutzleiters erforderlich.
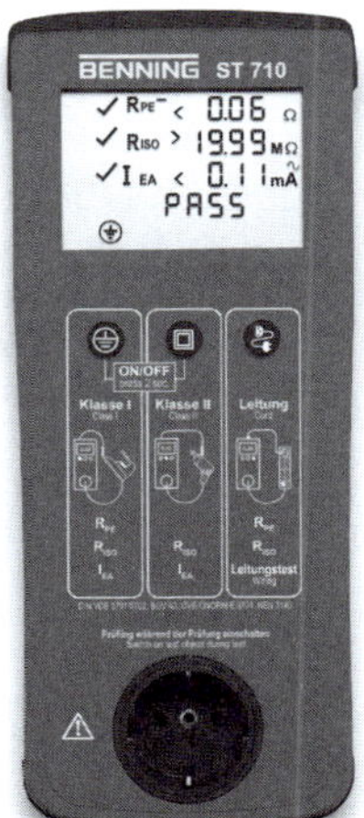 **Bild 7.3 e** ST 710 (Benning)	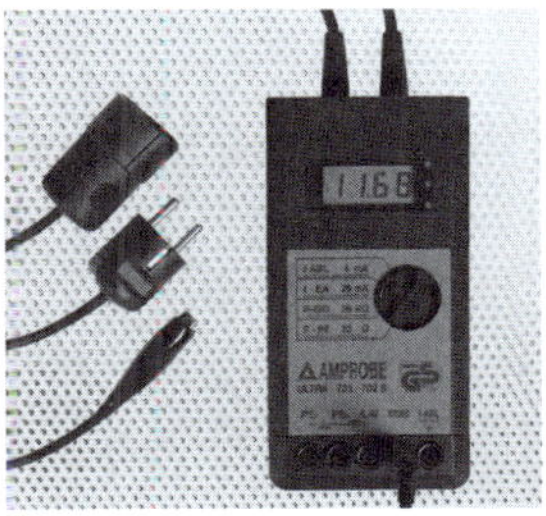 **Bild 7.3 f** Ultra 0701/0702 S (Amprobe)	 **Bild 7.3 g** Eurotester 0701/0702 S (H.S)

dieser elektrischer Geräte weiterhin uneingeschränkt und auch für Zwischenkontrollen/Teilprüfungen an anderen Geräten (Bild 6.2) geeignet. Auch wenn nunmehr universellere Prüfgeräte (Varianten C und D nach Tafel 7.1) vorhanden sind, die das Prüfen der mit elektrisch betätigten Schaltelementen ausgestatteten Geräte (Bild 6.2) ermöglichen, können und sollten sie auch weiterhin in das Prüfgeschehen einbezogen werden.

Prüfverfahren	Prinzipschaltung der Prüfgeräte	Besonderheiten
▮ Messung Schutzleiterwiderstand (1) ▮ Messung Isolationswiderstand (2) ▮ Messung – des Schutzleiterstroms und – des Berührungsstroms beide mit dem Messverfahren Ersatz-Ableitstrommessung (3) **und** ▮ Messung des Berührungsstroms mit Netzspannung nach dem direkten Messverfahren (4)	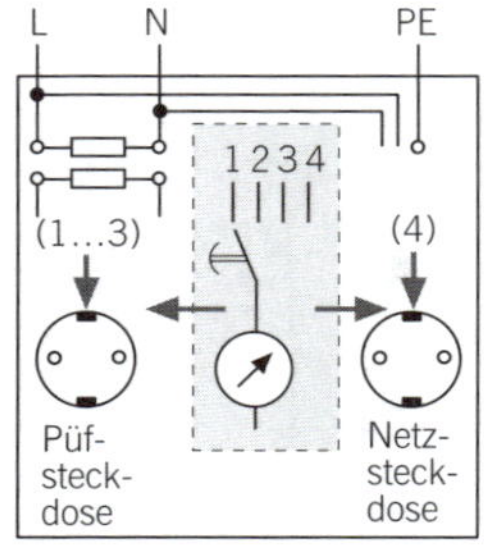	Komplette Prüfung möglich, wenn ein Zusatzadapter (Messung des Schutzleiterstroms nach dem Differenzstromverfahren) verwendet wird. Einige Geräte verfügen über weitere Messmöglichkeiten (U, I, usw.).

Bild 7.4 a
Metratester 4 (GMC)

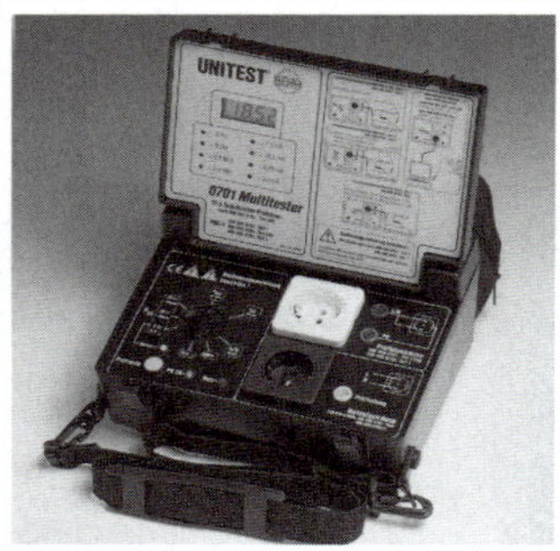

Bild 7.4 b
0701 Multitester (BEHA) mit Zusatzfunktionen (u. a. RSL mit 0,2/10 A) und Schnittstelle

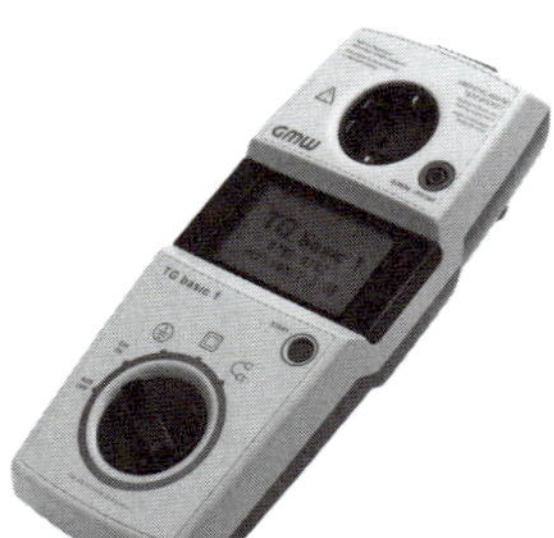

Bild 7.4 c
TG basic 1 (GMW)

Bild 7.4 Beispiele für die dritte Generation der Prüfgeräte für ortsveränderliche Geräte (Variante B nach Tafel 7.1).
Der wesentliche Unterschied zu den früher üblichen Prüfgeräten (Variante A) besteht darin, dass nunmehr auch Messkreise mit Verbindung zum Netz vorhanden sind (Schutzleiterstrom- und/oder Berührungsstrommessung).
Variante B unterliegt bezüglich der Prüfmöglichkeit der gleichen Einschränkung wie Variante A (Geräte mit elektrisch zu betätigenden Schaltelementen können nicht vollständig geprüft werden)

Prüfverfahren	Prinzipschaltung der Prüfgeräte	Besonderheiten
▮ Messung Schutzleiterwiderstand (1) ▮ Messung Isolationswiderstand (2) ▮ Messung – des Schutzleiterstroms und – des Berührungsstroms beide mit dem Messverfahren Ersatz-Ableitstrommessung (3) sowie ▮ Messung des Schutzleiter- und Berührungsstroms mit Netzspannung nach dem direkten oder dem Differenzstrom-Messverfahren	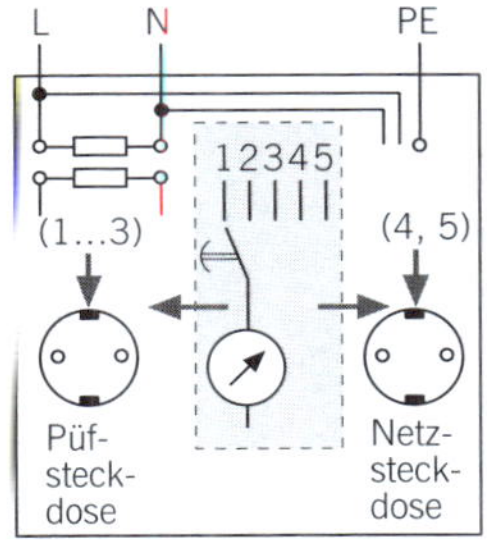	Einige Geräte verfügen über weitere Messmöglichkeiten (U, I, usw.) sowie eine Datenspeicherung und eine Schnittstelle zur Datenübergabe an den PC.

Bild 7.5 a
Metratester 5 (GMC)

Bild 7.5 b
Unitester 0701/0702 Profiversion (BEHA)

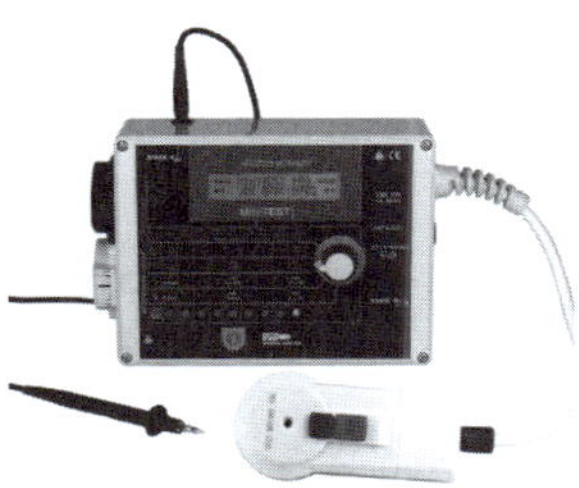

Bild 7.5 c
Minitest pro Normalausführung.
Digitalanzeige der Messwerte,
keine FI-Schutzschalter, USB-Schnittstelle (GMC)

Bild 7.5 Weitere Beispiele für die dritte Generation der Prüfgeräte für ortsveränderliche elektrische Geräte (Variante C nach Tafel 7.1).
Geräte der Variante C gestatten im Gegensatz zur Variante B für alle Gerätearten die vollständige Prüfung nach DIN VDE 0701-0702 und haben zumeist auch einen Speicher für die Messwerte sowie eine Schnittstelle zur Verbindung mit einem PC

7

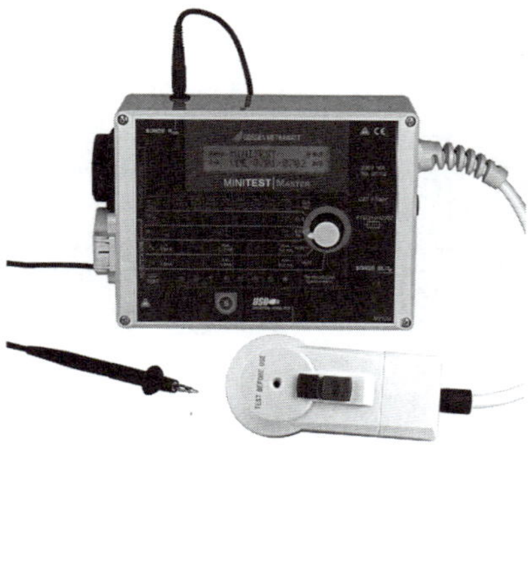

Bild 7.5 d
Minitest Master, Komfortausführung, FI-Schutzschalter, Speicher 2000 Prüfungen (GMC)

Bild 7.5 e
Minitest 3P Master, Spezialausführung, Speicher 2000 Prüfungen, Prüflingsanschlüsse CEE 16/32 A (GMC)

Bild 7.5 Fortsetzung

Prüfverfahren	Prinzipschaltung der Prüfgeräte	Besonderheiten
▌ Messung Schutzleiterwiderstand (1) ▌ Messung Isolationswiderstand (2) ▌ Messung – des Schutzleiterstroms und – des Berührungsstroms mit dem Messverfahren Ersatz- Ableitstrommessung (3) **und** nach Abschluß dieser Messungen **(Steckdose mit der Funktion Netzsteckdose)** ▌ Messung – des Schutzleiterstroms und – des Berührungsstroms mit dem direkten oder dem Differenzstrom-Messverfahren (4)	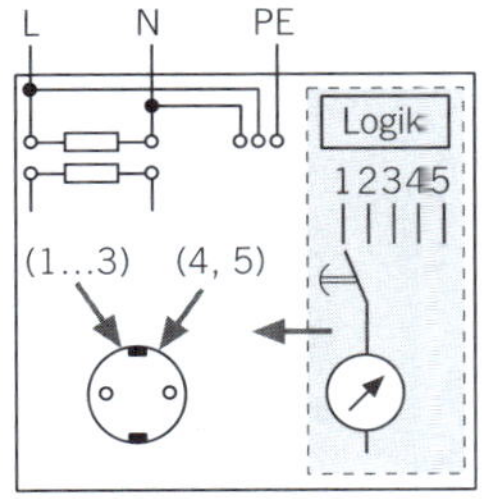	auch Einzelmessungen möglich

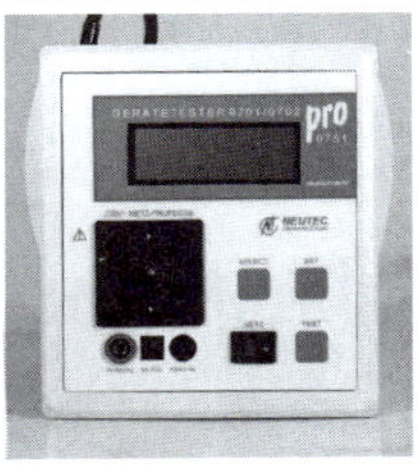 **Bild 7.6 a** Gerätetester 0701/0702 Pro 0751 (Neutec)	 **Bild 7.6 b** Secutest SIIN+10 (GMC), ansteuerbar, mit RSL 10A
 **Bild 7.6 c** Sigma GT MI 3310 (Metrel)	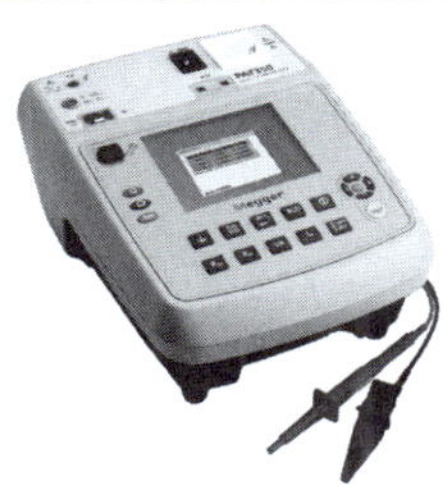 **Bild 7.6 d** PAT 350 (Megger) mit RSL 10 und ggf. 25 A, RCD-Test

Bild 7.6 Prüfgeräte der Variante D, bei denen der Anschluss des Prüflings über eine Steckdose erfolgt, die durch die Steuerlogik zunächst die Funktion der Prüfsteckdose und nach dem positiven Ablauf der Messungen 1 bis 3 die Funktion der Netzsteckdose erhält. Sie verfügen über einen automatisierten Prüfablauf, die Messungen können jedoch auch einzeln von Hand vorgenommen werden. Messung auch von Strom, Netzspannung U (AC) und anderen Größen, Datenspeicher, Datenschnittstelle

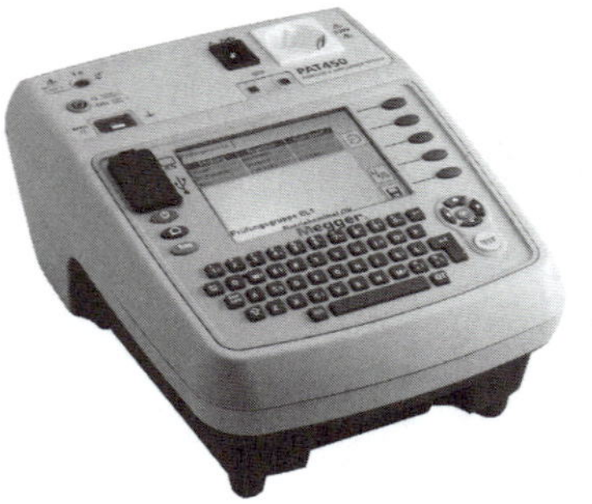

Bild 7.6 e
PAT 450 (Megger) mit RSL 10 und 25 A, RCD-Test und Datenbank

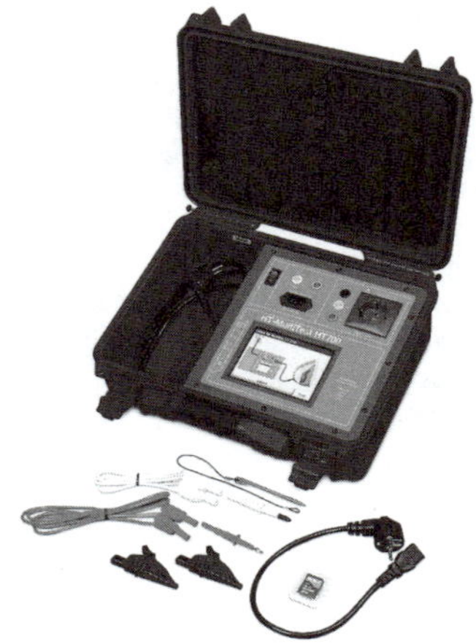

Bild 7.6 f
MultiTest HT700+ (HT Instruments) mit RSL 10A, RCD-Test und Datenbank

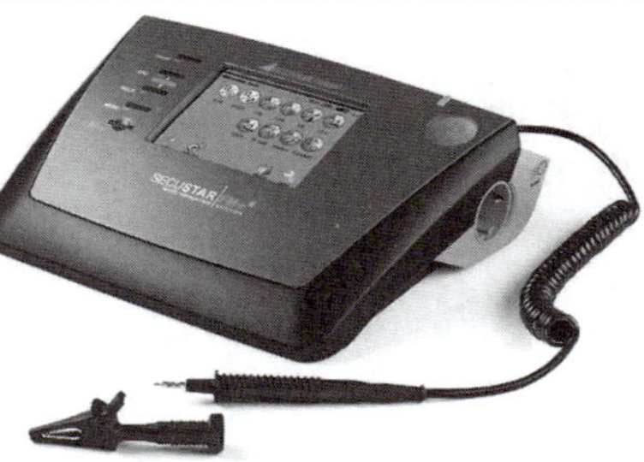

Bild 7.6 g
Secustar (GMC)

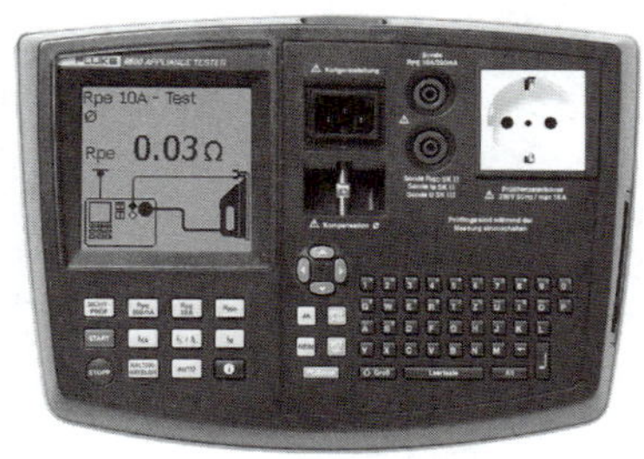

Bild 7.6 h
Gerätetester 6500 (Fluke)

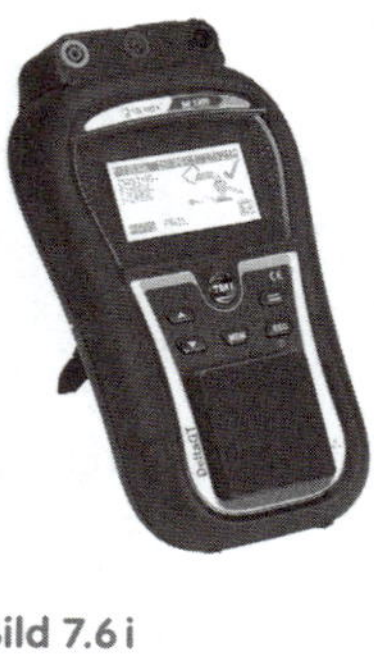

Bild 7.6 i
delta GT MI 3309 BT (Metrel)

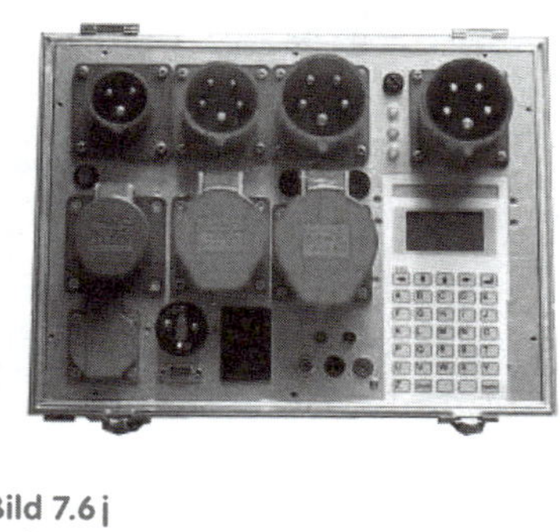

Bild 7.6 j
Safetytest 3N (Safetytest)

Bild 7.6 Fortsetzung

Geräte der Variante D zur kombinierten Prüfung von elektrischen Geräten nach DIN VDE 0701-0702 und medizinischen elektrischen Geräten nach DIN VDE 0751 oder von Lichtbogenschweißeinrichtungen nach VDE 0544-4. Die dargestellte Prinzipschaltung wird bei diesen Geräten um die nach DIN VDE 0751 oder VDE 0544-4 vorgegebenen Messverfahren (Patientenableitstrom, Geräteableitstrom, Leerlaufspannung u. a.) ergänzt.

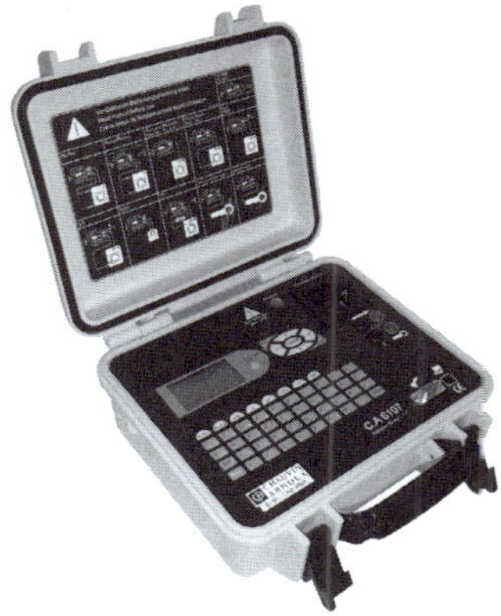

Bild 7.6 k
Gerätetester 6107 (Chauvin Arnoux)

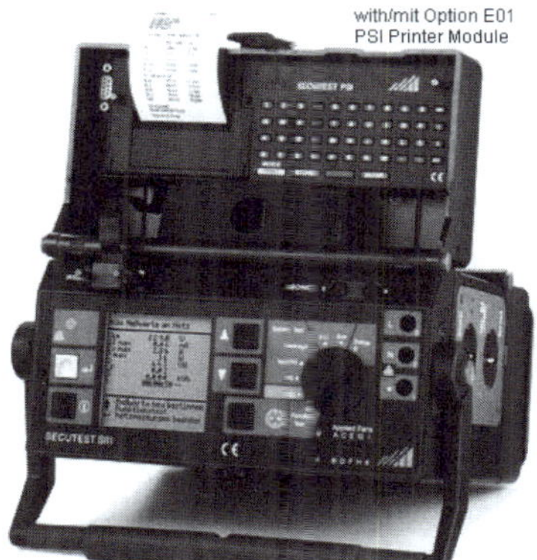

Bild 7.6 l
Secutest III (GMC)

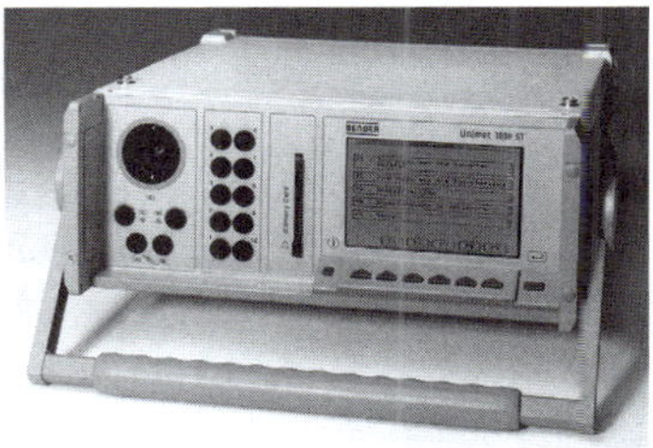

Bild 7.6 m
Unimet 1000ST (Bender)

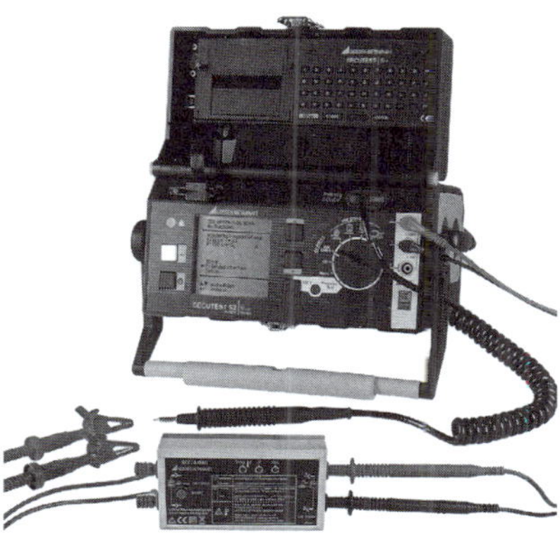

Bild 7.6 n
Secutest SIIN+10 (GMC), ansteuerbar, mit RSL 10 A und Secuload für Leerlaufspannungsmessung nach VDE 0544-4

Bild 7.6 Fortsetzung

7.1.4 Umfang und Art des Prüfkomforts

Ergänzend zu den nach DIN EN 61557-16 (VDE 01413-16) vorgegebenen Messverfahren werden oft auch die nützlichen Möglichkeiten der Messung von Strom, Spannung, Temperatur, Auslösestrom, Kapazität usw. vorgesehen (Varianten B bis E). Zum Teil wird diese „Universalität" mitunter auch übertrieben (Beleuchtungsstärke, Bodenfeuchte), sodass der Charakter eines „Geräteprüfgeräts" verlorengeht.

Der automatische Prüfablauf ist bei fast allen modernen Geräten schon fast zur Selbstverständlichkeit geworden (Bilder 7.6), er ist aber nur nützlich, wenn viele einfache und vorwiegend fehlerfreie Geräte zu prüfen sind. Sehr nützlich sind

- die Verwendung der Differenzstrommessung auch als Schutzfunktion für den Prüfer (RCD mit $I_{\Delta N} = 30\,mA$),
- das mögliche Informieren über Prüfschaltung, Grenzwerte usw., abrufbar über das Display, und die
- einstellbaren Grenzwertvorgaben, Sprachen usw.

7.2 Betriebsmessabweichung, Messfehler

Es gibt kaum ein anderes Fachgebiet, das dem Praktiker ein solches Durcheinander der Fachausdrücke und deren Definitionen bietet, wie die Messtechnik mit ihren vielen Teilgebieten. Das Bemühen, etwas Ordnung zu schaffen, wird im Anhang 1 deutlich. Hier im Buch wird nach wie vor von der Betriebsmessabweichung, d. h. dem Messfehler des Prüfgeräts gesprochen. Dies ist die Differenz zwischen dem tatsächlichen Wert (Istwert) einer Größe, z. B. des Schutzleiterwiderstands des zu prüfenden Geräts, und dem vom Prüfgerät angezeigten Wert dieser Größe bei festgelegten Umfeldbedingungen. Dabei werden sowohl Umgebungstemperatur, Spannung und Qualität des Versorgungsnetzes als auch mögliche Ablesefehler berücksichtigt.

In den Herstellerkatalogen wird vielfach die Bezeichnung Betriebsmessabweichung benutzt, für die früher Gebrauchsfehler üblich war.

Die in VDE 0413-16 vorgegebene zulässige Betriebsmessabweichung (Messfehler) der Prüfgeräte ist mit +/– 15 % reichlich bemessen die Hersteller nutzen, wie Tafel 7.2 zeigt, diesen Spielraum nicht aus.

In den Herstellerkatalogen und der Dokumentation zum Prüfgerät wird oftmals nur die Eigenabweichung, also die Abweichung unter Laborbedingungen, angegeben. Bei einer Kalibrierung wird auf Einhaltung dieser Eigenabweichung hin geprüft – mehr nicht.

Der möglicherweise durch den Prüfer entstehende zusätzliche Messfehler – entstanden durch falsches Ablesen, zusätzliche Messleitungen, unbekannte Parallelverbindungen usw. – sollte nicht berücksichtigt werden. Er ist undefinierbar und durch sorgfältiges Arbeiten zu vermeiden bzw. im konkreten Fall zu erkennen und bei der Bewertung zu berücksichtigen.

Um exakt arbeiten bzw. messen zu können, muss der Prüfer wissen und beachten, dass der von der Norm vorgegebene Wert der Betriebsmessabweichung nur dann gilt, wenn am Einsatzort der Prüfgeräte die Nenngebrauchsbedingungen während der Messung eingehalten werden. Diese sind:

- Netzspannung 90 bis 110 % der Netznennspannung,
- konstante Netzspannung während des Messvorgangs,
- Temperatur zwischen 0 und 35 °C,
- Abweichung von der Referenzlage max. 90 °,
- Schutzleiter der Anlage fremdspannungs- und fehlerstromfrei,
- Batteriespannung in den vom Hersteller festgelegten Grenzen,
- annähernd sinusförmiger Strom,
- keine niederfrequenten Magnetfelder im Bereich der Messung.

Diese Angaben sind Minimal- bzw. Höchstbedingungen.

Messbereich Beispiele	**Betriebsmessabweichung (Messfehler) Katalogwerte in % vom Messwert bzw. in % vom Messbereichsendwert[1)]**	**Messfehler bei den üblicherweise auftretenden kleinen Messwerten**
Schutzleiterwiderstand		bei 0,1 Ω 10 bis 25 %
0,000 ... 3,1 Ω	**± (5 % + 10 Digit)**	
2,000 ... 30 Ω	± (5 % + 10 Digit)	
0,01 ... 10 Ω	± (8 % + 3 Digit)	
0 ... 20 Ω	± (5 % + 2 Digit)	
0 ... 1 Ω	± 2,5 %[1)]	
Schutzleiterstrom		bei 0,1 mA 10 bis 100 % bei 50 Hz
0,00 ... 31 mA	± (10 % + 10 Digit)	
0 ... 20,0 mA	± (5 % + 2 Digit)	
Berührungsstrom		
0 ... 1,99 mA	**± (10 % + 5 Digit)**	
Isolationswiderstand		bei 0,5 MΩ 10 bis 100 %
0 ... 30 MΩ (∞)	± 2,5 %[1)]	
10 kΩ ... 10 M	± (5 % + 1 Digit)	
1,01 ... 11 MΩ	± (5 % + 10 Digit)	

Tafel 7.2 Beispiele für die Betriebsmessabweichungen (Gebrauchsfehler) der Prüfgeräte

1) analog anzeigende Geräte

Die in der Norm vorgegebenen Höchstwerte der Betriebsmessabweichung sichern, dass die Ergebnisse der Prüfgeräte mehrerer Hersteller beim Messen am selben Prüfling ungefähr gleich sind.

Für den Prüfer sind die in der Bedienungsanleitung angegebenen konkreten Werte (Messfehler) „seines“ Prüfgeräts wichtig (Tafel 7.2). Er sollte sich hin und wieder über die „aktuellen“, bei den Messverfahren seines Prüfgeräts tatsächlich vorhandenen Betriebsmessabweichungen informieren. Dies ist durch Vergleichsmessungen mit anderen Prüfgeräten oder mit einem Messnormal (Bild 7.7) möglich. Ein solcher Vergleich ersetzt nicht das regelmäßige Prüfen (Kalibrieren). Er dient nur der Feststellung, dass keine markanten Fehler vorhanden sind.

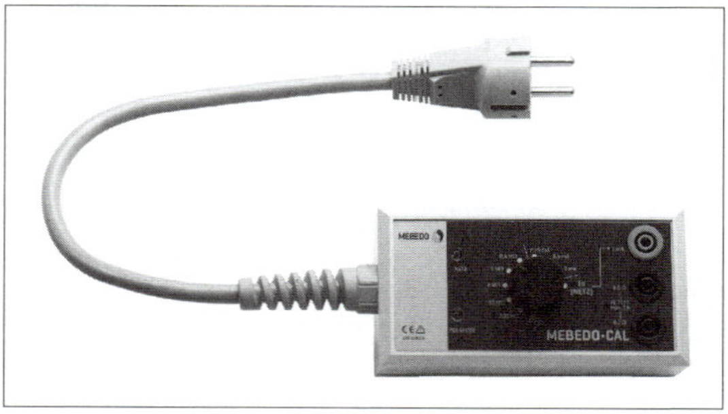

Bild 7.7
Kalibrieradapter Mebedo cal (Mebedo)

Besteht auf diese Weise die Gewissheit, dass das zur Anwendung kommende Prüfgerät einwandfrei funktioniert, so ist es nicht erforderlich, beim Bewerten der Schutzleiter- oder Isolationswiderstände oder der Ableitströme die jeweilige Betriebsmessabweichung – den Messfehler – zu berücksichtigen.

Diese „Großzügigkeit“ ist vertretbar, weil es bei diesen „Praxismessungen“ sogar genügt, wenn zur Bewertung des Prüflings nur die Größenordnung der jeweiligen Messgröße (Schutzleiterwiderstand, Isolationswiderstand usw.) bekannt ist. Warum so verfahren werden kann und wie das Bewerten des Messwerts jeweils erfolgen soll, wird bei den einzelnen Messverfahren in Kapitel 6 erläutert.

Bestätigt wird die Zulässigkeit dieser Verfahrensweise auch durch Tafel 7.2. Dort ist zu erkennen, dass bei den üblicherweise auftretenden kleinen Messwerten Messfehler vorhanden sind, deren Wert die Größe des Messwerts erreicht (100 %).

7.3 Auswahl der Prüfgeräte

Die in den vorstehenden Abschnitten aufgeführten Merkmale und Eigenschaften der Prüfgeräte bietet dem Prüfenden die Möglichkeit, sich „sein“ Gerät auszusuchen.

Es kommt ja nicht nur darauf an, alle Messungen normgerecht vornehmen zu können, es muss dem Prüfer auch Freude machen, mit einem aus seiner Sicht übersichtlich gestalteten, gut funktionierenden und zuverlässig arbeitenden Prüfgerät zu messen. Er sollte bereits vor dem Kauf reichlich mit dem Gerät geübt haben und alle

Messabläufe, Speicher- und Sonderfunktionen beherrschen. Er muss auch wissen, wie er die Anzeigewerte seines Prüfgeräts mit ihren möglichen Toleranzen zu bewerten hat. Um zu einer auch hinsichtlich der rationellen Prüfung richtigen Entscheidung zu kommen, ist vor der Anschaffung noch zu klären,

- welche Arten elektrischer Geräte zurzeit und künftig vielleicht geprüft oder instand gesetzt werden sollen und ob auch die Vorgaben von VDE 0751 (medizinische elektrische Geräte) oder VDE 0113-1 (Ausrüstungen von Maschinen) zu berücksichtigen sind,
- ob das Prüfgerät auch zum Nachweis der Funktion verwendet werden soll,
- wie oft und durch wen (Qualifikation, Arbeitsaufgabe) voraussichtlich damit gearbeitet wird,
- ob die Prüforganisation in die betriebliche Gesamtorganisation mit PC-Vernetzung einzubeziehen ist und demzufolge Prüfgeräte mit Speicher und PC-Schnittstelle erforderlich sind.

Außerdem sollte darüber nachgedacht werden,

- ob das Messen von Schutzleiter- und/oder Berührungsstrom mit einem bestimmten Messverfahren gefordert wird (Abschnitt 6.6),
- ob als Messstromstärke für die Schutzleiterwiderstandsmessung außer DC 0,2 A auch AC 10 A oder noch höhere Stromstärken erforderlich sind,
- ob die Messgeräte auch Multimeterfunktionen aufweisen sollen,
- ob die im Unternehmen bereits vorhandenen Prüfgeräte noch alle Anforderungen der Normen erfüllen (Tafel 7.1),
- ob die mitunter unter einer werbewirksamen Bezeichnungen angebotenen Prüfgeräte wirklich alle erforderlichen Eigenschaften aufweisen und gut gehandhabt werden können,
- ob der Einsatz eines automatisierten Prüfgeräts sinnvoll ist,
- wie robust das Gerät sein sollte, um allen Anforderungen des Transports und des Einsatzorts zu widerstehen.

Außerdem muss gewährleistet sein, dass die Prüfgeräte zumindest mit der Messmittelkategorie (Kurzschluss-/Überspannungskategorie) CAT II/300 V gekennzeichnet sind, da sie ja auch an fest angeschlossenen Geräten und somit möglicherweise auch an unter Spannung stehenden Endstromkreisen der Anlage zum Einsatz kommen.

Darüber hinaus sind in Abhängigkeit von der Prüfaufgabe, den Prüflingen und den auch in diesem Buch erwähnten Besonderheiten der Prüfverfahren (Kapitel 6) möglicherweise noch weitere Gesichtspunkte zu beachten. Es ist daher sinnvoll,

- sich nicht nur bei einem Prüfgerätehersteller und durch eines seiner Seminare zu informieren, sondern
- immer auch einen erfahrenen Prüfer oder herstellerunabhängigen Seminarleiter um Rat zu bitten.

7.4 Beispiele für Prüfgeräte, Prüftafeln, Prüfzubehör

Nachstehend werden die im Einsatz befindlichen Prüfgeräte zum Prüfen elektrischer Geräte nach DIN VDE 0701-0702 mit ihren Einsatzmöglichkeiten beispielhaft aufgeführt.

Die **Bilder 7.2, 7.3 und 7.4** zeigen Prüfgeräte, die sich vielfach noch im Einsatz befinden, aber teilweise nicht mehr bzw. in veränderter Form hergestellt werden. Obwohl bei einigen davon die Anwendungsmöglichkeit infolge der veränderten Vorgaben in DIN VDE 0701-0702 nunmehr eingeschränkt (Tafel 7.1) ist, werden sie hier dargestellt, weil sie im Rahmen ihrer Möglichkeiten durchaus noch verwendbar sind.

Sie können unter Bezugnahme auf die Eigenverantwortung des verantwortlichen Prüfers (Kapitel 3) und unter Berücksichtigung ihrer Möglichkeiten durchaus weiter eingesetzt werden (F 7.6). Es ist ja denkbar, dass mit ihnen Prüfmöglichkeiten dort erschlossen werden, wo bisher z. B. aus Kostengründen, weil der letzte Anstoß fehlte, der Weg zur Prüfstelle als zu aufwendig betrachtet wurde oder dank anderer Ausreden gar nicht geprüft wurde.

Die **Bilder 7.5 und 7.6** zeigen moderne Prüfgeräte unterschiedlicher Ausstattung, die in vollem Umfang den aktuellen Anforderungen der Prüftechnik und der Prüftechnologie entsprechen, meist auch weitere, über die Vorgaben der Normen hinausgehende Messfunktionen sowie eine Datenspeicherung aufweisen und (Bild 7.6) einen automatischen Prüfablauf ermöglichen.

Die in **Bild 9.5** dargestellten Prüftafeln/Prüfeinrichtungen sind im Prinzip immer die Kombination eines der vorstehend genannten Prüfgeräte mit einem Adapter, der zum Anschluss z. B. von Prüflingen höherer Bemessungsstromstärke dient. Zusätzlich enthalten die Prüftafeln weitere Messgeräte, Schutzeinrichtungen und Spannungsquellen sowie gegebenenfalls diese oder jene kleine intelligente Prüfspezialität. Sie entsprechen im Prinzip den Prüfgeräten der Variante C/D in Tafel 7.1. Die dem Anschluss der zu prüfenden Geräte dienenden Steckdosen sind mit Hand umzuschalten zwischen der direkten Verbindung mit dem Netz (Funktionsprüfung, Strommessung) und der Verbindung mit dem Prüfgerät (Sicherheitsprüfungen), das dann gegebenenfalls – bei automatischem Prüfablauf – zwischen den Funktionen Prüf- und Netzsteckdose umschaltet.

Die Vielzahl der angebotenen Varianten dieser Prüftafeln macht eine vollständige Darstellung im Buch unmöglich.

» **Wichtig ist, dass mit der oder den ausgewählten Prüftafeln letztlich immer ein Prüfplatz eingerichtet werden kann, der die Sicherheitsvorgaben von VDE 0104 erfüllt (Bilder 9.1 bis 9.3).**

Dank des modularen Aufbaus der Prüftafeln (Bild 9.5 e, f) kann der Prüfplatz durch eine geschickte Auswahl und Zusammenstellung der Baueinheiten so gestaltet werden, dass er nicht nur den sicherheitstechnischen, sondern auch allen prüftechnischen Anforderungen genügt. Zu beachten sind die Möglichkeiten,

- eine ortsfeste Prüftafel mit einem steckbaren Prüfgerät auszuwählen, das dann auch im mobilen Einsatz genutzt werden kann, oder
- eine transportable Prüftafel (Bild 9.5 a, f) zu verwenden, die gegebenenfalls auch zur Ausstattung des ständigen ortsfesten Prüfplatzes genutzt werden kann.

Das zum Prüfen erforderliche Zubehör ist in Bild 7.11 aufgeführt. Soweit dazu Erläuterungen erforderlich sind, werden sie in den Abschnitten 7.5 und 7.6 mit behandelt.

Zusätzlich zu den als Foto im Anhang 5 aufgeführten werden weitere Prüfgeräte und Prüfhilfsmittel angeboten, die hier nicht alle erwähnt werden können. Es werden auch immer wieder neue oder geänderte Prüfgeräte sowie deren weiter entwickelte Software auf den Markt gebracht. Es ist daher zu empfehlen, sich gelegentlich über das Internet (Anhang 3) erneut zu informieren.

7

7.5 Besonderheiten beim Anwenden der Prüfgeräte

In Kapitel 6 wurden die einzelnen Prüfschritte und damit das Anwenden der Prüfgeräte bereits ausführlich dargelegt. Trotzdem soll hier auf einige Besonderheiten der Prüfgeräte und der Prüfverfahren eingegangen werden, die der Prüfer im Interesse seiner Sicherheit und einer rationellen, ordnungsgemäßen Prüfung kennen und beachten sollte. Diese Bemerkungen gelten auch für Prüftafeln (Bild 9.5), in denen die hier vorgestellten Prüfgeräte zum Einsatz kommen.

7.5.1 Schutzkontakte der Prüf- und Netzsteckdose

Bei der Prüfsteckdose wird der Schutzkontakt lediglich für Messzwecke benutzt und hat keinerlei Schutzfunktion. Der Messkreis (Sekundärkreis des Trenntransformators) benötigt keine Verbindung zum Schutzleiter des Versorgungsnetzes. Trotzdem ist bei einigen Prüfgeräten der Schutzkontakt der Prüfsteckdose fest mit dem Schutzleiter des Netzes verbunden. Auch bei Prüftafeln ist dies mitunter der Fall, obwohl dort die Verbindung des Schutzkontaktes zum Schutzleiter nur vorhanden sein muss, wenn die Steckdose mit der Funktion „Netzsteckdose“ betrieben wird.

Infolge dieser Verbindung zum Schutzleiter können Fehlmessungen bzw. Fehlbeurteilungen entstehen, wenn die zum Messkreis gehörenden berührbaren leitfähigen Teile des Prüflings (Körper-)Kontakt mit einem das Erdpotential führenden Teil erhalten.

Es sollte daher immer geklärt bzw. darauf geachtet werden,

- ob eine solche Verbindung des Schutzleiterkontakts bei dem eigenen Prüfgerät besteht, oder
- ob die Teile des Prüflings, an denen gemessen wird, während der Messung gegenüber Teilen mit Erdpotential isoliert sind.

Die Schutzleiterkontakte der Netzsteckdose eines Prüfgeräts müssen immer – unabhängig von der gewählten Messfunktion – mit dem Schutzleiter des Versorgungsnetzes verbunden sein. Bei der Anschlusssteckdose von Prüfgeräten oder Prüftafeln, die als Prüf- oder als Netzsteckdose genutzt und entsprechend umgeschaltet wird, muss diese Verbindung ebenfalls vorhanden sein, wenn sie als Netzsteckdose geschaltet ist.

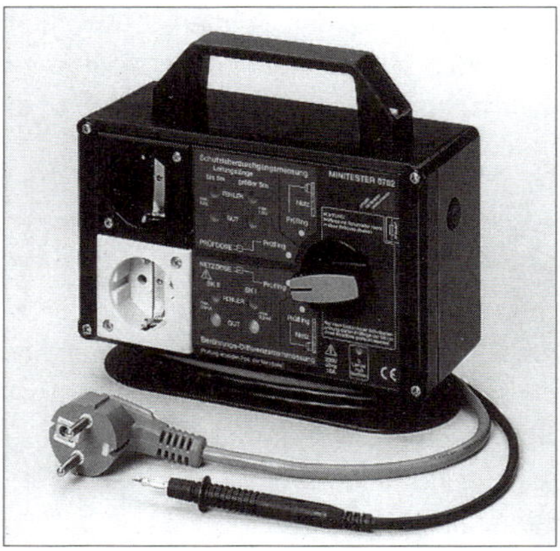

Bild 7.8
Minitester 0702 (GMC), Messung von Schutzleiterwiderstand (0,2 A DC), Schutzleiterstrom (Differenzstrommessmethode) und Berührungsstrom (Differenzstrom- und direkte Messmethode, Prüflingsanschluss über Prüf- oder Netzsteckdose

Ob diese Verbindung vorhanden bzw. noch vorhanden ist, muss bei der regelmäßigen Kontrolle des Prüfgeräts (F 7.5) festgestellt werden.

7.5.2 Umschaltung zwischen Prüf- und Netzsteckdose

Um die ordnungsgemäße Prüfung zu gewährleisten und auch um die Gefährdung des Prüfers möglichst klein zu halten, müssen die Prüfungen an der Prüfsteckdose vor denen an der Netzsteckdose erfolgen. Bei den Prüfgeräten der Bilder 7.3 und 7.4 muss der Prüfer diese Reihenfolge durch ein bewusstes Umstecken gewährleisten. Aus diesem Grund muss bei diesen Prüfgeräten

- eine deutliche Kennzeichnung von Prüf- und Netzsteckdose vorhanden sein und
- ein Warnvermerk darauf hinweisen, dass der Prüfling erst nach der bestandenen Sicherheitsprüfung an der Prüfsteckdose an die Netzsteckdose angeschlossen werden darf.

Bei Prüfgeräten nach Bild 7.5, bei denen eine automatische Umschaltung von der Funktion „Prüfsteckdose“ auf die Funktion „Netzsteckdose“ erfolgt, muss gewährleistet sein, dass

- bei der Umschaltung kein unbeabsichtigtes/unbemerktes Einschalten des Prüflings (Anlaufen des Motors!, Hitzeentwicklung! usw.) erfolgen kann und der Prüfer vom Prüfgerät (Display-Hinweis: Prüfling ausschalten!) auf die hier mögliche Gefährdung hingewiesen wird und
- die automatische Umschaltung blockiert wird, wenn vorher an dem angeschlossenen Prüfling eine der Sicherheitsprüfungen mit negativem Ergebnis abgeschlossen wurde.

7.5.3 Einzelbuchsen zum Prüflingsanschluss

Im Interesse einer optimalen Sicherheit dürfen Einzelbuchsen, an denen die Prüfspannung anliegen kann, nur mit den Kontakten der Prüfsteckdose verbunden sein. Bei den Prüfgeräten nach Bild 7.6 werden die den Steckdosenbuchsen der aktiven Leiter parallel geschalteten Einzelbuchsen abgeschaltet, wenn die Funktion „Netzsteckdose“ genutzt wird.

7

7.5.4 Gefährdung durch defekte Prüflinge

Bei der Gestaltung der Prüfgeräte wird davon ausgegangen, dass auch beim Anschluss defekter Prüflinge keine Gefährdung des Prüfers möglich sein soll. Dies ist – besonders bei Messungen des Ableitstroms mit Netzspannung – nicht in vollem Umfang möglich. Bedingt durch das Messverfahren, bewirkt der Innenwiderstand des Prüfgeräts eine Erhöhung des Widerstands der Fehlerschleife (Schleifenwiderstand) für den möglicherweise im Prüfling vorhandenen Isolationsfehler (Bild 7.1). Dies kann dann zu einer Erhöhung der Abschaltzeit über den nach der Norm [2.20] vorgegeben Wert und somit zur unmittelbaren Gefahr für den Prüfer führen.

Das heißt, alle Prüfungen mit Netzspannung

- **sind als Arbeit in der Nähe unter Spannung stehender Teile zu betrachten und**
- **müssen unter Verwendung eines Fehlerstromschutzschalters mit einem Bemessungsdifferenzstrom $I_{\Delta N} \leq 30\,mA$ (ortsfest im Stromkreis, Bild 9.1) oder mobil (Bild 9.3 und Bild 9.4) vorgenommen werden.**

Mögliche Gefährdungen

a) Messung mit dem Differenzstromverfahren oder

b) Messung mit dem direkten Verfahren an einem defekten Prüfling

Fehler 1 kann nur vorhanden sein, wenn die Prüfung des Schutzleiters nicht ordnungsgemäß erfolgte.

Fehler 2 wird nicht entdeckt, wenn die Messung des Isolationswiderstands nicht erfolgen kann oder versäumt wird.

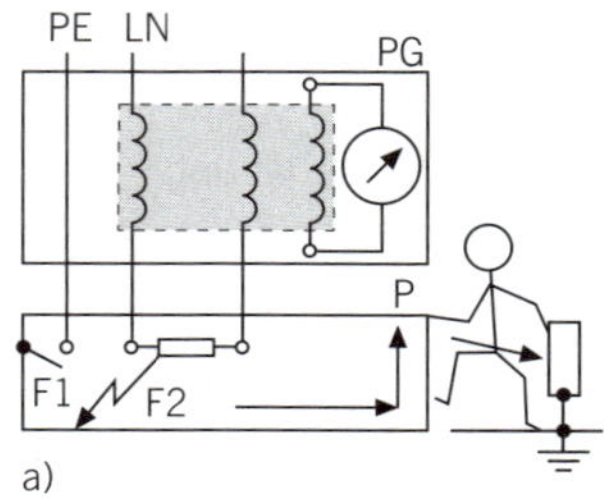

Abwehren der Gefährdung

1. Ermitteln und Beheben von Fehlern im Schutzleiter vor der Schutzleiterstrommessung.
2. Anschluss des Prüfgeräts über eine RCD oder Verwendung eines Prüfgeräts mit RCD ($I_{\Delta N} \leq 30$ mA).
3. Durch die Isolationswiderstandsmessung vor der Schutzleiterstrommessung müssen Isolationsfehler soweit wie möglich ermittelt und dann beseitigt werden.

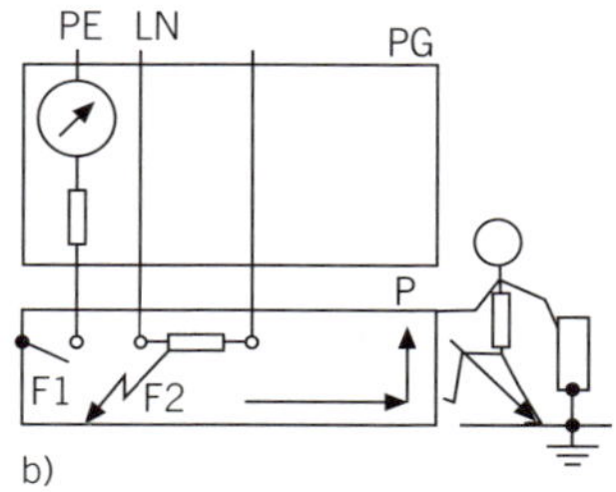

Mögliche Gefährdungen

c) Messung mit dem direkten Verfahren und einem Prüfgerät mit hohem Innenwiderstand an einem Prüfling mit einem Isolationsfehler.

Infolge des hohen Innenwiderstands R_i ergibt sich ein geringer Fehlerstrom I_F und die Schutzeinrichtung der Anlage (Si) löst nicht aus. Berührungsspannung für den Prüfer beträgt bis zu 230 V!

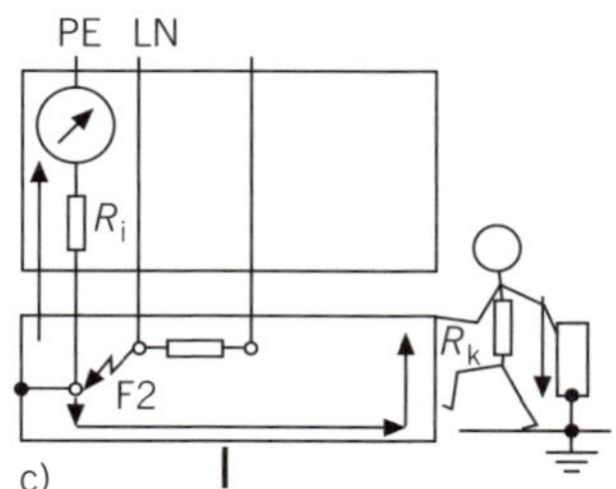

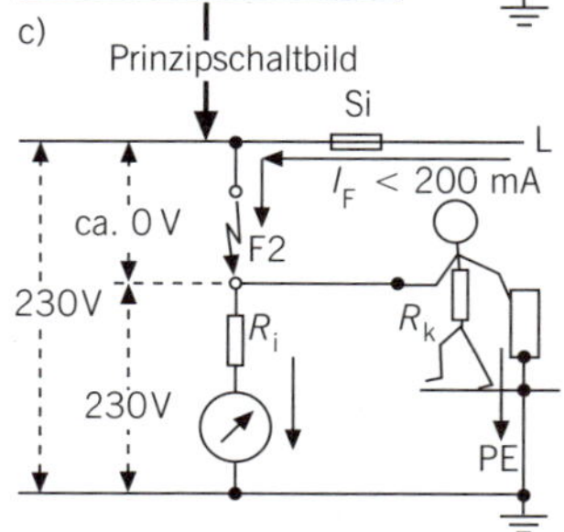

Abwehren der Gefährdungen

1. wie oben
2. Prüfgeräte mit einem solchen hohen Innenwiderstand nicht zur Schutzleiterstrommessung verwenden.

Bild 7.9 Mögliche Gefährdungen des Prüfers bei der Messung des Schutzleiterstroms mit Netzspannung und notwendige Maßnahmen zu deren Abwehr

Verantwortung und Aufgaben – ordnungsgemäße Prüftechnik

Person, Funktion, Befähigung	Arbeitsaufgaben
Verantwortlicher, (Arbeitgeber, Unternehmer)	Durchsetzen, dass von der vEFK bzw. der befähigten Person alle Voraussetzungen für das Prüfen bestimmt werden; Beschaffen der Prüftechnik
verantwortliche Elektrofachkraft [vEFK] oder befähigte Person (bP) [1.2] [2.3]	Festlegen der erforderlichen Prüftechnik/Prüfplätze per Gefährdungsbeurteilung; Durchsetzen der richtigen Anwendung und Wartung der Prüftechnik; Einweisen der Prüfer in die Prüftechnik
verantwortlicher Prüfer (EFK)	Mitwirken bei Auswahl der Prüftechnik; Einsatz der Prüfgeräte, Wartung und Kalibrierung; Sichern des Arbeitsschutzes; Einweisen der Prüfer in die Prüftechnik
Prüfer (EFK, EuP)	gründliche Information über die Prüfgeräte; fachgerechter Umgang/Pflege

Fragen und Antworten

Frage 7.1 Welche mechanischen Beanspruchungen vertragen die nach DIN VDE 0404 hergestellten Prüfgeräte?

Als Mindestforderung wird in der Norm verlangt, dass ein betriebsmäßig zu erwartender Fall aus einer Höhe von 3 bzw. 5 cm ohne Auswirkungen bleibt. Natürlich wissen die Hersteller um die Anforderungen der Praxis und geben noch etwas mehr Sicherheit hinzu. Selbst ein Absturz vom Tisch oder ähnliche Beanspruchungen führen bei den heute üblichen Geräten mit digitalen Messverfahren nicht unbedingt zu einer Beschädigung.
Ein Transport im Pkw oder im Werkstattwagen bleibt auf normalen Straßen sicher ohne Folgen. Bei anderen Transportarten sollte für eine der Originalverpackung entsprechende Dämpfung gesorgt werden.
Mess- oder Prüfgeräte zu stapeln, im Werkzeugkasten zu transportieren oder sie herumliegen zu lassen und somit zur beliebigen Benutzung freizugeben, ist ein Beweis für eine völlig unzureichende fachliche Kompetenz.

Frage 7.2 Welche Umgebungsbeanspruchungen sind für Prüfgeräte zulässig?

Die Schutzart IP40 der grundsätzlich schutzisolierten Messgeräte sichert einen guten Schutz gegen Staub und Schmutz, jedoch nicht gegen Wassereinflüsse. Als zulässige Umgebungstemperatur beim Prüfen werden zumindest 0 bis 30 °C (teilweise

10 bis 50 °C), als Lagertemperatur –20 bis 60 °C genannt. Dies gilt auch für die messtechnische Ausrüstung der Prüftafeln. Unbedingt zu vermeiden ist das Lagern in Räumen mit Minustemperaturen und anschließendem Einbringen/Verwenden in geheizten Räumen. Die dann einsetzende Kondenswasserbildung im Prüfgerät kann hinsichtlich Funktion und Sicherheit schlimme Folgen verursachen.

Frage 7.3 In welchen Fällen können die sogenannten Ja-Nein-Prüfgeräte eingesetzt werden?

Mit diesen Geräten (Bilder 7.1, 7.2 und 7.8), bei denen als „Messergebnis“ lediglich das Über- bzw. Unterschreiten der Grenzwerte angezeigt wird, kann nur eine sehr grobe Bewertung des Zustands eines elektrischen Geräts erfolgen. Es werden lediglich schwere Fehler, wie ein unterbrochener Schutzleiter oder ein grober Isolationsschaden (L/N zu PE/E), exakt festgestellt. Kleinere Mängel, die eine entstehende Gefährdung signalisieren, werden nicht oder zumindest nicht mit Sicherheit bemerkt.

Insofern sind solche Ja-Nein-Prüfgeräte für eine Wiederholungs- oder Erstprüfung nicht geeignet. Für eine Prüfung nach der Instandsetzung natürlich ebensowenig.

Hinzu kommt, dass ein im Sinne der Betriebssicherheitsverordnung gefordertes „Aufzeichnen der Prüfergebnisse“ nicht vollständig möglich ist. Gegebenenfalls ist vom verantwortlichen Prüfer zu entscheiden, ob bzw. in welchen Fällen ihr Einsatz trotz dieser Einschränkung vertreten werden kann.

In jedem Fall muss derjenige, der diese Prüfung durchführt oder den gesamten Prüfablauf zu verantworten hat, bei seiner Entscheidung über den Zustand der Prüflinge die eingeschränkte Aussage des Prüfgeräts und die Qualifikation des Prüfers berücksichtigen.

Ein weiterer erheblicher Nachteil der Geräte ist, dass sie die nach der Norm zulässigen Abweichungen vom vorgegebenen Grenzwert beim Schutzleiterwiderstand (Abschnitt 6.2), Isolationswiderstand (Abschnitt 6.3) oder Schutzleiterstrom (Abschnitt 6.4) bei ihrer „Entscheidung“ über „gut“ und „schlecht“ nicht berücksichtigen können.

Die mitunter vertretene Meinung [1.8], dass diese Geräte sich besonders für die Anwendung durch elektrotechnisch unterwiesene Personen eignen, ist unverständlich, da alle ihre Nachteile bei der zwangsläufig geringeren Befähigung bzw. Qualifikation der EuP besonders schwerwiegend sind.

Der Einsatz von Geräten, die nur eine Ja-Nein-Anzeige besitzen, ist für eine Prüfung nach DIN VDE 0701-0702 nicht mehr möglich, denn die rechtlichen Vorgaben haben sich derart gewandelt, dass nun Messwerte beurteilt werden müssen [1.11].

Die Vorteile eines solchen Ja-Nein-Prüfgeräts, wie

- einfache und sichere Handhabung,
- kostengünstige Anschaffung,
- Unempfindlichkeit und
- schnelle Verfügbarkeit,

empfehlen es daher vor allem für ergänzende Zwischenkontrollen durch Elektrofachkräfte oder elektrotechnisch unterwiesene Personen, z. B. vor der Ausleihe, bei der Rückgabe, vor dem Anwenden des Elektrowerkzeugs auf dem Bau oder bei Servicearbeiten, als Kundenservice, bei Marketingaktivitäten oder anderen Gelegenheiten. Zu überlegen ist auch, ob es nicht überall dort zur Anwendung kommen kann, wo es nicht um die turnusmäßige Wiederholungsprüfung geht. Wenn ausreichend qualifizierte Personen (Elektrofachkraft für festgelegte Tätigkeit) zur Verfügung stehen, denen die in ihrem Arbeitsbereich anzutreffenden ortsveränderlichen elektrischen Geräte gut bekannt sind, können auch diese Ja-Nein-Geräte für eine Grobkontrolle eingesetzt werden. Auch das wäre ein unerhörter Vorteil gegenüber dem völligen Unterlassen solcher Prüfungen.

7

Völlig anders wäre ein Ja-Nein-Prüfgerät zu beurteilen, bei dem als Grenzwert z. B.

- für den Schutzleiter- oder den Berührungsstrom I_B, I_{SL} der Wert 0 mA oder
- für den Isolationswiderstand Riso der Messbereichsendwert

betrachtet werden und deren Überschreiten ($I > 0$) bzw. Unterschreiten (R_{iso} < Messbereichsendwert) als Grund für die Bewertung „schlecht" bzw. für eine Übergabe an die zuständige Elektrofachkraft anzusehen wären. Eine derartige Prüfphilosophie ist aber, zumindest derzeit, nicht zu erkennen.

Völlig ungeeignet sind Ja-Nein-Geräte mit ihrer Aussage „Grenzwert eingehalten" zum Prüfen elektrischer Geräte mit einer EMV-Beschaltung. Bei einem solchen Prüfling benötigt der Prüfer den Istwert des Schutzleiterstroms, um diesen mit dem im Originalzustand (Erstprüfung) vorhandenen Ableitstrom der Beschaltungen vergleichen zu können.

Frage 7.4 Welche Bedeutung haben die bei einigen Prüfgeräten vorhandenen Grenzwertanzeigen?

Bei diesen Prüfgeräten erhält der Prüfer, zusätzlich zu der Anzeige des gemessenen Werts, einen Hinweis auf das Über- oder Unterschreiten der in den Normen vorgegebenen Grenzwerte. Dies erfolgt z. B. durch Leuchtdioden, ein akustisches Signal oder eine Grün-Rot-Markierung auf der Skala. Mehr als eine Erinnerung an den oder die in der Norm vorgegebenen Grenzwerte wird damit nicht erreicht. Ein verantwortungsbewusster Prüfer darf sich vom Messinstrument die Gut-Schlecht-Entscheidung nicht abnehmen lassen (F 7.3). Wie in Abschnitt 7.2 sowie beim Erläutern der Messverfahren in Kapitel 6 begründet wird, ermöglicht nur ein vom Prüfgerät auch angezeigter Messwert eine fachgerechte Beurteilung des Prüflings.

Frage 7.5 Welchen Prüfungen sind die Prüfgeräte zu unterziehen?

Auch Prüfgeräte sind Arbeitsmittel. An ihnen sind somit auch die Prüfungen nach der Betriebssicherheitsverordnung vorzunehmen.

In manchen Betrieben, in denen ein besonderes Qualitätsmanagementsystem vorhanden ist, müssen Prüfgeräte in einer vom DAkkS akkreditierten Prüfstelle (früher „nach DKD“) kalibriert werden.

Normalerweise genügt jedoch, dass die Funktionen des Prüfgeräts sowie die Betriebsmessabweichungen (Messfehler) aller Messfunktionen regelmäßig nachgewiesen werden. Dieses Prüfen bzw. Kalibrieren kann in eigener Verantwortung mit einem Messnormal (Bild 7.7) oder von speziell dafür ausgestatteten Betrieben oder dem Hersteller des Prüfgeräts vorgenommen werden. Wie oft eine Kalibrierung erforderlich ist, muss je nach Einsatzhäufigkeit, Beanspruchung und Prüfumgebung mit einer Gefährdungsbeurteilung festgelegt werden. In der Praxis haben sich Kalibrierintervalle von 1–2 Jahren bewährt. In jedem Fall sollten die Empfehlungen des Herstellers für die Kalibrierung berücksichtigt werden.

Es ist außerdem erforderlich, etwa alle 6 Monate den Ladezustand der gegebenenfalls vorhandenen Batterien zu kontrollieren.

Vor jedem Einsatz ist es zweckmäßig, die Hauptfunktionen des Prüfgeräts zu kontrollieren, ob z. B. überhaupt die Messspannung der Isolationsmessung auf die Prüfsteckdose geschaltet wird (indem die Sonde in die Prüfsteckdose gesteckt wird).

Frage 7.6 Dürfen Prüfgeräte, die nicht der aktuellen Norm DIN EN 61557-16 (VDE 0413-16) entsprechen, weiterverwendet werden?

Wesentlich ist, dass die Vorgaben der Normen DIN VDE 0701-0702 erfüllt werden. D. h., es sind alle in diesen Normen geforderten Einzelprüfungen in der angegebenen Reihenfolge durchzuführen. Ob dies mit einem der aktuellen Norm [2.32] entsprechenden Prüfgerät erfolgt, das mit allen erforderlichen Messverfahren ausgestattet ist, oder ob dazu mehrere Prüfgeräte verwendet werden, die im Prinzip der aktuellen VDE 0413-16 oder der seit 2002 gültigen VDE 0404 genügen, aber jeweils nur einen oder einige der nötigen Prüfgänge ermöglichen, ist egal.

Welche Verfahrensweise im Unternehmen sinnvoll ist, entscheidet der verantwortliche Prüfer. Ihm bleibt es überlassen, welche technischen Regeln (Normen) er zum Erfüllen der durch die Betriebssicherheitsverordnung gestellten Aufgaben verwendet und wie er diese technischen Regeln ihrem Schutzziel entsprechend umsetzt (Tafel 7.1).

Eine derartige Freizügigkeit ist nicht neu, sie kam auch schon in der Norm DIN VDE 0702:2004-06 zum Ausdruck, wenn dort gesagt wurde, dass Prüfgeräte nach DIN VDE 0404 **oder solche Messgeräte oder/und Messbedingungen zu verwenden sind, die gleiche Messergebnisse sicherstellen**.

Allerdings muss immer auch gewährleistet werden, dass

- alle Sicherheitsvorgaben, die sich aus den aktuellen Normen ableiten lassen, auch bei der gewählten Lösung wirksam sind, und
- das Prüfgerät die gleiche Prüfqualität gewährleistet.

Beides ist z. B. beim Verwenden eines Multimeters zum Durchführen der Prüfung nach DIN VDE 0701-0702 nicht der Fall.

Eine weitere Voraussetzung ist, dass die zur Anwendung kommenden Prüfgeräte den zum Zeitpunkt ihrer Herstellung geltenden Normen entsprechen (F 7.7).

7

Frage 7.7 Dürfen die Messungen nach DIN VDE 0701-0702 auch mit Geräten erfolgen, die nicht VDE 0413-16 entsprechen?

Im Prinzip ja, wenn die verwendeten Messgeräte die in Frage 7.8 genannten Bedingungen erfüllen werden. Dies ist jedoch bei allen infrage kommenden Messgeräten nicht oder nicht vollständig der Fall.

Die nach DIN EN 61557-1 (VDE 0413-1) hergestellten **Geräte für die Anlagenprüfung** erfüllen zwar die Bedingungen der Messverfahren und der Spannungsfestigkeit bei einer fehlerhaften Anwendung, sind jedoch bezüglich der Adaptierung und des dadurch zu erreichenden Unfallschutzes oftmals nicht optimal einsetzbar.

Letzteres gilt auch für **Multimeter** und ähnliche Messgeräte. Hinzu kommt bei ihnen, dass die Messströme und Messspannungen der interessierenden Messbereiche keine optimale Messung der bei einer Geräteprüfung zu ermittelnden Größen gestatten.

Strommesszangen **(Bild 7.3)** sind beim Messen des Stroms im Schutzleiter sehr nützlich, da sie diese Messung ohne ein vorheriges Abschalten des Prüflings ermöglichen. Bei Geräten mit nichtlinearen Bauelementen kann auch der Einsatz einer oberwellentauglichen Strommesszange sinnvoll sein.

Der Vorteil der Strommesszange – das Messen ohne ein vorheriges Abschalten des Prüflings – kommt leider nur bei fest angeschlossenen Geräten zur Geltung. Und auch dort müssen die Einzeladern zugänglich sein, wenn der Strom im Schutzleiter ermittelt werden soll.
Zu beachten ist auch, dass die sehr kleinen Ableitströme der Geräte nur mit sehr empfindlichen Strommesszangen erfasst werden können und das Messergebnis infolge der nachstehend aufgeführten möglichen Messfehler nur orientierenden Charakter haben kann:

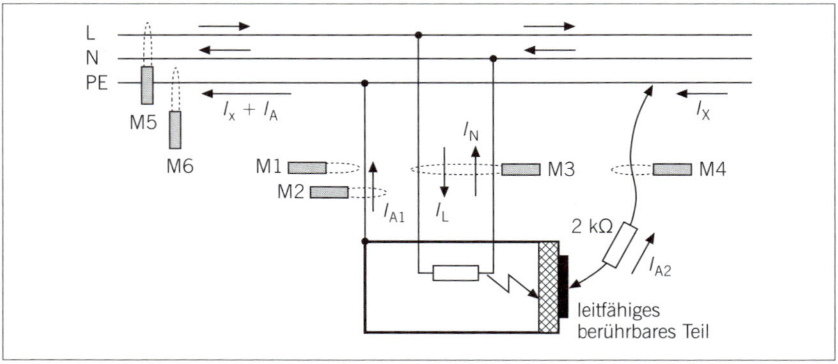

Bild 7.10 Messung des Ableitstroms (Schutzleiterstrom und Berührungsstrom) eines fest angeschlossenen Geräts mit einer Strommesszange; Isolationsfehler (L-PE, L berührbares Teil) nicht eingezeichnet

Positionen der Strommesszange bei den Messungen

M1 Vorab-Messung zum Ermitteln des Messfehlers durch Fremdfelder
M2 direkte Messung des Ableitstroms IA1 (Schutzleiterstroms)
M3 Differenzstrommessung des Ableitstroms (Schutzleiterstroms) $I_{A1} = I_{SL}$
M4 direkte Messung des Berührungsstroms $I_{A2} = I_B$
M5 Differenzstrommessung des Ableitstroms des ortsfesten Geräts, zumeist wird aber die Summe der Ableitströme mehrerer angeschlossener Geräte gemessen.
M6 Strom im Schutzleiter, zumeist werden aber die Summe der Ableitströme mehrerer Geräte und auch andere Ströme gemessen ($I_A + I_X$)

- Die immer vorhandenen Fremdfelder beeinflussen das Messergebnis. Der entstehende Fehler sollte durch eine Vorabmessung (**Bild 7.10** M1) erfasst werden.
- Wenn möglich, sollte der Ableitstrom durch das direkte Messen (Bild 7.10) und nicht durch eine Differenzstrommessung (Bild 7.10) ermittelt werden. Die Differenzstrommessung ist ungenauer, da sich die Felder je nach Lage der Aderleitungen in der Zange unterschiedlich überlagern.
- Jede, und auch nur eine sehr geringe Verschmutzung der Auflageflächen des Magnetrings der Zange hat erhebliche Messfehler zur Folge. Die Messzangen müssen äußerst sorgfältig – mehr als in der Praxis zumeist üblich – behandelt und gepflegt werden.

Zu bemerken ist noch, dass die Messung mit der Zange meist als Arbeit in der Nähe unter Spannung stehender Teile angesehen werden muss.

Es gibt spezielle Stromzangen, die extra für diesen Anwendungsfall gebaut sind. Sie sind nach DIN EN 61557-13 (VDE 0413-13) oder der früheren DIN VDE 0404-4 gebaut. Besonderheit dieser Zangen ist eine hohe Unempfindlichkeit gegenüber fremden Magnetfeldern, eine sehr hohe Auflösung (mind. 0,1 mA) und ein bestimmter Frequenzbereich, in dem Ströme erfasst und bewertet werden.

Frage 7.8 Dürfen die für Geräteprüfungen gedachten Prüfgeräte auch für Messungen an elektrischen Anlagen eingesetzt werden?

Nein. Einer der Unterschiede zwischen den Prüfgeräten nach VDE 0413-16 (Geräteprüfung) und denen für die Anlagenprüfung ist die Spannungsfestigkeit. Geräte nach VDE 0413-16, die in der Regel

- an einem Abgang (Steckdose) eines Endstromkreises oder
- an einem an diesen Abgang angeschlossenen Prüfling

eingesetzt werden, müssen nur entsprechend den dort zu erwartenden Überspannungen/Kurzschlussbeanspruchungen ausgelegt sein. Sie sind demzufolge so beschaffen, dass sie

- zwar den Beanspruchungen am Endstromkreis (CAT II), aber z. B. nicht denen
- am Hauptverteiler widerstehen können (CAT III und CAT IV)[1].

Der Einsatz dieser Geräte zum Messen an Anlagen oder an Geräten die direkt an den Endstromkreis oder davor angeschlossen sind, ist nur zulässig, wenn sie ausdrücklich dafür zugelassen und mit der entsprechenden Spannungsfestigkeit (CAT III oder CAT IV) gekennzeichnet sind.

7

Frage 7.9 Welche Qualifikation muss der Prüfer haben, wenn er mit den Prüfgeräten arbeitet?

Es ist eine grundsätzliche Voraussetzung für die Qualität des Prüfens und für die Sicherheit der Anwender der geprüften Geräte, dass nur eine dazu befähigte Person mit dem Bedienen der Prüfgeräte beauftragt wird. Diese Befähigung schließt ein (Tafel 3.1), dass diese Person die Funktion der von ihr angewandten Prüfgeräte versteht und deren Vor- und Nachteile kennt sowie deren Gefahren einschätzen kann. Diese Fähigkeit ist nicht allein davon abhängig, ob eine Ausbildung zur Elektrofachkraft (Meister, Geselle) oder zur elektrotechnisch unterwiesenen Person vorhanden ist.

Es gibt somit keine Prüfgeräte, die nur für eine Person mit einer bestimmten Ausbildungsstufe geeignet sind. Vielmehr ist eine Person – egal ob Ingenieur, Meister, Geselle oder Ungelernter – nur dann zum Prüfen befähigt, wenn sie das dafür benötigte, mehr oder weniger komplizierte Prüfgerät beherrscht.

Erforderlich ist allerdings in jedem Fall, dass diese Person – der Prüfer – sorgfältig und sachgerecht, entsprechend der Vorgaben der Betriebsanleitung, mit dem Prüfgerät umgeht (F 7.1).

---

1 CAT II bis CAT IV sind sogenannte MessmittelCATegorien, mit denen die Widerstandsfähigkeit der Messgeräte gegenüber den an den verschiedenen Punkten einer Starkstromanlage auftretenden Überspannungen bzw. Kurzschlusseinwirkungen klassifziert wird.

Frage 7.10 Welches Prüf-/Messzubehör ist erforderlich?

Alle in den Bildern dieses Kapitels vorgestellten und gleichartigen Prüfgeräte sind so ausgestattet, dass sie eine Prüfung der jeweils für sie vorgesehenen Prüflinge ohne Einschränkung gestatten. Ergänzendes Zubehör oder eine zusätzliche Ausrüstung wird neben den Messleitungen, Prüfspitzen usw. dann erforderlich, wenn

- Geräte anderer Art zu prüfen sind:
  - Adapter für Leitungen mit anderen Bemessungsströmen (Bild 6.25 a)
  - Adapter für Drehstromgeräte (Bild 6.25 b)
- für spezielle Geräte zusätzliche Prüf-/Messverfahren erforderlich sind:
  - Hochspannungsprüfgeräte (Bild 6.20 b)
  - Temperaturmessgeräte (Bild 6.22 a)
  - Differenzstromadapter zur Ergänzung der vorhandenen Prüfverfahren (Bild 6.25 c)
- die Messsonde an spezielle Teile angelegt werden muss:
  - Bürstensonde (Bild 7.11)
  - selbsthaltende Prüfspitzen (Bild 7.11)
- eine elektronische Datenübermittlung vorgesehen wird:
  - Barcodedrucker, -leser (Bild 7.12)
  - Laptop.

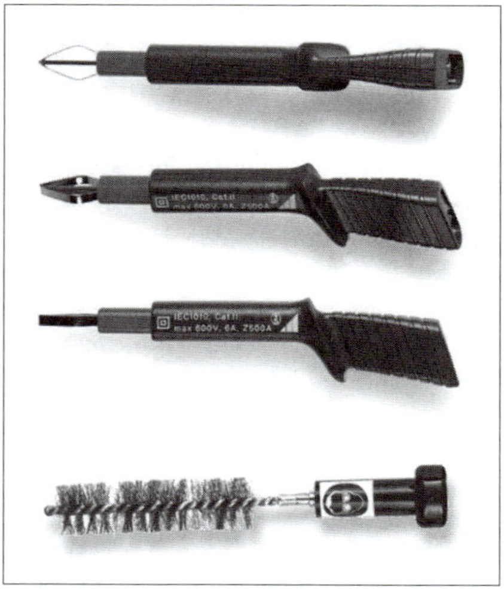

Bild 7.11
Selbsterhaltende Prüfspitzen und Bürstensesor (GMC)

Erfahrungsgemäß wird die Notwendigkeit dieses Zubehörs zum großen Teil erst im Verlauf der praktischen Prüfarbeit erkannt. Es ist jedoch im Interesse einer rationellen Tätigkeit in jedem Fall erforderlich, sich immer wieder darüber zu informieren, welches Zubehör zur Verfügung steht.

In einigen Fällen wird es jedoch unumgänglich sein, dass bestimmte Adapter oder Hilfsmittel zum Prüfen selbst hergestellt werden. Diese dürfen jedoch nur verwendet werden, wenn diese den nötigen Anforderungen gerecht werden. Die verantwortliche Elektrofachkraft muss mittels einer Gefährdungsbeurteilung feststellen, dass es keine Alternativen gibt und der selbst hergestellte Adapter keine zusätzliche Gefährdung darstellt.
Einfaches Abmanteln einer Gummischlauchleitung, um daraus einen Adapter für Differenzstrommessungen herzustellen, ist nicht zulässig, da bei Leitungen mindestens eine doppelte Isolierung vorhanden sein muss (Messleitung). Auch die Verwendung von „Bananensteckern" ohne Isolation des Steckstiftes ist nicht mehr zulässig.

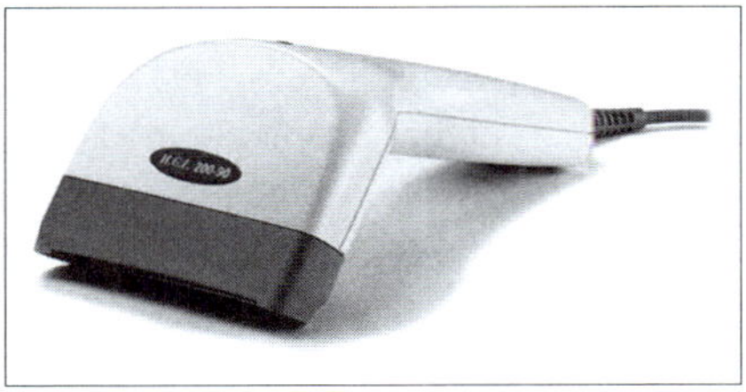

Bild 7.12
Barcodeleser (GMC)

7

8 Vorbereitung der Prüfung

Die nach Betriebssicherheitsverordnung durchzuführenden Prüfungen der elektrischen Geräte eines Unternehmens sind vom Unternehmer/Betreiber in mehrfacher Hinsicht vorzubereiten.

Alle sich darauf beziehenden Vorgaben [1.2, 1.8 usw.] und alle dafür erforderlichen Aktivitäten wurden in den Kapiteln dieses Buches erläutert, sie werden jedoch hier, gewissermaßen als Aufgabenstellung für die befähigte Person und die verantwortliche Elektrofachkraft, zusammenfassend dargestellt.

Als Erstes ist vom Unternehmer festzulegen, wem die organisatorische und die fachliche Verantwortung für das Vorbereiten und Durchführen der Prüfung der elektrischen Geräte des Unternehmens **(Bild 8.1)** übergeben wird, wenn er selbst nicht die nötige Qualifikation hat. Dies kann ein Mitarbeiter (EFK) des Unternehmens oder ein betriebsfremder Sachverständiger/Elektrohandwerksmeister sein, dem damit auch die Aufgaben einer befähigten Person nach [1.2] übertragen werden. In jedem Fall muss der Betreffende mit dem Prüfen elektrischer Produkte bestens vertraut sein und dies nachweisen können.

Eine solche Übergabe der Verantwortung sollte auch in jedem Elektrofachbetrieb erfolgen, der für andere Betriebe oder für Privatpersonen das Prüfen elektrischer Geräte übernimmt. Und letztlich gilt es sinngemäß auch für alle Institutionen, Baumärkte, Schulen, Ämter usw., die für ihre Arbeit elektrische Geräte benötigen oder besser gesagt, die ihren Beschäftigten/Mitarbeitern diese Geräte im Zusammenhang mit einem Arbeitsauftrag in die Hand geben.

Zweitens hat diese verantwortliche Elektrofachkraft, spätestens jedoch die befähigte Person, festzustellen, welche elektrischen Geräte (Arbeitsmittel) mit welchen Prüfmitteln zu prüfen sind sowie dann unter Beachtung der gesetzlichen Vorgaben (Kapitel 2 und 3)

- alle erforderlichen organisatorischen **(Tafel 8.1)** und technischen **(Tafel 8.2)** Bedingungen für die Prüfung zu ermitteln und
- die dementsprechend notwendigen betrieblichen Festlegungen zu benennen, abzustimmen und durchzusetzen.

Bei allen diesen Festlegungen muss immer der Arbeitsschutz für den Prüfer und andere mit der Prüfung befassten Personen berücksichtigt werden (Kapitel 9). Für alle ortsfesten und mobilen Prüfplätze ist eine Gefährdungsbeurteilung nach Arbeitsschutzgesetz erforderlich.

Drittens sind alle das Prüfen der Geräte betreffenden organisatorischen Festlegungen in einer betrieblichen Arbeitsanweisung zu erfassen, den jeweils verantwortlichen Führungskräften/Personen zuzuordnen und sollten, soweit wie es sinnvoll und möglich ist, mit der elektronischen Betriebsorganisation [F 3.16, 3.17] abgewickelt werden.

Viertens hat sie darauf hinzuwirken, dass die mit der Prüfung betrauten Personen ausreichend qualifiziert, ausgestattet und in der Lage sind, die Prüfung der vorgesehenen/vorhandenen elektrischen Geräte vorzunehmen. Dies gilt ganz besonders bei Prüfdienstleistern.

Wie die Praxis zeigt, erfolgte in vielen Unternehmen, Behörden, Schulen usw. keine eindeutige schriftliche Übertragung der Verantwortung für das Prüfen an eine befähigte Person/vEFK. Und ebenso oft fehlt die Festlegung, dass diese Person oder der verantwortliche Prüfer „weisungsfrei gestellt" [2.31] wird. Das schriftliche Übertragen der Verantwortung für das Prüfen (Tafel 3.2) ist unumgänglich [1.2].

Wird keine oder keine ausreichend befähigte Person eingesetzt,

- können die Besonderheiten der Geräte (Kapitel 4 und 6.4) sowie die möglichen Gefährdungen (Kapitel 9) nicht erkannt werden, und
- es kommt erfahrungsgemäß zu einem unvollständigen Prüfablauf, einer ungenügenden Qualität der Prüfung und somit zu einer mangelhaften Sicherheit für die Personen/Beschäftigten, denen die geprüften elektrischen Geräte zur Arbeit übergeben werden.

Wer keine Fehler findet, der hat auch nicht richtig geprüft.

Wird ein Außenstehender mit dem Wahrnehmen der Funktion der befähigten Person betraut, d. h. hat er die Verantwortung für das Vorbereiten und Durchführen der Prüfung, so ist der Arbeitgeber dessen betrieblicher Partner.

Wird ihm lediglich das Prüfen der Geräte, d. h., die Aufgabe der befähigten Person übertragen, so muss die vEFK des Betriebs bzw. eine von diesem beauftragte EFK als Arbeitsverantwortlicher des Betriebs den Außenstehenden betreuen. Hier gilt es, eine ausreichende Koordinierung zu schaffen, um sowohl den Gefahren der für den Prüfer unbekannten Arbeitsumgebung zu begegnen, als auch gemeinsam oder durch den Auftraggeber die Vorgehensweise bei der Prüfung abzustimmen. Im Grunde muss der Auftraggeber seine Gefährdungsbeurteilungen zur Prüffristenermittlung an den Prüfer weitergeben.

Arbeitsschritte der organisatorischen Vorbereitung	Verantwortlicher	Buch/Quelle
Festlegen der Verantwortungen ▮ Bestimmen der vEFK und/oder befähigten Person ▮ Klären der erforderlichen Anzahl der Prüfer und deren Qualifikation ▮ Festlegen, ob und welche Aufgaben einem Außenstehenden übertragen werden sollen ▮ Erarbeiten der betrieblichen organisatorischen Abläufe/Anweisungen	Arbeitgeber mit befähigter Person (bP)/verantwortlicher Elektrofachkraft (vEFK)	Tafel 3.1 [1.2] Tafel 3.2
Erfassen der Geräte ▮ Festlegen, wie die Geräte innerbetrieblich erfasst, zum Prüfen bereitgestellt und gekennzeichnet werden und wie das Dokumentieren erfolgen soll ▮ Festlegen, wie der verantwortliche Prüfer Einfluss auf die Auswahl der anzuschaffenden elektrischen Geräte nehmen kann/muss ▮ Erstellen einer ersten Gefährdungsbeurteilung zur Prüffristenermittlung	Arbeitgeber mit bP/vEFK und (bezüglich der Durchführung auch die Führungskräfte)	**Bilder 8.1** und 10.1 [1.2] F8.7
Einrichten/Festlegen der Prüfplätze ▮ Klärung der Notwendigkeit eines ortsfesten Prüfplatzes, gegebenenfalls Einrichten des Prüfplatzes ▮ Zulässigkeit der Prüfung außerhalb des ortsfesten Prüfplatzes ▮ Festlegen der Vorgaben für die Prüfplätze beim Betreiber – Schutzmaßnahmen – Sonderfall IT-Netz, Festlegen der Messverfahren – Unterweisungen	Arbeitgeber mit bP	**Bilder 9.1 bis 9.4** Im IT-Netz sind Messungen mit der Netzspannung nur mit Netznachbildung möglich
Ermitteln und Beschaffen der Prüfmittel ▮ Klären der einzuhaltenden Vorgaben (Gesetze, Normen u. a.) für das Prüfen/Bewerten und die Prüfplätze ▮ Beschaffen geeigneter Prüfmittel, Errichten der Prüfplätze	bP/vEFK Arbeitgeber mit bP/vEFK	
Information und Unterweisung aller Mitarbeiter über ▮ Notwendigkeit der Prüfung, Bedeutung der Kennzeichnung ▮ betriebliche Verfahrensweise der Prüfung ▮ durch sie erforderliche Mitwirkung/Kontrolle ▮ Zulässigkeit der Benutzung privater elektrischer Geräte im Unternehmen	Arbeitgeber mit den jeweiligen Vorgesetzten mit bP/vEFK	[1.2] Bild 5.1

Arbeitsschritte der organisatorischen Vorbereitung	Verantwortlicher	Buch/Quelle
Erarbeiten der Betriebsanweisung ▮ über die Sicherheit und das Prüfen der elektrischen Geräte ▮ **unter Beachtung der Gefährdungsbeurteilungen für die Prüforte,** ▮ Festlegen der Verantwortung für die Aufgaben/Maßnahmen	bP/vEFK	F8.5
Unterweisung der Prüfer über ihr Verhalten beim Prüfen, z. B. ▮ Einrichten von Prüfplätzen, Arbeits- und Prüfablauf am Prüfplatz ▮ Kontrolle der Prüfaufbauten ▮ Einhalten der Reihenfolge der Prüfgänge ▮ Klären von Besonderheiten mit den Prüfern ▮ Festlegen der Aufgaben der Prüfer (vEFK, EFK,EuP) – Einhalten der Vorgaben zum Arbeitsschutz – Aktualisierung der Gefährdungsbeurteilung	vEFK	Informationen in diesem Buch und in den Normen [2.8]
Beim Einbeziehen eines Außenstehenden ▮ Festlegen der Aufgaben/Kompetenz des Außenstehenden als befähigte Person (bP) bzw. verantwortlicher Prüfer ▮ Festlegen der betrieblichen Zuständigkeiten und des Koordinators	Arbeitgeber bzw. bP	Kapitel 3 Bild 3.1
Einweisung der Prüfer am Prüfort, beim Kunden bezüglich ▮ Absprachen mit dem jeweiligen Arbeitsverantwortlichen ▮ Unterweisung der am Prüfplatz anwesenden Personen ▮ Umgang mit den Prüfgeräten vor Ort ▮ Kontrolle der Anlage des Kunden vor Beginn der Prüfung ▮ Vorgaben zum Prüfen und zum Arbeitsschutz	Anlagen-verantwortlicher	Informationen in diesem Buch und den Normen [2.8]

Tafel 8.1 Beispielhafte Arbeitsschritte zur organisatorischen Vorbereitung und Durchführung der Prüfung der elektrischen Geräte eines Unternehmens

Arbeitsschritte der technischen Vorbereitung	Verantwortlicher	Buch/Quelle
Prüfort Festlegen der Bedingungen für den Prüfort (Prüfplatz der Elektrowerkstatt, Räume des Kunden, Geräteausgabe usw.), dessen Ausstattung sowie der dort durchzuführenden Prüfungen	Unternehmer mit bP und vEFK	Kapitel 6 und 9 [1.3]
Gefährdungsbeurteilung Erarbeiten der Gefährdungsbeurteilung bezüglich der beim Prüfen auftretenden Gefährdungen und der Maßnahmen zu deren Abwehr	Unternehmer mit bP und vEFK	Kapitel 3 und 9, [1.2] [1.3] Tafel 9.4 F8.6
Verantwortung für Prüfarbeiten Festlegen der Mitarbeiter, die Prüfarbeiten am ortsfesten Prüfplatz oder beim Kunden vornehmen dürfen; Festlegen des Mitarbeiters, der für das Betreiben des ortsfesten Prüfplatzes zuständig ist	vEFK mit bP	Kapitel 3
Prüfablauf Festlegen der jeweiligen Verfahrensweise beim Bereitstellen von vorhandenen Geräten, neu angeschafften Geräten bzw. Geräten, die von Kunden übernommen wurden, zur Prüfung bzw. Eingangsprüfung	bP und vEFK	Kapitel 6 [1.2] F 8.9
Prüfgeräte Festlegen der anzuschaffenden/zu verwendenden Prüfgeräte und deren Instandhaltung/Prüfung/Kalibrierung	Unternehmer mit bP und vEFK	Kapitel 7
Prüfvorschriften Erarbeiten von Prüfvorschriften, wenn dies für die zu prüfenden Geräte infolge ihrer Besonderheiten erforderlich ist	vEFK mit bP	Kapitel 6 [2.21] bis [1.23] oder andere Normen
Einsatz von elektrotechnisch unterwiesenen Personen Auswahl der beteiligten EuPen, Erarbeiten und Übergeben der Arbeitsanweisungen; Zuordnung zu den betreuenden EFK	Unternehmer und vEFK, betreuende EFK	Kapitel 3 Tafel 3.3 F8.7

Tafel 8.2 Arbeitsschritte zur technischen Vorbereitung der Prüfung der elektrischen Geräte unter Berücksichtigung der Vorgaben des Arbeitsschutzes

Verantwortung und Aufgaben – Vorbereiten der Prüfung

Person, Funktion, Befähigung	Arbeitsaufgaben
Unternehmer **verantwortliche Elektrofachkraft**	Festlegen der Verantwortlichkeiten für das Prüfen und die Prüfvorbereitung, Beschaffen der erforderlichen Ausrüstungen; Ausarbeiten der Gefährdungsbeurteilung und betrieblicher Anweisungen; organisatorische und fachliche Vorbereitung der Prüfung entsprechend den gesetzlichen Vorgaben
befähigte Person	Mitwirken bei der Vorbereitung der Prüfung, soweit es um die eigene Arbeitsaufgabe geht

Fragen und Antworten

Frage 8.1 Sind betriebliche Prüfvorschriften erforderlich?

Im Prinzip nicht. Die Vorgaben in den Normen und die Hinweise dieses Buches sowie die Hilfestellungen der Prüfgeräte sind für eine mit dem Prüfen vertraute Elektrofachkraft meist völlig ausreichend.

Wenn allerdings vom Prüfer zunächst ein Hineindenken in die Besonderheiten eines bestimmten Prüflings verlangt werden muss, dann empfiehlt sich doch eine im Ergebnis der Eingangsprüfung erarbeitete Prüfvorschrift. Denkbar ist dies, wenn es um das Prüfen z. B. der in Bild 9.5b dargestellten Prüftafel, eines ortsveränderlichen Sicherheitssteckers (Bild 9.4), von HS-Prüfgeräten oder ähnlichen speziellen Geräten geht.

Ebenso kann es erforderlich werden, einer elektrotechnisch unterwiesenen Person im Lager bzw. im Ladengeschäft eine exakt abgegrenzte Prüfaufgabe schriftlich zu nennen. Immer sind dann die Anforderungen an das sicherheitsgerechte Verhalten der betreffenden Personen mit vorzugeben.

Frage 8.2 Welche Orte sind für das Durchführen der Prüfung zu empfehlen?

Wiederholungsprüfungen sind möglichst beim Anwender, d. h. in der Werkhalle, auf der Baustelle oder im Büro, unmittelbar am Standort der zu prüfenden Geräte durchzuführen. Ist eine große Anzahl elektrischer Geräte zu prüfen oder kommen schwerere, umfangreichere Prüfgeräte zum Einsatz, so sollte im betreffenden Bereich vorübergehend ein Prüfplatz (Bild 9.2) eingerichtet werden. Werden die Prüflinge durch den Anwender angeliefert, so kommt nur der ordnungsgemäß eingerichtete Prüfplatz in der Elektrowerkstatt als Prüfort infrage.

Die Prüfung nach einer Instandsetzung sollte, soweit es sich einrichten lässt, an einem ordnungsgemäßen Prüfplatz in einer Elektrowerkstatt erfolgen. Ist dies wegen der Art des Auftrags oder des zu prüfenden Geräts nicht möglich, so ist am Ort der Prüfung durch einen sicheren Speisepunkt mit einem PRCD-S (Bilder 9.3 und 9.4) die Sicherheit zu gewährleisten.

Immer ist darauf zu achten, dass keine nicht unterwiesenen Personen den Prüfplatz betreten können.

Bei jedem Einsatz außerhalb eines ordnungsgemäßen Prüfplatzes (Bild 9.1) ist vorab

- zu klären, welche Netzform die den Platz versorgende Anlage aufweist – in einem IT-Netz sind nicht alle aktiven Messungen, also die Differenzstrom- und die direkte Messung, möglich – und
- die ordnungsgemäße Funktion der Schutzmaßnahme dieser Anlage nachzuweisen.

Frage 8.3 Welche Besonderheiten sind zu beachten, wenn die Prüfung der Geräte beim Anwender (Kunden) vorgenommen wird?

Vor allem bei den Wiederholungsprüfungen ist aus Kostengründen eine Prüfung vor Ort, am Arbeitsplatz, in einer Werkhalle oder auf der Baustelle, sinnvoll. Bei der Vorbereitung dieser Prüfungen muss die Sicherheit des Prüfers und eventuell anwesender anderer, nicht fachkundiger Personen besonders beachtet werden.

Dies erfordert Festlegungen und Unterweisungen zu folgenden Punkten:

- Einsatz von Prüfgeräten, die weitestgehend nur gefahrlose Prüfungen gestatten (Bilder 7.3) bzw. durch eine eingebaute Netzüberwachung zur Sicherheit beitragen,
- Durchführung nur von solchen Instandsetzungsarbeiten, die eine Fehlersuche und Prüfung bei geschlossenen Prüflingen ermöglichen,
- Prüfungen mit den zur Verfügung gestellten Prüfgeräten; es dürfen keine provisorischen Prüfschaltungen verwendet werden,
- ausdrückliches Verbot des Arbeitens in der Nähe unter Spannung stehender Teile,
- Prüfen der ortsfesten elektrischen Anlage, an die der Prüfaufbau angeschlossen wird, vor Beginn der Prüfung,
- Sicherstellen, dass eine zweite Person im Bereich der Prüfung zu erreichen ist.

Frage 8.4 Was ist zu beachten, wenn Geräte zur Prüfung übergeben/übernommen werden?

Beim Entgegennehmen des Geräts sollte geklärt werden, ob

- eine Säuberung und möglicherweise auch eine Reparatur notwendig erscheint,
- der äußere Eindruck auf unsachgemäßen Gebrauch hindeutet,
- das Alter des Geräts eine Aussonderung sinnvoll erscheinen lässt,

- der Auftrag auch das Säubern und die Reparatur einschließt und ein Kostenvoranschlag gewünscht wird,
- die Prüfung oder die Reparatur besondere Prüfmittel und Ersatzteile erfordern wird und somit ein hoher Arbeitsaufwand zu erwarten ist,
- eine sofortige Prüfung sinnvoll ist, um grobe Fehler und einen notwendig werdenden hohen Arbeitsaufwand sofort zu erkennen.

Zu empfehlen ist, die Prüfung sofort nach der Anlieferung vorzunehmen. Etwaige Mängel werden besser entdeckt, wenn der Einfluss der beim Gebrauch möglicherweise aufgetretenen Nässe noch wirksam ist.

Frage 8.5 Welche Festlegungen muss die Betriebsanweisung zum Durchführen der Prüfung der Geräte enthalten?

Mit der Betriebsanweisung sind alle betrieblichen Maßnahmen vorzugeben (Tafel 8.1 und Tafel 8.2), die zur Organisation der Prüfung der elektrischen Geräte des Unternehmens und/oder der elektrischen Geräte der Kunden erforderlich sind. Für jede dieser Maßnahmen ist der jeweils verantwortliche Mitarbeiter des Unternehmens zu nennen.
Festzulegen sind auch alle Maßnahmen, die sich aus der Gefährdungsbeurteilung zum Prüfen (Tafel 9.4) ergeben haben.

Die Betriebsanweisung ist Grundlage der Unterweisungen der Prüfer.
Die verantwortliche Elektrofachkraft hat dafür zu sorgen, dass die Betriebsanweisung gegebenenfalls aktualisiert wird.

Frage 8.6 Welche Aufgabe hat die Gefährdungsbeurteilung für die Tätigkeit?

Diese Gefährdungsbeurteilung betrifft das Arbeiten mit den Prüfgeräten und den Prüflingen am jeweiligen Prüfplatz (Bilder 9.1 bis 9.3). Sie gehört zur Prüfvorbereitung und wird in Kapitel 9 beschrieben (Tafel 9.4). Erst wenn sie vorgenommen wurde, darf der Prüfplatz eingerichtet und zum Prüfen freigegeben werden.

Es ist nicht möglich – und das muss deutlich gesagt werden – ohne die mit einer Gefährdungsbeurteilung verbundenen Überlegungen ein für den Prüfer sicheres Arbeiten zu organisieren.

Sie zu unterlassen wäre ein arger Verstoß gegen die Gesetzlichkeit [1.2] [1.3] und würde im Fall eines Unfalls wohl als fahrlässiges Nichthandeln gewertet werden.

Hinweis

Für jeden Arbeitsplatz muss eine Gefährdungsbeurteilung erfolgen. Für den Prüfplatz mit seinem „gefahrgeneigten“ Arbeitsablauf ist sie eine **„Lebensversicherung“ für die dort prüfenden Personen**. Jeder Prüfer sollte sich davon überzeugen, dass sie vorhanden ist und er mit ihr einverstanden sein kann.

Frage 8.7 Wie sind die Geräte des Unternehmens zu erfassen?

Besteht im Unternehmen bereits eine elektronische Inventarisierung, eine Kundenkartei oder eine ähnliche Datenaufbereitung, so ist diese zweckmäßigerweise um die für das Prüfen der Geräte erforderlichen Daten (Prüfvorgaben, Prüftermine, Prüfergebnisse) zu ergänzen.

Ist sie nicht vorhanden, muss in Abhängigkeit von der Größe des Unternehmens, der Anzahl der zu prüfenden Geräte und der künftig geplanten Betriebsorganisation über die Art der Erfassung entschieden werden. Möglich sind neben der Anwendung der EDV, d. h. dem elektronischen Archivieren, das Archivieren der Prüfprotokolle (Bild 10.2).

Erfahrungsgemäß wird eine elektronische Erfassung der zu prüfenden Geräte **(Bild 8.1)** sowie das damit verbundene elektronische Dokumentieren der Prüfergebnisse mit einer speziellen Software aus Kostengründen zweckmäßig, wenn mehr als 40 bis 50 Geräte im Unternehmen vorhanden und regelmäßig zu prüfen sind.

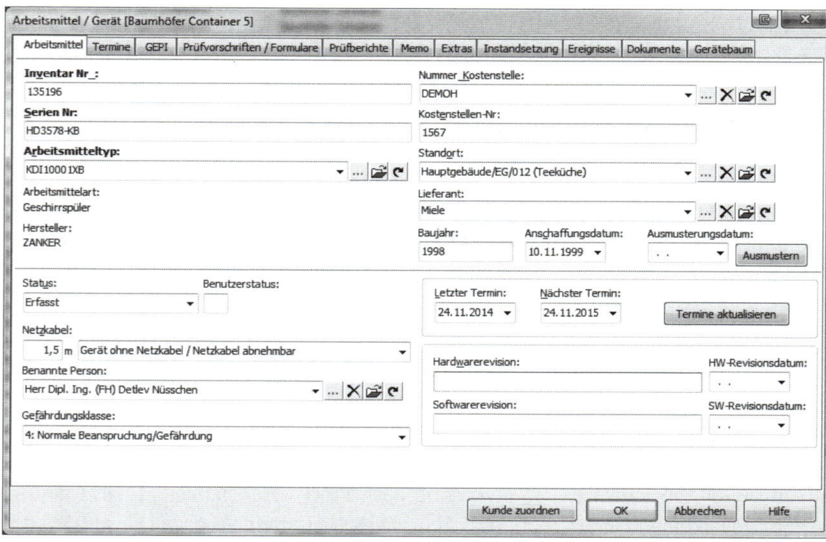

Bild 8.1 Gerätestammmaske im ElektroManager mit allen wichtigen Angaben (MEBEDO GmbH)

Dabei ist die mit dem Prüfgerät mitgelieferte Software eher für kleinere Prüfaufgaben geeignet. Herstellerunabhängige Software ist sinnvoll, wenn mehrere Prüfer oder verschiedene Prüfgeräte zum Einsatz kommen. Auch wenn eine Übergabe der Daten in andere Systeme gewünscht wird, ist eine herstellerneutrale Software eine Investition wert.
Dies gilt dann auch für eine Erfassung der Geräte mittels des Barcodes (Bild 7.12) oder auf Basis der Transponder.

Ohne das Erfassen und Kennzeichnen der Geräte ist es nicht möglich, bei einer etwaigen Kontrolle oder nach besonderen Ereignissen den Nachweis der durchgeführten Prüfung zu erbringen. Dies gilt auch für die Kennzeichnung der Geräte nach der Prüfung mit einer Prüfmarke (Bild 10.1) oder auf eine andere, innerbetrieblich festzulegende Weise.

Frage 8.8 Wie ist die Abgrenzung der Verantwortung/Aufgaben zwischen der befähigten Person [1.2] und der verantwortlichen Elektrofachkraft [2.1] festzulegen?

In jedem Unternehmen muss die Sicherheit der Arbeitsmittel gewährleistet sein. Dazu braucht es nach der BetrSichV [1.2] eine befähigte Person. So weit, so gut.
Der Unternehmer muss, sofern er diese Aufgabe nicht selbst übernimmt, jemanden haben, der die Aufgabe der Elektrosicherheit im Unternehmen wahrnimmt. Dazu sollte er eine verantwortliche Elektrofachkraft nach DIN VDE 1000-10 [2.1] schriftlich bestellen. Die vEFK übernimmt dann auch im Bereich der Elektrotechnik die Unternehmerverantwortung und dafür auf weisungsfrei zu stellen.

In kleineren Unternehmen kann es durchaus sein, dass die vEFK auch gleichzeitig der Prüfer, also die befähigte Person ist. Gibt es mehrere Personen, dann ist eine genaue Abgrenzung erforderlich. Zu beachten ist dabei, dass

- die befähigte Person für die Sicherheit (auch beim Prüfen) aller Arbeitsmittel (auch für elektrische Geräte) zu sorgen hat und
- die verantwortliche Elektrofachkraft für das Errichten, Anschaffen, Betreiben (auch für das Prüfen) aller elektrischen Arbeitsmittel (auch der elektrische Geräte) hinsichtlich der Sicherheit zuständig ist.

Um ein Verantwortungskuddelmuddel zu vermeiden, könnte somit

- die vEFK auch als bP für die elektrischen Arbeitsmittel bestellt oder
- die beiden Funktionen der gleichen Person übertragen.

Die betriebliche Organisation muss sehr gut überlegt sein, Fehler hierbei führen schnell zu Unmut und wenig effektiver Arbeit, schnell auch zu einem Organisationsverschulden. An dieser Stelle sei auf weiterführende Literatur zu diesem Thema verwiesen: [4.1] und [3.18].

8

Frage 8.9 Welche Aufgaben sind elektrisch unterwiesenen Personen (EuP) zu übertragen?

Bei der Aufgabenübertragung und der Einweisung aller beim Prüfen eingesetzten elektrisch unterwiesenen Personen (EuP) sind die in Kapitel 3 aufgeführten Hinweise zu beachten. Vor allem ist zu gewährleisten, dass eine im Prüfen elektrischer Geräte erfahrene Elektrofachkraft

- bei der Auswahl der EuP mitwirkt,
- eine Prüf-/Arbeitsanweisung für die EuP erarbeitet wird [3.5],
- ihre Einweisung in die Prüfarbeit, den Prüfplatz und die Prüfgeräte vornimmt und
- für Anleitung und Kontrolle der EuP bei allen ihr zugeordneten Prüfarbeiten verantwortlich ist.

Alle von einer EuP zu erledigenden Prüfarbeiten sind in einer Prüfanweisung detailliert zu benennen. Festzulegen ist in dieser Prüfanweisung auch, welche Entscheidungen über die zu prüfenden Geräte sie treffen oder nicht treffen darf und in welchen Fällen die betreuende Elektrofachkraft/befähigte Person hinzuzuziehen ist. Welche Qualifikation eine EuP haben muss und welche Kenntnisse von ihr verlangt werden, ist ebenfalls konkret zu benennen (Tafel 3.3).

Hinweis
Erfahrungsgemäß sind Anleitung und Kontrolle einer EuP durch die für sie zuständige EFK vielfach unzureichend. Dies ist vor allem dann festzustellen, wenn die EuP von einer betriebsfremden oder nicht am gleichen Ort tätigen EFK betreut wird. Ein gefährlicher Zustand, der bei der Gefährdungsbeurteilung für den Prüfplatz der EuP wohl übersehen wurde.
In einem solchen Fall muss der Verantwortliche, von dem die EuP berufen wurde, dafür sorgen, dass eine Veränderung erfolgt.

Frage 8.10 Welche Besonderheiten sind bei der Eingangsprüfung zu beachten?

Um die Sicherheit seiner Mitarbeiter gemäß Betriebssicherheitsverordnung zu gewährleisten, muss der Unternehmer an jedem neu angeschafften Gerät – vor der ersten Inbetriebnahme – eine Eingangsprüfung oder, anders ausgedrückt, eine Prüfung vor der erstmaligen Verwendung vornehmen. Deren Umfang ist nicht vorgeschrieben, die vEFK bzw. seine befähigte Person haben festzulegen, wie und was geprüft werden sollte. Es genügt keinesfalls, nur das Vorhandensein des CE- und gegebenenfalls des GS-Zeichens festzustellen. Vielmehr muss sich der Betreiber auch davon überzeugen, dass der ordnungsgemäße Zustand und damit die Sicherheit für die Benutzer gegeben sind. Dazu sind möglicherweise alle nach DIN VDE 0701-0702 vorgegebenen Prüfungen durchzuführen.

Zu klären ist auch, ob das Gerät für die vorgesehenen Arbeiten in der vorgesehenen Umgebung geeignet ist.
Wichtig ist auch, dass mit dieser Eingangsprüfung das Gerät registriert ist und festgestellt wird,

- ob es komplett ist,
- ob die Bedienungsanleitung vorhanden ist,
- ggf. welche Prüfgeräte und Prüfverfahren bei der Wiederholungsprüfung benötigt werden,
- welche Kennwerte, z. B. für den Schutzleiterstrom (Ableitstrom der Beschaltungen) im Neuzustand vorhanden sind und
- in welchem Zeitabstand die Wiederholungsprüfung durchgeführt werden sollte.

Unter der Voraussetzung, dass das neue Arbeitsmittel nachweislich durch den Hersteller oder Händler messtechnisch erstgeprüft wurde, kann sich die Eingangsprüfung beim Empfänger durchaus auf eine „Sichtprüfung auf Vollständigkeit und Transportschäden" beschränken. Liegt kein glaubhaftes und vollständiges Prüfprotokoll vor, ist immer eine komplette Prüfung vor der erstmaligen Verwendung durchzuführen.

Hinweis
Die oftmals zu hörende Behauptung, „an einem Gerät mit CE-Zeichen muss keine Erstprüfung vorgenommen werden", ist falsch – wer sie vertritt, handelt fahrlässig. Die beiden für den Gerätetyp erteilten Bewertungen treffen keine Aussage über den aktuellen Zustand (Unversehrtheit, Vollständigkeit, Sauberkeit, richtige Bemessungswerte usw.) des einzelnen beim Betreiber eingegangenen Geräts. Mit der Prüfung muss ja auch festgestellt werden, dass die dem Empfänger unbekannten Bedingungen des Transports oder der Lagerung keine Schäden verursacht haben.

Frage 8.11 Gehört auch die Organisation der Weiterbildung zur Vorbereitung?

Natürlich. Die Weiterbildung kostet ja Zeit und Geld, sie muss regelmäßig erfolgen. Das muss dem Unternehmer bekannt sein. Außerdem sind die Qualität der Prüfung und die Sicherheit der Anwender der Geräte vom Wissen der Prüfer abhängig.
In der Betriebsanweisung für das Prüfen (F 8.5) könnten z. B. das „Festlegen der Weiterbildungsaktivitäten" als jährliche Aufgabe der vEFK genannt werden und ebenso das Beschaffen von Fachzeitschriften-/Büchern sowie der Zugang zu den aktuellen Normen, den Technischen Regeln für Betriebssicherheit (TRBS) und den Ausfallstatistiken (Abschnitt 6.4.15). Und auch die Information der Führungskräfte über die rechtlichen sowie die fachlichen Grundlagen der Prüfung sollte organisiert werden.

9 Sicherheit beim Prüfen

Beim Prüfen elektrischer Erzeugnisse geht es in zweierlei Hinsicht um den sicheren Umgang mit elektrischen Geräten.
Zum **einen** wird gefordert, durch Prüfungen für die **Sicherheit der Benutzer** der elektrischen Geräte zu sorgen. Wie das zu erfolgen hat, steht hier in diesem Buch.
Zum **anderen** wird verlangt, dass die **Sicherheit der Prüfer** beim Prüfen gewährleistet werden muss. Was dafür getan werden kann, wird in diesem Kapitel aufgezeigt.

9.1 Vorgaben für den Arbeitsschutz

Vorgaben für den Arbeitsschutz beim Prüfen ergeben sich vor allem aus dem Arbeitsschutzgesetz, der Betriebssicherheitsverordnung und den Unfallverhütungsvorschriften. Sie haben alle etwas andere Ausgangspunkte, kommen aber zu dem gleichen Schluss:
Zum Ersten sind die Orte festzulegen, an denen die Geräte geprüft werden sollen.
Zum Zweiten sind die Gefährdungen zu ermitteln, die

- an diesen Prüforten
- beim Einsatz der vorgesehenen Prüfgeräte an den zu erwartenden Prüflingen

entstehen und die zur Abwehr dieser Gefährdungen erforderlichen Maßnahmen des Arbeitsschutzes festzulegen.
Beides zusammen ist die in [1.2] und [1.3] geforderte Gefährdungsbeurteilung, die dann, **zum Dritten**, bei allen Veränderungen, die sich an den Prüforten, bei den Prüfgeräten oder Prüflingen einstellen, zu aktualisieren ist.
Zu ergänzen ist dieses sachliche Aufzählen der Aufgaben noch durch eine persönliche Bitte.

» **Betrachten Sie diese Aufforderungen bitte nicht aus der Sicht eines „Schon-oft-Durchströmten", „stromfesten Allerweltkerls", der glaubt, das Prüfen „mit links" erledigen zu können.
Es geht dabei um Ihre Sicherheit, um Ihre Gesundheit, und noch viel mehr.
Nur wenn Sie mitdenken, Ihre Erfahrungen einbringen, immer wieder überlegen, was noch sicherer sein müsste und darum von Ihnen geändert wird, nur dann hat das Ganze seinen Sinn.**

Diesen Kreislauf von Gefährdung und Schutzmaßnahmen anzustoßen und ihn aufrecht zu erhalten, das ist Sache des Unternehmers, der vEFK und der befähigten Person, der die fachliche Verantwortung für das Prüfen übertragen wurde (Kapitel 3, Tafel 3.1). Dies immer und immer wieder mit der ungeduldigen Frage: „Haben Sie die GB, die Gefährdungsbeurteilung, bereits verstanden, umgesetzt, aktualisiert?“ Verantwortlich für das Umsetzen, Durchsetzen und Einhalten der festgelegten Maßnahmen und für das sicherheitsgerechte Verhalten beim Prüfen sind dann der verantwortliche und letztlich jeder einzelne Prüfer.

Die dabei zu beachtenden Vorgaben zum Arbeitsschutz sind in
- DIN VDE 0701-0702 bezüglich der anzuwendenden Prüfverfahren,
- VDE 0104 (DIN EN 50191) hinsichtlich der Gestaltung der Prüfplätze und der Organisation,
- der DGUV Vorschrift 3 (BGV A3) [1.8] [2.33] und DIN VDE 0105-100 [2.21] hinsichtlich des Arbeitens in der Nähe unter Spannung stehender Teile und
- der DGUV Information 203-034 [4.8] zu den technisch-organisatorischen Anforderungen zu Prüfplätzen

enthalten.

Weitere Vorgaben zum Arbeitsschutz hinsichtlich der Gestaltung der Prüfgeräte befinden sich in
- VDE 0411 (DIN EN 61010) und DIN EN 61557 (VDE 0413) sowie
- in der Literatur [3.4] bis [3.9]

9

9.2 Mögliche Gefährdungen

In **Tafel 9.1** sind die wesentlichen typischen Situationen aufgeführt, die zu einer Gefährdung des Prüfers oder der im Prüfbereich anwesenden Personen führen können. Die daraus abgeleiteten Schlussfolgerungen sind bei dem Erarbeiten der Gefährdungsbeurteilung für das Prüfen, beim Vorbereiten/Organisieren/Durchführen der Prüfung sowie beim Unterweisen der Prüfer/Mitarbeiter zu berücksichtigen. Sie müssen hinsichtlich des arbeitsschutzgerechten Verhaltens auch von den Prüfern konsequent beachtet werden.
Dabei geht es vor allem um
- Gefährdungen, die sich durch
  - den Zustand (Isolierungen, Schutzleiter, Abdeckung) der zu prüfenden Geräte oder
  - Funktion/Eigenschaften (Drehen, Heizen usw.) der Prüflinge oder
  - die Prüfverfahren (hohe Spannungen, Körperströme) ergeben können

und um
- die Gestaltung der Prüfgeräte (Kapitel 7) und der Prüfplätze, an denen die Prüfung erfolgt, sowie an erster Stelle um
- das arbeitsschutzgerechte Verhalten der Prüfer.

Defekter oder schmutziger Prüfling ▮ berührbare Teile (Körper, Abdeckung, auch Isolierteile) sind infolge von Kriechstrecken mit aktiven Teilen verbunden ▮ defekte/unwirksame Abdeckungen, falsche/verminderte Schutzart ▮ Kriechstrecken/Verbindungen bewirken Fehlfunktion (mechanische Bewegung, fehlende Standfestigkeit) ▮ defekter Schutzleiter, keine Abschaltung im Fehlerfall
Konsequenzen der Prüfverfahren ▮ Erschrecken und Folgeunfall beim Berühren von Teilen, die „ungefährliche" Prüfspannungen führen (bei der Isolationswiderstandsmessung z. B. DC 500 V) ▮ bei der Schutzleiterstrom- und der Berührungsstrommessung kann infolge eines Isolationsfehlers die Netzspannung an berührbaren leitenden Teilen anliegen (nicht bei der Ersatz-Ableitstrom-, aber bei der direkten oder Differenzstrommessung). ▮ ungewolltes Anlaufen/Heizen usw. beim Einschalten des Prüfgeräts/Prüflings zur Schutzleiterstrom- oder zur Berührungsstrommessung ▮ Berühren von aktiven Teilen beim Anwenden von Strommesszangen oder ungeeigneten, z. B. provisorischen/alten Messleitungen
Konsequenzen der Anwendung von Prüfgeräten ▮ Anwenden von Prüfgeräten, die nicht den aktuellen Sicherheitsvorgaben genügen ▮ Schutzleiterwiderstandsmessung mit hohen Prüfströmen (z. B. 25 A) (Erschrecken, Entzündung, Beschädigung) ▮ beim Messvorgang ist infolge der Verwendung von selbst hergestellten Prüfhilfsmitteln (Adapter usw.) eine Unterbrechung des Schutzleiters möglich und erforderlich ▮ Anwenden von nicht regelmäßig geprüften und daher defekten Prüfgeräten ▮ Kurzschlussfestigkeit des Prüfgeräts unzureichend (F 7.8) ▮ Anwenden selbstgebastelter Prüfhilfsmittel/-adapter
Ungeeignete Prüforte/Prüfanlagen ▮ Verwenden einer defekten elektrischen Installation des Kunden ▮ Betreiben eines Prüfgeräts ohne Fehlerstromschutzschalter an einer Anlage, die ebenfalls nicht mit einem Fehlerstromschutzschalter (Differenznennstrom $\leq$ 30 mA) ausgestattet ist ▮ keine ausreichende Abgrenzung des Prüfplatzes ▮ Verschleppen der Prüfspannung über zufällige Verbindungen der Messleitungen mit fremden Systemen ▮ unnötige Teile mit Erdpotential im Handbereich
Verschulden des Prüfers ▮ ungenügende Kompetenz (Befähigung), Überheblichkeit, Leichtsinn ▮ Nachlässigkeit und damit Fahrlässigkeit ▮ unzureichende Prüfvorbereitung (Kapitel 8) ▮ es wurde keine Gefährdungsbeurteilung vorgenommen ▮ Vorgaben aus der Gefährdungsbeurteilung wurden nicht beachtet ▮ Prüfen an dafür ungeeigneten Orten (Kapitel 9) ▮ fehlende oder ungenügende Unterweisung

Tafel 9.1 Typische Situationen/Zustände, die beim Prüfen zu einer Gefährdung führen können

9.3 Maßnahmen des Arbeitsschutzes, Gefährdungsbeurteilung

Die bei den Prüfungen, Prüfverfahren und Prüforten zu berücksichtigenden grundlegenden Maßnahmen des Arbeitsschutzes sind in **Tafel 9.2** aufgeführt.
In einer nach den Vorgaben des Arbeitsschutzgesetzes [1.3] durchzuführenden Gefährdungsbeurteilung ist festzustellen, welche Gefährdung nach Tafel 9.1 am jeweiligen Prüfplatz bzw. bei den einzelnen Prüfungen/Prüfgeräten/Prüfungen/Prüfverfahren auftreten können und welche Maßnahmen nach Tafel 9.2 zu deren Abwehr nötig sind.
Die wesentlichste Maßnahme ist das den konkreten Bedingungen des Prüforts und der Prüfaufgabe angepasste Einrichten eines Prüfplatzes. Wie **Tafel 9.3** zeigt, kann es sich dabei um einen ständigen oder zeitweiligen ortsfesten Prüfplatz oder um einen mobilen Prüfplatz (Prüfaufbau) handeln.

Wenn unterschiedliche Prüfaufgaben zu bearbeiten sind und sich an verschiedenen Prüforten oder infolge unterschiedlicher Prüflinge/Prüfgeräte unterschiedliche Gefahrensituationen ergeben können, ist dies zu berücksichtigen. Gegebenenfalls sind mehrere Gefährdungsbeurteilungen erforderlich.

Wie eine solche Gefährdungsbeurteilung aussehen kann, zeigt **Tafel 9.4.** Wichtig sind bei ihrem Erarbeiten folgende Regeln:

- Jeder möglicherweise auftretenden Gefährdung ist eine Maßnahme zu deren Abwehr zuzuordnen. Dabei gilt:
  - Das Vermeiden der Gefährdung – z. B. durch das Messen mit Kleinspannung – hat Vorrang vor allen anderen Maßnahmen.
  - Technische Schutzmaßnahmen – z. B. das Anwenden von Abdeckungen oder Fehlerstromschutzschaltern, das Einrichten von Prüfplätzen – haben Vorrang vor dem Schutz durch individuelles arbeitsschutzgerechtes Verhalten – z. B. das Anwenden der fünf Sicherheitsregeln.
- Es sind auch die nichtelektrischen Gefährdungen (Drehbewegung, Hitze, Strahlung usw.) zu berücksichtigen.
- Auf Grundlage der Gefährdungsbeurteilung sind alle mit dem Prüfen beauftragten sowie alle möglicherweise durch das Prüfen gefährdeten Mitarbeiter über das von ihnen erwartete Verhalten nachweislich zu unterweisen.
- Für alle zur Abwehr von Gefährdungen festgelegten Maßnahmen sollte in der Prüfanweisung (Kapitel 8) oder einer anderen betrieblichen Anweisung festgelegt werden, wer für sie verantwortlich ist. Ihre Umsetzung ist durch den Verantwortlichen (Arbeitgeber, Unternehmer, Betreiber usw.) sowie durch den verantwortlichen Prüfer zu kontrollieren.

Vorgaben/Empfehlungen zur Prüfvorbereitung	Quelle, Bemerkung
Prüfen nur an einem Prüfplatz nach VDE 0104 oder unter Beachtung der Sicherheitsvorgaben dieser Norm	Abschnitt Einrichtung von Prüfplätzen
Prüfen nur mit Prüfmitteln nach VDE 0404 oder 0413, Verwenden von Prüfhilfsmitteln nur dann, wenn sie von der verantwortlichen Elektrofachkraft freigegeben wurden	Kapitel 7
es müssen Gefährdungsbeurteilungen und eine betriebliche Anweisung über den Ablauf der Prüfung vorhanden sein	Tafeln 9.1 und 9.4
die mit dem Prüfen beschäftigten Mitarbeiter müssen über die Gefährdungsbeurteilung und das Verhalten beim Prüfen unterwiesen worden sein	Unterweisung, aktuelle Ergänzung bei besonderen Vorkommnissen/ Prüfmitteln/Prüfverfahren
eine klar abgegrenzte Verantwortung, der Gebrauch bestimmter Fachausdrücke und gegebenenfalls bestimmter Signale ist festzulegen, wenn mehrere Personen gemeinsam prüfen	Betriebsanweisung, Unterweisung, Einweisung
vor jeder Prüfung ist zu klären, welche elektrischen, mechanischen oder anderen Gefährdungen beim Prüfvorgang auftreten können	entsprechende Maßnahmen festlegen
Vorgaben/Empfehlungen zur Prüfdurchführung	**Quelle, Bemerkung**
als Erstes den Prüfling anschließen, dann die Prüfspannung zuschalten	
keine Messungen an den die Netzspannung führenden Geräten durchführen, nachdem Abdeckungen usw. abgenommen wurden (Arbeiten in der Nähe unter Spannung stehender Teile)	Ausnahmen (F 9.7)
das Besichtigen und der messtechnische Nachweis der Schutzleiterverbindungen müssen vor allen anderen Messungen erfolgen, da damit das Funktionieren des Fehlerschutzes nachgewiesen wird und somit keine Prüfspannung an berührbaren Teilen anliegen kann	Reihenfolge wie im Ablauf nach Bild 6.1
die Schutzleiterstrom- und die Berührungsstrommessungen sowie die Funktionsprüfungen (Netzspannung) sind nach den anderen Messungen und dem Besichtigen vorzunehmen	Kontrolle durch die befähigte Person
die Funktion der Sicherheitseinrichtungen des Prüfplatzes (Fehlerstromschutzeinrichtung usw.) sowie der Prüfgeräte sind vor dem Beginn der Prüfung zu kontrollieren	Prüftaste betätigen, Vorhandensein der Prüfspannung feststellen
bei Prüfgängen mit Netzspannung sollten möglichst keine Teile mit Erdpotential im Bereich des Prüflings und des Prüfers vorhanden sein	zumindest im Handbereich abdecken
im Bereich des Prüflings keine nicht benötigten Prüfmittel, Gegenstände, Werkzeuge aufbewahren	Ordnung am Prüfplatz!

Sonstige Vorgaben/Empfehlungen	Quelle, Bemerkung
ausreichende Arbeitsplatzbeleuchtung sichern	Vorgaben für den Arbeitsplatz beachten
ordnungsgemäße Arbeitskleidung benutzen, keine leitenden Teile an der Kleidung oder am Körper zulassen	Ketten, Ringe usw. vor dem Prüfen ablegen
keine fremden, unbekannten oder provisorischen Prüfmittel verwenden	alle Prüfadapter und Hilfsmittel müssen geprüft und sicher sein

Tafel 9.2 Grundsätzliche Vorgaben/Empfehlungen für den Arbeitsschutz beim Prüfen elektrischer Geräte

Ort der Prüfung, Anordnung des Prüfplatzes, Prüforganisation	Vorgaben für die Ausstattung, Arbeitsschutzmaßnahmen	Prüforganisation, Bemerkung
1. Werkstatt, Prüfplatz ständig ortsfest eingerichtet	Prüftafel o. Ä. mit Schutzeinrichtungen nach [2.8], Abgrenzung zu anderen Arbeitsplätzen, Kennzeichnung und Signalisierung nach [2.8]	Prüflinge werden zum Platz gebracht, Prüfplatz Bild 9.1
2. Werkzeugausgabe o. Ä., Prüfplatz ständig oder zeitweilig und ortsfest	der Prüfaufgabe entsprechend einfachere Variante eines Prüfplatzes nach 1., gegebenenfalls nur Prüfgerät mit Schutzeinrichtungen nach [2.8]	Prüflinge werden zum Platz gebracht, Prüfplatz Bild 9.1 oder Bild 9.2
3. Arbeitsräume, Büroräume, Prüfplatz zeitweilig und ortsfest (Bild 9.2)	Prüfgerät mit Schutzeinrichtungen nach 1 [2.8] und/oder PRCD-S (Bild 9.4), optimal mit mobiler Abgrenzung, Isoliermatte	Prüflinge werden zum Prüfplatz gebracht, Prüfplatz Bild 9.2
4. Einsatzort des zu prüfenden Geräts, Prüfplatz kurzzeitig und mobil	Prüfaufbau nach Bild 9.3, Prüfgerät mit Schutzeinrichtungen nach [2.8] und/oder PRCD-S (Bild 9.4)	Prüfgerät wird zum Prüfling gebracht, Prüfplatz Bild 9.3
Vorführplatz im Ladengeschäft o. ä.	es erfolgt keine Prüfung, sondern eine Vorführung der elektrischen Geräte ohne oder mit solchen Demonstrationseinrichtungen, die einen zwangsläufigen Berührungsschutz aufweisen, Anschluss immer über Fehlerstromschutzschalter ($I_{\Delta N} \leq 30\,mA$)	

Tafel 9.3 Varianten der Prüfplätze, Vorgaben für ihre Gestaltung/Anwendung

9.4 Erarbeiten der Gefährdungsbeurteilung

Die Gefährdungsbeurteilung (GB) (Tafel 9.4) ist keine bürokratische Formalität und auch kein einmaliger Kraftakt. Sie darf nicht unbeachtet in der Schublade liegen bleiben. Ihr Inhalt soll die Köpfe der Prüfer erreichen. Zu empfehlen ist daher, dass sie mit allen am Prüfen beteiligten Mitarbeitern zusammen „geschaffen" wird. Alle Erfahrungen, Gewohnheiten und auch die zuvor tolerierten Verstöße und Fahrlässigkeiten sowie alle Vorschläge zum Abwehren von Gefährdungen müssen auf den Tisch. Alle Beteiligten sollen sie kennenlernen und beurteilen. Auf diese Weise kann jeder Prüfer intensiv erleben, wie der Arbeitsschutz, die Sicherheit für ihn persönlich entsteht.

Bei dieser vorsorgenden Arbeit ist übrigens auch zu klären, ob am Prüfplatz psychische Belastungen entstehen, die zu Fehlreaktionen/Gefährdungen führen können. Dies wird nach [1.3] §§ 5 + 6 verlangt. Eine unklare Abgrenzung der Verantwortung, z. B. für das Prüfergebnis und damit für die Sicherheit der Anwender der geprüften Geräte, fehlende Informationen oder Unterweisungen, unzureichende Weiterbildung usw. könnten zu solchen Belastungen führen.

Sinnvoll ist es, diese GB bei den dann folgenden Unterweisungen der Prüfer immer wieder kritisch zu beäugen. Und zu fragen:
„Was wäre an *unserer Gefährdungssituation und deren Beurteilung* zu verändern, um *unsere* Sicherheit zu erhöhen?"
Eine solche Diskussion über die Gefährdungen, denen man unmittelbar und täglich ausgesetzt ist, sowie über die selbst zu verantwortende Gegenwehr ist immer interessant und nützlich. Sie verankert beides und das erforderliche arbeitsschutzgerechte Verhalten im Prüferhinterkopf.

» **Bitte bedenken Sie: Das gemeinsame Analysieren der Gefährdungen, die bei der eigenen Arbeit entstehen, die Gefährdungsbeurteilung für sich selbst und die anderen Prüfer, ist ein „soziales Ereignis"! Gemeinsam wird überlegt, abgewogen und entschieden. Ihr Vorgesetzter, der Betriebsarzt, der Sicherheitsbeauftragte und andere müssen mit dabei sein [1.2,] [1.3] und müssen „Rede und Antwort stehen", wenn ihnen das Prüfen und dessen Gefahren demonstriert werden.**

Die Gefährdungsbeurteilung ist zu dokumentieren [1.3]. Sie sollte auch am Prüfplatz vorhanden sein und gehört als Pausenlektüre, Gedankengeber auch in die persönlichen Arbeitsunterlagen jedes Prüfers. Zu dokumentieren ist ebenso der Nachweis der Unterweisung der Mitarbeiter über die Gefährdungsbeurteilung.

9.5 Einrichten von Prüfplätzen

Das Prüfen ist eine „gefahrengeneigte" Tätigkeit. Abgesehen von Prüfungen, bei denen durch die GB nachgewiesen wurde, dass keine Gefährdung auftreten kann (F 9.1), ist am Prüfort immer ein Prüfplatz einzurichten, der dem Vermeiden oder der Abwehr der Gefährdungen dient. Dieser Prüfplatz ist – abgesehen von Sonderfällen – im Prinzip immer so auszuführen, wie es nach VDE 0104 für einen „Prüfplatz ohne zwangsläufigen Berührungsschutz" gefordert wird (Bild 9.1).
In Tafel 9.3 sind diese Prüfplätze und die jeweils einzuhaltender Vorgaben aufgeführt. Die Gefährdungen sind immer die gleichen, ebenso wie die Maßnahmen zu deren Abwehr, die allerdings vom Prüfer den jeweiligen örtlichen Umständen entsprechend umzusetzen sind.

Tritt beim Prüfen keine Gefährdung auf, z. B. weil ausschließlich eine Kleinspannung mit sicherer Trennung zum Einsatz kommt (Bild 9.3, Teil 1), so ist auch das eine bereits aus gutem Grund gewählte Maßnahme zur Abwehr einer Gefährdung. Das heißt, auch ein derartiger Prüfplatz (Prüfaufbau) muss in der Gefährdungsbeurteilung erfasst und in die Kontrolle einbezogen werden, um den Erhalt der festgelegten Maßnahme „Kleinspannung" sicherzustellen.

Zu bevorzugen ist – hinsichtlich des Arbeitsschutzes (F 8.2) – immer das Prüfen an einem „ortsfesten Prüfplatz" in einer Elektrowerkstatt **(Bild 9.1)** da die Sicherheit dort zum großen Teil zwangsläufig durch technische Maßnahmen und die Qualifikation der dort anwesenden Personen gewährleistet wird. Bei Prüfungen außerhalb der Elektrowerkstatt ist möglichst ein „zeitweiliger ortsfester Prüfplatz" einzurichten **(Bild 9.2),** dem die zu prüfenden Geräte angeliefert werden. Muss das Prüfen am Einsatzort der zu prüfenden Geräte erfolgen, so sind die Sicherheitsmaßnahmen

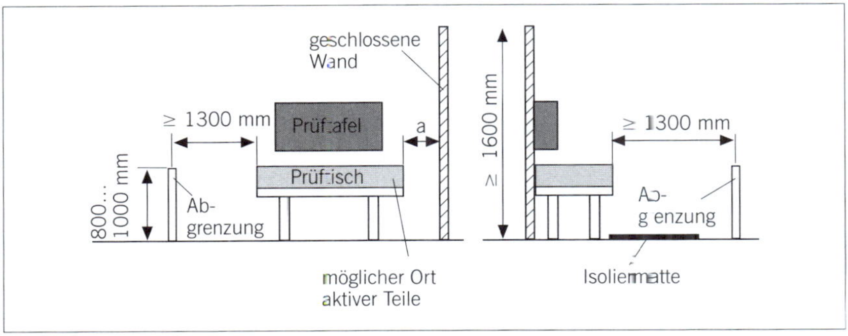

Bild 9.1 Prinzipielle Darstellung eines Prüfplatzes, Angabe der Mindestabstände, a frei wählbar

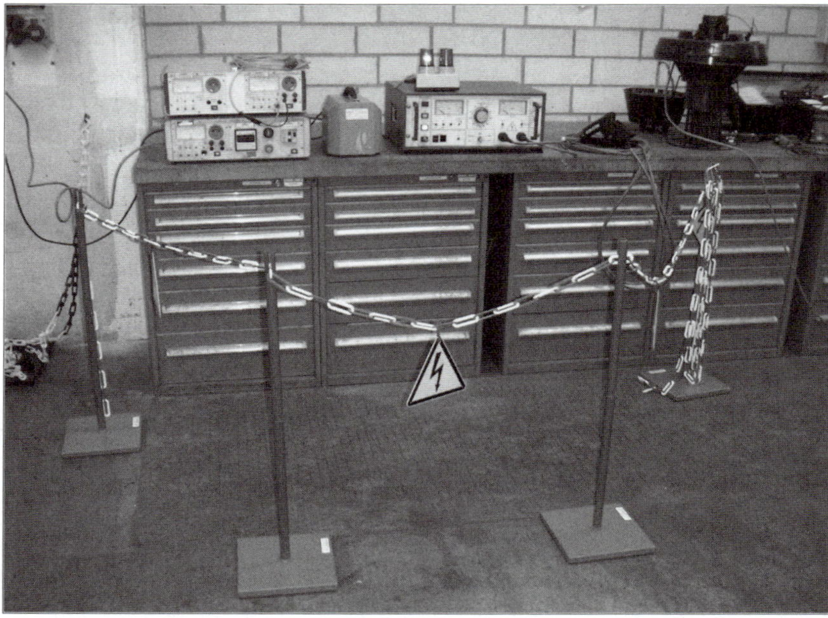

Bild 9.2 Beispiel für das Einrichten eines zeitweiligen ortsfesten Prüfplatzes (Foto: Euler)

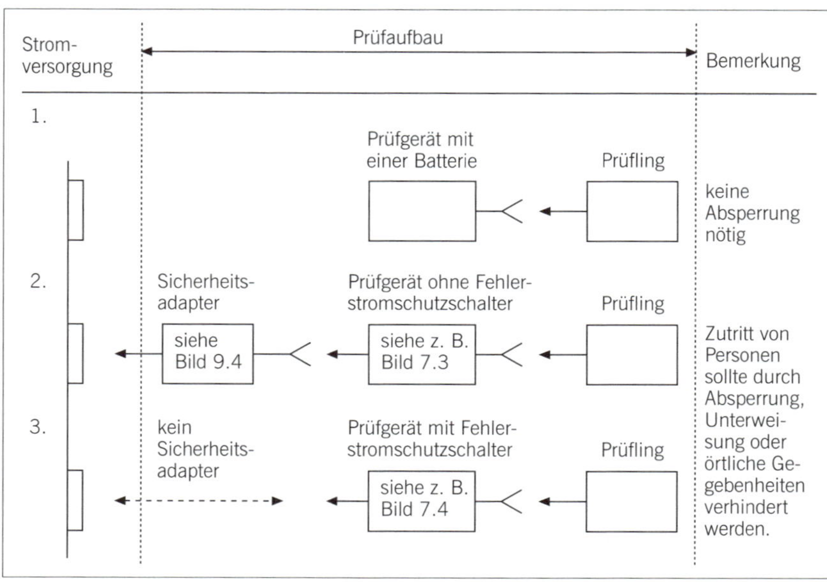

Bild 9.3 Prinzipielle Darstellung eines sicherheitsgerechten Prüfaufbaus für das Prüfen am Einsatzort des Prüflings

- „Zusatzschutz in der Prüfschaltung“ durch einen mobilen Fehlerstromschutzeinrichtung (PRCD-S, $I_{\Delta N} < 30\,mA$),
- deutliche Abgrenzung des Prüforts und
- Unterweisung der anwesenden Personen

durch den Prüfer operativ zu gewährleisten **(Bild 9.3).**
Ist es erforderlich, an einem Ort zu prüfen, dessen Elektroanlage mit einem von Erde isolierten Netz (IT-System) ausgestattet ist, so muss für den Prüfaufbau (Prüfling, Prüfgerät, FI-Schutz) ein gesonderter Speisepunkt verwendet werden.

Die Art des Prüfplatzes und seine Ausstattung sowie die Aufgaben des Prüfers beim Einrichten und Benutzen des Prüfplatzes sind für jede Art der zu erwartenden Prüforganisation (Tafel 9.3) zu bestimmen und beim Erarbeiten der Gefährdungsbeurteilung bzw. beim Festlegen der Arbeitsschutzmaßnahmen zu berücksichtigen.

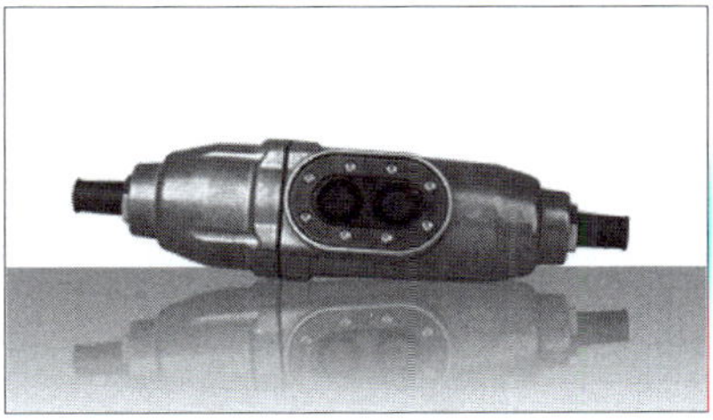

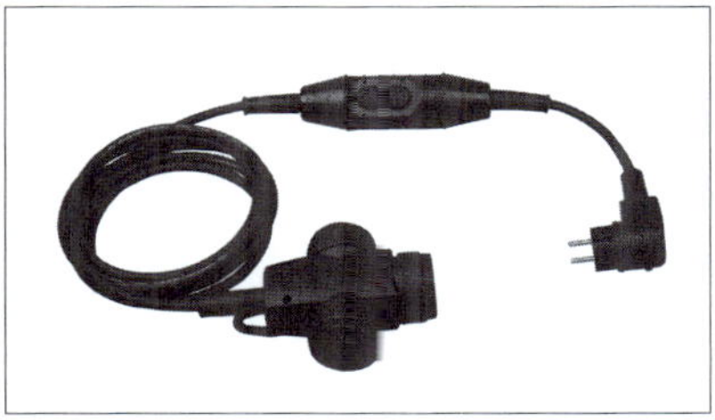

Bild 9.4 Ortsveränderliche Schutzschaltgeräte (PRCD-S) mit Fehlerstromschutzschalter ($I_{\Delta N} \leq 30\,mA$) (Kopp, ELSPRO)

Verantwortung und Aufgaben – Sicherheit und Gesundheitsschutz

Person, Funktion, Befähigung	Arbeitsaufgaben
Unternehmer	Durchsetzen der gesetzlichen Vorgaben zum Arbeitsschutz, Kontrolle der Gefährdungsbeurteilung, Unterweisung
verantwortliche Elektrofachkraft	Erarbeiten der Gefährdungsbeurteilung, Festlegen und Durchsetzen der Maßnahmen zur Abwehr der Gefährdungen, Entscheiden über Art und Ausstattung des Prüfplatzes, Unterweisung der Prüfer/Mitarbeiter
befähigte Person	Mitarbeit an der Gefährdungsbeurteilung und dem Errichten des Prüfplatzes, Durchsetzen der Maßnahmen zur Abwehr der Gefährdungen und zu arbeitsschutzgerechtem Verhalten
Mitarbeiter	arbeitsschutzgerechtes Verhalten im Zusammenhang mit dem Betreten der Prüfplätze

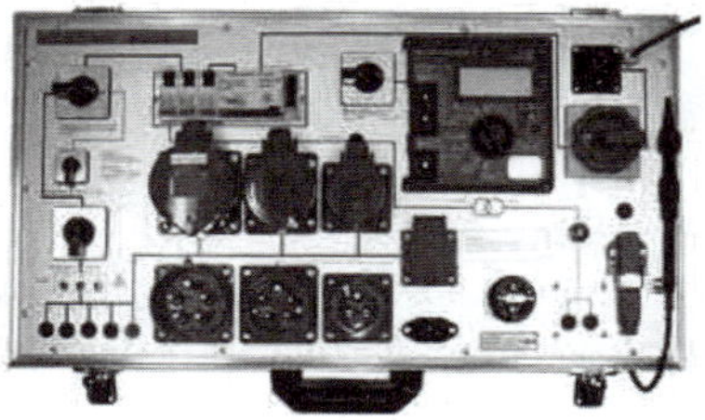

Bild 9.5 a
Tragbare und auch ortsfest anzuordnende Prüftafel Metatester 5-3P (GMC)

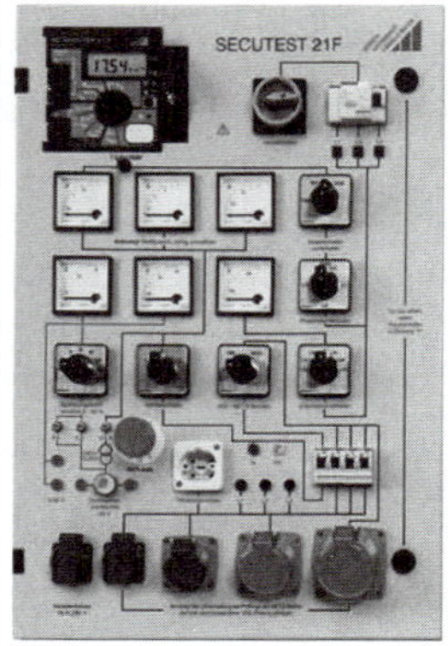

Bild 9.5 b
Werkstatt-Prüftafel Secutest 21 F (GMC)

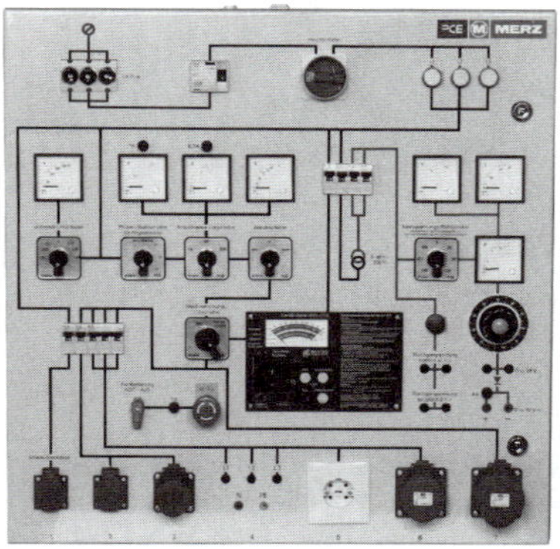

Bild 9.5 c
Prüftafel PM 5000 (Merz) eines ortsfesten Prüfplatzes mit Darstellung der Sicherheitseinrichtungen

Bild 9.5 d
Prüftafel in Kanalbauform (Peiser)

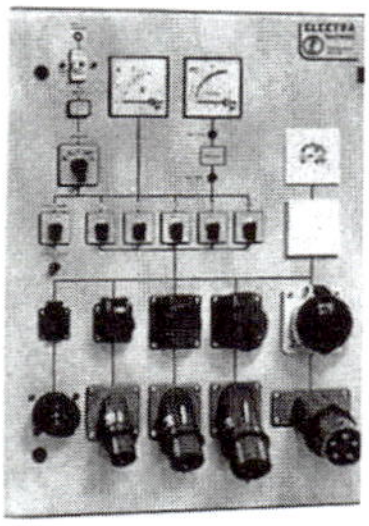

Bild 9.5 e
Ergänzungsprüftafel (Anschluss und Anbau an eine Prüftafel analog Bild 7.5 c) zum Prüfen von Verlängerungsleitungen und von Geräten (Elektra Taiflingen)

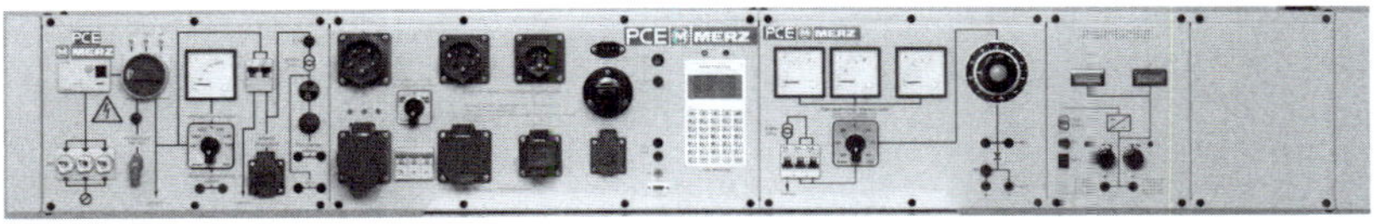

Bild 9.5 f
Mögliche individuell gestaltete Prüfplatzausstattung durch Verwendung der Elemente des modularen System MAS zum Aufbau von Prüfplätzen nach DIN VDE 0104 (Merz)

Bild 9.5 Prüftafeln, geeignet zum Einrichten eines ständigen oder zeitweiligen (Bilder 9.1 und 9.2) oder eines mobilen (Bild 9.3) Prüfplatzes nach DIN VDE 0104, Prüfung von ortsveränderlicher Betriebsmitteln (Geräte und Verlängerungsleitungen) nach DIN VDE 0701-0702

Fragen und Antworten

Frage 9.1 Ist es beim Prüfen von Geräten erforderlich, an oder in der Nähe unter Spannung stehender Teile zu arbeiten?

Ein Arbeiten unter Spannung liegt bereits vor, wenn mit Werkzeugen spannungsführende Teile berührt werden. Dies kann bei fehlerhaften Prüflingen immer vorkommen. Allerdings ist die Prüftätigkeit nach DIN VDE 0105-100 [2.19] Abschnitt 6.3 eine Tätigkeit, für die „im Allgemeinen keine besonderen organisatorischen oder technischen Maßnahmen erforderlich sind“.
Die erforderlichen Festlegungen umfassen die bereits gefertigte Gefährdungsbeurteilung für die Prüftätigkeit und die entsprechende Arbeitsanweisung mit den Maßnahmen für den Arbeitsschutz.

Davon muss man die „sonstigen Arbeiten unter Spannung“ unterscheiden. Schon die Fehlersuche am offenen Gerät unter Spannung oder das An- oder Abklemmen von unter Spannung stehenden Leitern wird zu dieser Gruppe von Tätigkeiten gezählt. Diese dürfen nur dann angewandt werden, wenn es nicht anders geht (aus technischen oder organisatorischen Gründen). Dafür ist eine spezielle Ausbildung mit Abschlussprüfung sowie eine explizite Gefährdungsbeurteilung, Arbeitsanweisung und Durchführungserlaubnis nötig. Wo immer möglich, sollten die „sonstigen Arbeiten unter Spannung“ vermieden werden.

Ob dies zum Erfüllen der jeweiligen Arbeitsaufgabe erforderlich ist und ob dann der Prüfling für das Messen freigeschaltet werden kann, muss durch die befähigte Person in Abstimmung mit dem Verantwortlichen (vEFK oder Anlagenverantwortlichen) auf der Grundlage betrieblicher Vorgaben (Arbeitsanweisung) für jedes Prüfverfahren bzw. in jedem Einzelfall entschieden werden.
In Bild 9.6 sind die Grenzen von „Arbeiten unter Spannung“ zu erkennen.

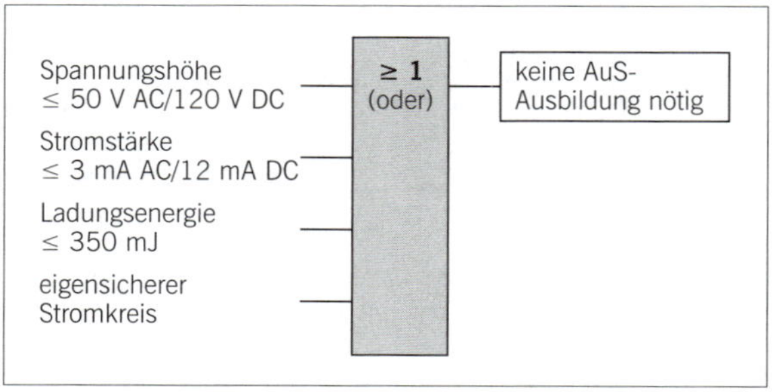

Bild 9.6
Arbeiten unter Spannung liegt vor, wenn eine der Bedingungen erfüllt ist. Ausgenommen davon sind einige explizite Tätigkeiten, wie die Prüftätigkeit

Frage 9.2 In welchen Fällen sind beim Prüfen besondere Schutzmaßnahmen gegen elektrischen Schlag vorzusehen?

Wenn für den Prüfplatz durch die betriebliche Gefährdungsbeurteilung (Tafel 9.4) oder auf andere Weise eine Gefährdung durch die Elektrizität erkannt wird, muss verhindert werden, dass der Prüfer und/oder andere Personen zu Schaden kommen können. Dies kann durch folgende Schutzmaßnahmen erfolgen:

- das Beseitigen der Gefahr (Substitution),
- das Verhindern/Vermindern ihrer Auswirkungen durch technische Mittel (technische Maßnahmen),
- das Verhindern/Vermindern ihrer Auswirkungen durch organisatorische Mittel (organisatorische Maßnahmen),
- das Verhindern/Vermindern ihrer Auswirkungen durch personenbezogene Mittel (persönliche Maßnahmen).

Diese vier Möglichkeiten sind auch in dieser Reihenfolge anzuwenden. Wo möglich, sind Gefährdungen nach Arbeitsschutzgesetz [1.3] im Vorwege zu vermeiden, dann erst dürfen technische, organisatorische und als allerletzte Maßnahme auch persönliche Maßnahmen getroffen werden (STOP-Prinzip). Ein paar Beispiele:

1. Beseitigen der Gefahr, z. B.

- Prüfen ohne das Anwenden einer elektrischen Stromquelle, z. B. nur Sichtprüfung durch Anwendung von organisatorischen Maßnahmen beim Einkauf,
- Anwenden einer sicher vom Netz getrennten Kleinspannung ($U_N < 12/24\,V$).

2. Abwenden oder Vermindern der Gefahr durch das Anwenden technischer Mittel, z. B.

- Verhindern der Durchströmung, z. B. durch Isolierungen oder
- Vermindern der Folgen einer Durchströmung, z. B. durch RCD (Bemessungsdifferenzstrom $I_{\Delta N} < 30\,mA$),
- Einsatz von Prüfgeräten mit Netzüberwachung.

3. **Abwenden oder vermindern der Gefahr durch organisatorische Maßnahmen,** z. B.

- Vorgeben eines festen Prüfablaufs,
- kein Berühren der aktiven Teile, Prüfling nicht öffnen,

mithilfe einer Arbeitsanweisung verbieten, aktive Prüfungen an Arbeitsmitteln mit drehenden Teilen durchzuführen.

4. **Abwenden oder vermindern der Gefahr durch personenbezogene Maßnahmen,** z. B.

- Benutzung von persönlicher Schutzausrüstung (Isolierhandschuhe, Gesichtsschutz etc.) bei aktiven Messungen.

Interessant und lebenswichtig für die Prüfer sind davon jene, die in den Prüfaufbauten, am Prüfling und an den Prüfgeräten auch einen „Schutz bei direktem Berühren" bewirken. Beim Prüfen ist ja eine direkte Berührung aktiver Teile nicht auszuschließen.

Hinweise

Das vernünftige arbeitsschutzgerechte Verhalten beim Prüfen ist die beste Schutzmaßnahme. Es gibt keine „spannungsfesten" Elektriker! Wer mit seinen bereits erlebten Durchströmungen angibt und sich damit als „Supermann" bezeichnet, ist ein übler „Prahlhans"! Er ist leichtfertig und fahrlässig und sollte als Prüfer disqualifiziert werden.

9

Frage 9.3 Ist beim Prüfen eine zweite Person erforderlich?

Bei Prüftätigkeiten oder bei anderen als gefährlich erkannten Tätigkeiten/Situationen, die sich beim Messen ergeben können, muss immer gewährleistet sein, dass im Fall eines elektrischen Unfalls erste Hilfe geleistet werden kann. Ob dies ein zusätzlicher Mitarbeiter oder eine ohnehin anwesende Person wahrnehmen kann, ist vom Arbeitsverantwortlichen zu entscheiden. Diese Entscheidung sollte auch im Zusammenhang mit einer Gefährdungsbeurteilung nach DGUV-Regel 112-139 [1.11] getroffen werden. Mit dieser Gefährdungsbeurteilung wird anhand des anzunehmenden Verletzungsgrads und der Eintrittswahrscheinlichkeit ermittelt, ob eine zweite Person oder eine Personen-Notsignal-Anlage (PNA) eingesetzt werden muss.
In jedem Fall muss der Prüfer sicherstellen, dass in derartigen Fällen eine zweite Person in Sicht- und Rufweite erreichbar ist. Kann dies nicht gewährleistet werden, so darf nur so geprüft werden, dass keine Gefährdung durch die Elektrizität entstehen kann (F 9.1).

Frage 9.4 Was ist bei der Verwendung von selbst hergestellten, geleasten oder geliehenen Prüfgeräten/Prüfhilfsmitteln zu beachten?

Bei Prüfgeräten/Prüfhilfsmitteln, die von einem bekannten, erfahrenen Hersteller bezogen wurden und das GS-Zeichen aufweisen, kann eine ordnungsgemäße, sichere Gestaltung und Funktion vorausgesetzt werden. Sie sind, wie die anderen elektrischen Geräte, der Eingangsprüfung zuzuführen und dann mit einem aktuellen Prüfnachweis (Prüfmarke, Bild 10.1) zu versehen.

Bei selbsthergestellten Prüfgeräten oder Prüfhilfsmitteln muss der Nachweis einer sicheren und normgerechten Gestaltung [1.1] selbst erbracht werden. Der verantwortliche Prüfer muss eine Gefährdungsbeurteilung vornehmen und dabei die Vorgaben für das Prüfen dieses Geräts unter Beachtung der allgemeingültigen Normen [2.20] erarbeiten. Er muss dann auch den positiven Ausgang der Prüfung bestätigen und den Prüfturnus festlegen.

Wird ein solches für den Eigenbedarf hergestelltes Gerät an betriebsfremde Personen verliehen, verkauft oder verschenkt, so ist das ein „In-Verkehr-Bringen“ [1.1]. In diesem Fall wäre die Prozedur der Beantragung/Zuerkennung einer CE-Kennzeichnung erforderlich (F 3.1) oder sicherzustellen, dass es der Empfänger wie ein von ihm selbst hergestelltes Gerät behandelt.

» **Es dürfen keine provisorischen Prüfgeräte oder Messleitungen verwendet werden.**

Werden fremde Prüfgeräte geliehen und eingesetzt, so sollte

- die Genehmigung der vEFK vorliegen,
- vorher nachgewiesen werden, dass es keine offensichtlichen Mängel aufweist und einwandfrei funktioniert,
- eine aktuelle Prüfkennzeichnung vorhanden sein oder eine Wiederholungsprüfung vorgenommen werden,
- ein Kalibriernachweis (sofern nötig) mitgeliefert werden.

» **Jeder Arbeitgeber, der seinen Mitarbeitern geliehene oder geleaste Geräte zur Anwendung übergibt, hat für deren Sicherheit ebenso zu sorgen wie für seine eigenen Geräte.**

Auf den Seiten 259–270:

Tafel 9.4 Gefährdungsbeurteilung, Beispiele für die beim Prüfen elektrischer Geräte möglicherweise auftretenden Gefährdungen und der Maßnahmen zu deren Abwehr [1.3], die bei der Gefährdungsbeurteilung zu bedenken sind. Anmerkung: Eine Ergänzung/Anpassung an die konkreten Bedingungen der jeweiligen Prüfung und des jeweiligen Prüforts ist erforderlich.

Grundlagen der Gefährdungsbeurteilung
Arbeitsschutzgesetz, BetrSichV, ArbStättV, DGUV-Vorschrift 3, DIN VDE 0105-100, DGUV-Infomation 203-034

Geltungsbereich der Gefährdungsbeurteilung
Personell: Befähigte Personen gemäß TRBS 1203 für elektrische Gefährdungen
Bereich: Arbeitsmittelprüfung
Tätigkeiten: Prüfung von Arbeitsmitteln an ortveränderlichen Prüfplätzen

Auftraggeber

Ersteller der Gefährdungsbeurteilung
Frau Mustermann, Elektro-Mustermann GmbH

Abschließender Hinweis
Bei der Gefährdungsbeurteilung wurden nur die elektrischen Gefährdungen berücksichtigt!
Eine Aktualisierung der Gefährdungsbeurteilung ist spätestens alle 2–3 Jahre bzw. bei Bedarf, nach besonderen Anlässen, Änderungen an Arbeitsmittels, -stoffen oder -plätzen bzw. der Arbeitsumgebung, Änderung der Vorschriftenlage, neue Informationen, insbesondere Unfallberichte erforderlich. Dies gilt ebenso wenn sich der Gesundheitszustand des betroffenen Arbeitnehmers verschlechtert. Die Erstellung der Gefährdungsbeurteilung erfolgte unter Zugrundelegung der anwendbaren Gesetze und Regelwerke, insbesondere den allgemein anerkannten Regeln der Technik, durch den Unterzeichnenden nach bestem Wissen und Gewissen.
Bei den aufgenommenen Gefährdungen wird von einer normalen Beanspruchung und einer bestimmungsgemäßen Verwendung von dem Arbeitsmittel/Anlage ausgegangen Aufgrund des präventiven Wartungs- und Instandsetzungsaufwandes wird der angegebene Prüfzyklus vorgeschlagen.
Für die Umsetzung ist der Arbeitgeber/Arbeitgeberbeauftragt/ Betreiber verantwortlich.

Risikozahl

Beurteilung des Risikos

		Wahrscheinlichkeit des Wirksamwerdens			
		sehr gering	gering	mittel	hoch
mögliche Schadensschwere	leichte Verletzungen oder Erkrankungen	1	2	4	5
	mittelschwere Verletzungen oder Erkrankungen	3	6	7	11
	schwere Verletzungen oder Erkrankungen	8	9	12	14
	möglicher Tod, Katastrophe	10	13	15	16

Risiko	Handlungsbedarf Maßnahmen zur Verringerung des Risikos sind
gering →	nicht erforderlich
mittel →	angezeigt
hoch →	unverzüglich durchzuführen

Nr.	Mögliche Gefährdungen/ Belastungen	Risikozahl (RZ) ohne Maßnahme	Schutzziele/Maßnahmen	Realisierung		Wirksamkeit		RZ nach Maßnahme
				bis wann	wer	wirksam/ Datum	wer	
1.1	Unterweisung							
	Prüfarbeiten Verbrennungen durch Störlichtbögen Brand- und Explosionsgefahr	13	Die mit dem Prüfen beschäftigten Mitarbeiter müssen über die Gefährdungsbeurteilung und das Verhalten beim Prüfen unterwiesen worden sein		VEFK			
		13	Es müssen Gefährdungsbeurteilungen und eine betriebliche Anweisung über den Ablauf der Prüfung vorhanden sein		VEFK			
1.3	Koordinierung von Arbeiten							
	Prüfarbeiten Verbrennungen durch Störlichtbögen Körperdurchströmung mit Herzkammerflimmern	9	Vor jeder Prüfung ist zu klären, welche elektrischen, mechanischen oder anderen Gefährdungen beim Prüfvorgang auftreten können		AV			
		9	Eine klar abgegrenzte Verantwortung, der Gebrauch bestimmter Fachausdrücke und gegebenenfalls bestimmter Signale ist festzulegen, wenn mehrere Personen gemeinsam prüfen		AV			
1.4	Gefahrgeneigte Arbeiten							
	Prüfarbeiten Verbrennungen durch Störlichtbögen Körperdurchströmung mit Herzkammerflimmern	15	Beschäftigte anweisen (Betriebsanweisung), die Rangfolge der Schutzmaßnahmen zu beachten: (Substitution) Wenn möglich: 1. Freischalten 2. Abdecken, Abschranken 3. Schutz durch Abstand		VEFK			

	schmutziger Prüfling		Isolierteile) sind infolge von Kriechstrecken mit aktiven Teilen verbunden. defekte/unwirksame Abdeckungen, falsche/verminderte Schutzart Kriechstrecken/Verbindungen bewirken Fehlfunktion (mechanische Bewegung, fehlende Standfestigkeit). defekter Schutzleiter, keine Abschaltung im Fehlerfall					
	Erschrecken und Folgeunfall beim Berühren von Teilen	15	Bei der Schutzleiterstrom- und der Berührungsstrommessung kann infolge eines Isolationsfehlers die Netzspannung an berührbaren leitenden Teilen anliegen (nicht bei der Ersatz-Ableitstrom-, aber bei der direkten oder Differenzstrommessung)		AV			
	Berühren von aktiven Teilen beim Anwenden von Strommesszangen oder ungeeigneten, z. B. provisorischen/alten Messleitungen	15	Konsequenzen der Anwendung von Prüfgeräten Schutzleiterwiderstandsmessung mit hohen Prüfströmen (z. B. 25 A) (Erschrecken, Entzündung, Beschädigung) Beim Messvorgang ist infolge der Verwendung von selbst hergestellten Prüfhilfsmitteln (Adapter usw.) eine Unterbrechung des Schutzleiters möglich und erforderlich. Kurzschlussfestigkeit des Prüfgeräts unzureichend (F 7.8) Anwenden selbstgebastelter Prüfhilfsmittel/-adapter		AV			
	Berühren von aktiven Teilen bei der Messprüfung	15	Das Besichtigen und der messtechnische Nachweis der Schutzleiterverbindungen müssen vor allen anderen Messungen erfolgen, da damit das Funktionieren des Fehlerschutzes nachgewiesen wird und somit keine Prüfspannung an berührbaren Teilen anliegen kann		AV			

Nr.	Mögliche Gefährdungen/ Belastungen	Risikozahl (RZ) ohne Maßnahme	Schutzziele/Maßnahmen	Realisierung		Wirksamkeit		RZ nach Maßnahme
				bis wann	wer	wirksam/ Datum	wer	
		15	Die Schutzleiterstrom- und die Berührungsstrommessungen sowie die Funktionsprüfungen (Netzspannung) sind nach den anderen Messungen und dem Besichtigen vornehmen		AV			
		15	Vorsichtsmaßnahmen ergreifen, um sicherzustellen, dass durch die durchgeführten Messungen keine Gefahr für Personen entstehen und Eigentum und Betriebsmittel nicht beschädigt werden, z. B. durch Spannungsverschleppung bei Isolationsmessung, auch bei Fehlern im Stromkreis		AV			
		12	Die gleichzeitige Durchführung von Montagearbeiten und Prüfungen ist nicht zulässig, wenn dadurch Gefährdungen auftreten können. Wie z. B. bei der Isolationswiderstandsmessungen		AV			
		12	Nach Beendigung von Prüfungen (Iso-Messung), ist vor dem Berühren der abgeschalteten Prüfobjekte dafür zu sorgen, dass an berührbaren Teilen keine gefährlichen Spannungen vorhanden sind. Bei Isolationsmessungen kann sich das Betriebsmittel oder Kabel u. Leitung aufladen. Messmittel nicht sofort nach der Messung vom Betriebsmittel oder Kabel/Leitung trennen. Entladezeiten gemäß Herstellerangabe des Messmittelerstellers beachten! (Anwendung der 5 Sicherheitsregeln)		AV			

	Funktionsprüfung an Geräten und Schaltungen, Inbetriebnahme und Erprobung	15	Arbeitsbereich abgrenzen und durch Hinweisschilder sichern. Schutz durch Aufsichtsführung durch EFK sicherstellen		AV			
1.5	Benutzen persönlicher Schutzausrüstungen							
	Nicht geeignete PSA Verbrennungen durch Störlichtbögen Körperdurchströmung mit Herzkammerflimmern	9	Berechnen der Störlichtbogenenergie am Arbeitsplatz, zur Auswahl der PSAgS für die Tätigkeit. Dokumentieren der notwendigen Maßnahmen. DGUV Information 203-077 (alt BGI 5188)		AG/ VEFK			
		9	PSAgS gemäß DGUV Information 203-077 (alt BGI 5188) beschaffen		AG			
	Mechanische Gefahren	6	Sicherheitsschuhe mit profilierter Sohle mind. S1 verwenden DIN EN 345-2		AG			
1.9	Arbeitsschutzorganisation							
	Anwenden von Prüfgeräten, die nicht den aktuellen Sicherheitsvorgaben genügen	13	Prüfgeräte sind Arbeitsmittel und müssen den Stand der Technik, Vorgabe der BetrSichV, entsprechen		VEFK			
		13	Die Einhaltung der allgemeinen Regelungen für das Arbeiten unter Spannung sicherstellen		VEFK			
	Unzureichende Qualifikation	13	EFK/Prüfer in regelmäßigen Abständen unterweisen und fortbilden		VEFK			
		15	Prüfer entsprechend seiner Qualifikation für die Prüftätigkeit bestellen und weisungsfrei stellen		VEFK			
		6	Bei Alleinarbeit ist eine Notrufmöglichkeit (Handy) wegen geringer Gefährdung, bei einer Prüftätigkeit ohne AuS Gruppe 2, notwendig!		VEFK			

9

Nr.	Mögliche Gefährdungen/ Belastungen	Risikozahl (RZ) ohne Maßnahme	Schutzziele/Maßnahmen	Realisierung		Wirksamkeit		RZ nach Maßnahme
				bis wann	wer	wirksam/ Datum	wer	
1.11	Prüfpflichten							
	Defekte Messmittel Anwenden von nicht regelmäßig geprüften und daher defekten Prüfgeräten	15	Keine fremden, unbekannten oder provisorischen Prüfmittel verwenden		AV			
		15	Werkzeuge, Mess- und Prüfeinrichtungen und persönliche Schutzausrüstung vor jeder Nutzung einer Sicht- und Funktionsprüfung unterziehen		AV			
	Anwenden von nicht regelmäßig geprüften und daher defekten Prüfgeräten	15	Prüfmittel sind Arbeitsmittel und gemäß BetrSichV § 14 zu prüfen. Die Prüffrist ist gemäß BetrSichV § 3. 6 zu ermitteln		VEFK			
		13	Messmittel in regelmäßigen Abständen mit eine Kabibrieradapter prüfen		VEFK			
	Defekte Sicherheitseinrichtungen	13	Die Funktion der Sicherheitseinrichtungen des Prüfplatzes (Fehlerstromschutzeinrichtung usw.) sowie der Prüfgeräte vor dem Beginn der Prüfung kontrollieren		AV			
2.1	Arbeitsräume							
	Prüfen an dafür ungeeigneten Orten (Kapitel 9) Verwenden einer defekten elektrischen Installation des Kunden Betreiben eines Prüfgeräts ohne Fehler-	13	Prüfen nur an einem Prüfplatz nach DIN VDE 0104 oder unter Beachtung der Sicherheitsvorgaben dieser Norm		VEFK			
		6	Für ausreichende Beleuchtungsstärke des unmittelbaren Umgebungsbereiches sorgen (ASR A3.4)		AG			

	die ebenfalls nicht mit einem Fehlerstrom-schutzschalter (Differenznennstrom ≤ 30 mA) ausgestattet ist							
	Keine ausreichende Abgrenzung des Prüf-platzes	13	Am Prüfplatz muss mindestens eine ausreichende Grundfläche von nicht weniger als 8,00 m^2, mit einer freien unverstellten Fläche von mindestens 1,50 m^2 zur Verfügung stehen und die freie Bewegungsfläche soll an keiner Stelle weniger als 1,00 m breit sein. Der Prüfer muss die Annäherung durch Person sehen und verhindern können. Ggf. sind mobile Absperrungen zu verwenden		AV			
		6	Mobile Prüfplätze dürfen nicht in Flucht- und Rettungswegen erreichtet werden.		AV			
	3. Arbeitsräume, Büroräume, Prüfplatz zeitweilig und ortsfest (Bild 9.2)	13	Prüfgerät mit Schutzeinrichtungen nach 1 [2.8] und/oder PRCD-S (Bild 9.4), optimal mit mobile Abgrenzung, Isoliermatte		AV			
	4. Einsatzort des zu prüfenden Geräts, Prüfplatz kurzzeitig und mobil	13	Prüfaufbau nach Bild 9.3, Prüfgerät mit Schutzeinrichtungen nach [2.8] und/oder PRCD-S (Bild 9.4)		AV			
	Vorführplatz im Laden-geschäft o. ä.	13	Es erfolgt keine Prüfung, sondern eine Vorführung der elektrischen Geräte ohne oder mit solchen Demonstrationseinrichtungen, die einen zwangsläufigen Berührungsschutz aufweisen, Anschluss immer über Fehlerstromschutz-schalter ($I_{\Delta N} \leq 30$ mA)		AV			

Nr.	Mögliche Gefährdungen/ Belastungen	Risikozahl (RZ) ohne Maßnahme	Schutzziele/Maßnahmen	Realisierung		Wirksamkeit		RZ nach Maßnahme
				bis wann	wer	wirksam/ Datum	wer	
5.1	Elektrischer Strom – Grundsätze							
	Defekte Anlagenteile/ Fehlhandlungen Körperdurchströmung mit Herzkammerflimmern	15	Beschäftigte anweisen (Betriebsanweisung), die Rangfolge der Schutzmaßnahmen zu beachten: (Substitution) Wenn möglich: 1. Freischalten 2. Abdecken, Abschranken 3. Schutz durch Abstand		AV			
		16	Prüfen nur mit Prüfmitteln nach DIN VDE 0404 oder 0413, Verwenden von Prüfhilfsmitteln nur dann, wenn sie von der verantwortlichen Elektrofachkraft freigegeben wurden		AV			
		16	Keine Messungen an den die Netzspannung führenden Geräten durchführen, nachdem Abdeckungen usw. abgenommen wurden (Arbeiten in der Nähe unter Spannung stehender Teile)		AV			
	Verschleppen der Prüfspannung über zufällige Verbindungen der Messleitungen mit fremden Systemen	16	PRCD-S zur Spannungsversorgung des Messmittels vorschalten		AV			
		16	Steckbuchsen und Mess- und Verbindungsleitungen müssen einen vollständigen Berührungsschutz haben. (doppelte Fehlersicherheit)		VEFK			
		15	Messleitung von Nutzung einer Inaugenscheinnahme unterziehen		AV			
		13	Für sicheren Standort sorgen, ausreichende Bewegungsfreiheit und Beleuchtung sicher-		AV			

	Unnötige Teile mit Erdpotential im Handbereich	15	Bei Prüfungen mit Netzspannung sollten möglichst keine Teile mit Erdpotential im Bereich des Prüflings und des Prüfers vorhanden sein					
		15	Im Bereich des Prüflings keine nicht benötigten Prüfmittel, Gegenstände, Werkzeuge aufbewahren		AV			
5.2	Gefährliche Körperströme							
	Berühren oder Überbrücken aktiver Teile bei Bedienvorgängen/Tätigkeiten Körperdurchströmung mit Herzkammerflimmern	16	PRCD-S zur Spannungsversorgung des Messmittels vorschalten		AV			
5.3	Lichtbögen							
	Fehlhandlungen/Defekte Anlagenteile Verbrennungen	9	Bei Tätigkeiten unter Spannung oder in der Nähe von unter Spannung stehenden Teilen, ohne Störlichtbogenschutz durch die Konstruktion, Anordnung und Beschaffung der Anlage/Betriebsmittel ist als PSA eine Elektriker Arbeitskleidung mit mind. 220 g/m^2 bei Stromkreise bis einschl. 16 A und Ik < 4 kA erforderlich. An energiereicheren Arbeitsorten und bei größeren Sicherungen als 16 A ist die PSA gegen Störlichtbogen (PSAgS) entsprechend der Anlagenkennzeichnung zu tragen		AV/ VEFK			
		9	Schutzabstand vom Spannungsführendem Teil zum Kopf mindestens 0,5 m. Bei Unterschreitung ist mind. eine Schutzbrille, ggf. PSAgS zu tragen		AV			
	Unter Spannung stehende Teile bei der Berührungsstrommessung	9	Messsonde mit 2 kΩ Widerstand in der Messeitung verwenden		AV			

Nr.	Mögliche Gefährdungen/ Belastungen	Risikozahl (RZ) ohne Maßnahme	Schutzziele/Maßnahmen	Realisierung		Wirksamkeit		RZ nach Maßnahme
				bis wann	wer	wirksam/ Datum	wer	
9.8	Kontakt mit heißen oder kalten Medien							
	Ungewolltes Anlaufen/ Heizen usw. beim Einschalten des Prüfgeräts/ Prüflings zur Schutzleiterstrom- oder zur Berührungsstrommessung	6	Prüfer entsprechend der zu prüfenden Arbeitsmittel qualifizieren.		VEFK			
		6	Prüfling auf eine nicht berennbare Unterlage stellen		AV			
10.1	Über-/Unterforderung							
	Ungenügende Kompetenz (Befähigung), Überheblichkeit, Leichtsinn	13	Prüfer entsprechend der zu prüfenden Arbeitsmittel qualifizieren.		VEFK			
	Nachlässigkeit und damit Fahrlässigkeit unzureichende Prüfvorbereitung (Kapitel 8)	13	Regelmäßige Kontrollen der Maßnahmen durchführen		VEFK			

Übersicht der berücksichtigten Gefährdungsfaktoren	
1 Grundlegende organisatorische Faktoren	1.1 Arbeitsplatzbez. Unterweisung 1.2 Arbeitsplatzbez. Betriebsanweisung 1.3 Koordinieren von Arbeiten 1.4 Gefährliche Arbeiten 1.5 Benutzen persönlicher Schutzausrüstungen 1.6 Erste-Hilfe-Systeme 1.7 Alarm- und Rettungsmaßnahmen 1.8 Hygiene 1.9 Arbeitsschutzorganisationen 1.10 Allg. Kommunikation 1.11 Prüfpflichten von Arbeitsmitteln 1.12 Beschäftigungsbeschränkungen
2 Gefährdung durch Arbeitsplatzgestaltung	2.1 Arbeitsräume 2.2 Verkehrswege 2.3 Sturz auf der Ebene, Ausrutschen, Stolpern, Umknicken, Fehltreten 2.4 Absturz 2.5 Behälter und enge Räume 2.6 Arbeiten am Wasser
3 Gefährdung durch ergonomische Faktoren	3.1 Schwere körperliche Arbeit 3.2 Einseitig belastende körperliche Arbeit 3.3 Beleuchtung 3.4 Klima 3.5 Informationsaufnahme 3.6 Wahrnehmungsumfang 3.7 Erschwerte Handhabbarkeit von Arbeitsmitteln 3.8 Steharbeitsplätze 3.9 Bildschirmarbeitsplätze
4 Mechanische Gefährdung	4.1 Ungeschützte bewegte Maschinenteile 4.2 Teile mit gefährlichen Oberflächen 4.3 Transportmittel 4.4 Unkontrolliert bewegte Teile
5 Elektrische Gefährdung	5.1 Grundsätze 5.2 Gefährliche Körperströme 5.3 Lichtbögen
6 Gefährdung durch Stoffe	6.1 Gesundheitsschädigende Wirkung von Gasen, Dämpfen, Aerosolen, Stäuben, flüssigen und festen Stoffen 6.2 Hautbelastungen 6.3 Sonstige Einwirkungen (Gerüche/Sauerstoffmangel)
7 Gefährdung durch Brände/Explosionen	7.1 Brandgefahr durch Feststoffe, Flüssigkeiten, Gase 7.2 Gefahren durch explosionsfähige Atmosphäre 7.3 Thermische Explosionen (durchgehende Reaktionen) 7.4 Physikalische Explosionen (z. B. durch heiße Metallschmelzen und Wasser) 7.5 Explosivstoffe (Sprengstoffe) 7.6 Sonstige explosionsgefährliche Stoffe (z. B. Peroxide)

9

8 Biologische Gefährdung	8.1 Gezielte Tätigkeiten 8.2 Nicht gezielte Tätigkeiten
9 Gefährdung durch spezielle physikalische Einwirkungen	9.1 Lärm 9.2 Ultraschall 9.3 Ganzkörperschwingungen 9.4 Hand-Arm-Schwingungen 9.5 Nicht ionisierende Strahlung 9.6 Ionisierende Strahlung 9.7 Elektromagnetische Felder 9.8 Kontakt mit heißen oder kalten Medien 9.9 Elektrostatik 9.10 Überdruck
10 Psychische Belastungsfaktoren	10.1 Über-/Unterforderung 10.2 Handlungsspielraum, Verantwortung 10.3 Sozialbedingungen 10.4 Arbeitszeitregelungen 10.5 Alkohol- und Drogenmissbrauch
11 Sonstige Gefährdungs- und Belastungsfaktoren	11.1 Außendiensttätigkeit 11.2 Menschen 11.3 Tiere 11.4 Pflanzen

Tafel 9.4 Gefährdungsbeurteilung, Beispiele für die beim Prüfen elektrischer Geräte möglicherweise auftretenden Gefährdungen und der Maßnahmen zu deren Abwehr [1.3], die bei der Gefährdungsbeurteilung zu bedenken sind. Anmerkung: Eine Ergänzung/Anpassung an die konkreten Bedingungen der jeweiligen Prüfung und des jeweiligen Prüforts ist erforderlich.

10 Dokumentation der Prüfung

Das Dokumentieren sollte keinesfalls als lästige gesetzliche Pflicht empfunden werden. Es liegt auch im Interesse des Auftraggebers, des Prüfers und auch des prüfenden Elektrofachbetriebs, die Vorteile einer Dokumentation zu erkennen und bewusst zu nutzen.

10.1 Notwendigkeit der Dokumentation

Durch die Betriebssicherheitsverordnung (BetrSichV) wird der Arbeitgeber (Unternehmer, und Betreiber) nicht nur zur Prüfung seiner elektrischen Geräte (Arbeitsmittel), sondern auch zum Dokumentieren *„... der Ergebnisse der Prüfungen ...“* und zum Aufbewahren dieser Aufzeichnungen *„... über einen angemessenen Zeitraum ..., mindestens bis zur nächsten Prüfung“* [1.2] verpflichtet. Dies wurde in Kapitel 3 bereits erläutert. In den Normen wird dem Prüfer *„... empfohlen, die Prüfung in geeigneter Form zu dokumentieren und die Messergebnisse aufzuzeichnen.“* [2.28]

10

Weitergehend wird in der Technischen Regel zur BetrSichV TRBS 1201 [2.34] dazu ausgesagt, dass der Arbeitgeber (Unternehmer, Betreiber) in eigener Verantwortung festzulegen hat, wie und in welchem Umfang zu dokumentieren ist. Die Dokumentation muss *„der Art und dem Umfang der Prüfung angemessen sein“*. Im Einzelnen soll sie enthalten:

- Datum der Prüfung,
- Art der Prüfung, Prüfgrundlage (z. B. Prüf. nach BetrSichV und DIN VDE 0701-0702),
- Teile, die geprüft und Eigenschaften, die nachgewiesen wurden; nach einer Instandsetzung auch Angabe der Teile, die ersetzt wurden,
- Ergebnis der Prüfung,
- Bewertung der Mängel und eine Aussage zum Weiterbetrieb des Geräts,
- Name des Prüfers.

Die neue BetrSichV schreibt als Grundanforderung auch weiterhin die in der TRBS genannten Mindestanforderungen an die Dokumentation vor.
Sollte der Arbeitgeber entgegen dieser Forderung darauf verzichten die Prüfungen zu dokumentieren oder sich vom prüfenden Betrieb/Prüfdienstleister die Dokumentation der Prüfung übergeben zu lassen, so fehlt ihm die Möglichkeit überzeugend nach-

zuweisen, dass seine Geräte ordnungsgemäß geprüft wurden und im Sinne der BetrSichV als sicher anzusehen sind. Er muss damit rechnen, dass dies gemäß §§ 22 und 23 der BetrSichV geahndet wird, obwohl ordnungsgemäß geprüft wurde.

Dies gilt ebenso für einen Elektrofachbetrieb oder einen Prüfdienstleister, der mit dem Prüfen der elektrischen Geräte eines Unternehmens beauftragt wurde.
Mit der Übernahme des Auftrags zur Prüfung gemäß BetrSichV sind auch sie verpflichtet, die Ergebnisse ihrer Prüfung zu dokumentieren. Dabei ist das Ergebnis lediglich die Aussage „bestanden" oder „nicht bestanden".

Der Betreiber der zu prüfenden Geräte, der Unternehmer und seine vEFK können unter Berücksichtigung der Mindestanforderungen selbst über Art und Umfang der Prüfdokumentation und somit über den Aufwand entscheiden, den sie aufzubringen haben.

Selbst wenn ein Auftraggeber ausdrücklich auf die Übergabe einer Dokumentation verzichtet (F 10.1, F 10.10), wird der für die Prüfung Verantwortliche im Schadensfall den Beweis für das ordnungsgemäße Durchführen der Prüfung zu erbringen haben.

Arbeitsschritt	**Zielstellung, Ergebnis**	**Bemerkung**
1. Identifizieren des Prüflings	Zuordnung der Daten der Prüfung zum Prüfling und ein Vergleich mit früheren Prüfergebnissen werden möglich.	F 10.1
2. Registrieren des Prüfergebnisses in einer elektronischen Datei oder auf dem Prüfbericht	rechtlich wirksame Bestätigung der Prüfung; Übernahme der Verantwortung für die Freigabe durch den Prüfer	F 10.1 Bild 8.3 Bild 10.2
3. Kennzeichnen des Prüflings	rechtlich wirksame Bestätigung der Prüfung; Übernahme der Verantwortung für die Freigabe durch den Prüfer; Information des Benutzers über den Zustand des Geräts hinsichtlich der Sicherheit; Zuordnung des Geräts zur Dokumentation der Prüfung	Bild 10.1 F 10.1 F 10.8
4. Festlegen/Vorschlagen des nächsten Prüftermins	Gewährleisten der regelmäßigen und rechtzeitigen Prüfung und damit der Benutzersicherheit	F 5.19 F 5.20
5. Archivieren der Prüfergebnisse	Nachweis der durchgeführten Prüfung	Abschnitt 10.1
6. Aktualisieren der Unterlagen des Prüfers	Möglichkeit des Vergleich der Messwerte/des Zustands des Geräts zu verschiedenen Zeitpunkten mit denen gleicher Geräte	F 10.3

Tafel 10.1 Arbeitsschritte des Dokumentierens

Rechtliche Gründe
▮ Handeln in Übereinstimmung mit den gesetzlichen Vorgaben, ▮ Nachweis der vorhandenen Sicherheit gemäß den technischen Regeln, ▮ Möglichkeit für den Auftraggeber der Prüfung, das Erfüllen der Vorgaben der BetrSichV gegenüber der Gewerbeaufsicht usw. nachzuweisen, ▮ Nachweis der getanen Arbeit gegenüber dem Auftraggeber, ▮ Kontrolle der ordnungsgemäßen Durchführung der Prüfung durch die eigenen Mitarbeiter, ▮ gute Ausgangsposition bei eventuellen Kontrollen/Schadensfällen, ▮ gutes Gewissen und Bestätigung der Richtigkeit der eigenen Arbeit.
Technische Gründe
▮ Anwenden der vorgegebenen/anerkannten Prüfverfahren (Checkliste) und Bewertungsmaßstäben entsprechend dem technischen Stand, ▮ Möglichkeit zum Vergleich der Ergebnisse mit denen vorangegangener Prüfungen/Messungen, ▮ mehr Sicherheit für den Kunden durch Hinweise auf sein nötiges sicherheitsgerechtes Verhalten in der Kundeninformation (Bild 10.2 c), ▮ Möglichkeit der statistischen Erfassung der Ausfälle, Reparaturen, ▮ Möglichkeit des Aufbaus bzw. der Aktualisierung der Inventarliste (z. B. Arbeitsmitteldatenblatt nach BetrSichV), ▮ Nutzung der Prüforganisation (bei elektronischer Erfassung) auch für andere Arbeitsmittel (Leitern, Schutzausrüstungen, Messmittel), ▮ Sammeln von Prüferfahrungen und damit wachsende Kompetenz des Prüfers; Prüffehler werden unwahrscheinlicher.
Geschäftliche Gründe
▮ guter Eindruck auf den Auftraggeber (Kompetenz, Sorgfalt, Gewissenhaftigkeit), der Kunde sieht, dass er ernst genommen wird, ▮ übersichtliche Organisation der Arbeit im eigenen Betrieb, ▮ Registratur der Informationen über mögliche weitere Aufträge, ▮ einheitliche, rationelle Verfahrensweise aller Prüfer bei allen Prüfungen.

Tafel 10.2 Nutzen einer ordnungsgemäßen Prüfdokumentation (Bilder 10.1 und 10.2)

Um dem unproduktiven Dokumentieren möglichst wenig Prüfzeit widmen zu müssen, sollten folgende Regeln beachtet werden:

- Es muss nachgewiesen werden können, dass ein bestimmtes d. h. das jeweils zur Diskussion stehende Gerät geprüft wurde.
- Das exakte Aufschreiben von allen Messwerten ist nicht immer sinnvoll.
- Messwerte und andere Prüfergebnisse sind allerdings dann wichtig, wenn
  - ein besonderer Sachverhalt (eingeschränkte Sicherheit, Freigabe trotz nicht eingehaltener Grenzwerte, ungewöhnliche Istwerte u. Ä.) bewiesen oder begründet werden soll,
  - ein Messwert bei den dann folgenden Prüfungen zum Vergleich mit dem aktuellen Messwert benötigt wird.

Damit wird deutlich: Je kompetenter der Prüfer seine Prüfergebnisse vertreten kann, umso weniger Aufwand wird er für das Dokumentieren aufzuwenden haben (Tafel 10.2).

Besonders wenn keine elektronische Messwerterfassung und Dokumentation zum Einsatz kommt, ist es ein Weg, dass nur auffällig abweichende Messwerte, die der befähigten Person auffallen, dokumentiert werden.
Die Pflicht des Prüfers zum Dokumentieren besteht auch, wenn er Geräte oder andere elektrische Erzeugnisse von Privatpersonen prüft.

10.2 Inhalt der Dokumentation

Das Anfertigen und Übergeben der Dokumentation an den Auftraggeber ist ein fester Bestandteil der Prüfung.

Ohne diese Dokumentation, d. h. ohne eine eindeutige Angabe über das Ergebnis der Prüfung, ist das betreffende Gerät praktisch nicht geprüft worden.

Da der Anwender dann nicht informiert wurde und somit nicht weiß, ob er das Gerät gefahrlos benutzen kann, hat der Prüfer seinen Arbeitsauftrag nicht erfüllt.

Aus der Dokumentation sollte zu ersehen sein:

- Angaben (Messwerte, Erläuterungen, Besonderheiten der Prüfungen usw.) sind zu dokumentieren, wenn sie zum Verständnis der Entscheidung über das Gerät und/oder zur Information des Betreibers/Anwenders hinsichtlich des Umgangs mit dem Gerät (Einsatzort, Einsatzart/-beschränkung, Wartung) benötigt werden.
- Zu dokumentieren ist auch der vom Prüfer vorgeschlagene Termin der nächsten Wiederholungsprüfung (Kapitel 5).
- Der Unternehmer muss außerdem dafür sorgen, dass sich seine Mitarbeiter vor dem Anwenden eines elektrischen Geräts von dessen ordnungsgemäßem Zustand – d. h. von der zeitgerecht durchgeführten und bestandenen Prüfung – überzeugen können.
- Der **Auftragnehmer** (Prüfer) hat außerdem sicherzustellen, dass eine eindeutige Zuordnung der geprüften Geräte zur Dokumentation und damit zu den Daten (Prüfer, Prüfgerät, Prüfergebnis usw.) möglich ist.

Beides wird durch die Kennzeichnung der Geräte mit z. B. einer Prüfmarke (Bild 10.1) und durch eine geeignete Gestaltung der Dokumentation (Bild 10.2 a/b) ermöglicht. Die Prüfmarke gehört somit auch zur Dokumentation der Prüfung, ist allein jedoch kein ausreichender Nachweis der Prüfung.

In welcher Form die Informationen über die Prüfergebnisse aufzuführen sind, können der Arbeitgeber bzw. sein verantwortlicher Prüfer entscheiden bzw. kann dies zwischen dem Auftraggeber und dem beauftragten Elektrofachbetrieb oder dem Prüfdienstleister vereinbart werden. Lediglich für z. B. medizinische Geräte, Geräte mit Explosionsschutz, Schweißgeräte oder ähnliche spezielle Geräte bestehen genaue, detaillierte gesetzliche Vorgaben oder Festlegungen des Herstellers über die zu dokumentierenden Prüfergebnisse.

Es ist natürlich zu empfehlen, dass der Prüfer immer die Wünsche bzw. Vorgaben des Unternehmers/Auftraggebers berücksichtigt. Zu bedenken ist ja auch, dass ein Unternehmer/Auftraggeber die Dokumentation gegebenenfalls benötigt, um die erfolgte Prüfung gegenüber einer kontrollierenden Institution nachzuweisen. Bei der Entscheidung über Art und Inhalt der Dokumentation ist grundsätzlich zu bedenken: Sie erfüllt ihren eigentlichen Zweck nur dann, wenn sie auch **„gerichtsfest“** ist, d. h. wenn der verantwortliche Prüfer mit ihr in der Hand für ein bestimmtes Gerät (Erzeugnis) begründen kann, dass er ordnungsgemäß geprüft hat (F 10.4).

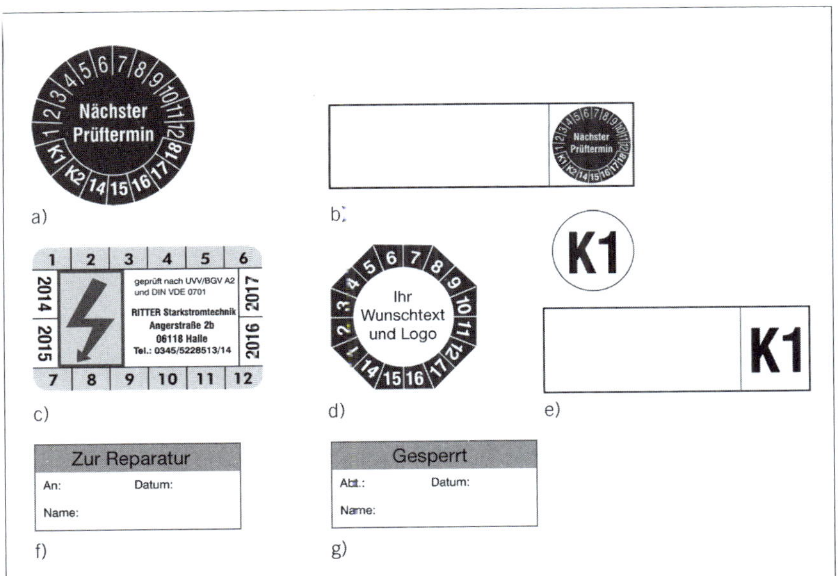

Bild 10.1 Kennzeichnung der geprüften Geräte
Darstellung der Kennzeichnung (Prüfmarken) von elektrischen Anlagen oder Geräten, deren Prüfung erfolgreich abgeschlossen wurde, mit Angabe des Termins der nächsten Wiederholungsprüfung :

- a) firmenneutrale Prüfplakette für einen Verteiler, ein Gerät
- b) firmenneutrale Prüfkennzeichnung für Leitungen/Kabel
- c, d) Prüfkennzeichnung mit Firmenanschrift (Stempel oder Eindruck) für Verteiler/Großgeräte
- e) Kennzeichnung der Einsatzkategorie für ortsveränderliche Geräte/Leitungen
- f, g) Beispiele für die Kennzeichnung von Betriebsmitteln nach nicht bestandener Prüfung

Zum Beweisen der ordnungsgemäßen Prüfung gegenüber einem Richter oder einem Sachverständigen wird es keinesfalls ausreichen, wenn

- nur die Bestätigung für den erledigten Prüfauftrag vorgelegt werden kann und/oder
- der Prüfer nicht kompetent genug ist, um anhand der Dokumentation sachgerecht und überzeugend zu argumentieren.

Für spezielle Erzeugnisse, z. B. für medizinische elektrische Geräte, können auch vom Hersteller vorgegebene oder vom Betreiber festgelegte erzeugnisspezifische Mess-/Prüfprotokolle erforderlich sein.

10.3 Formen der Dokumentation

In Tafel 10.3 sind die prinzipiellen Möglichkeiten des Dokumentierens der Wiederholungsprüfungen aufgeführt. Welche davon im Einzelfall sinnvoll ist, hängt von der betrieblichen Organisation, den verwendeten Prüfgeräten, der gewünschten Auswertung der Prüfergebnisse und den Ansichten/Anforderungen/Wünschen des Auftraggebers ab.

Varianten der Dokumentation	**Aktivitäten des Auftragnehmers/Prüfers**	
Nr. Art	**Information des Auftraggebers**	**Archivierung des Prüfergebnisses**
1. Durchführung der Prüfung wird in der Prüfdokumentation nach Bild 10.2 bestätigt	Anbringen der Prüfmarke und Übergabe der Prüfdokumentation nach Bild 10.2	Kopie der Prüfdokumentation nach Bild 10.2
1.a mit allen Messwerten oder mit Angabe „ok“	wie vor	wie vor
1.b Angabe „i. O.“ je Gerät	wie vor	wie vor
2. Messdaten je Gerät werden im Prüfgerät/PC gespeichert.	Anbringen der Prüfmarke und Ausdruck der Dokumentation, gemäß der jeweiligen Software	Speichern im PC gemäß der jeweiligen Software, Ausdruck
3. Anwenden einer eigenen Dokumentation	Anbringen der Prüfmarke; Ausdruck/Kopie der Dokumentation	Ausdruck oder Original der Dokumentation

Tafel 10.3 Grundsätzliche Möglichkeiten (Varianten) der Dokumentation einer Prüfung

Es lohnt sich bestimmt auch hier, über die im jeweiligen Fall günstigste Variante nachzudenken.

Im Folgenden werden die einzelnen Elemente des Dokumentierens erläutert.

10.3.1 Zur Prüfmarke

Eine ordnungsgemäße Dokumentation muss auch gewährleisten, dass der oder die meist nicht fachkundigen und gegebenenfalls fremdsprachigen Anwender/Benutzer erkennen können, ob das ihnen übergebene Gerät den Sicherheitsanforderungen genügt, d. h. ob es ordnungsgemäß und fristgerecht geprüft wurde.

Es muss auf der Prüfmarke erkennbar sein, in welchem Monat und Jahr die nächste Prüfung spätestens erfolgen muss. Dazu können z. B. Prüfmarken wie in Bild 10.1 verwendet werden. Bei komplexeren Geräten, bei denen mehrere Prüfer verschiedene Prüfungen vornehmen, muss erkennbar ein, was geprüft wurde. So könnte es sinnvoll sein, dass die Prüfmarke zusätzlich zu „nächster Prüftermin" auch den Hinweis auf „E-Prüfung" oder ähnliches enthält. Ob ein Hinweis enthalten sein soll, auf welcher Grundlage geprüft wurde, muss abgestimmt werden. Die Aussage „geprüft nach BetrSichV" muss ggf. konkretisiert werden, denn nach BetrSichV wird auch die mechanische Sicherheit geprüft. Die Kennzeichnung

- sollte erkennen lassen, wer die Prüfung vorgenommen und den nächsten Prüftermin festgelegt hat (F 10.8),
- muss so widerstandsfähig sein, dass alle Angaben im Zeitraum bis zur nächsten Prüfung lesbar sind, und
- darf nicht zerstörungsfrei abgelöst werden können.

10.3.2 Zur handschriftlichen Dokumentation

Ein Elektrofachbetrieb, der nur hin und wieder elektrische Geräte prüft, sollte zum Dokumentieren die in den **Bildern 10.2** und **10.3** vorgestellten oder ähnliche Vordrucke verwenden. Sie sind wie eine Checkliste verwendbar und auch eine gute Anleitung zum Durchführen der Prüfung. Mit ihnen ist es möglich, den Prüfablauf zu organisieren und Erfahrungen zu sammeln.

Zur Einarbeitung in die Geräteprüfung ist es zweckmäßig, zunächst alles „per Hand" anzufertigen. Nur wer schon über einige Erfahrungen im Prüfen und Dokumentieren „per Hand" verfügt, kann dann verstehen, wie es mithilfe einer firmenspezifischen Software vom Prüfgerät und dem PC Schritt für Schritt elektronisch gesteuert wird. Die Ergebnisse des Besichtigens müssen nicht in Form eines umfangreichen, alle einzelnen Prüfschritte (Tafel 6.2) umfassenden Arbeitsablaufs angegeben (abgehakt) werden. Dass der Prüfer – die zum Prüfen befähigte Person (Kapitel 3) – mit seinem „o. k.", d. h. mit der Angabe „Die Besichtigung des Geräts ist positiv abgeschlossen worden" alle sichtbaren Teile des Geräts erfasst, kann anhand einer generellen Checkliste zur Sichtprüfung sichergestellt werden.

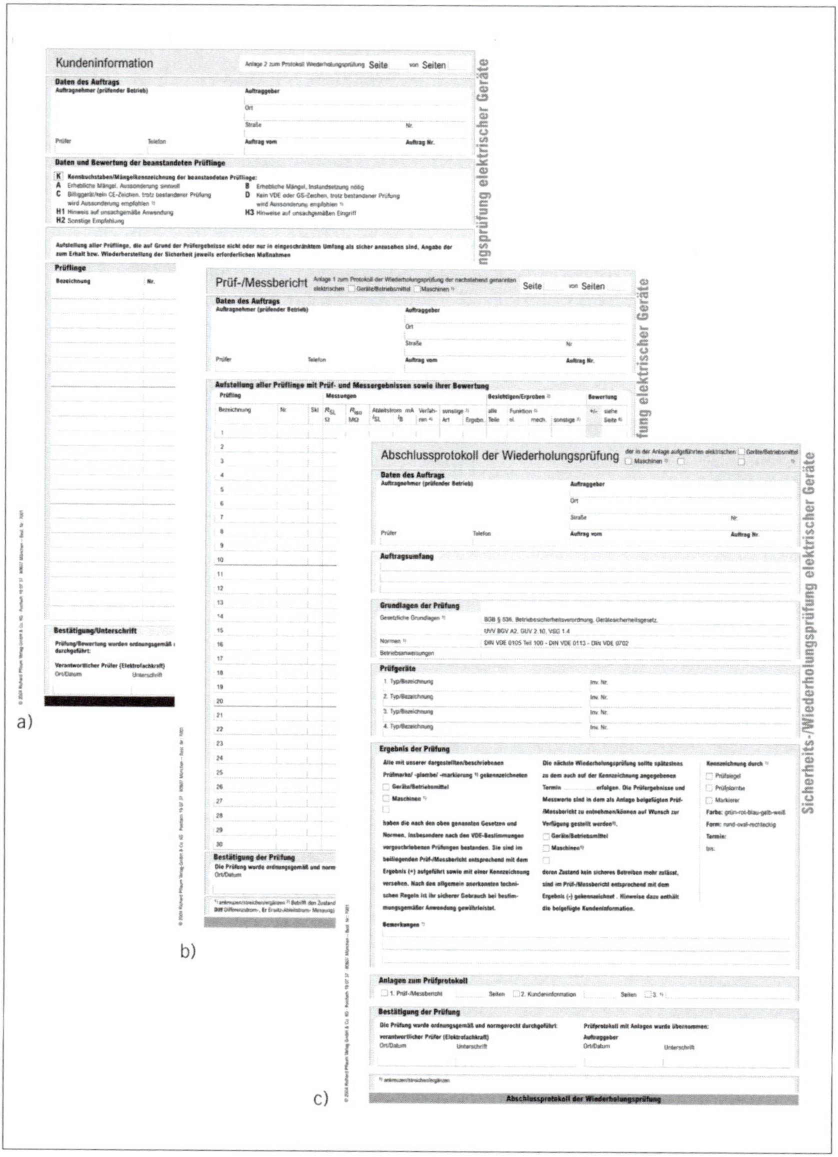

Bild 10.2 Vordrucke der Dokumentation einer Wiederholungsprüfung elektrischer Geräte (Pflaum-Verlag, München)

a) Kundeninformation mit ergänzenden Prüfergebnissen und Hinweisen für den Auftraggeber/Betreiber (Anlage zum Protokoll)

b) Prüf-/Messbericht mit Messergebnissen für jedes einzelne Gerät (Anlage zum Protokoll)

c) Protokoll

Dokumentation der Prüfung instandgesetzter elektrischer Geräte

Auftragnehmer (prüfender Betrieb)

Gerät übernommen durch:

Auftraggeber

Ort

Straße | Nr.

Auftrag vom | **Auftrag Nr.**

Angaben zum Gerät

Art | Typ/Bezeichnung | Hersteller

U_N V, AC/DC - DS/WS [1] | P_N kW

CE-Zeichen ☐ ja ☐ nein | VDE-Zeichen ☐ ja ☐ nein | GS-Zeichen ☐ ja ☐ nein | Schutzklasse I II III | Schutzart IP

Zustand bei Übernahme

Angaben des Kunden zum Fehler/Schaden

Instandsetzung/Prüfung nach: DIN VDE 0700 Teile 1 und , DIN VDE 0750, [1]
DIN VDE 0701 Teile 1 und , DIN VDE 0751 , DIN VDE [1]

Instandsetzung

Befund

Art/Umfang der Instandsetzung/Änderung

Originalzustand verändert? ☐ ja ☐ nein wie?

Ersetzte Teile

Bemerkung

Prüfung: Besichtigen und Erproben [3]

Mechanische Schutzvorrichtungen	Abdeckungen, Gehäuse	Belüftung Filter
Leitung, Einführung, Stecker	Einbauteile	Aufschriften
Zugentlastung, Biegeschutz	Verschleißteile	Anschlussstellen
Schalter, Regler, Taster	Schutzeinrichtungen	
		Insgesamt [3]

Prüfung: Messen [3]

Schutzleiterwiderstand , , , Ω | I_P = A, U_P = V

Isolationswiderstand , , , MΩ | U_P = V

Hochspannungsprüfung, kein Überschlag/Durchschlag | U_P = V, s

Schutzleiterstrom / Erdableitstrom Verfahren [2] mA
Berührungsstrom / Gehäuseableitstrom Verfahren [2] mA
/ Geräteableitstrom Verfahren [2] mA
/ Patientenableitstrom Verfahren [2] mA

Auch nach Umpolen und in allen Schaltstellungen gemessen [3]
Bei med. elektrischen Geräten ist Vergleich mit Erstprüfung erfolgt [3]

Insgesamt [3]

Sonstige Prüfungen

Betriebsstrom: A

Funktionen: Leerlauf/Teil-/Volllast [1] | Steuerung | Schutzeinrichtungen

Beschaltung (EMV) | Steckdosenausgang | Temperaturregler °C

Kleinsp. (SELV/PELV): V, R_{iso} Ausgang/Gehäuse MΩ, Ausgang/Eingang MΩ

Insgesamt [3]

Prüfgeräte 1. Typ Inv. Nr. 2. Typ Inv. Nr.

Ergebnis der Instandsetzung/Prüfung

Die Instandsetzung wurde ordnungsgemäß (konnte nicht) vorgenommen (werden), das Gerät ist (nicht) funktionsfähig und bei bestimmungsgemäßem Gebrauch für seinen Benutzer (nicht) sicher [1]. Eine Prüfmarke/Zustandskennzeichnung [1] wurde angebracht, nächste Prüfung am

Bemerkung/Empfehlung [1]

Verantwortlicher Prüfer (Elektrofachkraft)
Ort/Datum Unterschrift

Auftraggeber (Gerät und Dokumentation/Prüfprotokoll erhalten)
Ort/Datum Unterschrift

[1] ankreuzen/streichen/ergänzen [2] angeben: dir direkte, Diff Differenzstrom, Er Ersatz-Ableitstrom-Messung [3] Prüfergebnis angeben: positive Prüfung ☐+ negative Prüfung ☐-

Dokumentation der Prüfung instandgesetzter elektrischer Geräte

Sicherheitsprüfung nach Instandsetzung elektrischer Geräte

Bild 10.3 Vordruck der Dokumentation der Prüfung nach der Instandsetzung eines elektrischen Geräts (Pflaum Verlag)

Ob die anderen Ergebnisse der einzelnen Prüfungen (Mess- bzw. Erprobungswerte) als Zahlenwerte oder verbal, z. B. als „o. k.", eingetragen werden, kann die vEFK entsprechend entscheiden. Es muss jedoch für ihn und auch für andere fachkundige Betrachter in jedem Fall klar zu erkennen sein, warum er aufgrund der betreffenden Angabe eine positive oder negative Aussage über den Prüfling bzw. den Prüfgang getroffen hat. Dabei ist auch zu beachten:

- Nicht genutzte Felder der jeweils ausgefüllten Zeilen sollten deutlich gestrichen werden, um klar zum Ausdruck zu bringen, dass dieser Prüf-/Messschritt nicht erfolgt ist.
- Werden zum Darstellen der Entscheidung eigene Symbole benutzt, z. B. ein Häkchen, so ist deren Bedeutung auf dem betreffenden Formular anzugeben.
- Zahlenwerte sollten genauso angeben werden, wie sie auf dem Display des Prüfgeräts angezeigt werden (F 10.5).

Messwerte, die eine eindeutige positive Entscheidung für den Prüfling zum Ausdruck bringen, sind z. B. für

die Ableitströme:	0 mA
den Isolationswiderstand:	$> 30\,M\Omega$ oder > Messbereichsendwert
den Schutzleiterwiderstand:	$< 0{,}1\,\Omega$

Alle anderen Angaben sind für den über die Zusammenhänge nicht informierten Betrachter nicht eindeutig und somit erklärungsbedürftig. Ihr Vergleich mit dem Grenzwert und/oder dem üblichen Wert (Kapitel 6) kann ja zu einer negativen oder positiven Bewertung durch den Prüfer führen. Wird ein Grenzwert zwar eingehalten, der „übliche" Wert jedoch nicht erreicht, so ist immer die Ursache der Abweichung zu klären, um gegebenenfalls in der Dokumentation erläutern zu können, warum eine positive/negative Beurteilung erfolgte.
In jedem Fall ist zu beachten, dass die Messwerte und die dazu erforderlichen Informationen auf möglichst rationelle Weise, eindeutig und übersichtlich zur Verfügung gestellt werden. Es darf nicht sein, dass mehr Zeit zum Dokumentieren als zum Prüfen benötigt wird.

Bei allen Diskussionen über das Dokumentieren der Messwerte ist immer zu bedenken:

- Alle Messwerte sind eine Momentaufnahme.
- Es ist kaum möglich, die Messungen und die Messwerte zu reproduzieren. Die Messbedingungen (Messgerät, Prüfling, Umweltbedingungen, Kontaktzustände usw.) sind bei jeder zu einem späteren Zeitpunkt erfolgenden Messung nicht mehr die gleichen. Insofern ist es ausreichend, wenn das Einhalten der Normenvorgaben durch einen kompetenten Prüfer z. B. mit „i. O." bestätigt wird.
- In der Norm [2.28] wird lediglich gefordert, nachzuweisen, dass die Grenzwerte nicht unter- bzw. nicht überschritten werden. Der Prüfer verhält sich daher normgerecht, wenn er bestätigt, dass der Messwert den Grenzwert nicht über- bzw. unterschreitet.

- Es kommt aber – und das ist bei der Entscheidung über das Ergebnis der Prüfung zu beachten – nicht nur darauf an, festzustellen, ob der Messwert über- oder unter dem Grenzwert liegt. Ebenso wichtig – oder eigentlich noch viel wichtiger – ist, dass der Prüfer erklären kann, wie der Messwert entstand und ob mit ihm ein ordnungsgemäßer Zustand des Prüflings beschrieben wird.
- Der Prüfer ist weisungsfrei [2.1] [2.31], seine Entscheidung über den Zustand des Geräts ist daher nicht anzuzweifeln. Nur die vEFK darf die Entscheidung auf seine Verantwortung korrigieren.

10.3.3 Zur elektronischen Dokumentation

Für den Inhalt und die Aussagen der elektronischen Dokumentation gelten die gleichen Grundsätze und Anforderungen, wie sie vorstehend aufgeführt wurden.
Der Prüfer sollte aber die von der Software vorgegebene Verfahrensweise des Dokumentierens eingehend und kritisch analysieren, um genau zu wissen, dass bzw. inwieweit er den Aussagen seines Prüfgeräts vertrauen kann. Das heißt, er muss den durch die Software vorgegebenen „Gedankenablauf" seines Prüfgeräts – d. h. des Entwicklers der Software – vollständig kennen und ihn unter Beachtung seiner Erfahrungen, die er mit dem „Prüfen per Hand" gewonnen hat, ausdrücklich billigen.
Eine kostenlose Software zu einem Prüfgerät garantiert noch lange nicht, dass diese auch ordnungsgemäß funktioniert und den Anforderungen des Gesetzgebers/Auftraggebers der Prüfungen genügt.

Recht neu ist die Möglichkeit, Prüfabläufe in der Software selbst zu gestalten und den jeweiligen Bedürfnissen anzupassen. Dies bedeutet jedoch, dass zum Prüfen auch immer ein Laptop zur Verfügung stehen muss. Diese Systeme lassen sich so weit ausbauen, dass automatisiert die Dokumentation abgelegt und z. B. an übergeordnete Systeme wie SAP übergeben werden.

Jedoch muss der Prüfer auch hier genau entscheiden, was benötigt wird. Zu vielen Prüfgeräten gibt es bereits kostenlose Softwares dazu, die im kleinen Rahmen oftmals auch ausreichend sind. Wenn mehrere Prüfer auf Datenbestände zugreifen sollen oder mehrere tausend Geräte jedes Jahr geprüft werden sollen, dann ist eine kostenpflichtige und flexible Softwarelösung sicherlich angebracht.

Da sich die Software und die kompatiblen Prüfgeräte sehr schnell weiterentwickeln, soll an dieser Stelle nicht im Detail darauf eingegangen werden.

Eine Variante der elektronischen Dokumentation zeigt Bild 8.1. Möglich ist es, mit der angebotenen Software auch Protokolle und Messwertlisten, ähnlich denen in den Bildern 10.2 und 10.3, auszudrucken. Aber auch bei diesen Ausdrucken ist kritisch zu kontrollieren, ob ihre Angaben ordnungsgemäß und ausreichend sind.

Mehrere Prüfgeräte (Bilder 7.6 a bis 7.6 n) verfügen neben dem Speicher auch über einen internen oder aufgesetzten Drucker, durch den die Messdaten als Ergänzung eines schriftlichen Protokolls oder zur Sofortinformation, z. B. des Auftraggebers, bereitgestellt werden können. Diese Daten können dann außerdem zum PC übertragen und verarbeitet werden.

Die elektronische Datenspeicherung (Bild 8.1) im PC ist zumindest dann empfehlenswert, wenn z. B.

- das Prüfen von elektrischen Geräten täglich erfolgt oder
- eine große Anzahl, d. h. mehr als 400 ... 500 Prüflinge (< 50, wenn bereits eine elektronische Betriebsorganisation vorhanden ist) des eigenen Unternehmens bzw. der Stammkunden, regelmäßig zu prüfen sind (Kapitel 8).

Über besondere Vorkommnisse, Defekte, Schwachstellen, nötige Aussonderungen usw. ist der Auftraggeber mit einer gesonderten Information – ähnlich wie in Bild 10.2 a dargestellt – zu unterrichten.

Sinnvoll ist es für jeder vEFK und jede befähigte Person, sich über die Möglichkeiten der elektronischen Datenspeicherung, die Art der auszudruckenden Dokumentation und weitere dem Rationalisieren dienende Feinheiten beim Hersteller zu informieren, dessen Prüfgeräte er verwendet oder verwenden will.
Dies sind z. B. die Kennzeichnung der elektrischen Geräte mit Barcode-Etiketten, die sich in der Warenwirtschaft bestens bewährt haben. Sie sind sehr preiswert und einfach herzustellen, die Lesegeräte (Bild 7.12) können in der Regel mehrere Codes lesen. Das System muss sich aber in die betriebliche EDV einfügen oder das Einrichten einer auf die Prüflinge und/oder die Kunden/Betriebsabteilungen bezogenen elektronischen Betriebsorganisation ermöglichen (Kapitel 8).

Folgende, mit dem Anwenden der elektronischen Datenverarbeitung verbundene Konsequenzen sind zu bedenken:

- Es ist zweckmäßig, mit dem Hersteller der Prüfgeräte/Software einen Wartungsvertrag abzuschließen, damit das System immer auf den Stand der Technik, die Normenvorgaben und andere aktuelle Erfordernisse gebracht wird. Diese Kosten belaufen sich auf 10 bis 20 % des Systempreises (pro Jahr) und liegen somit erheblich unter denen eines neuen Systems.
- Im Unternehmen muss ein mit den Prüfgeräten und dem „Gedankengang“ ihrer Software vertrauter Mitarbeiter als Ansprechpartner vorhanden sein. Er wird auch benötigt, um alle anderen Prüfer im Umgang mit den Prüfgeräten und der Software zu unterstützen.
- Im Fall eines Defekts der betrieblichen Hardware kann die Dokumentation verlorengehen. Daher müssen die Daten regelmäßig gesichert werden. Wenn z. B. täglich einige hundert Geräte oder Anlagen von mehreren Mitarbeitern geprüft werden, sollte die Sicherung jeden Tag erfolgen, weil ein Datenverlust in Anbetracht der dann nicht nachweisbaren Prüfungen einen erheblichen finanziellen

Verlust bringen kann. Dies kann sowohl auf einer CD als auch auf einem Sicherungslaufwerk des Firmenservers erfolgen.

- In Anbetracht der für die Dokumentation geltenden Aufbewahrungszeiträume von mehreren Jahren ist sicherzustellen, dass ebenso wie das passende Programm auch eine zuverlässige und langlebige Hardware zur Verfügung steht, da es heute nur mit großem Aufwand möglich ist, alte Programme (DOS, Windows 3.1) unter Windows 7 bzw. 8 weiterzuführen. In einem Verwaltungssystem abgelegte Prüfprotokolle können so am jeweiligen Verwendungsort papierfrei eingesehen werden.

Eine Dokumentation ausschließlich in MS Excel oder MS Word ist nicht ausreichend, da hier nicht nachvollziehbar ist, wer wann welche Änderungen vorgenommen hat. Diese Information ist nur möglich, wenn aus den Daten arbeitstäglich auch PDF-Dokumente erzeugt werden. Dann wäre eine Veränderung nur „vorsätzlich" möglich.

Nähere Angaben zur elektronischen Dokumentation sind der einschlägigen Literatur [3.6] [3.17] zu entnehmen.

Verantwortung und Aufgaben – Dokumentation der Prüfung

Person, Funktion, Befähigung	Arbeitsaufgaben
Unternehmer	Beauftragen der befähigten Personen (bP)/ verantwortlichen Elektrofachkräften (vEFK) mit dem Dokumentieren gemäß BetrSichV, Vorgaben für die Art der Dokumentation
verantwortliche Elektrofachkraft (vEFK)	Festlegen der Art der Dokumentation, Sicherstellen des ordnungsgemäßen Dokumentierens und Archivierens, Stichprobenkontrollen
befähigte Person	Dokumentieren entsprechend Arbeitsauftrag, Bestätigen der ordnungsgemäßen Durchführung der Prüfung
Mitarbeiter	Information des Vorgesetzten über Geräte ohne bzw. mit ungültiger Prüfmarke

Fragen und Antworten

Frage 10.1 Wer entscheidet, ob die Dokumentation der Betriebssicherheitsverordnung genügt?

Die vom Arbeitgeber/Unternehmer mit der Verantwortung für das Prüfen beauftragte „befähigte Person"/verantwortliche Elektrofachkraft (Kapitel 3) ist dafür verantwortlich, dass innerhalb des Unternehmens bzw. des ihr zugeteilten Arbeits- oder Aufgabenbereichs alle das Prüfen der Arbeitsmittel (elektrischen Geräte) betreffenden Vorgaben der Betriebssicherheitsverordnung fachgerecht und ordnungsgemäß umgesetzt werden. Dies gilt für das Vorbereiten und Durchführen der Prüfung und natürlich auch dafür, dass eine ausreichende, richtige Dokumentation der Prüfergebnisse angefertigt wird (Abschnitt 10.1).

Übergibt der Arbeitgeber/Unternehmer oder der für die Arbeitsmittel (elektrische Geräte) Verantwortliche deren Prüfung einem Elektrofachbetrieb oder einem Prüfdienstleister, so muss dieser dafür Sorge tragen, dass die Dokumentation die gemäß Betriebssicherheitsverordnung erforderliche Qualität (Form, Inhalt) aufweist und auch den Vorgaben des Auftraggebers genügt. Die Vordrucke (Bilder 10.2 und 10.3) sowie die Dateien der Firmensoftware (Bild 8.1) oder die Hinweise/Vorgaben/Ansichten/Wünsche anderer Personen sind für ihn nur mehr oder weniger bedeutsame Empfehlungen.
Die verantwortliche Elektrofachkraft/befähigte Person ist natürlich auch dafür verantwortlich – hat zu bedenken –, dass die Dokumentation vor den Augen anderer Sachverständiger (Gutachter, Aufsichtsbeamte, Richter) Bestand haben muss. Das heißt, sie muss auf der Grundlage der Dokumentation in der Lage sein, diese Personen von der ordnungsgemäßen Durchführung der Prüfung zu überzeugen.

Frage 10.2 Was ist außer dem Prüfergebnis noch zu dokumentieren?

Vom Arbeitgeber sind nach § 3(6) der BetrSichV u. a.

- Art, Umfang und Fristen der Prüfungen sowie
- die von den prüfenden Personen zu erfüllenden Anforderungen

zu ermitteln und festzulegen.

Nur wenn diese Vorgaben ordnungsgemäß erfüllt worden sind, kann man davon ausgehen, dass Prüfungen norm- und fachgerecht erfolgen können und deren Dokumentationen die nötige Qualität besitzt. Insofern ist es im Streitfall sicher vorteilhaft, wenn auch dafür entsprechende Nachweise vorhanden sind (F 10.8).

Dies wären z. B.

- Prüffristenermittlung mit einem Vordruck gemäß Tafel 5.1 oder der in der Literatur [3.16] [3.17] angegebenen elektronischen Verfahrensweise,
- Nachweis der Befähigung der mit dem Prüfen beauftragten (befähigten) Person mit einem Vordruck gemäß Bild 3.2,
- Nachweis der regelmäßigen Prüfung/Kalibrierung der Prüfgeräte,
- Nachweis der regelmäßigen Weiterbildung der Prüfer (Seminare, Abonnement einer Fachzeitschrift, Fachliteratur).

Frage 10.3 Welche Verbindlichkeit haben Vorgaben zur Dokumentation in den DIN-VDE-Normen und anderen Vorschriften?

Vorgaben bzw. Empfehlungen zur Dokumentation der Prüfung, z. B. in DIN VDE 0701-0702, wie
„Nach jeder … Prüfung ist ein Prüfprotokoll zu erstellen, das die Ergebnisse des Besichtigens und der durchgeführten Messungen … enthalten sollte“ und
„Die Prüfung ist zu dokumentieren. Es wird empfohlen, die Messwerte aufzuzeichnen und bis zur nächsten Prüfung aufzubewahren“
haben vor dem Hintergrund der eindeutigen Festlegung zum Dokumentieren in der BetrSichV praktisch keine Verbindlichkeit, sie sind Empfehlungen.

Diese Empfehlungen entsprechen den verbindlichen Vorgaben aus der BetrSichV [1.2] und denen der TRBSen [2.31 bis 2.34]. Ausnahmen von diesen Vorgaben sind möglich, dann muss jedoch begründet werden können, warum die Vorgaben nicht eingehalten und wie eine gleichwertige Qualität der Dokumentation sichergestellt worden ist.
Möglich ist, dass in anderen Normen für spezielle Geräte konkretere Forderungen oder Empfehlungen ausgesprochen werden oder z. B. in Landesgesetzen für bestimmte Anlagen/Geräte besondere Festlegungen zu finden sind, die über die Vorgaben der BetrSichV hinausgehen. Diese sind dann zu beachten.

Frage 10.4 Müssen alle einzelnen Prüfschritte und deren Ergebnisse, z. B. des Besichtigens, in der Dokumentation aufgeführt werden?

Alle Prüfschritte und deren Ergebnisse aufzuführen ist praktisch unmöglich. Bei einer mit dem Prüfen beauftragten Elektrofachkraft muss und kann vorausgesetzt werden, dass sie z. B. beim Abwickeln des Prüfgangs „Besichtigen“ alle sichtbaren Teile mit allen Sinnen erfasst und mit einer zusammenfassenden Aussage bewertet. Welche Prüfschritte und Ergebnisse des Messens/Erprobens angegeben werden sollten, damit die Aussage „bestanden“ als glaubwürdig anzusehen ist, hängt vom Einzelfall, d. h. vom Prüfling und der Prüfaufgabe, sowie auch von der Kompetenz des Prüfers ab, der seine Dokumentation gegebenenfalls zu erläutern und zu vertreten hat.

Bei einer Prüfung nach der Instandsetzung gilt das ebenso. Jedoch sind außerdem die vorgenommenen Instandsetzungsarbeiten einschließlich der dadurch bedingten und dann ausgeführten Prüfschritte zu nennen. Dazu gehört auch das Besichtigen von Ersatzteilen hinsichtlich ihrer Übereinstimmung mit den Vorgaben des Herstellers. Wird auf bestimmte Prüfungen/Messungen verzichtet, z. B. weil die Instandsetzung keinen Einfluss auf die Sicherheit der betreffenden Teile hatte, so ist auch diese Entscheidung zu dokumentieren.

Bei einer Wiederholungsprüfung genügt es in der Regel, wenn die im Prüfbericht (Bild 10.2 b) geforderten, für das betreffende Gerät zutreffenden Angaben eingetragen werden. Dazu gehören gegebenenfalls Erläuterungen für den Anwender (Bild 10.2 a). Wurden auch Prüfungen/Messungen vorgenommen, die im Prüfbericht nicht aufgeführt, aber zum Nachweis der Sicherheit unerlässlich sind, müssen auch diese mit dokumentiert werden.

Sind an einem Gerät oder an einem Geräteteil zum Abwickeln eines Prüfgangs (z. B. Berührungsstrommessung) mehrere Messungen erforderlich, so ist der Wert der abschließenden Messung bzw. der den Zustand des Geräts charakterisierende (ungünstigste) Messwert anzugeben.

Frage 10.5 Wie genau müssen die Messwerte sein, die in der Dokumentation angegeben werden?

Dies hängt von der Aussage ab, die mit der Dokumentation erbracht werden soll bzw. vom Auftraggeber oder vom Prüfer selbst gefordert/gewünscht wird.

In der Regel ist es nicht erforderlich, „genaue" Messwerte, d. h. die unter Berücksichtigung der Betriebsgebrauchsabweichung korrigierten Messwerte mit mehreren Kommastellen zu fordern, da die in den Normen vorgegebenen Grenzwerte nicht als eindeutige Grenze zwischen „gut" und „schlecht" gewertet werden können (Bild 4.2). Außer dieser „exakten" Abweichung wären ja auch die nur ungefähr bekannten, sehr unterschiedlichen Ursachen der Abweichung vom Grenzwert/üblichen Wert zu bedenken.

Ebenso ist es nicht nötig, geringfügig vom Wert „null" abweichende Messwerte anzugeben, da diese im Toleranzbereich liegen und somit keinerlei Bedeutung haben.

Letztlich hat immer der Prüfer unter Beachtung aller dieser und auch anderer Informationen den Prüfling mit „sicher" oder „nicht sicher" zu bewerten. Wie auch in den Abschnitten 6.4 bis 6.6 angegeben, kommt es bei der Beurteilung des Prüflings auf die Größenordnung des Messwerts und nicht auf dessen Toleranzen an.

Wie wenig es bei diesen Angaben auf genaue Werte ankommt, geht auch aus den Normenvorgaben hervor, die lediglich den Nachweis des Über- bzw. Unterschreitens eines bestimmten Grenzwerts fordern.

Frage 10.6 Muss für jedes geprüfte Gerät ein Protokoll oder ein Prüf-/Messbericht angefertigt werden?

Bei einer Wiederholungsprüfung ist dies nicht erforderlich. Allerdings muss die Zuordnung jedes geprüften Geräts zu der gemeinsamen Prüfdokumentation/Prüfprotokoll eindeutig festgestellt werden können. Dies ist gewährleistet, wenn das Prüfprotokoll das Durchführen der Prüfung an diesen Geräten des Auftraggebers bestätigt und die

Geräte mit der Kennzeichnung des prüfenden Betriebs versehen sind. (Tafel 10.3, Variante 2 und **Tafel 10.4**).

Bei der Prüfung nach einer Instandsetzung – die ja bei jedem Gerät andere Teile und Arbeitsgänge betrifft und ohnehin je Gerät abzurechnen ist – sollte eine auf das Gerät bezogene Dokumentation (Bild 10.3) vorgenommen werden.

Bei anderen, z. B. betrieblich festgelegten Prüfungen können der Umfang und die Art der Dokumentation intern festgelegt werden.
Egal in welcher Form (Bemerkung auf der Rechnung, internes Prüfprotokoll, Vordrucke, CD-ROM) und wie ausführlich (alle Messwerte, alle Prüfschritte für jedes Gerät) dokumentiert wird, es sollte für jedes geprüfte Gerät eindeutig zu erkennen sein, dass es von der Prüfdokumentation mit erfasst wird und der Prüfer bewusst über das Ergebnis seiner Prüfung entschieden hat.

Übermitteltes Dokument	**Textvorschlag**
a) Rechnung, Fertigmeldung, selbst hergestelltes Prüfprotokoll (ähnlich Bild 10.2 c)	Die zu diesem Auftrag vom ... gehörenden ... (Anzahl) elektrischen Geräte wurden von uns nach der von der **Betriebssicherheitsverordnung geforderten Wiederholungsprüfung gemäß DIN VDE 0710-0702** unterzogen. Die Prüfung wurde bei den mit der ... (Farbe, Form) Prüfmarke gekennzeichneten ... (Anzahl) Geräten mit positivem Ergebnis abgeschlossen. Diese Geräte entsprechen bei ordnungsgemäßer Anwendung den gesetzlichen Sicherheitsvorgaben. Sie sollten zu dem auf der Prüfmarke genannten Termin wieder zur Prüfung vorgestellt werden. Bei ... (Anzahl) Geräten ergaben sich Beanstandungen, die auf dem jeweils beiliegenden/aufgebrachten Prüfbericht im Einzelnen dargestellt werden.
b) Anschreiben bei nicht normgerechten bzw. bei als nicht zuverlässig einzuschätzenden Geräten (F 4.1)	Ihr von uns geprüftes/repariertes ... (Gerät eindeutig benennen) weist keine CE-Kennzeichnung (gegebenenfalls: und kein VDE-Prüfzeichen/Gerätsicherheitszeichen) auf, mit dem von einer staatlich anerkannten Prüfstelle die Übereinstimmung mit den Normenvorgaben bestätigt wird. Mit unserer Prüfung nach DIN VDE 0702-0701 bestätigen wir, dass sich das Gerät in einem aus unserer Sicht ordnungsgemäßen Zustand bezüglich Sicherheit und Gebrauchsfähigkeit befindet. Diese Aussage ist kein Ersatz für die fehlende Kennzeichnung mit dem ... -Zeichen. Eine Garantie für die richtige und zuverlässige konstruktive Gestaltung durch den Hersteller wird damit von uns nicht übernommen.

Tafel 10.4 Textvorschläge für die Bestätigung der positiv abgeschlossenen Prüfung bzw. der Information über Beanstandungen gegenüber dem Auftraggeber

Frage 10.7 Wer muss die Dokumentation anfertigen?

Das Anfertigen der Dokumentation der Prüfung gehört zur Arbeits- bzw. Prüfaufgabe. Die vom Arbeitgeber, von der vEFK bzw. vom Leiter eines Elektrofachbetriebs mit dem Prüfen beauftragte befähigte Person hat die Dokumentation anzufertigen und unter Beachtung aller Vorgaben auch über deren Form und Inhalt zu entscheiden (F 10.1). Sie bestätigt dann mit ihrer Unterschrift,

- dass die Prüfung den Vorgaben [1.2] [2.20] [2.21] und den Angaben in der Dokumentation entsprechend vorgenommen wurde und
- dass die aufgeführten Ergebnisse den Tatsachen entsprechen.

Eine elektrotechnisch unterwiesene Person, die nur nach Anweisung prüft und somit nicht für das Beurteilen des Prüflings verantwortlich ist, darf/muss lediglich die ordnungsgemäße Durchführung ihrer Prüfaufgabe bestätigen, sie ist jedoch nicht berechtigt, die aufgenommenen Messwerte zu bewerten und daraus eine Prüfergebnis abzuleiten. Bei einer entsprechend expliziten Prüfanweisung kann diese Entscheidung jedoch durch exakte Vorgaben der Messwerte vorweggenommen werden.
Entspricht die Befähigung der mit dem Prüfen beauftragten und die Dokumentation unterschreibenden Person nicht den Erfordernissen der Prüfaufgabe, so sind ihr Arbeitgeber bzw. der für sie Verantwortliche gegebenenfalls haftbar (BetrSichV §§ 23, 24).

Frage 10.8 Darf der Auftraggeber der Prüfung das Kennzeichnen der geprüften Geräte untersagen?

Es ist Sache des Betreibers der elektrischen Geräte darüber zu entscheiden, wie er die Sicherheit gewährleistet bzw. wie er den Anwendern die nötige Information über die Sicherheit der von ihnen zu benutzenden elektrischen Geräte übermittelt. Da er auch noch andere – z. B. ästhetische – Gesichtspunkte zu beachten hat, wird er nicht immer mit der „Verzierung“ durch eine Prüfmarke einverstanden sein. Insofern sollte der Prüfer stets die Zustimmung des Betreibers über die Art der Kennzeichnung einholen.

Wenn der Betreiber als Arbeitgeber

- eine andere Kennzeichnung, z. B. mit einem innerbetrieblich eindeutig definierten bunten Kabelbindern oder farblichen Banderolen, anweist oder
- sicherstellt, dass nur regelmäßig und termingerecht geprüfte Geräte angewandt werden können,

kann dies ebenso ausreichend sein.

Natürlich wird es damit für den Prüfer schwierig, die Zuordnung der geprüften Geräte zum jeweiligen Auftrag zu dokumentieren, weil aus den gleichen Gründen meist auch keine Inventarnummer aufgebracht wurde. Er muss dann entscheiden, ob er eine versteckte Kennzeichnung – z. B. mittels RFID-Chips – für nötig und möglich hält. Eine solche Anweisung des Auftraggebers sowie die Art der Kennzeichnung des Prüfers sollten dokumentiert werden.

Frage 10.9 Wie ist mit Geräten zu verfahren, deren Sicherheit nicht bestätigt werden konnte?

Vom Prüfer ist zu begründen und zu dokumentieren, (Bild 10.2 a) warum eine weitere Verwendung des Geräts nicht akzeptiert werden kann (F 3.1). Ob es instand zu setzen oder aus dem Verkehr zu ziehen ist, kann er nur vorschlagen, zu entscheiden ist dies vom Betreiber bzw. der für das Gerät verantwortlichen Person.

Wenn es sich um ein Gerät handelt, für das der Hersteller einen Rückruf veranlasst hat (Abschnitt 6.4.15), sollte dem Auftraggeber auch mitgeteilt werden, wie er den Hersteller entsprechend informieren kann.

Das betreffende Gerät ist mit einer seinen Zustand bzw. die festgelegte Verfahrensweise beschreibenden dauerhaften Kennzeichnung zu versehen (Bild 10.1 f) und umgehend dem Verantwortlichen zu übergeben. Bei einer Entsorgung ist auch zu beachten, dass

- es als Sachbeschädigung angesehen werden kann, wenn z. B. der Stecker abgeschnitten wird, um eine Weiterverwendung zu verhindern, sowie
- die Wiederverwendung durch nicht informierte Personen oder die spielerische Verwendung durch Kinder sicher verhindert werden muss.

Frage 10.10 Muss dem Auftraggeber der Prüfung die Dokumentation ausgehändigt werden?

Der Unternehmer sollte darauf aufmerksam gemacht werden, dass er – als Arbeitgeber – diese „... Aufzeichnungen auch am Betriebsort zur Verfügung ...“ (BetrSichV § 11) stellen muss.

Für den Prüfer ist das Anfertigen und Übergeben der Dokumentation ein Teil seiner Arbeitsaufgabe. Er müsste gegebenenfalls vermerken, dass die Übernahme verweigert wurde und sollte auf der Rechnung o. Ä. dem Auftraggeber mitteilen, dass die Dokumentation zur Verfügung steht und jederzeit angefordert werden kann. Er sollte jedoch den Auftraggeber in jedem Fall nachweisbar darüber informieren, welche Geräte die Prüfung nicht bestanden haben und wie dies begründet wird.

10

Frage 10.11 Welche Verantwortung trägt der Prüfer für den bestimmungsgemäßen Einsatz der von ihm geprüften Geräte?

Verantwortlich für den bestimmungsgemäßen Einsatz der Arbeitsmittel und somit der elektrischen Geräte sind deren Betreiber (Arbeitgeber, Unternehmer, Vorgesetzter) bzw. deren Arbeits- oder Anlagenverantwortliche. Sie sind in der Regel elektrotechnische Laien und insofern darauf angewiesen, dass sie

- vom Hersteller der Geräte über deren Einsatzbedingungen und
- vom Prüfer über die ggf. zu beachtenden Besonderheiten bei deren Einsatz

richtig informiert werden.

Eine Verantwortung des Prüfers besteht daher nur insofern, als er den Betreiber über den bei der Prüfung möglicherweise festgestellten unsachgemäßen Umgang mit dem Gerät (Bild 10.2 a) und etwaige Schwachstellen informiert.

Wenn der Prüfer allerdings erkennt, dass der bestimmungsgemäße Gebrauch beim Auftraggeber infolge ungenügender Qualifikation seiner Mitarbeiter nicht gewährleistet ist, so wäre er aus seiner Garantenstellung auch verpflichtet, entsprechende Kontrollen durch den jeweiligen Arbeitsverantwortlichen vorzuschlagen bzw. zu fordern (F 10.12).

Frage 10.12 Welche Informationen müssen dem Auftraggeber als „Ergebnis der Prüfung" übergeben werden?

Neben den in Abschnitt 10.2 aufgeführten Angaben sind mit einer zur Dokumentation gehörenden Kundeninformation (z. B. Bild 10.2 a) für die jeweils betroffenen Geräte möglichst auch zu nennen:

- Gründe für das Nichtbestehen der Prüfung und gegebenenfalls Vorschläge für die weitere Verfahrensweise (Instandsetzung, Aussonderung usw.),
- Vorschläge für Änderungen der Einsatzbedingungen,
- Hinweise für die Benutzer hinsichtlich ihres Verhaltens,
- Vorschläge für den Ersatz durch modernere, effektivere oder sicherere Geräte.

Anhang 1

Fachausdrücke und ihre Definitionen

Quellen: Betriebssicherheitsverordnung, anwendbare Technische Regeln (TRBS u. a.), DGUV Vorschrift 3 BGV A3, DIN VDE 0100-200, DIN VDE 0701-0702 u. a. Normen.
Die Definitionen aus den genannten Quellen werden zum Teil sinngemäß, d. h. unter Berücksichtigung der speziellen Belange der Prüfung elektrischer Geräte übernommen. Sofern inhaltliche Abweichungen bestehen, werden beide Definitionen aufgeführt. Ergänzungen der Definitionen, die das Prüfen der elektrischen Geräte betreffen, wurden mit (Autor ...) gekennzeichnet.

Ableitstrom
Strom, der über die fehlerfreie Isolierungen eines Geräts zur Erde (E, PE) oder zu einem fremden leitfähigen Teil (PA) fließt.
Anmerkung: Der Ableitstrom kann auch durch Beschaltungen verursacht werden.

Abschaltbedingung
Bedingung für die Kennwerte einer Schutzmaßnahme, deren Wirksamkeit auf der schnellen Beseitigung (Abschaltung) des gefährlichen Zustands beruht.

aktives Prüfen, aktiver Prüfgang
Durchführen von Prüfgängen/-verfahren, wenn der Prüfling in Betrieb, d. h. mit dem Versorgungsnetz (Netzspannung) verbunden ist.

Allgemein anerkannte technische Regeln
Technische Regeln, die von anerkannten Fachleuten erarbeitet wurden und den Stand der Technik wiedergeben.
Anmerkung: Die DIN-VDE-Normen sind derartige Regeln. Bei ihrer Anwendung „kann vermutet werden" richtig gehandelt zu haben.

Änderung
Ein nach Herstellerangaben zulässiger Eingriff in das Gerät.

Anpassung
Verändern einer bestehenden Anlage oder eines Betriebsmittels (Gerät) derart, dass die Gebrauchsfähigkeit und/oder Elektrosicherheit den aktuellen Vorgaben der technischen Regeln (Normen) entsprechen.

Anwendungskategorie K1/K2
Kategorie, mit der die Eignung eines Geräts für den Einsatz in bestimmten Bereichen unter bestimmten Bedingungen nach DGUV Information 203-005 (BGI 600) angegeben und bewertet wird.

Arbeitsmittel
Werkzeuge, Geräte, Maschinen oder Anlagen einschließlich überwachungsbedürftiger Anlagen.
(Autor: „Anlagen" meint hier nicht „Niederspannungsanlagen nach DIN VDE 0100", sondern Produktionsanlagen.)

A

Befähigte Person (bP)
Person, die durch ihre Berufsausbildung, ihre Berufserfahrungen und zeitnahe berufliche Tätigkeit über die erforderlichen Fachkenntnisse …
(Autor: … zum Prüfen/Messen an elektrischen Anlagen und/oder Betriebsmitteln ihres Verantwortungsbereichs und entsprechend ihrer Aufgabenstellung sowie zum Erkennen und zur Abwehr der dabei auftretenden Gefährdungen) verfügt [1.2].
Anmerkung 1: Die Fachkunde/Befähigung bezieht sich immer auf eine bestimmte, klar definierte Verantwortung und eine konkrete Aufgabenstellung, hier das Prüfen elektrischer Geräte/Arbeitsmittel. Sie kann ausgesprochen/bestätigt werden für Personen mit unterschiedlicher Qualifikation, z. B. Elektrofachkraft (Geselle, Meister, Ingenieur).
Anmerkung 2: Diese Bezeichnung ist kein Titel und kann nicht durch einen Lehrgang oder auf andere Weise erworben und auch nicht verliehen werden.
Sie gilt nur für den Verantwortungsbereich des Arbeitsgebers, Betriebsleiters oder Vorgesetzten, der sie als EFK eingestellt oder berufen hat und nur bis zur Entbindung von dieser Tätigkeit.
Anmerkung 3: Es wird unterschieden zwischen der Befähigung

- Prüfprozesse zu organisieren und zu leiten (bP, vEFK),
- die Prüfungen vorzunehmen, sowie
- die Prüfung unter der Leitung einer befähigten Person vorzunehmen (Elektrofachkraft/elektrotechnisch unterwiesene Person).

Bemessungswert
Wert einer Größe, für den das Erzeugnis unter bestimmten Umgebungs- und Betriebsbedingungen bemessen wurde (früher: Nennwert).

Berührungsstrom
DIN VDE 0100-200, (allgemeingültige Definition):

- Strom, der von berührbaren leitfähigen Teilen über die bedienende/berührende Person zur Erde fließt (s. auch Körperstrom).

DIN VDE 0701-0702, (Definition des Sicherheitskennwerts elektrischer Geräte):

- Strom, der von berührbaren leitfähigen, nicht mit dem Schutzleiter verbundenen Teilen über die bedienende/berührende Person zur Erde fließt.

Anmerkung: Ein Berührungsstrom kann u. U. auch bei der Berührung anderer Teile entstehen und nicht zur Erde fließen.

Besichtigen
Teil der Prüfung, Feststellen des Zustands durch bewusstes Betrachten/Beurteilen unter Anwendung aller Sinne (sehen, hören, fühlen, riechen).

Bestimmungsgemäße Verwendung, bestimmungsgemäßer Gebrauch
Anwendung unter den Bedingungen und entsprechend den Bemessungswerten (Nennwerten),

- für die das Gerät nach den Angaben seines Herstellers/Importeurs geeignet ist, oder
- die sich aus der Bauart und Ausführung üblicherweise ergeben.

Anmerkung: Hierzu zählen auch Bedienen, Warten, Befestigen usw. sowie das voraussehbare Fehlverhalten der Anwender.

Betriebsmäßig
Betrieb eines fehlerfreien Geräts mit seinen Bemessungsdaten.

Betriebsmessabweichung
Fehler, der sich bei bestimmungsgemäßer Anwendung eines Mess-/Prüfgeräts, d. h. bei seinem Gebrauch unter den vorgegebenen Bemessungsbedingungen, ergibt (siehe Messunsicherheit).

Differenzstrom
vektorielle Summe aller Ströme, die am netzseitigen Anschluss eines Geräts durch alle aktiven Leiter fließen.
Anmerkung: Mit der Differenzstrommessmethode können der Schutzleiterstrom oder der Berührungsstrom eines Geräts gemessen werden. Der Differenzstrom ist identisch mit dem Ableit- und/oder Fehlerstrom eines Geräts.

Eingangsprüfung
„Prüfung vor der erstmaligen Verwendung“ normativ korrekt beschrieben, bezeichnet die Prüfung, die vorgenommen wird wenn das Gerät in den Verantwortungsbereich des Prüfers kommt.
Anmerkung: Mit dieser Eingangsprüfung des Geräts ist nachzuweisen, dass es für den Einsatz am vorgesehenen Ort geeignet ist (Gefährdungsbeurteilung!).

Elektrisches (auch elektrotechnisches) Betriebsmittel
Erzeugnis/Gegenstand, das bzw. der als Ganzes oder in einzelnen Teilen dem Erzeugen, Übertragen, Verteilen, Anwenden elektrischer Energie dient.

Elektrisches (auch elektrotechnisches) Gerät
Gebrauchsfertiges elektrisches Erzeugnis (Betriebsmittel, Arbeitsmittel), das zum Anschluss an eine elektrische Anlage vorgesehen ist und eine abgeschlossene Funktion erfüllen kann.

Elektrische Sicherheit
Ein Gerät gilt als elektrisch sicher, wenn keine Gefahren durch den elektrischen Strom für den Anwender und Dritte bestehen. Dazu ist es erforderlich, dass die Schutzmaßnahmen in vollem Umfang wirksam sind. Sicherheit ist definiert als Freiheit von unannehmbaren Risiken.

Elektrofacharbeiter (Elektriker)
Person, die eine Ausbildung in einem elektrotechnischen Handwerk (Lehrberuf) erfolgreich abgeschlossen hat.

Elektrofachkraft (EFK)
Person,
- die eine den Anforderungen entsprechende Berufsausbildung sowie
- die fachliche Qualifikation für das Errichten, Ändern und Instandsetzen elektrischer Anlagen und Betriebsmittel hat sowie
- über ausreichende Kenntnisse und Erfahrungen über das Prüfen von Betriebsmitteln/Geräten sowie
- die dabei zu beachtenden Gesetze, Vorschriften und technischen Regeln und die erforderlichen Maßnahmen des Arbeitsschutzes verfügt …

(Autor: ... und selbst bestätigt, dass sie die für ihre Arbeitsaufgabe erforderliche Qualifikation besitzt).
Anmerkung 1: Die Bezeichnung Elektrofachkraft bezieht sich immer auf ein bestimmtes Fachgebiet – hier das Prüfen –, für das die betreffende Person die erforderliche Befähigung besitzt. Es gibt keine Person mit einer derart universellen Befähigung, dass sie allgemeingültig als Elektrofachkraft (für alle Gebiete der Elektrotechnik) bezeichnet werden könnte.
Anmerkung 2: Diese Bezeichnung ist kein Titel und kann nicht durch einen Lehrgang oder auf andere Weise erworben und auch nicht verliehen werden.
Sie gilt nur für den Verantwortungsbereich ihres Arbeitsgebers, Betriebsleiters oder Vorgesetzten, der sie berufen hat und nur bis zur Entbindung von dieser Tätigkeit.

Elektrotechnisch unterwiesene Person (EuP)
Person, die durch eine Elektrofachkraft über die ihr übertragenen Aufgaben und die möglichen Gefahren bei unsachgemäßem Verhalten ausreichend unterrichtet und erforderlichenfalls angelernt sowie über die notwendigen Schutzeinrichtungen und Schutzmaßnahmen belehrt wurde, sodass sie befähigt ist, die z. B. mit einer Prüf- oder Arbeitsanweisung vorgegebenen Arbeitsschritte unter Leitung und Kontrolle einer Elektrofachkraft fachgerecht durchzuführen.

A

Erproben
Ingangsetzen eines Arbeitsmittels zum Zweck der Funktionsprüfung, der Feststellung und Überprüfung von sicherheitstechnisch relevanten Betriebsdaten sowie der Vornahme von Einstellarbeiten an Arbeitsmitteln und deren Ausrüstungsteilen.

Ersatz-Ableitstrommessmethode
Verfahren der Messung des Ableitstroms (Schutzleiter- oder Berührungsstrom) eines Geräts, mit einer vom Netz getrennten Messschaltung.
Anmerkung 1: Der in dieser Messschaltung fließende Strom ist der Ableitstrom des Geräts und nicht, wie oft fälschlicherweise angegeben wird, ein Ersatz-Ableitstrom. Die Besonderheiten der Ersatz-Messschaltung sind bei der Auswertung zu berücksichtigen (F 6.28).
Anmerkung 2: Diese Messung ist ein passiver Prüfgang.
(Autor: Der Begriff Ersatz-Ableitstrommessmethode wird zukünftig durch den europäisch geprägten Begriff „Alternative Messmethode“ ersetzt.)

Erstprüfung
Die Erstprüfung wird vom Hersteller während oder nach der Produktion vorgenommen. Sie ist deutlich zu unterscheiden von der Eingangsprüfung (Prüfung vor erstmaliger Verwendung), die durch den Prüfer vor Ort durchgeführt wird.
Eine Erstprüfung wird immer anhand der Produktnormen durchgeführt, die Eingangsprüfung in unserem Fall auf Grundlage der BetrSichV und der GB, gemessen wird nach DIN VDE 0701-0702.

Fehlerstrom
Strom, der bei einem Isolationsfehler über die Fehlerstelle fließt (siehe auch Ableitstrom und Differenzstrom).

Fest angeschlossenes Gerät
Gerät, das nicht über eine Steckvorrichtung, sondern über Anschlussklemmen o. Ä. mit z. B. einer Anlage verbunden ist.

Fremdes leitfähiges Teil
Nicht zum Gerät gehörendes leitendes Teil (auch Fußboden, Wand, Tischplatte), das ein Potential führen (in den Prüfstromkreis einschleppen) kann.

Garant
Juristischer Begriff, der eine Person bezeichnet, die durch ihre Aufgabe, ihre Funktion oder ihre Kenntnisse gegenüber anderen Personen verpflichtet ist, deren Sicherheit zu gewährleisten (zu garantieren).
Anmerkung 1: Eine Garantenverantwortung hat auch eine EFK, wenn sie außerhalb eines Auftrags aufgrund ihres Fachwissens Gefahren für andere Personen (Mitbürger, Besucher, Bekannte usw.) erkennt oder erkennen kann.
Anmerkung 2: Das Unterlassen einer Hilfeleistung (Nicht-Tun) durch eine Person mit Garantenstellung ist strafbar.

Gefahr
Sachlage, die bei ungehindertem Ablauf mit hoher Wahrscheinlichkeit zu einem Schaden führt.

Gefährdung
Möglichkeit eines Schadens oder einer anderen gesundheitlichen Beeinträchtigung.

Gefährdungsbeurteilung (GB)
Feststellen der Gefährdungen, die z. B. beim Anwenden eines Betriebsmittels (Geräts) entstehen, sowie der Maßnahmen, die zur Abwehr dieser Gefährdungen erforderlich sind.
Anmerkung: Zur Erstprüfung gehört auch, dass die Eignung des Geräts für den vorgesehenen Einsatzort durch eine Gefährdungsbeurteilung ermittelt wird. Auch Art, Umfang und Fristen der Wiederholungsprüfung sind festzulegen.

Gefahrenbereich
Bereich innerhalb oder im Umkreis eines Arbeitsmittels, in dem die Sicherheit oder die Gesundheit einer sich darin aufhaltenden Person gefährdet ist.

Gefahrengeneigt
Beschreibung der Situation bei einer Tätigkeit oder bei einem Zustand, bei der eine erhöhte oder kritische Gefährdung aus dem Arbeitsverfahren, der Art der Tätigkeit, der verwendeten Stoffe sowie aus der Umgebung gegeben sein kann.

Gehäuseableitstrom (üblich bei medizinischen elektrischen Geräten)
Bezeichnung für den unter bestimmten Bedingungen über das Gehäuse eines Geräts fließenden Ableitstrom.

Geräteableitstrom (üblich bei medizinischen elektrischen Geräten).
Bezeichnung für den unter bestimmten Bedingungen fließenden Berührungsstrom.

Grenzwert
Wert einer bestimmten Größe, z. B. des Isolationswiderstands oder Berührungsstroms, dessen Unter- bzw. Überschreiten Grundlage einer Bewertung, z. B. einer Gut-Schlecht-Entscheidung ist.

Handgerät
Ortsveränderliches Gerät, das bei seinem üblichen Gebrauch in der Hand gehalten wird.

Handprobe
Prüfmethode des Erprobens, bei der durch sinnvolles Drehen, Ziehen, Drücken, Biegen oder andere durch die Hand des Prüfers hervorzurufende mechanische Einwirkungen z. B. die Festigkeit einer Zugentlastung festgestellt wird.

Inspektion
Maßnahmen zum Feststellen und Beurteilen des Istzustands eines Arbeitsmittels, einschließlich der Ursachen der Abnutzung oder Schädigung; Ableiten der notwendigen Konsequenzen für eine künftige Nutzung.

Instandsetzung, Reparatur
Maßnahmen zum Wiederherstellen des Sollzustands.
Anmerkung: Durch die Instandsetzung wird ein fehlerhaftes Gerät wieder gebrauchsfähig gemacht, ohne die vom Hersteller vorgegebenen Merkmale oder Eigenschaften zu ändern.

Isolationswiderstand (ohmscher)
Eigenschaft eines elektrotechnischen Erzeugnisses oder Isolierteils, mit der das Isoliervermögen und damit der Zustand der Isolierungen beschrieben wird.
Um die ohmsche Komponente der Impedanz der Isolation zu ermitteln, erfolgt die Messung mit einer Gleichspannung.

Isoliervermögen
Fähigkeit eines elektrotechnischen Erzeugnisses, der anliegenden Spannung bis zu einem bestimmten Wert ohne Schädigung standzuhalten.

Kennwert (siehe Bemessungswert)
Wert einer Größe, mit dem bestimmte kennzeichnende Eigenschaften eines Erzeugnisses beschrieben werden.

Konformitätserklärung
Schriftliche Erklärung des Herstellers, in der er für sein Erzeugnis
- bestätigt, dass es den zutreffenden Richtlinien der EU und EN-Normen entspricht,
- angibt, nach welchen EN-Normen es entwickelt, hergestellt und geprüft wurde,

sodass er berechtigt ist, das Erzeugnis mit dem CE-Zeichen zu kennzeichnen.
Anmerkung: Die Richtigkeit dieser Erklärung wird stichprobenartig durch staatliche Stellen kontrolliert. Der Hersteller ist nicht verpflichtet, diese Erklärung dem Betreiber seines Erzeugnisses zur Verfügung zu stellen.

Kontrolle (siehe Besichtigen, Inspektion)

Körperstrom (siehe Berührungsstrom)
Strom, der durch den Körper des Menschen oder Nutztiers fließt.

Leckstrom
In deutschen Normen nicht definiert.
Anmerkung: Diese Bezeichnung wird ziemlich willkürlich für die in den Schutz- und Potentialausgleichsleitern fließenden Ströme und zur Benennung von Messeinrichtungen (Leckstromzange) oder Messaufgaben (Leckstrommessung) verwendet.

Leitlinie
Allgemeine orientierende Zielstellung, die im Wesentlichen z. B. auf dem Anwenden der akzeptierten Regeln, Richtlinien und anderer Vorgaben beruht.
Anmerkung: Eine Regel hat mehr, eine Leitlinie jedoch weniger Gewicht als eine Richtlinie.

Messen
Teil der Prüfung, Nachweis von Eigenschaften durch das exakte Feststellen kennzeichnender Größen mit technischen Mitteln.

Messunsicherheit
Aktuelle Bezeichnung für Messfehler, Betriebsmessabweichung, Gebrauchsfehler.

Nachweis der Spannungsfreiheit
Nicht mehr übliche Bezeichnung für das Messen des Berührungsstroms.

Nennwert (siehe Bemessungswert)

Niederohmig
Beschreibung für den Widerstand eines Schutz- oder Potentialausgleichsleiters, einer Leiterschleife oder einer anderen Leiterbahn, wenn dessen Wert klein ist.
Anmerkung: Als Niederohmbereich wird bei Widerstandsmessgeräten z. B. der Messbereich von 0 bis 30 Ω bezeichnet. Je nach Anwendungsfall kann ein anderer Absolutwert als „niederohmig" angesehen werden.

Norm
Normen haben Kraft Entstehung, Trägerschaft, Inhalt und Anwendungsbereich den Charakter von Empfehlungen, deren Beachtung und Anwendung jedermann freisteht. Normen an sich haben keine rechtliche Verbindlichkeit.
Anmerkung: Eine Norm kann eine technische Regel und auch eine anerkannte technische Regel sein.

Ortsfestes Gerät
Gerät, das fest angebracht ist oder keine Tragevorrichtung hat, infolge seiner Masse nicht leicht bewegt werden kann und während des Betreibens an seinen Aufstellungsort gebunden ist.

Ortsveränderliches Gerät
Gerät, das während des Betreibens bewegt oder leicht von einem Platz zu einem anderen gebracht werden kann.
Anmerkung: Es ist nicht richtig, allein die Eigenschaften „ortsveränderlich" oder „ortsfest" zum Bestimmen der Prüffrist des betreffenden Geräts zu verwenden. Entscheidend ist, wie das Gerät am Einsatzort usw. beansprucht wird.

Passives Prüfen, passiver Prüfgang
Durchführen von Prüfgängen/-verfahren, wenn der Prüfling nicht in Betrieb, d. h. auch nicht mit dem Versorgungsnetz (Netzspannung) verbunden ist.

Prüfanweisung
Vom Arbeitgeber und/oder dem verantwortlichen Prüfer (befähigte Person, verantwortliche Elektrofachkraft) dem Prüfer (EFK, EuP) übergebene Anweisung, in der die durchzuführenden Prüfarbeiten und ggf. auch die einzelnen Prüfschritte exakt festgelegt werden.

Prüfeinrichtung, Prüfgerät
Elektrisches Gerät, mit dem der Wert einer Bemessungsgröße oder eine Eigenschaft des Prüflings ermittelt werden kann.

Prüfen
Maßnahme zum Feststellen des Istzustands eines Erzeugnisses hinsichtlich seiner Eigenschaften und Merkmale, sowie dessen Übereinstimmung mit dem Sollzustand. Zum Prüfen gehört auch das Bewerten der Abweichung des Istzustands vom Sollzustand.

Prüfer
Person (befähigte Person, Elektrofachkraft), der bestimmte Prüfarbeiten übertragen wurden.

Prüffähig
Bezeichnung für Erzeugniskategorien, deren Prüfung zum Nachweis ihrer Übereinstimmung mit den Normen von einer zugelassenen Prüfstelle übernommen wird.

Prüffrist
Von dem für die Prüfung Verantwortlichen auf der Grundlage einer Gefährdungsbeurteilung festgelegter Zeitabstand bis zur nächsten Wiederholungsprüfung.

Prüfgang, Einzelprüfung
Teil der Prüfung eines Geräts, der mit einem zur Bewertung geeigneten Ergebnis abgeschlossen wird, z. B. Isolationswiderstandsmessung.

Prüfhilfsmittel
Elektrisches Gerät, das den Einsatz von Prüfgeräten bzw. das Durchführen von Prüfungen ermöglicht, allein aber nicht zum Durchführen von Prüfungen (Messen, Erproben, Bewerten usw.) geeignet ist.

Prüfschritt
Teil eines Prüfgangs, der für sich allein keine abschließende Bewertung ermöglicht.

Prüfung nach Instandsetzung oder Änderung
Prüfung, die entsprechend den in der Norm DIN VDE 0701-0702 festgelegten Vorgaben nach einer Instandsetzung vor der Wiederinbetriebnahme durchzuführen ist.
Anmerkung: Mit dieser Prüfung wird die Sicherheit ebenso nachgewiesen wie durch eine Wiederholungsprüfung.

Prüfverfahren
Verfahren, mit dem der Istzustand von Eigenschaften und Kennwerten eines Geräts ermittelt wird, um ihn mit dessen Sollzustand vergleichen zu können, z. B. Messen des Schutzleiterwiderstands mit Kleinspannung.
Anmerkung: Das Anwenden eines Prüfverfahrens ist ein Prüfgang.

Reststrom (siehe Differenzstrom)

Regel der Technik
Technische Festlegung, die von einer Mehrheit repräsentativer Fachleute als Wiedergabe des Stands der Technik angesehen wird. Sie ist eine Empfehlung und hat keinen Gesetzescharakter.
Anmerkung: DIN-VDE-Normen gelten als Regeln der Technik, sofern sie turnusmäßig aktualisiert worden sind.

Richtlinie
Handlungs- oder Ausführungsvorschrift ohne Gesetzescharakter.
Anmerkung: Eine Richtlinie der Europäischen Union (z. B. die Niederspannungsrichtlinie) gilt nicht unmittelbar, sondern richtet sich als Arbeitsauftrag an die nationalen Gesetzgeber, die damit aufgefordert sind, entsprechendes nationales Recht (z. B. das Produktesicherheitsgesetz) zu schaffen.

Schutzebene
Bezeichnung für Art, Aufgabe und Wirkung eines Schutzes gegen elektrischen Schlag, der in elektrotechnischen Erzeugnissen zur Anwendung kommt. Zu unterscheiden sind folgende Schutzebenen:
- Basisschutz: Schutz gegen direktes Berühren
- Fehlerschutz: Schutz bei direktem Berühren
- Zusatzschutz: Schutz gegen Berühren, wenn Basisschutz oder/und Fehlerschutz versagen.

Anmerkung: Für alle elektrotechnischen Erzeugnisse sind die Schutzebenen 1 und 2 verbindlich und bei erhöhter Gefährdung auch die Schutzebene 3 vorgegeben.

Schutzisolierung
Früher übliche Bezeichnung für die Schutzmaßnahme, bei der durch eine zusätzliche Isolierung zur Basisisolierung oder durch eine verstärkte Isolierung erreicht wird, dass im Fall einer Berührung selbst bei einem Versagen der Basisisolierung kein gefährlicher Berührungsstrom entstehen kann.

Schutzklasse
Klassifizierung elektrotechnischer Betriebsmittel hinsichtlich ihrer Gestaltung bezüglich der Art des Schutzes gegen elektrischen Schlag.
Anmerkung: Da bei einem elektrischen Betriebsmittel auch mehrere Schutzmaßnahmen zur Anwendung kommen können, kann allein aus der angegebenen Schutzklasse nicht auf alle bei einer Prüfung erforderlichen Prüfverfahren/Messungen geschlossen werden.

Schutzleiterbahn
Bezeichnung für die Gesamtheit aller Teile einer Anlage/eines Betriebsmittels, die gemeinsam eine Schutzleiterfunktion ausüben.

Schutzleiterstrom
- DIN VDE 0100-200 (allgemeingültig): Strom, der im Schutzleiter fließt,
- DIN VDE 0701-0702, spezielle Definition des Sicherheitskennwerts elektrischer Geräte: Summe der Ableit- und Fehlerströme, die über die Isolierungen eines Geräts zum Schutzleiter fließen.

Anmerkung 1: Zum Schutzleiterstrom gehören auch die betriebsmäßigen Ableitströme der Beschaltungen des Geräts zwischen den aktiven Teilen und dem Schutzleiter.
Anmerkung 2: Der „Schutzleiterstrom" eines Geräts nach DIN VDE 0701-0702 hat nicht den gleichen Betrag wie der „im Schutzleiter des Geräts fließende Strom", wenn der Gerätekörper Kontakt mit einem das Erdpotential führenden Teil hat.

Sichere Trennung
Eine sichere Trennung zwischen unterschiedlich elektrischem Potential führenden Teilen liegt vor, wenn ein einzelner Fehler nicht zu einem Übertritt einer elektrischen Spannung führen kann.
Sichere Trennung gilt als gegeben, wenn zwischen den Teilen mit unterschiedlichem Potential die „doppelte oder die verstärkte Isolierung" vorhanden ist.

Sicherheit
Zustand bzw. Eigenschaft eines Geräts, wenn es den geltenden Sicherheitsnormen und gegebenenfalls den darüber hinaus geltenden Vorgaben entspricht.
Anmerkung: Die in den Normen enthaltenen Festlegungen sind die Mindestanforderungen an die Sicherheit für den Benutzer, andere Personen und Sachen. Sie betreffen nur den im Moment der Prüfung vorhandenen Zustand. Inwieweit die Sicherheit zuverlässig und bis zum Zeitpunkt der nächsten Wiederholungsprüfung vorhanden ist, muss der Prüfer beurteilen (siehe auch Gefährdungsbeurteilung).

Typprüfung, Musterprüfung
Prüfung, mit der die Bemessungswerte und andere kennzeichnende Eigenschaften eines Gerätetyps ermittelt sowie dessen Übereinstimmung mit den technischen Regeln festgestellt wird.
Anmerkung: Zum Ermitteln der Grenzbelastungen des Geräts wird im Gegensatz zu anderen Prüfarten (Erst-, End- und Wiederholungsprüfung) bei der Typprüfung die Beanspruchung des Prüflings soweit erhöht, dass ein Ausfall provoziert wird.

Unterwiesene Person
Mitarbeiter, der über den ordnungsgemäßen Umgang mit den ihm übergebenen Arbeitsmitteln sowie über die Kontrolle des Zustands dieser Arbeitsmittel unterwiesen wurde, die er vor deren Inbetriebnahme durchführen soll.

Üblicher Wert
Messwert, der sich erfahrungsgemäß auch bei den Messungen der betreffenden Größe an anderen ordnungsgemäßen gleichartigen Geräten ergibt.

Verantwortliche Elektrofachkraft (vEFK)
Elektrofachkraft, der vom Unternehmer die Leitung und Aufsicht für die elektrotechnischen Anlagen und Betriebsmittel (Geräte) eines Unternehmens, eines Betriebsbereichs übertragen wurde.
Anmerkung 1: Das Prüfen der elektrischen Geräte ist Teil der Aufgabe der verantwortlichen Elektrofachkraft.
Anmerkung 2: In DIN VDE 1000-10 wird für die „... verantwortliche fachliche Leitung eines elektrotechnischen Betriebs oder Betriebsteils ...“ gefordert, dass die dafür eingesetzte verantwortliche Elektrofachkraft die Qualifikation zumindest eines Technikers oder Meisters hat.

Verwenden
Jegliche Tätigkeit mit Arbeitsmitteln.
Anmerkung: Auch Prüfen, Instandsetzen, Messen sind Tätigkeiten mit Arbeitsmitteln.

Weisungsfreiheit
Recht einer von ihrem Vorgesetzten ausdrücklich weisungsfrei gestellten befähigten Person (z. B. verantwortlicher Prüfer), in dem ihr zugewiesenen Arbeits- und Verantwortungsbereich und innerhalb der ihr zugeteilten Verantwortung Entscheidungen treffen, die von dem zuständigen Bereichsleiter zu respektieren sind und nicht aufgehoben werden können.
Anmerkung 1: Die Berechtigung zu dieser vom Arbeitgeber durchzusetzenden Verfahrensweise ist in der TRBS 1203 [2.31] zur Betriebssicherheitsverordnung festgelegt und wird auch in DIN VDE 1000-10 [2.1] im Zusammenhang mit dem Berufen der „verantwortlichen Elektrofachkraft“ aufgeführt.
Anmerkung 2: Die wesentlichen, möglicherweise folgenschweren Aktivitäten des Prüfers, auf die sich die Weisungsfreiheit bezieht, sind zu benennen.

Wiederholungsprüfung (wiederkehrende Prüfung, turnusmäßige Prüfung)
Prüfung, durch die festgestellt wird, ob
- sich die der Sicherheit dienenden Eigenschaften seit der letzten Prüfung verändert haben, und ob
- der Prüfling ohne Gefährdung seiner Nutzer, anderer Personen oder Sachen weiterhin betrieben werden darf.

Sie wird regelmäßig in festzulegenden Zeitabständen vorgenommen.

A

Anhang 2

Textvorschläge, zur Information der Kunden über Dienstleistungen eines Elektrofachbetriebs zur Elektrosicherheit

A2.1 Informationsbrief an den Mieter

Vorschlag für einen Informationsbrief an den Mieter eines Hauses, in dem der Elektrofachbetrieb bereits tätig ist oder seine Arbeit beginnen wird.

Sichere Elektrotechnik
in Haus und Hof, vom Keller bis zum Dach durch den Elektromeister .... *Thomas Krause* .... Adresse .... Telefon .... E-Mail ....

Da ich nun schon mal bei Ihnen im Haus bin, würde ich mich gerne einmal bei Ihnen persönlich melden.

Einen schönen Tag, liebe Frau/lieber Herr ....,

wünscht Ihnen Ihr Elektrohandwerksmeister ... *Thomas Krause* ... hier aus dem Ort .... (gängige Ortsbezeichnung)

Am .... werde ich mich hier im Haus um die elektrische Anlagen und Geräte kümmern.
Da wäre die Gelegenheit günstig, auch etwas für die Elektrosicherheit Ihrer Familie zu tun. Ohne großen Aufwand, sofort oder demnächst, und kostenlos für Sie!
Ich biete Ihnen an:
Einen 15-Minuten-Check Ihrer elektrischen Geräte und der Elektroanlage Ihrer Wohnung – ohne Krach, Schmutz und mit blank geputzten Schuhen.

Anschließend sage ich Ihnen dann entweder:

„Alles in bester Ordnung. Falls Sie mal einen Wunsch haben, komme ich gerne zu Ihnen ins Haus."

oder:

„Naja, schauen Sie mal hier ... und dort ...
Da müsste man ... Sie sollten mal ...
das ist nicht ganz so, wie es sein sollte. Ich schlage Ihnen vor ..."

oder aber:

„Oh je, oh je! Da sollten Sie ... !
Da könnte was ...,
da muss etwas geschehen ...!"

Es kostet Sie keinen Cent. **Versprochen.** Als Elektro-Handwerksmeister aus Ihrem Ort mache ich diesen kostenlosen Check für Sie, weil es mir ein Anliegen ist, mich um die Elektrosicherheit der Bürger zu kümmern.

Bitte notieren Sie hier unten, wann es Ihnen passt. Übergeben Sie diese Mitteilung entweder einem meiner Monteure hier im Haus oder schicken Sie sie mit dem vorbereiteten Umschlag per Post an mich. Sie können mich auch gerne anrufen, ansprechen oder mir eine E-Mail schicken, ganz wie Sie möchten.

Ich melde mich dann umgehend bei Ihnen.

Bitte kommen Sie am .... um . ... Uhr zu uns .... (Ihr Name) für einen kostenlosen E-Check.

Straße und Hausnummer ....
Etage ....
Telefon ....
Handy ....
E-Mail ....
....
(Name)

Bis dann,
Ihr Elektromeister .... (Thomas Krause)

A2.2 Informationsbrief an die Bewohner der Umgebung

Vorschlag für einen Informationsbrief an die Bewohner der Gegend, in der der Elektrofachbetrieb tätig und auch schon bekannt ist oder es werden will.

Sichere Elektrotechnik
in Haus und Hof, vom Keller bis zum Dach durch den Elektromeister .... *Thomas Krause* .... Adresse .... Telefon .... E-Mail ....

Mit vielen Ideen und Elan hier für Sie vor Ort: ....
(örtlich übliche Bezeichnung)

Lieber Bürger aus ....!

Dem TÜV müssen Sie Ihr Auto bringen, um Gewissheit über dessen Sicherheit zu erhalten. Und dann kommt die Rechnung.

Bei mir, dem Elektromeister Thomas Krause, ist das ganz anders. Ich komme zu Ihnen ins Haus und schaue mir Ihre Elektrogeräte an. Sichtprüfung nennen wir das. Dann sage ich Ihnen, kurz und knapp, ob für Ihre Elektrosicherheit Handlungsbedarf besteht und falls ja, in welcher Form. Mein Rat ist für Sie kostenlos, versprochen! Und Sie entscheiden dann, ob Sie meinem objektiven, fachmännischen und garantiert auch familienfreundlichen Vorschlag folgen möchten.

Vor allem aber erhalten Sie wichtige Informationen darüber, in welchem Zustand sich Ihre Elektrogeräte sowie gegebenenfalls schon ältere Elektroinstallationen befinden. Und ich informiere Sie auch gerne darüber, wie Sie verhindern können, dass solch fatale Ereignisse, von denen man immer wieder hört, geschehen.

Pressemeldungen (ein oder zwei, möglichst aus der örtlichen Presse auswählen)

> **Im Bett verbrannt**
> *(Berlin) Mysteriöser Feuertod einer pflegebedürftigen Frau. ... Nach derzeitigem Ermittlungsstand hat ein technischer Defekt am Bett der Seniorin das Feuer ausgelöst.*

20 000 Euro Sachschaden

(Oldenburg) Gegen 1 Uhr 30 hatte sich das Feuer in der Küche entzündet. Durch die entstehenden Geräusche aufgewacht, entdeckte die Bewohnerin, dass der elektrische Wasserkocher brannte. Sie konnte sich mit den Kindern retten. Die sofort alarmierte Feuerwehr hat nur verhindern können, dass sich das Feuer auf die gesamte Wohnung ausbreitete.

Stromschlag machte aus Tim ein behindertes Kind

(Berlin) Die Staatsanwaltschaft geht davon aus, dass der Elektriker Jürgen N. den Unfall durch die vorgeschriebenen Prüfungen, einen Routinegriff, hätte verhindern können.

Solche Ereignisse wollen und müssen wir vermeiden. Darum sollte rechtzeitig und fachmännisch geprüft werden, ob eine etwaige Gefährdung vorliegt, auch wenn sie möglicherweise versteckt liegt.

Für einen solchen Check für die Sicherheit Ihrer Familie stehe ich Ihnen gerne zur Verfügung. Diese kostenlose schnelle Besichtigung ist fürs Erste ausreichend. Nach der Überprüfung kann ich Ihnen sagen, ob und was für die Sicherheit der elektrischen Geräte und der elektrischen Anlage in Ihrer Wohnung zu tun ist. Auch dieser Vorschlag kostet Sie keinen Cent.

Stecken Sie mir diese Mitteilung in meinen Briefkasten (Adresse siehe oben).

Lassen Sie mich wissen, wann Sie meinen Besuch wünschen.

Name ....
Straße .... **Nr.** ....
Telefon ....

Ich melde mich dann telefonisch bei Ihnen und wir vereinbaren einen für Sie angenehmen Termin.

Mit freundlichem Gruß .... (Thomas Krause)
Ihr Elektromeister vor Ort

A

A2.3 Informationsbrief an Gewerbetreibende

Vorschlag für einen Informationsbrief an die Verantwortlichen der Industrie- oder Gewerbebetriebe, Gaststätten, Vereine usw. des Wohngebiets

Sichere Elektrotechnik
in Haus und Hof, vom Keller bis zum Dach durch den
Elektromeister .... *Thomas Krause* ....
Adresse ....
Telefon ....
E-Mail ....

Mit vielen Ideen und Elan hier vor Ort für die moderne, sichere Elektrotechnik.

An
....
....
12345 Musterhausen

Betrifft:
Sicherheit der elektrischem Geräte und Anlagen für Sie und ihre Mitarbeiter

Sehr geehrte Geschäftsleitung,

seit einiger Zeit ist die Betriebssicherheitsverordnung für uns alle eine gesetzlich verbindliche Vorgabe. Jeder, der einen oder mehrere Mitarbeiter beschäftigt, muss sich nach ihr richten und seine Arbeitsmittel in regelmäßigen Abständen überprüfen lassen. Die vorhandenen, aber auch entstehende Mängel, sollten möglichst rechtzeitig entdeckt werden, bevor es zu einem Schaden kommt.

Zu diesen Arbeitsmitteln gehören elektrische Geräte aller Art, das Elektro-Handwerkszeug gleichermaßen, wie elektrische Büromaschinen und alles, was sich sonst noch in den Arbeitsräumen befindet, wie Kaffeekocher, Kühlschränke, Ventilatoren usw.

Die Betriebssicherheitsverordnung fordert auch, dass jeder Arbeitgeber eine „befähigte Person" einzusetzen hat, die festlegen muss, wie, wann und wo geprüft werden soll.

Nun hat nicht jeder Arbeitgeber einen Mitarbeiter, der auf elektrotechnischem Gebiet „befähigt" ist. In einem solchen Fall kann er eine betriebsfremde „befähigte Person" auswählen und diese beauftragen, für die notwendigen Prüfungen zu sorgen. Oder aber, der zur „befähigten Person" berufene Mitarbeiter, der ja nicht alles selber machen kann und muss, holt sich bei einem betriebsfremden Fachkundigen die nötige Unterstützung.

Um für das Prüfen elektrischer Anlagen und Geräte „befähigt" zu sein, bedarf es einiger Fachkenntnisse. Ohne gründliche Erfahrungen und die nötigen Prüfgeräte geht es nicht. Ein Elektrofachbetrieb wie der von mir als Elektrohandwerksmeisterin geführte, bietet die Gewähr dafür, dass alles Nötige vorhanden ist.

Falls Sie also das Prüfen der elektrischen Anlagen und Geräte in Ihrem Betrieb noch nicht organisiert haben, stehe ich Ihnen gerne zur Verfügung. Als „elektrisch befähigte Person" gemäß Betriebssicherheitsverordnung oder aber für das Betreuen und Prüfen Ihrer elektrischen Geräte und Anlagen.

Wir informieren Sie über alles, was Sie in Sachen Elektrosicherheit wissen müssen und erledigen gegebenenfalls vorliegende Mängel. Damit sind Sie gesetzestreu, bieten Ihren Mitarbeitern die nötige Sicherheit und können mit ruhigem Gewissen arbeiten.

Sie erreichen mich unter der Telefonnummer **123-123456.** Ein Informationsgespräch in Ihrem Unternehmen, verbunden mit einem kleinen Rundgang und einer nicht lange dauernden Begutachtung der elektrischen Anlagen und Geräte können wir dann sofort vereinbaren. Das alles ist für Sie kostenfrei, versprochen.

Nach der Überprüfung erhalten Sie meine Einschätzung über die in Ihrem Haus vorliegende elektrische Sicherheit. Auf dieser Grundlage entscheiden Sie dann, ob und was getan werden soll.

Mit besten Grüßen
Ihre Hanne Müller

A

Anhang 3

Adressen von Institutionen, die Informationen über elektrische Geräte und deren Prüfung zur Verfügung stellen können

Während es problemlos möglich ist, alle gewünschten Informationen zu den Prüfgeräten über die Internetauftritte der Herstellerfirmen zu erhalten, sind Auskünfte zu den Besonderheiten der zu prüfenden Geräte und der Prüfverfahren nicht so einfach zu beschaffen. Nachstehend werden daher einige Kontaktadressen genannt, die für den Prüfer hilfreich sein können.

Herausgeber von Regeln, Vorgaben und Vorschriften

- **DKE Komitee K211,** Komitee für die Bearbeitung und Betreuung der Norm DIN VDE 0701-702, zu erreichen unter
- **DKE** Deutsche Kommission Elektrotechnik Elektronik Informationstechnik im DIN und VDE
  Stresemannallee 15
  60596 Frankfurt am Main
  Tel: 069 6308-0
  dke@vde.com
  www.dke.de

- **VDE VERLAG** GMBH
  Bismarckstr. 33
  10625 Berlin
  Tel: 030 348001-0
  buchhandel@vde-verlag.de
  www.vde-verlag.de

- **Berufsgenossenschaft ETEM** (Energie, Textil, Elektro, Medienerzeugnisse)
  Gustav-Heinemann-Ufer 130
  50968 Köln
  Tel: 0221 3778-0
  info@bgetem.de
  www.arbeitssicherheit.de

- **Carl Heymanns Verlag**
  Luxemburger Straße 449
  53939 Köln
  www.carl-heymanns.de
- **Bundesanstalt für Arbeitsschutz und Arbeitsmedizin**
  www.baua.de

Information über Rückrufe, Mängel und Testergebnisse elektrischer Geräte

- **Amt für Arbeitsschutz – Stadt Hamburg**
  www.hamburg.de/arbeitsschutz
- **Bundesanstalt für Arbeitsschutz und Arbeitsmedizin**
  www.baua.de
- **Bundesinstitut für Arzneimittel und Medizinprodukte**
  www.bfarm.de
- **Institut für Schadenverhütung und Schadenforschung**
  info@ifs-ev.org
  www.ifs-ev.org
- **Landesämter für Arbeitsschutz** (Beispiele)
  - Landesamt für Natur, Umwelt und Verbraucherschutz NRW
    www.lanuv.nrw.de
  - Landesamt für Arbeitsschutz, Gesundheitsschutz und technische Sicherheit Berlin
    www.berlin.de/lagetsi/
  - Thüringer Landesbetrieb für Arbeitsschutz und technischen Verbraucherschutz
    direktorin@tlatv.thueringen.de
    www.thueringen.de/de/tlatv
- **Ministerium für Ländlichen Raum und Verbraucherschutz Baden Württemberg**
  www.mlr.baden-wuerttemberg.de
- **RAPEX (Europäisches Schnellwarnsystem)**
  www.rapex.eu
- **Stiftung Warentest**
  www.test.de
- **Verbraucherinformationssystem Bayern**
  http://www.vis.bayern.de/produktsicherheit/index.htm

A

- **VDE Prüfinstitut**
  www.vde.com/de/Institut/

- **Technischer Überwachungsverein TÜV**
  www.tuev-sued.de

Auskunftsmöglichkeit, Fachberatungkeit, Fachberatung

- Fachzeitschrift **ep Elektropraktiker**, Huss-Medien GmbH, Berlin
  www.elektropraktiker.de
  redaktion@elektropraktiker.de

- **DKE-Telefonservice**
  www.dke.de/de/kontakt/seiten/dke-telefonservice

- **Autoren dieses Buches**
  Klaus Bödeker: klaboe123@t-online.de
  Michael Lochthofen: lochthofen@mebedo.de

Diskussionsportale der Elektrotechnik

- www.diesteckdose.net
- www.selbst.de/bauen-renovieren-artikel/werkstatt/ausstattung
- www.elektromeisterforum.de
- www.elektrikforum.de
- www.voltimum.de
- www.elektrotechnik360.de

Wichtige Sammlungen zu Kennzeichnungsmissbräuchen, Produktrückrufen und Plagiaten

- VDE-Prüfzeichen, missbräuchliche Verwendung:
  www.vde.com > Institut > Zeichenmissbrauch

- BauA: Liste der Produktrückrufe und Produktwarnungen nach ProdSG:
  www.baua.de > Produktsicherheitsportal > Produktinformationen
  > Produktrückrufe (auch als RSS-Feed abonierbar)

- Europäische Union: RAPEX-Portal mit allen Produktwarnungen der EU (englisch):
  ec.europa.eu/consumers/Consumer_safety

Anhang 4

Prüfzeichen einiger staatlich anerkannter Prüfstellen europäischer Länder

China	Frankreich	Japan	Schweden
Belgien	Griechenland	Niederlande	Schweiz
Dänemark	Großbritannien	Norwegen	Spanien
Deutschland	Irland	Österreich	USA
Finnland	Italien	Russland	Ungarn
EU-Konformitätszeichen der Elektrotechnik 10 = Identnummer (hier: VDE-Prüfinstitut) EN 101010		Zeichen der elektromagnetischen Verträglichkeit der Länder Europas, USA, Japan, Australien	

Literaturverzeichnis

1 Gesetze, Verordnungen, Richtlinien

[1.1] Produktsicherheitsgesetz – (ProdSG)
[1.2] Betriebssicherheitsverordnung (BetrSichV) (Ausgabe 2015)
[1.3] Arbeitsschutzgesetz (ArbSchG)
[1.4] Bürgerliches Gesetzbuch (BGB)
[1.5] Medizinproduktegesetz (MPG) (seit 2002)
[1.6] Medizinprodukte-Betreiberverordnung (MedBetreibV)
[1.7] DGUV Vorschrift 1 (BGV A1) Unfallverhütungsvorschrift „Grundsätze der Prävention"
[1.8] DGUV Vorschrift 3 (BGV A3) Unfallverhütungsvorschrift „Elektrische Anlagen und Betriebsmittel" mit Durchführungsanweisungen (soll durch die TRBS 2131 [2.33] u. a. Regeln abgelöst werden)
[1.9] BGV A8 Unfallverhütungsvorschrift „Sicherheits- und Gesundheitsschutzkennzeichnung am Arbeitsplatz" (wurde ersetzt durch ASR A1.3 mit gleichem Titel)
[1.10] Richtlinien der Europäischen Union (Niederspannungs-, EMV-, Maschinenrichtlinie)
[1.11] DGUV Regel 112-139 (BGR 139) Einsatz von Personen-Notsignal-Anlagen

2 Normen, Technische Regeln

Eine komplette aktuelle Aufstellung der Normen mit ihren vollständigen Titeln ist auf einer vom VDE-Verlag kostenlos zu beziehenden CD-ROM aufgeführt (www.vde-verlag.de).
Nutzer des „VDE-Vorschriftenwerks auf DVD" haben diese aktuelle Übersicht mit dieser DVD bereits verfügbar.
Zusätzliche Informationen befinden sich auf www.dke.de

2.1 Normen zum Errichten/Herstellen

[2.1] DIN VDE 1000 Allgemeine Leitsätze für das sicherheitsgerechte Gestalten technischer Erzeugnisse
– Teil 10 – Anforderungen an die im Bereich der Elektrotechnik tätigen Personen

[2.2] DIN VDE 0100 Errichten von Niederspannungsanlagen mit Spannungen bis 1000 V in Gebäuden

[2.3] – Teil 200 Begriffe

[2.4] – Teil 300 Allgemeine Bestimmungen

[2.5] – Schutzmaßnahmen: Teile 410 bis 482 (Abschnitt 4.1)

[2.6] Auswahl und Errichtung elektrischer Betriebsmittel:
Teile 510 Allgemein, 520 Leitungen, 530/537 Schalt- und Steuergeräte, 534 Überspannungsschutzgeräte, 540 Erdung, Schutzleiter, 550 Steckvorrichtungen u. a. m.

[2.7] – Besondere Betriebstätten, Räume, Anlagen: Teile 701 bis 754

[2.8] VDE 0104 (DIN EN 50191) Prüffelder, Errichten und Betreiben

[2.9] VDE 0106-102 (DIN EN 60990) Verfahren zur Messung von Berührungsstrom und Schutzleiterstrom

[2.10] VDE 0113-1 (DIN EN 60204-1) Elektrische Ausrüstungen von Maschinen

[2.11] VDE 0140-1 (DIN EN 61140) Schutz gegen elektrischen Schlag, gemeinsame Anforderungen für Anlagen und Betriebsmittel

[2.12] VDE V 0140-479-1 (DIN IEC/TS 60479-1) Wirkungen des elektrischen Stroms auf Menschen und Nutztiere

[2.13] VDE 0700 Sicherheit elektrischer Geräte für den Hausgebrauch und ähnliche Zwecke

[2.14] VDE 0710 Vorschriften für Leuchten mit Betriebsspannungen unter 1000 V

[2.15] VDE 0711 (DIN EN 60598) Leuchten, Anforderungen und Prüfungen

[2.16] VDE 0740 (DIN EN 60745) Sicherheit handgeführter motorbetriebener Elektrowerkzeuge

[2.17] VDE 0805-1 (DIN EN 60950-1) Sicherheit von Einrichtungen der Informationstechnik einschließlich elektrischer Büromaschinen

2.2 Normen zum Prüfen

[2.18] DIN VDE 0100 Errichten von Niederspannungsanlagen mit Spannungen bis 1000 V in Gebäuden; Teil 600 Prüfung, Erstprüfung

[2.19] DIN VDE 0105-100 Betrieb von Starkstromanlagen, nationaler Anhang

[2.21] DIN VDE 0404 Teile 1 bis 4 Geräte zur sicherheitstechnischen Prüfung von elektrischen Betriebsmitteln

[2.22] VDE 0411 (DIN EN 61010) Sicherheitsbestimmungen für elektrische Steuer-, Mess-, Regel- und Laborgeräte

[2.23] – Teil 1 Prüf- und Verbindungsleitungen (Messzubehör) Teil 1 bis 2
[2.24] VDE 0413-1 bis 13 (DIN EN 61557-1 bis 13) Messgeräte zum Prüfen der Schutzmaßnahmen
[2.25] VDE 0185-305 (DIN EN 62305-3) Blitzschutz; Teil 3 Schutz von baulichen Anlagen und Personen, Teil 4 elektrische/elektronische Systeme in baulichen Anlagen
[2.26] DIN VDE 0702 Wiederholungsprüfung elektrischer Geräte (ersetzt durch [2.28])
[2.27] DIN VDE 0701 Instandsetzung, Änderung und Prüfung elektrischer Geräte (ersetzt durch [2.28])
[2.28] DIN VDE 0701-0702 Prüfung nach der Instandsetzung, Änderung und Wiederholungsprüfung elektrischer Geräte
[2.29] VDE 0751-1 (DIN EN 62353) Instandsetzung, Änderung und Prüfung medizinischer elektrischer Geräte
[2.30] VDE 0544-4 (DIN EN 60974-4) Wiederholungsprüfungen an Lichtbogen-Schweißeinrichtungen
[2.31] DIN VDE 0620-1 Stecker und Steckdosen für den Hausgebrauch und ähnliche Zwecke

2.3 Technische Regeln zur Betriebssicherheit

[2.31] TRBS 1203 Befähigte Personen
[2.32] TRBS 1203 Teil 3 Befähigte Personen: besondere Anforderungen – elektrische Gefährdungen (ersetzt durch [2.31] im Mai 2010)
[2.33] TRBS 2131 Elektrische Gefährdungen (seit Juli 2010 vorübergehend zurückgezogen)
[2.34] TRBS 1201 Prüfung von Arbeitsmitteln und überwachungsbedürftigen Anlagen
[2.35] TRBS 1111 Gefährdungsbeurteilungen

3 Fachliteratur

[3.1] Altmann, S.; Jühling, J.; Kieback, D.; Zürneck, H.: Elektrounfälle in Deutschland. Bundesanstalt für Arbeitsschutz und Arbeitsmedizin 2003
[3.2] Biegelmeier, G. u. a.: Schutz in elektrischen Anlagen: Band 1 Gefahren durch den elektrischen Strom, Band 80 der VDE-Schriftenreihe. Berlin, VDE Verlag 2003
[3.3] Bödeker, K.; Kindermann, R.: Erstprüfung elektrischer Gebäudeinstallationen, Reihe Elektropraktiker-Bibliothek. Berlin, Huss-Medien 2003
[3.4] Bödeker, K.; Kindermann, R.; Matz, F.: Wiederholungsprüfung nach DIN VDE 0105, elektrische Gebäudeinstallationen und ihre Betriebsmittel. Heidelberg, Hüthig Verlag 2008

[3.5] Bödeker, K., Lochthofen, M., Bödeker, F.: Prüfung elektrischer Geräte. Eine Prüfanweisung für elektrotechnisch unterwiesene und andere befähigte Personen. Heidelberg/München, Hüthig und Pflaum 2013
[3.6] Böttle, P.; Boy, H.-G.; Clausing, H.: Elektrische Mess- und Regelungstechnik. Würzburg, Vogel Verlag 2002
[3.7] Egyptien, H. H.: Arbeitsschutzgesetz und Betriebssicherheitsverordnung. In: Elektropraktiker, 2003, S. 950–952. Berlin, Huss-Medien
[3.8] Feulner, D. u. a.: Messpraxis Schutzmaßnahmen. München, Pflaum Verlag 2005
[3.9] Luber, Pelta, Rudnik: Schutzmaßnahmen gegen elektrischen Schlag – Band 9 der VDE-Schriftenreihe. Berlin, VDE Verlag 2013
[3.10] Kammler, M.: Prüfung vor Inbetriebnahme von Niederspannungsanlagen, Band 63 der VDE-Schriftenreihe. Berlin, VDE Verlag 2012
[3.11] Komitee 224 der DKE. Betrieb von elektrischen Anlagen, Erläuterungen zu DIN VDE 0105-100:2009-10, Band 13 der VDE-Schriftenreihe. Berlin, VDE Verlag 2010
[3.12] Müller, R.: Lexikon Elektrotechnik. Berlin, Huss-Medien 2002
[3.13] Henning, W.: VDE-Prüfung nach BetrSichV, TRBS und BGV A3, Band 43 der VDE- Schriftenreihe. Berlin, VDE Verlag 2010
[3.14] Rudolph, W.; Winter, O.: EMV nach VDE 0100: Erdung, Potentialausgleich, TN-, TT- und IT-System, Vermeiden von Induktionsschleifen, Schirmung, lokale Netze. Band 66 der VDE-Schriftenreihe. Berlin, VDE Verlag 2000
[3.15] Winkler, A. u. a.: Sicherheitstechnische Prüfungen in elektrischen Anlagen bis 1000 V, 1994
[3.16] Neumann, T.: Organisation der Prüfung von Arbeitsmitteln. Band 120 der VDE-Schriftenreihe Normen verständlich; Berlin-Offenbach, VDE Verlag 2011
[3.17] Neumann, T.: Betriebssicherheitsverordnung in der Elektrotechnik. Band 121 der VDE-Schriftenreihe Normen verständlich; Berlin-Offenbach, VDE Verlag 2010
[3.18] Ensmann, R.; Euler, S.; Eber, C.: Die verantwortliche Elektrofachkraft. Band 121 der VDE-Schriftenreihe Normen verständlich; Berlin-Offenbach, VDE Verlag 2011
[3.20] Div. Autoren: Erfahrungsberichte aus der Praxis von Einsatz und Prüfung elektrischer Geräte, >www.diesteckdose.net<
[3.21] Div. Autoren: Elektropraktiker; Sonderheft Messen und Prüfen elektrischer Anlagen und Geräte. Berlin, Huss-Medien
[3.22] Sczesny, C.; Keindorf, S.; Droß, P. J.; Jasper, G.: Kenntnisstand von Unternehmen und Beschäftigten auf dem Gebiet des Arbeits- und Gesundheitsschutzes in KMU; Dortmund, Berlin, Dresden 2014 (Forschungsprojekt F1913 der BauA)
[3.23] Engert, M.; Neumann, T.: Gefährdungsbeurteilung – der wichtige Schritt zur persönlichen Absicherung; Mebedo Consulting 2013

4 Informationsschriften und Sonstiges zur Prüfung

[4.1] DGUV Information 203-071 (BGI 5090 BGI/GUV-I 5190) Wiederkehrende Prüfung ortsveränderlicher elektrischer Arbeitsmittel Organisation durch den Unternehmer

[4.2] DGUV Information 203-004 (BGI 594) Einsatz von elektrischen Betriebsmitteln bei erhöhter elektrischer Gefährdung

[4.3] DGUV Information 203-005 (BGI 600) Auswahl und Betrieb ortsveränderlicher elektrischer Betriebsmittel nach Einsatzbereichen

[4.4] DGUV Information 203-006 (BGI 608) Auswahl und Betrieb elektrischer Anlagen und Betriebsmittel auf Bau- und Montagestellen

[4.5] Arbeitshilfe Wiederholungsprüfungen von ortsveränderlichen Schutzeinrichtungen. Elspro Elektrotechnik GmbH

[4.6] Gefährliche Produkte 2013, Informationen zur Produktsicherheit. BAUA

[4.7] Muster-Gefährdungsbeurteilung gemäß § 5 Arbeitsschutzgesetz. Verlag für die Deutsche Wirtschaft AG

[4.8] DGUV Information 203-034 (BGI 891) Errichten und Betreiben von elektrischen Prüfanlagen

[4.9] VDI 4068 Blatt 4 Befähigte Personen; Anforderungen an externe Ausbildung für die Prüfung handgeführter elektrisch betriebener Arbeitsmittel

Register

Die im Anhang 1 erläuterten Fachausdrücke sind hier nicht alle aufgeführt.

A

A

A